中国东北特种大豆
育成品种系谱图解

白艳凤 编著

HEILONGJIANG SCIENCE AND TECHNOLOGY PRESS

图书在版编目（CIP）数据

中国东北特种大豆育成品种系谱图解 / 白艳凤编著
. -- 哈尔滨 : 黑龙江科学技术出版社, 2022.11
　　ISBN 978-7-5719-1674-9

　　Ⅰ . ①中… Ⅱ . ①白… Ⅲ . ①大豆 – 良种 – 东北地区
– 图谱 Ⅳ . ①S565.103.3-64

　　中国版本图书馆 CIP 数据核字(2022)第 206392 号

中国东北特种大豆育成品种系谱图解
ZHONGGUO DONGBEI TEZHONG DADOU YUCHENG PINZHONG XIPU TUJIE

白艳凤 编著

责任编辑　赵　萍　回　博
封面设计　单　迪
出　　版　黑龙江科学技术出版社
　　　　　地址：哈尔滨市南岗区公安街 70-2 号　邮编：150007
　　　　　电话：（0451）53642106　传真：（0451）53642143
　　　　　网址：www.lkcbs.cn
发　　行　全国新华书店
印　　刷　哈尔滨午阳印刷有限公司
开　　本　889 mm×1194 mm　　1/16
印　　张　35
字　　数　1000 千字
版　　次　2022 年 11 月第 1 版
印　　次　2022 年 11 月第 1 次印刷
书　　号　ISBN 978-7-5719-1674-9
定　　价　238.00 元

《中国东北特种大豆育成品种系谱图解》

编委会

编写说明

整理分析中国东北（黑龙江省、吉林省、辽宁省、内蒙古自治区）育成并通过国家、省（自治区）、确定推广和审（认）定的特种大豆育成品种，品种信息来源于品种审定公告及品种志、论文等文献。

参照"主要农作物品种审定标准（国家级）.国家农作物品种审定委员会.2017.（国家文件）"和《胡明祥,田佩占.中国大豆品种志（1978-1993）》规定，本书收录菜用大豆品种是作为菜用大豆审定的大豆品种；特种品质大豆是不含脂肪氧化酶的无腥味大豆品种和'α'-亚基缺失型'的低致敏大豆品种；青大豆是种皮色为绿色的大豆品种；黑大豆是为种皮色为黑色的大豆品种；小粒豆是百粒重 15g 以下、可做纳豆或芽豆的小粒和中小粒大豆品种；大粒豆是百粒重 25g 以上的大豆品种。按照菜用大豆、特种品质大豆、青大豆、黑大豆、小粒豆、大粒豆顺序收录，不重复收录，如吉育 102 种皮绿色、子叶绿色、百粒重 8.6g，既是青大豆、又是小粒豆，在青大豆章中收录，在小粒豆章中不收录。

本书收录 1941—2021 年期间特种大豆品种共 298 个，其中菜用大豆品种 58 个，特种品质大豆品种 10 个，青大豆品种 31 个，黑大豆品种 34 个（包括茶色种皮的垦秸 1 号）、小粒豆品种 83 个、大粒豆品种 82 个。同一品种多地审定的，作为一个品种收录，在品种简介中列出所有审定编号和不同试验中的试验数据等信息。

为方便读者查找和参考使用，收录品种按照育种单位所在行政区域由北向南、由东向西的顺序排序，同一单位审定品种结合审定时间和审定名称排序。

书中以育成品种为基本单元，每个品种都包括品种简介、品种遗传基础、品种祖先亲本表、品种系谱图 4 个板块。

书中品种名称数字编号参照《胡明祥,田佩占.中国大豆品种志（1978-1993）》制定的方法，品种名称凡带数字编号的，其数字用阿拉伯数字表示，在 10 号以内数字后赘"号"字，11 号以上者不赘"号"字，文中使用品种名称与品种审定公告中品种名称不一致的，仅在品种来源中增加审定名称信息，如：北亿 8 号审定名称：北亿 8，吉育 52 审定名称：吉育 52 号。文中出现的外引品种同样遵照此方法。

同名异源材料结合祖先亲本表和系谱图能区分开。如四粒黄有 3 个，分别是通过黑河 3 号传递的黑龙江省东部和中部地方品种四粒黄，通过黄宝珠传递的吉林省公主岭地方品种四粒黄，通过集体 3 号传递的吉林省东丰地方品种四粒黄；嘟噜豆有 2 个，分别是通过丰地黄传递的吉林省中南部地方品种嘟噜豆，通过铁丰 13 传递的辽宁省铁岭地方品种嘟噜豆。

异名同源材料在材料名称后加括号，括号内是材料的其他名称，如：东农 20（黄-中-中 20），台湾 75（台 75），外引材料原名称和译名视为异名同源材料，如 Amsoy（阿姆索、阿姆索依），尤比列（黑河 1 号）。

品种简介：审定公告及文献中品种不同时间、不同地域选育报告表述格式差异很大，本书在品种简介中用统一模式对品种来源、植株性状、籽粒特点、生育日数、抗病鉴定、产量表现、适应区域等主要信息进行介绍。因本书主旨是介绍品种特征特性和遗传基础等，品种选育报告中"栽培技术要点"未收录。品种来源中选育单位和申请单位相同的，单位名称只写 1 次（不是同一单位的扩号内注明申请单位）。品种来源中育种单位仍用审定品种时的单位名称，单位名称有更改的，在括号内注明现单位名称，如黑龙江省农业科学院牡丹江农业科学研究所（现单位名称：黑龙江省农业科学院牡丹江分院）。本书度量衡单位均按照国家规定使用，长度厘米用 cm 表示，毫米用 mm 表示，天数用 d 表示，重量克用 g 表示，公斤/公顷用 kg/hm^2 表示。

系谱图：以品种来源为依据绘制品种系谱图，溯源品种来源直至祖先亲本。绘制品种系谱图时，亲本按照先后顺序分别展开绘图，重复使用的亲本在绘制图谱时只绘制一次，若品种的系谱图无法一页纸展示全部内容，将根据排版需要进行均匀分割，分割开的系谱图方向一致，依然保持其独立性。系谱图中"×"表示杂交，"↓"表示经多年选育，"↓辐射"表示干种子辐射后经多年选育，"←"表示把供体 DNA 通过花粉管通道法导入受体亲本。亲本中有的品系后来通过审定成为品种，但配制组合时品种尚未审定的，仍使用品种原代号，如开育 8 号是 1980 年审定品种，1980 年之前配制组合中亲本名称用原代号开 467-4，1980 年之后配组合亲本名称用审定名称开育 8 号。系谱图中亲本来源等信息是通过查找审定公告、文献和咨询亲本来源单位老师获得，若发现文献等资料中亲本来源不一致的信息，通过和相关育种单位老师核对、考证确认正确的信息。

祖先亲本表：品种祖先亲本表中列出该品种祖先亲本及其祖先亲本来源等，祖先亲本主要包括国内野生大豆、半野生大豆、地方品种、外引品种、远缘物种及祖先品系(因资料不全或引种单位记录不清等原因无法继续溯源上一级亲本的品系；亲本是混合花粉的，编写一个代号，视为祖先品系)。祖先亲本来源涉及单位名称的用现单位名称。

祖先亲本表中数据依据品种系谱图计算得出。祖先亲本的细胞质和细胞核遗传贡献率计算参照"盖钧镒,赵团结,崔章林,等.中国大豆育成品种中不同地理来源种质的遗传贡献[J].中国农业科学，1998，31(05)：35-43."中使用的方法，与其不同之处是把遗传贡献值为 1 改为遗传贡献率 100%，分割后遗传贡献值 0.5 改为遗传贡献率 50%，以此类推。凡祖先亲本经自然变异、辐射诱变等方法育成的品种其祖先亲本的细胞核遗传贡献率均为 100%；凡杂交育成的品种其双亲的核遗传贡献均为 50%，每一亲本再按均等分割方法上推其双亲，直至祖先亲本，这样每一育成品种的各祖先亲本核遗传贡献率总和应等于 100%。不论自然变异选择或杂交育种，每一个变异后代从上代或其亲本实际所获的种质是有差异的，这里所计算的祖先亲本核遗传贡献率是指总体或平均的情况。

遗传基础：育成品种不论何种育种方法只有 1 个细胞质来源，只需溯源母本的亲本直至其祖先亲本，其细胞质遗传贡献率为 100%。品种细胞质来源、传递路径等遗传基础分析依据品种系谱图得出；品种细胞核来源等遗传基础信息是依据祖先亲本表中信息获得。

目录

第一章　菜用大豆

1 鑫豆1号

鑫豆1号品种简介

【品种来源】鑫豆1号是郭喜芳、吕文顺以日本豆鹤娘为种源，经区域训化，系谱法选育而成。审定编号：黑审豆2015023。

【植株性状】白花，圆叶，白色茸毛，荚弓形，成熟荚黄色。有限结荚习性，株高45cm左右，有分枝。

【籽粒特点】菜用大豆品种。籽粒扁圆形，种皮黄色，无光泽，种脐黄色，百粒重40.0g。籽粒粗蛋白含量42.20%，粗脂肪含量19.30%。

【生育日数】在适应区从出苗至成熟生育日数114d左右，需≥10℃活动积温2140℃左右。

【抗病鉴定】接种鉴定抗大豆灰斑病。

【产量表现】2011—2012年区域试验平均产量2672.0kg/hm²，较对照品种黑河36平均增产7.9%，2013—2014年生产试验平均产量2271.0kg/hm²，较对照品种黑河36平均增产9.4%。

【适应区域】适宜黑龙江省第四积温带下限和第五积温带上限种植。

鑫豆1号遗传基础

鑫豆1号细胞质100%来源于鹤娘，历经1轮传递与选育，细胞质传递过程为鹤娘→鑫豆1号。（详见图1-1）

鑫豆1号细胞核来源于鹤娘1个祖先亲本，分析其核遗传贡献率并注明祖先亲本来源，从而揭示该品种遗传基础，为大豆育种亲本的选择利用提供参考。（详见表1-1）

表1-1　鑫豆1号祖先亲本

品种名称	父母本	祖先亲本	祖先亲本核遗传贡献率/%	祖先亲本来源
鑫豆1号	日本豆鹤娘	鹤娘	100.00	日本品种

鹤娘

↓

鑫豆1号

图1-1　鑫豆1号系谱图

2 北亿 8 号

北亿 8 号品种简介

【品种来源】北亿 8 号是黑龙江北亿农业科技开发有限公司从北疆 2 号变异株中选育而成。审定名称：北亿 8，审定编号：黑审豆 2017029。

【植株性状】白花，椭圆叶，灰色茸毛，荚微弯镰形，成熟荚黄褐色。亚有限结荚习性，株高 75cm 左右，有分枝。

【籽粒特点】菜用大豆品种。籽粒圆形，种皮浅黄色，有光泽，种脐黄色，百粒重 32.0g 左右。籽粒粗蛋白含量 40.91%，粗脂肪含量 19.64%。

【生育日数】在适应区从出苗至成熟生育日数 116d 左右，需≥10℃活动积温 2200℃左右。

【抗病鉴定】接种鉴定抗大豆灰斑病。

【产量表现】2014—2015 年区域试验平均产量 2415.8kg/hm²，较对照品种华菜豆 1 号平均增产 8.1%，2016 年生产试验平均产量 2406.3kg/hm²，较对照品种华菜豆 1 号平均增产 8.0%。

【适应区域】适宜黑龙江省第四积温带种植。

北亿 8 号遗传基础

北亿 8 号细胞质 100% 来源于四粒黄，历经 9 轮传递与选育，细胞质传递过程为四粒黄→黄宝珠→满仓金→合交 13→（合交 13×黑河 51）→北丰 3 号→北丰 8 号→北疆 94-384→华疆 2 号→北亿 8 号。（详见图 1-2）

北亿 8 号细胞核来源于逊克当地种、五顶珠、白眉、克山四粒荚、大白眉、小粒豆 9 号、四粒黄、金元、十胜长叶等 9 个祖先亲本，分析其核遗传贡献率并注明祖先亲本来源，从而揭示该品种遗传基础，为大豆育种亲本的选择利用提供参考。（详见表 1-2）

表 1-2　北亿 8 号祖先亲本

品种名称	父母本	祖先亲本	祖先亲本核遗传贡献率/%	祖先亲本来源
北亿 8 号	北疆 2 号变异株	逊克当地种	18.75	黑龙江省逊克地方品种
		五顶珠	12.50	黑龙江省绥化地方品种
		白眉	24.22	黑龙江省克山地方品种
		克山四粒荚	4.69	黑龙江省克山地方品种
		大白眉	6.25	黑龙江省克山地方品种
		小粒豆 9 号	6.25	黑龙江省勃利地方品种
		四粒黄	10.55	吉林省公主岭地方品种
		金元	10.55	辽宁省开原地方品种
		十胜长叶	6.25	日本品种

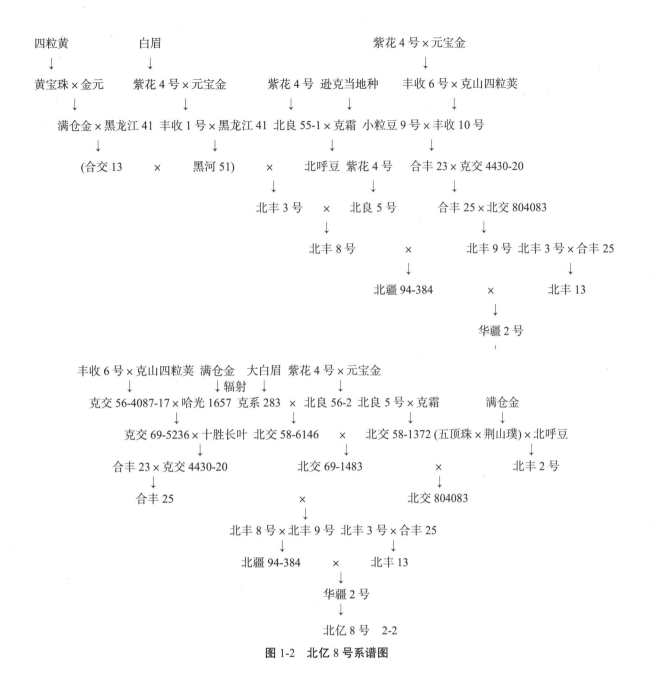

图 1-2 北亿 8 号系谱图

3 五豆 13

五豆 13 品种简介

【**品种来源**】五豆 13 是五大连池市富民种子集团有限公司从鲜食毛豆群体中选择变异株，系谱法选择育成。审定编号：黑审豆 20210054。

【**植株性状**】白花，圆叶，灰色茸毛，荚弯廉形，成熟荚褐色。有限结荚习性，株高 79.5cm 左右，有分枝。

【籽粒特点】大粒鲜食品种。种子圆形，种皮绿色，无光泽，种脐绿色，百粒重 28.9g 左右。籽粒粗蛋白含量 39.95%，粗脂肪含量 19.29%。

【生育日数】在适应区出苗至成熟生育日数 118d 左右，需≥10℃活动积温 2350℃左右。

【抗病鉴定】接种鉴定中抗大豆灰斑病。

【产量表现】2019—2020 年区域试验鲜荚平均产量 14019.3kg/hm²，较对照品种中科毛豆 1 号平均增产 8.1%。

【适应区域】适宜在黑龙江省第二积温带≥10℃活动积温 2500℃区域种植。

五豆 13 遗传基础

五豆 13 细胞质 100% 来源于鲜食毛豆群体变异株，历经 1 轮传递与选育，细胞质传递过程为鲜食毛豆群体变异株→五豆 13。（详见图 1-3）

五豆 13 细胞核来源于鲜食毛豆群体变异株 1 个祖先亲本，分析其核遗传贡献率并注明祖先亲本来源，从而揭示该品种遗传基础，为大豆育种亲本的选择利用提供参考。（详见表 1-3）

表 1-3 五豆 13 祖先亲本

品种名称	父母本	祖先亲本	祖先亲本核遗传贡献率/%	祖先亲本来源
五豆 13	鲜食毛豆群体变异株	鲜食毛豆群体变异株	100.00	黑龙江省五大连池市富民种子集团有限公司材料

鲜食毛豆群体变异株
↓
五豆 13

图 1-3 五豆 13 系谱图

4 华菜豆 1 号

华菜豆 1 号品种简介

【品种来源】华菜豆 1 号是黑龙江农垦科研育种中心华疆科研所、北安市华疆种业有限责任公司、黑龙江北大荒种业集团有限公司以铁 918 为母本，垦鉴豆 27 为父本杂交，经多年选择育成。审定编号：黑审豆 2011020。

【植株性状】紫花，尖叶，灰色茸毛，荚弯镰形，成熟荚褐色。亚有限结荚习性，株高 80cm 左右。

【籽粒特点】籽粒圆形，种皮黄色，有光泽，种脐黄色，百粒重 30g 左右。籽粒粗蛋白含量 42.02%，粗脂肪含量 20.24%。

【生育日数】在适应区从出苗至成熟生育日数 115d 左右，需≥10℃活动积温 2220℃左右。

【抗病鉴定】接种鉴定中抗大豆灰斑病。

【产量表现】2007—2008 年区域试验平均产量 2476.6kg/hm²，较对照品种黑河 43 平均增产 5.8%，2009—2010 年生产试验平均产量 2378.5kg/hm²，较对照品种黑河 43 平均增产 8.4%。

【适应区域】黑龙江省第四积温带鲜食种植。

华菜豆 1 号遗传基础

华菜豆 1 号细胞质 100%来源于白眉，历经 8 轮传递与选育，细胞质传递过程为白眉→紫花 4 号→丰收 1 号→黑河 54→（黑河 54×边 3014）F₃→九丰 3 号→铁 141→铁 918→华菜豆 1 号。（详见图 1-4）

华菜豆 1 号细胞核来源于逊克当地种、白眉、克山四粒荚、大白眉、蓑衣领、小粒豆 9 号、边 3014、边 65-4、四粒黄、金元、黑龙江 41、日本丰娘、十胜长叶等 13 个祖先亲本，分析其核遗传贡献率并注明祖先亲本来源，从而揭示该品种遗传基础，为大豆育种亲本的选择利用提供参考。（详见表 1-4）

表 1-4 华菜豆 1 号祖先亲本

品种名称	母本	父本	祖先亲本	祖先亲本核遗传贡献率/%	祖先亲本来源
华菜豆 1 号	铁 918	垦鉴豆 27	逊克当地种	6.25	黑龙江省逊克地方品种
			白眉	23.83	黑龙江省克山地方品种
			克山四粒荚	2.34	黑龙江省克山地方品种
			大白眉	3.13	黑龙江省克山地方品种
			蓑衣领	3.13	黑龙江省西部龙江草原地方品种
			小粒豆 9 号	3.13	黑龙江省勃利地方品种
			边 3014	6.25	黑龙江省材料
			边 65-4	12.50	黑龙江省材料
			四粒黄	4.10	吉林省公主岭地方品种
			金元	4.10	辽宁省开原地方品种
			黑龙江 41	3.13	俄罗斯材料
			日本丰娘	25.00	日本品种
			十胜长叶	3.13	日本品种

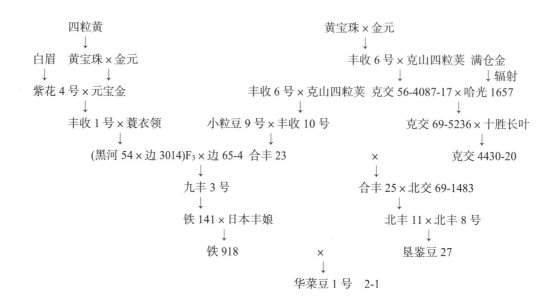

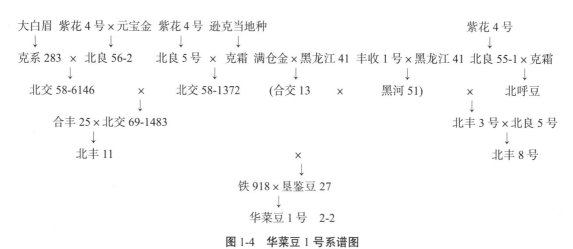

图 1-4　华菜豆 1 号系谱图

5 龙达菜豆 2 号

龙达菜豆 2 号品种简介

【品种来源】龙达菜豆 2 号是北安市大龙种业有限责任公司以华疆 965 为母本，台毛豆 112 为父本杂交，经多年选择育成。审定编号：黑审豆 2019Z0003。

【植株性状】紫花，圆叶，灰色茸毛，荚弯镰形，成熟荚褐色。亚有限结荚习性，株高 90cm 左右，有分枝。

【籽粒特点】特种品种（鲜食大粒品种）。籽粒椭圆形，种皮黄色，有光泽，种脐黄色，百粒鲜重 90.3g。鲜籽粒粗蛋白含量 11.44%，粗脂肪含量 4.50%，可溶性糖含量 1.37%，水分 71.9%。

【生育日数】在适应区从出苗至成熟生育日数 110d 左右，需 ≥10℃ 活动积温 2150℃ 左右。

【抗病鉴定】接种鉴定抗大豆灰斑病。

【产量表现】2016—2017 年区域试验鲜荚平均产量 12766.7kg/hm²，较对照品种华菜豆 1 号平均增产 11.5%，2018 年生产试验鲜荚平均产量 12733.3kg/hm²，较对照品种华菜豆 1 号平均增产 13.3%。

【适应区域】适宜在黑龙江省≥10℃活动积温 2150℃区域做鲜食大豆种植。

龙达菜豆 2 号遗传基础

龙达菜豆 2 号细胞质 100%来源于白眉，历经 9 轮传递与选育，细胞质传递过程为白眉→紫花 4 号→丰收 1 号→黑河 54→（黑河 54×边 3014）F₃→九丰 3 号→铁 141→铁 918→华疆 965→龙达菜豆 2 号。（详见图 1-5）

龙达菜豆 2 号细胞核来源于逊克当地种、白眉、克山四粒荚、大白眉、蓑衣领、小粒豆 9 号、边 3014、边 65-4、四粒黄、金元、台毛豆 112、黑龙江 41、日本丰娘、十胜长叶等 14 个祖先亲本，分析其核遗传贡献率并注明祖先亲本来源，从而揭示该品种遗传基础，为大豆育种亲本的选择利用提供参考。（详见表 1-5）

表 1-5 龙达菜豆 2 号祖先亲本

品种名称	母本	父本	祖先亲本	祖先亲本核遗传贡献率/%	祖先亲本来源
龙达菜豆 2 号	华疆 965	台毛豆 112	逊克当地种	3.13	黑龙江省逊克地方品种
			白眉	11.91	黑龙江省克山地方品种
			克山四粒荚	1.17	黑龙江省克山地方品种
			大白眉	1.56	黑龙江省克山地方品种
			蓑衣领	1.56	黑龙江省西部龙江草原地方品种
			小粒豆 9 号	1.56	黑龙江省勃利地方品种
			边 3014	3.13	黑龙江省材料
			边 65-4	6.25	黑龙江省材料
			四粒黄	2.05	吉林省公主岭地方品种
			金元	2.05	辽宁省开原地方品种
			台毛豆 112	50.00	中国台湾材料
			黑龙江 41	1.56	俄罗斯材料
			日本丰娘	12.50	日本品种
			十胜长叶	1.56	日本品种

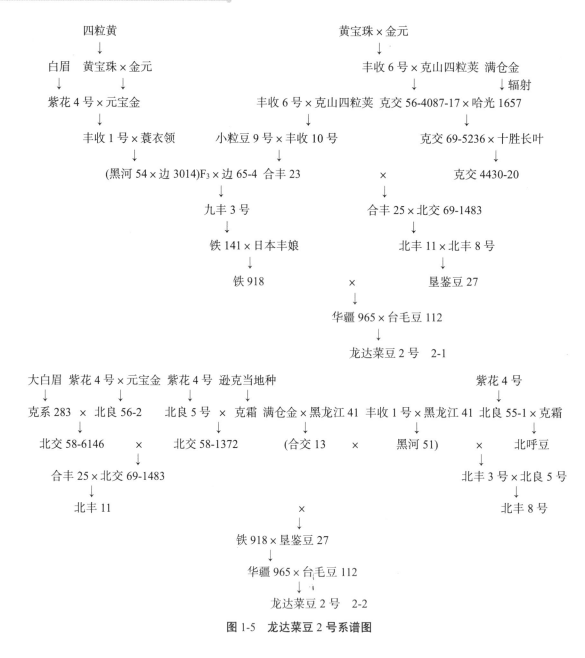

图 1-5　龙达菜豆 2 号系谱图

6　龙达 6 号

龙达 6 号品种简介

【品种来源】龙达 6 号是北安市大龙种业有限责任公司以华疆 965 为母本，台毛豆 112 为父本杂交，经多年选择育成。审定编号：黑审豆 20200072。

【植株性状】紫花，圆叶，灰色茸毛，荚弯镰形，成熟荚褐色。无限结荚习性，株高 92cm 左右，有分枝。

【籽粒特点】特种品种（鲜食大粒）。籽粒圆形，种皮黄色，有光泽，种脐黄色，百粒重 32.5g 左右，百粒鲜重 84.4g 左右。籽粒粗蛋白含量 39.89%，粗脂肪含量 20.25%。鲜籽粒粗蛋白含量 10.30%，粗脂肪含量 5.30%，可溶性糖含量 2.31%，水分 73.1%。

【生育日数】在适应区从出苗至成熟生育日数 113d 左右，需≥10℃活动积温 2150℃左右。

【抗病鉴定】接种鉴定高抗大豆灰斑病。

【产量表现】2017—2018 年区域试验鲜荚平均产量 12864.5kg/hm²，较对照品种华菜豆 1 号平均增产 11.2%，2019 年生产试验鲜荚平均产量 15112.7kg/hm²，较对照品种华菜豆 1 号平均增产 11.0%。

【适应区域】适宜在黑龙江省第四积温带≥10℃活动积温 2250℃区域种植。

龙达 6 号遗传基础

龙达 6 号细胞质 100% 来源于白眉，历经 9 轮传递与选育，细胞质传递过程为白眉→紫花 4 号→丰收 1 号→黑河 54→（黑河 54×边 3014）F₃→九丰 3 号→铁 141→铁 918→华疆 965→龙达 6 号。（详见图 1-6）

龙达 6 号细胞核来源于逊克当地种、白眉、克山四粒荚、大白眉、蓑衣领、小粒豆 9 号、边 3014、边 65-4、四粒黄、金元、台毛豆 112、黑龙江 41、日本丰娘、十胜长叶等 14 个祖先亲本，分析其核遗传贡献率并注明祖先亲本来源，从而揭示该品种遗传基础，为大豆育种亲本的选择利用提供参考。（详见表 1-6）

表 1-6　龙达 6 号祖先亲本

品种名称	母本	父本	祖先亲本	祖先亲本核遗传贡献率/%	祖先亲本来源
龙达 6 号	华疆 965	台毛豆 112	逊克当地种	3.13	黑龙江省逊克地方品种
			白眉	11.91	黑龙江省克山地方品种
			克山四粒荚	1.17	黑龙江省克山地方品种
			大白眉	1.56	黑龙江省克山地方品种
			蓑衣领	1.56	黑龙江省西部龙江草原地方品种
			小粒豆 9 号	1.56	黑龙江省勃利地方品种
			边 3014	3.13	黑龙江省材料
			边 65-4	6.25	黑龙江省材料
			四粒黄	2.05	吉林省公主岭地方品种
			金元	2.05	辽宁省开原地方品种
			台毛豆 112	50.00	中国台湾材料
			黑龙江 41	1.56	俄罗斯材料
			日本丰娘	12.50	日本品种
			十胜长叶	1.56	日本品种

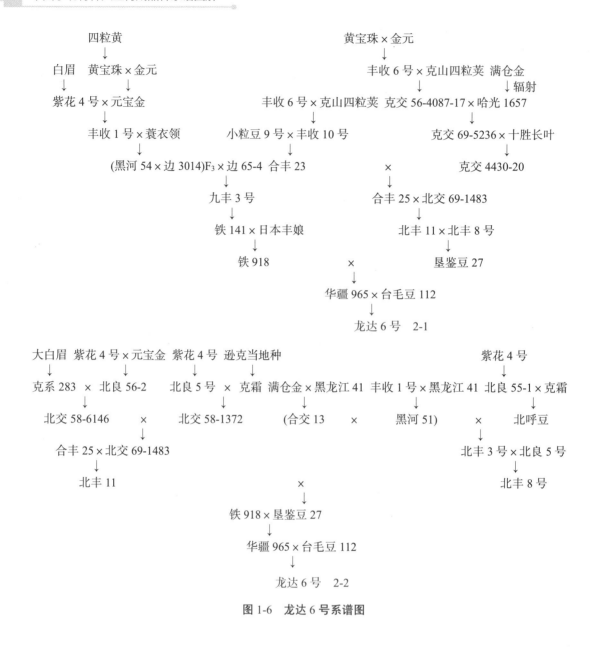

图 1-6　龙达 6 号系谱图

7 庆鲜豆 1 号

庆鲜豆 1 号品种简介

【品种来源】庆鲜豆 1 号是大庆市庆农西瓜研究所以早毛豆为母本，极早生为父本杂交，经多年选择育成。审定编号：黑审豆 2005013。

【植株性状】紫花，圆叶，棕色茸毛。有限结荚习性，株高 70cm 左右，分枝 2～3 个，株型收敛。

【籽粒特点】鲜食类型。籽粒圆形，种皮淡绿色，子叶淡绿色，种脐茶色，百粒重 30g 左右。籽粒粗蛋白含量 38.74%，粗脂肪含量 19.76%。

【生育日数】在适应区出苗至采鲜荚生育日数 80d 左右，需≥10℃活动积温 1600℃左右。在适应区出苗至成熟生育日数 116d，需≥10℃活动积温 2300℃左右。

【抗病鉴定】接种鉴定中抗大豆灰斑病。

【产量表现】2002—2004 年区域试验鲜荚平均产量 12179.0kg/hm²，较对照品种绥农 14 平均增产 8.8%，2004 年生产试验鲜荚平均产量 13463.9kg/hm²，较对照品种绥农 14 平均增产 11.8%。

【适应区域】黑龙江省第一至第四积温带鲜食栽培。

庆鲜豆 1 号遗传基础

庆鲜豆 1 号细胞质 100% 来源于早毛豆，历经 1 轮传递与选育，细胞质传递过程为早毛豆→庆鲜豆 1 号。（详见图 1-7）

庆鲜豆 1 号细胞核来源于早毛豆、极早生等 2 个祖先亲本，分析其核遗传贡献率并注明祖先亲本来源，从而揭示该品种遗传基础，为大豆育种亲本的选择利用提供参考。（详见表 1-7）

表 1-10　庆鲜豆 1 号祖先亲本

品种名称	母本	父本	祖先亲本	祖先亲本核遗传贡献率/%	祖先亲本来源
庆鲜豆 1 号	早毛豆	极早生	早毛豆	50.00	云南省地方品种
			极早生	50.00	云南省地方品种

早毛豆×极早生
↓
庆鲜豆 1 号

图 1-7　庆鲜豆 1 号系谱图

8　庆鲜豆 2 号

庆鲜豆 2 号品种简介

【品种来源】庆鲜豆 2 号是黑龙江省庆发农业发展有限公司以早毛豆为母本，极早生为父本杂交，经多年选择育成。审定编号：黑审豆 2008021。

【植株性状】白花，圆叶，白色茸毛，荚镰刀形，成熟荚棕黄色。有限结荚习性，株高 60cm 左右。

【籽粒特点】籽粒圆形，种皮淡绿色，无光泽，种脐白绿色，百粒重 33g 左右。籽粒粗蛋白含量 38.87%，粗脂肪含量 19.78%。

【生育日数】在适应区出苗至采鲜荚生育日数 72～82d，需≥10℃活动积温 1650℃左右。在适应区出苗至成熟生育日数 110d 左右，需≥10℃活动积温 2300℃左右。

【抗病鉴定】接种鉴定中抗大豆灰斑病。

【产量表现】2005—2006 年区域试验平均产量 3366.9kg/hm²，较对照品种庆鲜豆 1 号平均增产 10.4%，2007 年生产验平均产量 3499.1kg/hm²，较对照品种庆鲜豆 1 号平均增产 7.4%。

【适应区域】黑龙江省第一至第三积温带鲜食种植。

庆鲜豆 2 号遗传基础

庆鲜豆 2 号细胞质 100%来源于早毛豆，历经 1 轮传递与选育，细胞质传递过程为早毛豆→庆鲜豆 2 号。（详见图 1-8）

庆鲜豆 2 号细胞核来源于极早生、早毛豆等 2 个祖先亲本，分析其核遗传贡献率并注明祖先亲本来源，从而揭示该品种遗传基础，为大豆育种亲本的选择利用提供参考。（详见表 1-8）

表 1-8 庆鲜豆 2 号祖先亲本

品种名称	母本	父本	祖先亲本	祖先亲本核遗传贡献率/%	祖先亲本来源
庆鲜豆 2 号	早毛豆	极早生	早毛豆	50.00	云南省地方品种
			极早生	50.00	云南省地方品种

早毛豆×极早生
↓
庆鲜豆 2 号

图 1-8 庆鲜豆 2 号系谱图

9 正绿毛豆 1 号

正绿毛豆 1 号品种简介

【品种来源】正绿毛豆 1 号是黑龙江中正农业发展有限公司以 06-113 为母本，07-12 为父本杂交，经多年选择育成。审定编号：黑审豆 2019Z0009。

【植株性状】白花，圆叶，灰色茸毛，荚弯镰形，成熟荚褐色。亚有限结荚习性，株高 50cm 左右。

【籽粒特点】籽粒椭圆形，种皮绿色，无光泽，种脐褐色，百粒鲜重 71g 左右。鲜籽粒粗蛋白含量 16.15%，粗脂肪含量 8.70%，可溶性糖含量 2.31%。

【生育日数】在适应区从出苗至成熟生育日数 120d 左右，需≥10℃活动积温 2450℃左右。

【抗病鉴定】接种鉴定中抗大豆灰斑病。

【产量表现】2016—2017 年自主区域试验鲜荚平均产量 14893.9kg/hm²，较对照品种合丰 50 平均增产 15.6%，2018 年生产试验鲜荚平均产量 14798.0kg/hm²，较对照品种合丰 50 平均增产 13.6%。

【适应区域】适宜在黑龙江省≥10℃活动积温 2450℃区域做鲜食大豆种植。

正绿毛豆 1 号遗传基础

正绿毛豆 1 号细胞质 100%来源于 06-113，历经 1 轮传递与选育，细胞质传递过程为 06-113→正绿毛豆 1 号。（详见图 1-9）

正绿毛豆 1 号细胞核来源于 06-113、07-12 等 2 个祖先亲本，分析其核遗传贡献率并注明祖先亲本来源，从而揭示该品种遗传基础，为大豆育种亲本的选择利用提供参考。（详见表 1-9）

表 1-9 正绿毛豆 1 号祖先亲本

品种名称	母本	父本	祖先亲本	祖先亲本核遗传贡献率/%	祖先亲本来源
正绿毛豆 1 号	06-113	07-12	06-113	50.00	黑龙江中正农业发展有限公司材料
			07-12	50.00	黑龙江中正农业发展有限公司材料

$$06\text{-}113 \times 07\text{-}12$$
$$\downarrow$$
$$正绿毛豆 1 号$$

图 1-9 正绿毛豆 1 号系谱图

10 龙菽 1 号

龙菽 1 号品种简介

【品种来源】龙菽 1 号是绥化市北林区种子公司以宝交 89-5164 为母本，北 87-9 为父本杂交，经多年选择育成。审定编号：黑审豆 2005014。

【植株性状】白花，长叶，灰色茸毛，荚弯镰形，成熟荚褐色。亚有限结荚习性，株高 90cm 左右，分枝少，主茎节数 16 个，3、4 粒荚多。

【籽粒特点】鲜食类型。籽粒圆形，种皮黄色，种脐黄色，百粒重 25～27g。籽粒粗蛋白含量 40.77%，粗脂肪含量 19.72%。

【生育日数】在适应区从出苗至成熟生育日数 105d 左右，需≥10℃活动积温 2200℃左右。

【抗病鉴定】接种鉴定中抗大豆灰斑病。

【产量表现】2002—2003 年区域试验平均产量 2795.0kg/hm²，较对照品种台湾 292 平均增产 22.9%，2004 年生产试验平均产量 2840.8kg/hm²，较对照品种台湾 292 平均增产 31.3%。

【适应区域】黑龙江省第二、三积温带鲜食栽培。

龙菽 1 号遗传基础

龙菽 1 号细胞质 100% 来源于小粒豆 9 号，历经 4 轮传递与选育，细胞质传递过程为小粒豆 9 号→合丰 23→合丰 25→宝交 89-5164→龙菽 1 号。（详见表 1-10）

龙菽 1 号细胞核来源于逊克当地种、白眉、克山四粒荚、大白眉、小粒豆 9 号、哈 83-1065、四粒黄、金元、十胜长叶等 9 个祖先亲本，分析其核遗传贡献率并注明祖先亲本来源，从而揭示该品种遗传基础，为大豆育种亲本的选择利用提供参考。（详见表 1-10）

表 1-10　龙莍 1 号祖先亲本

品种名称	母本	父本	祖先亲本	祖先亲本核遗传贡献率/%	祖先亲本来源
龙莍 1 号	宝交 89-5164	北 87-9	逊克当地种	6.25	黑龙江省逊克地方品种
			白眉	14.06	黑龙江省克山地方品种
			克山四粒荚	9.38	黑龙江省克山地方品种
			大白眉	6.25	黑龙江省克山地方品种
			小粒豆 9 号	12.50	黑龙江省勃利地方品种
			哈 83-1065	25.00	黑龙江省农业科学院大豆研究所材料
			四粒黄	7.03	吉林省公主岭地方品种
			金元	7.03	辽宁省开原地方品种
			十胜长叶	12.50	日本品种

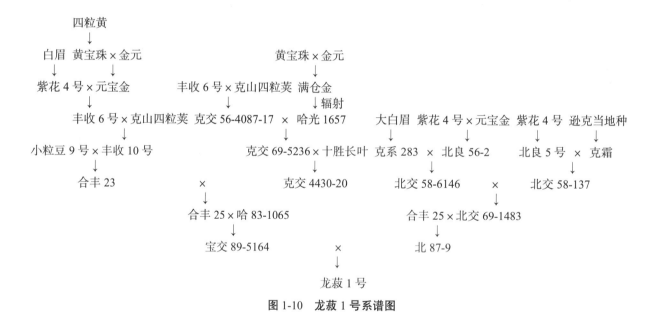

图 1-10　龙莍 1 号系谱图

11　金臣 1885

金臣 1885 品种简介

【品种来源】金臣 1885 是哈尔滨市盛和源大豆科研所以盛豆 318 为母本，盛豆 105 为父本杂交，经多年选择育成。审定编号：黑审豆 2019Z0002。

【植株性状】白花，尖叶，灰色茸毛，荚弯镰形，成熟荚褐色。亚有限结荚习性，株高 85cm 左右。

【籽粒特点】特种品种（鲜食大粒品种）。籽粒圆形，种皮黄色，有光泽，种脐黄色，百粒重 26g 左右。籽粒粗蛋白含量 43.60%，粗脂肪含量 18.54%。

【生育日数】在适应区从出苗至成熟生育日数 105d 左右，需≥10℃活动积温 2050℃左右。

【抗病鉴定】接种鉴定感大豆灰斑病。

【产量表现】2016—2017 年自主区域试验鲜荚平均产量 14286.7kg/hm²，较对照品种小白毛平均增产 8.1%，2018 年生产试验鲜荚平均产量 11962.6kg/hm²，较对照品种小白毛平均增产 10.4%。

【适应区域】适宜在黑龙江省≥10℃活动积温 2050℃区域做鲜食大豆种植。

金臣 1885 遗传基础

金臣 1885 细胞质 100% 来源于盛豆 318，历经 1 轮传递与选育，细胞质传递过程为盛豆 318→金臣 1885。（详见图 1-11）

金臣 1885 细胞核来源于盛豆 105、盛豆 318 等 2 个祖先亲本，分析其核遗传贡献率并注明祖先亲本来源，从而揭示该品种遗传基础，为大豆育种亲本的选择利用提供参考。（详见表 1-11）

表 1-11　金臣 1885 祖先亲本

品种名称	母本	父本	祖先亲本	祖先亲本核遗传贡献率/%	祖先亲本来源
金臣 1885	盛豆 318	盛豆 105	盛豆 105	50.00	哈尔滨市盛和源大豆科研所材料
			盛豆 318	50.00	哈尔滨市盛和源大豆科研所材料

盛豆 318 × 盛豆 105
↓
金臣 1885

图 1-11　金臣 1885 系谱图

12　东农豆 245

东农豆 245 品种简介

【品种来源】东农豆 245 是东北农业大学以东农 410 为母本，东农 57 为父本杂交，经多年选择育成。审定编号：黑审豆 2019Z0006。

【植株性状】紫花，长叶，灰色茸毛，荚弯镰形，成熟荚褐色。亚有限结荚习性，株高 100cm 左右。

【籽粒特点】特种品种（鲜食大粒品种）。籽粒圆形，种皮黄色，有光泽，种脐淡黄色，百粒重 25g 左右。籽粒粗蛋白含量 42.15%，粗脂肪含量 16.49%。鲜籽粒粗蛋白含量 13.14%，粗脂肪含量 5.6%，可溶性糖含量 1.90%，水分 68.6%。

【生育日数】在适应区从出苗至成熟生育日数 115d 左右，需≥10℃活动积温 2300℃左右。

【抗病鉴定】接种鉴定中抗大豆灰斑病。

【产量表现】2016—2017 年自主区域试验鲜荚平均产量 11857.1kg/hm²，较对照品种华菜豆 1 号平均增产 9.2%，2018 年生产试验鲜荚平均产量 12021.1kg/hm²，较对照品种华菜豆 1 号平均增产 11.7%。

【适应区域】适宜在黑龙江省≥10℃活动积温2300℃区域做鲜食大豆种植。

东农豆 245 遗传基础

东农豆245细胞质100%来源于东农410，历经1轮传递与选育，细胞质传递过程为东农410→东农豆245。（详见图1-12）

东农豆245细胞核来源于青皮豆、东农960002、东农410等3个祖先亲本，分析其核遗传贡献率并注明祖先亲本来源，从而揭示该品种遗传基础，为大豆育种亲本的选择利用提供参考。（详见表1-12）

表1-12　东农豆245祖先亲本

品种名称	母本	父本	祖先亲本	祖先亲本核遗传贡献率/%	祖先亲本来源
东农豆 245	东农 410	东农 57	青皮豆	25.00	黑龙江省地方品种
			东农 960002	25.00	东北农业大学材料
			东农 410	50.00	东北农业大学材料

青皮豆 × 东农 960002
↓
东农 410 × 东农 57
↓
东农豆 245

图 1-12　东农豆 245 系谱图

13 农垦人 1 号

农垦人 1 号品种简介

【品种来源】农垦人1号是东北农业大学以东农57为母本，东农96002为父本杂交，经多年选择育成。审定编号：黑审豆2019Z0004。

【植株性状】白花，圆叶，棕色茸毛，荚弯镰形，成熟荚褐色。有限结荚习性，株高82cm左右。

【籽粒特点】特种品种（绿色大粒品种）。籽粒圆形，种皮绿色，有光泽，种脐淡黄色，百粒重30g左右。籽粒粗蛋白含量42.72%，粗脂肪含量17.75%。鲜籽粒粗蛋白含量12.26%，粗脂肪含量5.40%，可溶性糖含量1.14%，水分70.5%。

【生育日数】在适应区从出苗至成熟生育日数115d左右，需≥10℃活动积温2300℃左右。

【抗病鉴定】接种鉴定抗大豆灰斑病。

【产量表现】2016—2017年自主区域试验鲜荚平均产量12908.8kg/hm²，较对照品种北豆40平均增产9.5%，2018年生产试验鲜荚平均产量12786.9kg/hm²，较对照品种北豆40平均增产9.3%。

【适应区域】适宜在黑龙江省≥10℃活动积温2300℃区域做鲜食大豆种植。

农垦人 1 号遗传基础

农垦人 1 号细胞质 100% 来源于青皮豆，历经 2 轮传递与选育，细胞质传递过程为青皮豆→东农 57→农垦人 1 号。（详见图 1-13）

农垦人 1 号细胞核来源于青皮豆、东农 96002、东农 960002 等 3 个祖先亲本，分析其核遗传贡献率并注明祖先亲本来源，从而揭示该品种遗传基础，为大豆育种亲本的选择利用提供参考。（详见表 1-13）

表 1-13　农垦人 1 号祖先亲本

品种名称	母本	父本	祖先亲本	祖先亲本核遗传贡献率/%	祖先亲本来源
农垦人 1 号	东农 57	东农 96002	青皮豆	25.00	黑龙江省地方品种
			东农 96002	50.00	东北农业大学材料
			东农 960002	25.00	东北农业大学材料

青皮豆 × 东农 960002
↓
东农 57 × 东农 96002
↓
农垦人 1 号

图 1-13　农垦人 1 号系谱图

14　东庆 20

东庆 20 品种简介

【品种来源】东庆 20 是东北农业大学（申请者：五大连池市庆丰种业有限公司）以边 118 为母本，边 308 为父本杂交，经多年选择育成。审定编号：黑审豆 2019Z0007。

【植株性状】白花，长叶，灰色茸毛，荚弯镰形，成熟荚褐色。亚有限结荚习性，株高 95cm 左右。

【籽粒特点】特种品种（鲜食大粒品种）。籽粒圆形，种皮黄色，有光泽，种脐淡褐色，百粒重 25g 左右，百粒鲜重 50g。籽粒粗蛋白含量 41.86%，粗脂肪含量 18.69%。鲜籽粒粗蛋白含量 12.23%，粗脂肪含量 5.6%，可溶性糖含量 1.28%，水分 70.5%。

【生育日数】在适应区从出苗至成熟生育日数 110d 左右，需 ≥10℃ 活动积温 2150℃ 左右。

【抗病鉴定】接种鉴定中抗大豆灰斑病。

【产量表现】2016—2017 年自主区域试验鲜荚平均产量 11760.6kg/hm²，较对照品种华菜豆 1 号平均增产 9.4%，2018 年生产试验鲜荚平均产量 12082.1kg/hm²，较对照品种华菜豆 1 号平均增产 9.5%。

【适应区域】适宜在黑龙江省 ≥10℃ 活动积温 2150℃ 区域做鲜食大豆种植。

东庆 20 遗传基础

东庆 20 细胞质 100% 来源于边 118，历经 1 轮传递与选育，细胞质传递过程为边 118→东庆 20。（详见图 1-14）

东庆 20 细胞核来源于边 118、边 308 等 2 个祖先亲本，分析其核遗传贡献率并注明祖先亲本来源，从而揭示该品种遗传基础，为大豆育种亲本的选择利用提供参考。（详见表 1-14）

表 1-14　东庆 20 祖先亲本

品种名称	母本	父本	祖先亲本	祖先亲本核遗传贡献率/%	祖先亲本来源
东庆 20	边 118	边 308	边 118	50.00	黑龙江省材料
			边 308	50.00	黑龙江省材料

边 118 × 边 308
↓
东庆 20

图 1-14　东庆 20 系谱图

15　黑农 527

黑农 527 品种简介

【品种来源】黑农 527 是黑龙江省农业科学院大豆研究所、宾县裕农达农业科学研究所（申请者：黑龙江省农业科学院大豆研究所）从日本晴 3 号群体变异株中，采用系谱法选择育成。审定编号：黑审豆 20210049。

【植株性状】紫花，圆叶，灰色茸毛，荚弯镰形，成熟荚淡黄色。有限结荚习性，株高 55cm 左右，有分枝。

【籽粒特点】大粒鲜食品种。种子圆形，种皮淡绿色，无光泽，种脐淡褐色，百粒重 35.6g 左右，百粒鲜重 70.5g 左右。籽粒粗蛋白含量 40.79%，粗脂肪含量 20.32%。鲜豆粒蛋白含量 10.60%，粗脂肪含量 5.60%，可溶性糖含量 2.17%。

【生育日数】在适应区出苗至成熟生育日数 125d 左右，需 ≥10℃ 活动积温 2550℃ 左右。

【抗病鉴定】接种鉴定中抗大豆灰斑病。

【产量表现】2018—2019 年区域试验鲜荚平均产量 14018.0kg/hm²，较对照品种东农 57 平均增产 11.2%，2019 年生产试验鲜荚平均产量 13532.2kg/hm²，较对照品种东农 57 平均增产 11.3%。

【适应区域】适宜在黑龙江省第一积温带 ≥10℃ 活动积温 2700℃ 以上南部区种植。

黑农 527 遗传基础

黑农 527 细胞质 100% 来源于日本晴 3 号，历经 1 轮传递与选育，细胞质传递过程为日本晴 3 号→黑农 527。（详见图 1-15）

黑农 527 细胞核来源于日本晴 3 号 1 个祖先亲本，分析其核遗传贡献率并注明祖先亲本来源，从而揭示该品种遗传基础，为大豆育种亲本的选择利用提供参考。（详见表 1-15）

表 1-15 黑农 527 祖先亲本

品种名称	父母本	祖先亲本	祖先亲本核遗传贡献率/%	祖先亲本来源
黑农 527	日本晴 3 号群体变异株	日本晴 3 号	100.00	日本品种

日本晴 3 号
↓
黑农 527

图 1-15 黑农 527 系谱图

16 黑农毛豆 3 号

黑农毛豆 3 号品种简介

【品种来源】黑农毛豆 3 号是黑龙江省农业科学院大豆研究所以黑农 84 为母本、日本大粒为父本杂交，经多年选择育成。审定编号：黑审豆 20210053。

【植株性状】白花，圆叶，灰色茸毛，荚弯镰形，成熟荚黄褐色。无限结荚习性，株高 70cm 左右，有分枝。

【籽粒特点】大粒鲜食品种。种子圆形，种皮黄色，有光泽，种脐黄色，百粒重 30g 左右，籽粒粗蛋白含量 39.03%，粗脂肪含量 21.33%。鲜籽粒可溶性糖含量 3.12%，籽粒粗蛋白含量 12.05%，粗脂肪含量 6.00%。

【生育日数】在适应区出苗至成熟生育日数 118d 左右，需≥10℃活动积温 2350℃左右。

【抗病鉴定】接种鉴定中抗大豆灰斑病。

【产量表现】2019 年区域试验鲜荚平均产量 14188.5kg/hm²，较对照品种中科毛豆 1 号平均增产 9.3%，2020 年生产试验鲜荚平均产量 13057.5kg/hm²，较对照品种中科毛豆 1 号平均增产 7.8%。

【适应区域】适宜在黑龙江省第二积温带≥10℃活动积温 2500℃区域种植。

黑农毛豆 3 号遗传基础

黑农毛豆 3 号细胞质 100% 来源于五顶珠，历经 9 轮传递与选育，细胞质传递过程为五顶珠→哈 5913F$_2$→黑农 16→（黑农 16×十胜长叶）F$_5$→黑农 28→（黑农 28×哈 78-8391）F$_5$→黑农 37→黑农 51→黑农 84→黑农毛豆 3 号。（详见图 1-16）

黑农毛豆 3 号细胞核来源于海伦金元、五顶珠、白眉、克山四粒荚、蓑衣领、佳木斯秃荚子、四粒黄、小粒黄、小粒豆 9 号、秃荚子、长叶大豆、东农 3 号、东农 20（黄-中-中 20）、哈 49-2158、哈 61-8134、哈 78-6289-10、D82-198、永丰豆、小金黄、四粒黄、铁荚四粒黄（黑铁荚）、嘟噜豆、金元、小金黄、熊岳小粒黄、大白眉、灰皮支、黑龙江 41、日本大粒、十胜长叶、Clark63（克拉克 63）、Merit(美丁)、花生等 33 个祖先亲本，分析其核遗传贡献率并注明祖先亲本来源，从而揭示该品种遗传基础，为大豆育种亲本的选择利用提供参考。（详见表 1-16）

表 1-16　黑农毛豆 3 号祖先亲本

品种名称	母本	父本	祖先亲本	祖先亲本核遗传贡献率/%	祖先亲本来源
黑农毛豆 3 号	黑农 84	日本大粒	海伦金元	0.59	黑龙江省海伦地方品种
			五顶珠	2.34	黑龙江省绥化地方品种
			白眉	2.47	黑龙江省克山地方品种
			克山四粒荚	1.71	黑龙江省克山地方品种
			蓑衣领	1.17	黑龙江省西部龙江草原地方品种
			佳木斯秃荚子	0.29	黑龙江省佳木斯地方品种
			四粒黄	0.59	黑龙江省东部和中部地方品种
			小粒黄	2.00	黑龙江省勃利地方品种
			小粒豆 9 号	1.17	黑龙江省勃利地方品种
			秃荚子	1.17	黑龙江省木兰地方品种
			长叶大豆	1.17	黑龙江省地方品种
			东农 3 号	0.59	东北农业大学材料
			东农 20(黄-中-中 20)	0.05	东北农业大学材料
			哈 49-2158	1.17	黑龙江省农业科学院大豆研究所材料
			哈 61-8134	1.17	黑龙江省农业科学院大豆研究所材料
			哈 78-6289-10	4.69	黑龙江省农业科学院大豆研究所材料
			D82-198	0.78	黑龙江省农业科学院大豆研究所材料
			永丰豆	0.20	吉林省永吉地方品种
			小金黄	0.20	吉林省中部平原地区地方品种
			四粒黄	5.43	吉林省公主岭地方品种
			铁荚四粒黄（黑铁荚）	1.27	吉林省中南部半山区地方品种
			嘟噜豆	0.10	吉林省中南部地方品种
			小金黄	0.10	辽宁省沈阳地方品种

续表

品种名称	母本	父本	祖先亲本	祖先亲本核遗传贡献率/%	祖先亲本来源
黑农毛豆3号	黑农84	日本大粒	熊岳小粒黄	0.10	辽宁省熊岳地方品种
			大白眉	0.29	辽宁广泛分布的地方品种
			灰皮支	3.13	山西省兴县地方品种
			黑龙江41	1.17	俄罗斯材料
			日本大粒	50.00	日本品种
			十胜长叶	6.25	日本品种
			Clark63（克拉克63）	2.34	美国品种
			Merit(美丁)	0.78	美国品种
			花生	0.39	远缘物种

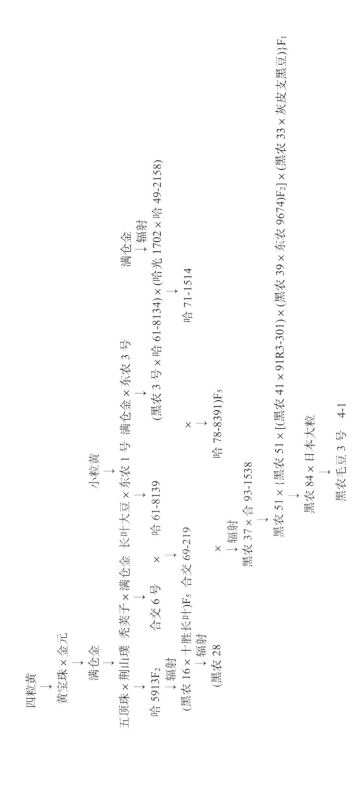

四粒黄
↓
黄宝珠 × 金元
↓
满仓金

小粒黄
↓
五顶珠 × 荆山璞　秃荚子 × 满仓金　长叶大豆 × 东农 1 号　满仓金 × 东农 3 号　满仓金
↓　　　　　　　　　　　　　　　　　　　　　　　　　　　　↓辐射
哈 5913F₂　　合交 6 号　×　哈 61-8139　　　（黑农 3 号 × 哈 61-8134）×（哈光 1702 × 哈 49-2158）
↓辐射　　　↓辐射　　　↓
（黑农 16 × 十胜长叶）F₅ 合交 69-219　　哈 71-1514
↓辐射
（黑农 28）
　　　　　×　　哈 78-8391)F₅
黑农 37 × 合 93-1538
↓辐射
黑农 51 × {黑农 51 × [黑农 41 × 91R3-301) ×（黑农 39 × 东农 9674)F₂]×（黑农 33 × 灰皮支黑豆)}F₁
↓
黑农 84 × 日本大粒
↓
黑农毛豆 3 号　4-1

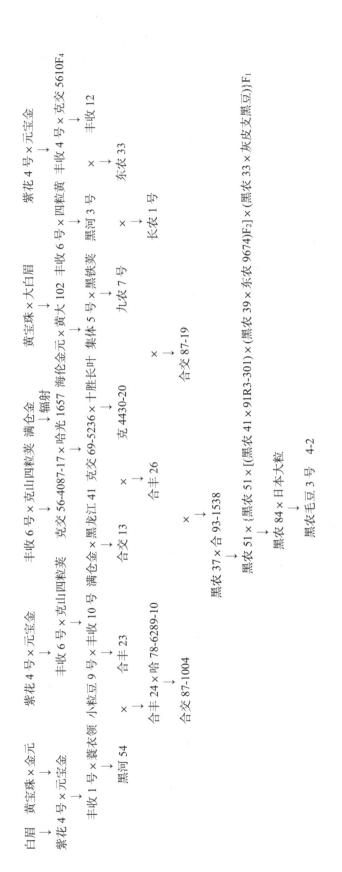

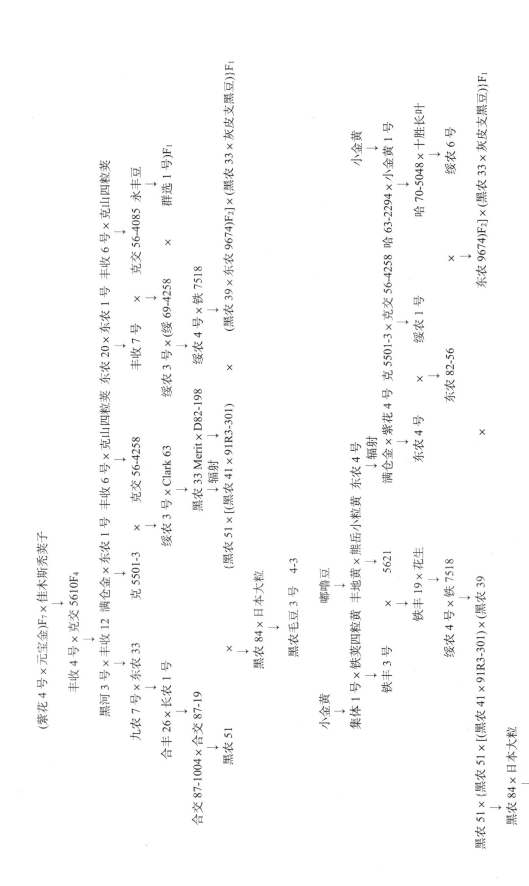

图 1-16　黑农毛豆 3 号系谱图

17　中科毛豆 1 号

中科毛豆 1 号品种简介

【品种来源】中科毛豆 1 号是中国科学院东北地理与农业生态研究所育成的菜豆品种。审定编号：黑审豆 2011019。

【植株性状】白花，圆叶，灰色茸毛。亚有限结荚习性，株高 61cm 左右，有分枝。

【籽粒特点】种皮黄色，种脐无色，百粒鲜重 73.6g。籽粒粗蛋白含量 44.20%，粗脂肪含量 18.60%，总糖含量 7.90%。

【生育日数】在适应区从出苗至成熟生育日数 114d 左右，需≥10℃活动积温 2400℃左右。

【抗病鉴定】接种鉴定中抗大豆灰斑病。

【产量表现】2008—2009 年区域试验鲜荚平均产量 7838.5kg/hm²，较对照品种台 292 平均增产 7.2%，2010 年生产试验鲜荚平均产量 7580.5kg/hm²，较对照品种台 292 平均增产 4.2%。

【适应区域】黑龙江省第一、二积温带鲜食种植。

中科毛豆 1 号遗传基础

中科毛豆 1 号细胞质 100%来源于中科-10-26，历经 1 轮传递与选育，细胞质传递过程为中科-10-26→中科毛豆 1 号。（详见图 1-17）

中科毛豆 1 号细胞核来源于中科-10-26 祖先亲本，分析其核遗传贡献率并注明祖先亲本来源，从而揭示该品种遗传基础，为大豆育种亲本的选择利用提供参考。（详见表 1-17）

表 1-17　中科毛豆 1 号祖先亲本

品种名称	父母本	祖先亲本	祖先亲本核遗传贡献率/%	祖先亲本来源
中科毛豆 1 号	中科-10-26	中科-10-26	100.00	中国科学院东北地理与农业生态研究所材料

中科-10-26
↓
中科毛豆 1 号

图 1-17　中科毛豆 1 号系谱图

18　中科毛豆 2 号

中科毛豆 2 号品种简介

【品种来源】中科毛豆 2 号是中国科学院东北地理与农业生态研究所以日本褐色豆为母本、品系中科 810 为父本杂交，经多年选择育成。审定编号：黑审豆 2014023。

【植株性状】白花，圆叶，黄棕色茸毛，荚弯镰形，成熟荚褐色。亚有限结荚习性，株高 40cm 左右，有分枝。

【籽粒特点】菜用大豆品种。籽粒椭圆形，种皮褐色，有光泽，种脐无色，百粒重 30.4g。籽粒粗蛋白含量 42.86%，粗脂肪含量 19.32%。

【生育日数】在适应区出苗至采鲜荚生育日数 75～93d，需≥10℃活动积温 1600℃左右。

【抗病鉴定】接种鉴定中抗大豆灰斑病。

【产量表现】2011—2012 年区域试验鲜荚平均产量 8750.3kg/hm²，较对照品种庆鲜豆 2 号平均增产 8.5%，2013 年生产试验鲜荚平均产量 8808.0kg/hm²，较对照品种庆鲜豆 2 号平均增产 8.3%。

【适应区域】适宜在黑龙江省第一、二积温带鲜食种植。

中科毛豆 2 号遗传基础

中科毛豆 2 号细胞质 100% 来源于日本褐色豆，历经 1 轮传递与选育，细胞质传递过程为日本褐色豆 →中科毛豆 2 号。（详见图 1-18）

中科毛豆 2 号细胞核来源于中科 810、日本褐色豆等 2 个祖先亲本，分析其核遗传贡献率并注明祖先亲本来源，从而揭示该品种遗传基础，为大豆育种亲本的选择利用提供参考。（详见表 1-18）

表 1-18　中科毛豆 2 号祖先亲本

品种名称	母本	父本	祖先亲本	祖先亲本核遗传贡献率/%	祖先亲本来源
中科毛豆 2 号	日本褐色豆	中科 810	中科 810	50.00	中国科学院东北地理与农业生态研究所材料
			日本褐色豆	50.00	日本品种

日本褐色豆 × 中科 810
↓
中科毛豆 2 号

图 1-18　中科毛豆 2 号系谱图

19　中科毛豆 3 号

中科毛豆 3 号品种简介

【品种来源】中科毛豆 3 号是中国科学院东北地理与农业生态研究所农业技术中心以札幌绿 M6 为母本、辐射品系中科 81-335 为父本杂交，经多年选择育成。审定编号：黑审豆 2019Z0010，吉审豆 20200022。

【植株性状】白花，圆叶，灰色茸毛，荚弯镰形，成熟荚褐色。亚有限结荚习性。黑龙江省试验表现：株高 56cm 左右。吉林省试验表现：株高 57.1cm，分枝型结荚，主茎节数 12.3 个，3 粒荚多。

【籽粒特点】鲜食类型品种。籽粒椭圆形，种皮淡绿色，无光泽，种脐淡黄棕色。黑龙江省试验表现：百粒重 34g，籽粒粗蛋白含量 42.46%，粗脂肪含量 19.23%。吉林省试验表现：百粒重 34g，百粒鲜重 72.5g。籽粒粗蛋白含量 41.41%，粗脂肪含量 21.46%。

【生育日数】黑龙江省试验表现：在适应区从出苗至成熟生育日数 118d 左右，需≥10℃活动积温 2350℃

左右。吉林省试验表现：在适应区从出苗至成熟生育日数 113d 左右，较对照品种吉农科毛豆 1 号晚 1d。

【抗病鉴定】黑龙江省试验表现：接种鉴定感大豆灰斑病。吉林省试验表现：接种鉴定中抗大豆花叶病毒 1 号株系，感大豆花叶病毒 3 号株系，高抗大豆灰斑病。

【产量表现】黑龙江省试验表现：2015—2017 年自主区域试验鲜荚平均产量 13510.0kg/hm²，较对照品种中科毛豆 1 号平均增产 8.1%，2018 年生产试验鲜荚平均产量 13421.0kg/hm²，较对照品种中科毛豆 1 号平均增产 7.9%。吉林省试验表现：2018—2019 年自主区域试验鲜荚平均产量 13042.5kg/hm²，比对吉农科毛豆 1 号平均增产 7.8%，2019 年生产试验鲜荚平均产量 11896.8kg/hm²，较对照品种吉农科毛豆 1 号平均增产 9.8%。

【适应区域】黑龙江省试验表现：适宜在黑龙江省≥10℃活动积温 2350℃区域做鲜食大豆种植。吉林省试验表现：适宜吉林省大豆中熟地区种植。

中科毛豆 3 号遗传基础

中科毛豆 3 号细胞质 100%来源于日本札幌绿，历经 2 轮传递与选育，细胞质传递过程为日本札幌绿→札幌绿 M6→中科毛豆 3 号。（详见图 1-19）

中科毛豆 3 号细胞核来源于辐射品系中科 81-355、日本札幌绿等 2 个祖先亲本，分析其核遗传贡献率并注明祖先亲本来源，从而揭示该品种遗传基础，为大豆育种亲本的选择利用提供参考。（详见表 1-19）

表 1-19 中科毛豆 3 号祖先亲本

品种名称	母本	父本	祖先亲本	祖先亲本核遗传贡献率/%	祖先亲本来源
中科毛豆 3 号	札幌绿 M6	中科 81-335	中科 81-335	50.00	中国科学院东北地理与农业生态研究所材料
			日本札幌绿	50.00	日本品种

日本札幌绿
↓
札幌绿 M6 × 中科 81-335
↓
中科毛豆 3 号

图 1-19 中科毛豆 3 号系谱图

20 中科毛豆 4 号

中科毛豆 4 号品种简介

【品种来源】中科毛豆 4 号是中国科学院东北地理与农业生态研究所农业技术中心以中科毛豆 1 号重离子辐射处理材料为母本，台 292 为父本杂交，经多年选择育成。审定编号：黑审豆 2019Z0005。

【植株性状】紫花，圆叶，灰色茸毛，荚弯镰形，成熟荚淡褐色。亚有限结荚习性，株高 68cm 左右，有分枝。

【籽粒特点】特种品种（鲜食大粒品种）。籽粒圆形，种皮黄色，无光泽，种脐无色，百粒重 26g 左右。籽粒粗蛋白含量 39.42%，粗脂肪含量 21.80%，可溶性糖含量 2.38%。

【生育日数】在适应区从出苗至成熟生育日数 123d 左右，需 ≥10℃ 活动积温 2600℃ 左右。

【抗病鉴定】接种鉴定中抗大豆灰斑病。

【产量表现】2016—2017 年自主区域试验鲜荚平均产量 13944.0kg/hm²，较对照品种中科毛豆 1 号平均增产 12.1%，2018 年生产试验鲜荚平均产量 13642.0kg/hm²，较对照品种中科毛豆 1 号平均增产 9.7%。

【适应区域】适宜在黑龙江省 ≥10℃ 活动积温 2600℃ 区域做鲜食大豆种植。

中科毛豆 4 号遗传基础

中科毛豆 4 号细胞质 100% 来源于中科-10-26，历经 3 轮传递与选育，细胞质传递过程为中科-10-26→中科毛豆 1 号→中科毛豆 1 号辐射后代→中科毛豆 4 号。（详见图 1-20）

中科毛豆 4 号细胞核来源于中科-10-26、台湾 292（台 292）等 2 个祖先亲本，分析其核遗传贡献率并注明祖先亲本来源，从而揭示该品种遗传基础，为大豆育种亲本的选择利用提供参考。（详见表 1-20）

表 1-20　中科毛豆 4 号祖先亲本

品种名称	母本	父本	祖先亲本	祖先亲本核遗传贡献率/%	祖先亲本来源
中科毛豆 4 号	中科毛豆 1 号辐射后代	台 292	中科-10-26	50	中国科学院东北地理与农业生态研究所材料
			台湾 292（台 292）	50	中国台湾材料

中科-10-26
↓
中科毛豆 1 号
↓辐射
中科毛豆 1 号辐射后代 × 台 292
↓
中科毛豆 4 号

图 1-20　中科毛豆 4 号系谱图

21 中科毛豆 5 号

中科毛豆 5 号品种简介

【品种来源】中科毛豆 5 号是中国科学院东北地理与农业生态研究所农业技术中心以浙鲜 8 号辐射材料为母本、中科毛豆 1 为父本杂交，经多年选择育成。审定编号：黑审豆 20210052。

【植株性状】白花，圆叶，灰色茸毛，荚弯镰形，成熟荚黄褐色。亚有限结荚习性，株高 61.5cm 左右，有分枝。

【籽粒特点】大粒鲜食品种。种子圆形，种皮绿色，有光泽，种脐无色，百粒重 35.9g 左右，籽粒粗蛋白含量 41.20%，粗脂肪含量 19.62%。鲜籽粒粗蛋白含量 11.70%，粗脂肪含量 5.90%，可溶性糖含量 3.00%，水分 69.5%。

【生育日数】在适应区出苗至成熟生育日数 125d 左右，需≥10℃活动积温 2550℃左右。

【抗病鉴定】接种鉴定感大豆灰斑病。

【产量表现】2019—2020 年区域试验平均产量 15112.1kg/hm²，较对照品种中科毛豆 1 号平均增产 12.8%。

【适应区域】适宜在黑龙江省第一积温带≥10℃活动积温 2700℃以上南部区种植。

中科毛豆 5 号遗传基础

中科毛豆 5 号细胞质 100% 来源于矮脚白毛，历经 4 轮传递与选育，细胞质传递过程为矮脚白毛→4904074→浙鲜豆 8 号→浙鲜 8 号辐射材料→中科毛豆 5 号。（详见图 1-21）

中科毛豆 5 号细胞核来源于中科-10-26、台湾 75、矮脚白毛等 3 个祖先亲本，分析其核遗传贡献率并注明祖先亲本来源，从而揭示该品种遗传基础，为大豆育种亲本的选择利用提供参考。（详见表 1-21）

表 1-21　中科毛豆 5 号祖先亲本

品种名称	母本	父本	祖先亲本	祖先亲本核遗传贡献率/%	祖先亲本来源
中科毛豆 5 号	浙鲜 8 号辐射材料	中科毛豆 1 号	中科-10-26	50.00	中国科学院东北地理与农业生态研究所材料
			台湾 75	37.50	中国台湾材料
			矮脚毛豆	12.50	日本品种

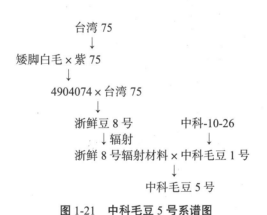

图 1-21　中科毛豆 5 号系谱图

22　尚豆 1 号

尚豆 1 号品种简介

【品种来源】尚豆 1 号是尚志市益农农业有限责任公司以食青豆为母本，以为 292 为父本杂交，经多年选择育成。审定编号：黑审豆 2019Z0008。

【植株性状】紫花，尖叶，棕色茸毛，荚弯镰形，成熟荚褐色。无限结荚习性，株高 56cm 左右。

【籽粒特点】特用品种（鲜食大粒品种）。籽粒圆形，种皮黄色，有光泽，种脐黄色，百粒鲜重 75.5g

左右。籽粒粗蛋白含量 41.32%，粗脂肪含量 18.16%。鲜籽粒粗蛋白 14.45%，粗脂肪 6.80%，可溶性糖含量 2.08%，水分 64.2%。

【生育日数】在适应区从出苗至采鲜荚生育日数 60d 左右。出苗至籽粒成熟生育日数 112d 左右，需≥10℃活动积温 2600℃左右。

【抗病鉴定】接种鉴定中抗大豆灰斑病。

【产量表现】2016—2017 年自主区域试验平均产量 13661.9kg/hm²，较对照品种中科毛豆 1 号平均增产 15.4%，2018 年生产试验平均产量 13317.4kg/hm²，较对照品种中科毛豆 1 号平均增产 10.9%。

【适应区域】适宜在黑龙江省≥10℃活动积温 2600℃区域做鲜食大豆种植。

尚豆 1 号遗传基础

尚豆 1 号细胞质 100%来源于食青豆，历经 1 轮传递与选育，细胞质传递过程为食青豆→尚豆 1 号。（详见图 1-22）

尚豆 1 号细胞核来源于食青豆、以为 292 等 2 个祖先亲本，分析其核遗传贡献率并注明祖先亲本来源，从而揭示该品种遗传基础，为大豆育种亲本的选择利用提供参考。（详见表 1-22）

表 1-22　尚豆 1 号祖先亲本

品种名称	母本	父本	祖先亲本	祖先亲本核遗传贡献率/%	祖先亲本来源
尚豆 1 号	食青豆	以为 292	食青豆	50.00	黑龙江省地方品种
			以为 292	50.00	哈尔滨市益农种业有限公司材料

食青豆 × 以为 292
↓
尚豆 1 号

图 1-22　尚豆 1 号系谱图

23　九鲜食豆 1 号

九鲜食豆 1 号品种简介

【品种来源】九鲜食豆 1 号是吉林市农业科学院以浙农 8 号为基础材料，系谱法选育而成。审定编号：吉审豆 20210011。

【植株性状】白花，圆叶，灰色茸毛，鲜荚绿色。有限结荚习性，株高 50.7cm，主茎节数 11.0 个，结荚密集，2、3 粒荚多。

【籽粒特点】菜用型品种。籽粒圆形，种皮绿色，微光泽，种脐绿色，百粒鲜重 92.5g。籽粒粗蛋白含量 40.99%，粗脂肪含量 22.37%。

【生育日数】在适应区出苗至采鲜荚生育日数 95d，较对照品种吉农科毛豆 1 早 3d。

【抗病鉴定】人工接种鉴定高抗大豆花叶病毒 1 号株系和 3 号株系，高抗大豆灰斑病。

【产量表现】2019—2020 年区域试验鲜荚平均产量 12161.1kg/hm²，较对照品种吉农科毛豆 1 号平均增产 7.4%，2020 年生产试验鲜荚平均产量 10933.1kg/hm²，较对照品种吉农科毛豆 1 号平均增产 8.6%。

【适应区域】适宜吉林省中熟、中晚熟地区作鲜食大豆种植。

九鲜食豆 1 号遗传基础

九鲜食豆 1 号细胞质 100% 来源于塔豆棵八两，历经 3 轮传递与选育，细胞质传递过程为塔豆棵八两→辽鲜 1 号→浙农 8 号→九鲜食豆 1 号。（详见图 1-23）

九鲜食豆 1 号细胞核来源于塔豆棵八两、台湾 292 等 2 个祖先亲本，分析其核遗传贡献率并注明祖先亲本来源，从而揭示该品种遗传基础，为大豆育种亲本的选择利用提供参考。（详见表 1-23）

表 1-23　九鲜食豆 1 号祖先亲本

品种名称	父母本	祖先亲本	祖先亲本核遗传贡献率/%	祖先亲本来源
九鲜食豆 1 号	浙农 8 号	塔豆棵八两	50.00	辽宁省地方品种
		台湾 292	50.00	中国台湾材料

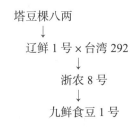

图 1-23　九鲜食豆 1 号系谱图

24 吉科鲜豆 1 号

吉科鲜豆 1 号品种简介

【品种来源】吉科鲜豆 1 号是吉林农业科技学院植物科学学院、吉林市松花江种业有限责任公司以浙农 6 号为基础材料，选择变异株系谱法选育而成。审定编号：吉审豆 2016013。

【植株性状】白花，圆叶，灰色茸毛，成熟荚淡褐色。有限结荚习性，株高 64.2cm，分枝型结荚，主茎节数 14.1 个，单株有效荚数 40.3 个，2 粒荚多，平均每荚 2.1 粒，多粒荚荚率 83.9%，标准荚数 145.1 个/500g，荚长 6.0cm，宽 1.4cm。

【籽粒特点】籽粒扁圆形，种皮绿色，有光泽，种脐淡褐色，百粒重 40.2g，百粒鲜重 94.4g。籽粒粗蛋白含量 40.00%，粗脂肪含量 19.05%。鲜籽粒氨基酸总量 9.47%，总糖含量 0.30%，粗蛋白含量 11.20%，粗脂肪含量 5.26%，淀粉含量 5.10%。

【生育日数】在适应区出苗至采鲜荚生育日数 90～95d。在适应区出苗至成熟生育日数 115d。

【抗病鉴定】人工接种鉴定中抗大豆花叶病毒 1 号株系、3 号株系和混合株系，高抗大豆灰斑病。

【产量表现】2014—2015 年区域试验鲜荚平均产量 9847.2kg/hm²，较对照品种平均增产 11.1%，2015

年生产试验鲜荚平均产量 10226.9kg/hm²，较对照品种平均增产 11.1%。

【适应区域】适宜吉林省省内种植。

吉科鲜豆 1 号遗传基础

吉科鲜豆 1 号细胞质 100%来源于台湾 75，历经 2 轮传递与选育，细胞质传递过程为台湾 75→浙农 6 号→吉科鲜豆 1 号。（详见图 1-24）

吉科鲜豆 1 号细胞核来源于台湾 75、日本大胜白毛（Taisho Shiroge）等 2 个祖先亲本，分析其核遗传贡献率并注明祖先亲本来源，从而揭示该品种遗传基础，为大豆育种亲本的选择利用提供参考。（详见表 1-24）

表 1-24 吉科鲜豆 1 号祖先亲本

品种名称	父母本	祖先亲本	祖先亲本核遗传贡献率/%	祖先亲本来源
吉科鲜豆 1 号	浙农 6 号变异株	台湾 75	50.00	中国台湾材料
		日本大胜白毛（Taisho Shiroge）	50.00	日本品种

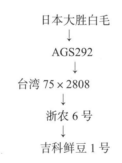

图 1-24 吉科鲜豆 1 号系谱图

25 吉鲜豆 1 号

吉鲜豆 1 号品种简介

【品种来源】吉鲜豆 1 号是吉林省农业科学院以日本豆为母本，吉育 71 为父本杂交，经多年选择育成。审定编号：吉审豆 2016014。

【植株性状】白花，圆叶，灰色茸毛，成熟荚褐色。有限结荚习性，株高 103.2cm，主茎型结荚，主茎节数 20 个，3 粒荚多，多粒荚荚率 90%，标准荚数 140.7 个/500g，荚长 5.8cm，荚宽 1.4cm，标准荚率为 80.3%。

【籽粒特点】籽粒圆形，种皮黄色，种脐黄色，百粒重 33.5g，百粒鲜重 81.5g。籽粒粗蛋白含量 45.24%，粗脂肪含量 19.38%。

【生育日数】在适应区从出苗至采鲜荚生育日数 105d 左右。

【抗病鉴定】人工接种鉴定抗大豆花叶病毒 1 号株系、3 号株系和混合株系，抗大豆灰斑病。

【产量表现】2014—2015 年区域试验鲜荚平均产量 10442.7kg/hm²，较对照品种平均增产 17.7%，2015 年生产试验鲜荚平均产量 9837.5kg/hm²，较对照品种平均增产 12.4%。

【适应区域】适宜吉林省省内种植。

吉鲜豆1号遗传基础

吉鲜豆1号细胞质100%来源于日本豆，历经1轮传递与选育，细胞质传递过程为日本豆→吉鲜豆1号。（详见图1-25）

吉鲜豆1号细胞核来源于白眉、立新9号、M2、东农3号、四粒黄、铁荚四粒黄（黑铁荚）、一窝蜂、四粒黄、公交8991BF₁、金元、济宁71021、日本豆、十胜长叶等13个祖先亲本，分析其核遗传贡献率并注明祖先亲本来源，从而揭示该品种遗传基础，为大豆育种亲本的选择利用提供参考。（详见表1-25）

表1-25　吉鲜豆1号祖先亲本

品种名称	母本	父本	祖先亲本	祖先亲本核遗传贡献率/%	祖先亲本来源
吉鲜豆1号	日本豆	吉育71	白眉	1.17	黑龙江省克山地方品种
			立新9号	3.13	黑龙江省勃利地方品种
			M2	0.78	(荆山璞+紫花4号+东农10号)混合花粉
			东农3号	0.78	东北农业大学材料
			四粒黄	0.98	吉林省公主岭地方品种
			铁荚四粒黄（黑铁荚）	6.25	吉林省中南部半山区地方品种
			一窝蜂	6.25	吉林省中部偏西地区地方品种
			四粒黄	3.13	吉林省东丰地方品种
			公交8991BF1	12.50	吉林省农业科学院大豆所材料
			金元	4.10	辽宁省开原地方品种
			济宁71021	3.13	山东省济宁农科所材料
			日本豆	50.00	日本品种
			十胜长叶	7.81	日本品种

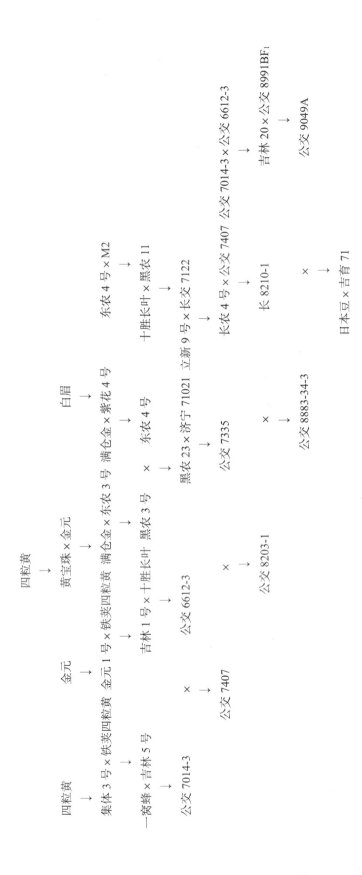

四粒黄
↓
四粒黄
↓
黄宝珠 × 金元
↓
白眉
↓
金元
↓
金元1号 × 铁荚四粒黄 满仓金 × 东农3号 满仓金 × 紫花4号
↓
集体3号 × 铁荚四粒黄
↓
吉林1号 × 十胜长叶 黑农3号
↓
东农4号
↓
东农4号 × M2
↓
一窝蜂 × 吉林5号
↓
公交7014-3
↓
吉林1号 × 十胜长叶 黑农3号
×
东农4号
十胜长叶 × 黑农11
↓
公交6612-3
↓
黑农23 × 济宁71021 立新9号 × 长交7122
↓
公交7407
×
公交6612-3
↓
公交7335
↓
长农4号 × 公交7407 公交7014-3 × 公交6612-3
↓
公交8203-1
×
公交8883-34-3
↓
长8210-1
吉林20 × 公交8991BF₁
↓
公交9049A
日本豆 × 吉育71
×

图 1-25　吉鲜豆 1 号系谱图

26 开豆 19

开豆 19 品种简介

【品种来源】开豆 19 是李子升以开选 2808 为母本，开 95071 为父本杂交，经多年选择育成。审定编号：辽审豆 2017002。

【植株性状】白花，椭圆叶，灰色茸毛。有限结荚习性，株高 52.8cm，分枝 3.2 个，主茎节数 13.6 个，单株荚数 49.9 个，3 粒荚居多，多粒荚荚率 66.4%，单株鲜荚重 98.7g，标准荚数 182.0 个/500g，荚长 5.3cm，荚宽 1.3cm，标准荚率 78.6%。

【籽粒特点】鲜食豆。籽粒圆形，种皮黄色，有光泽，种脐黄色，百粒鲜重 70.6g。口感品质为 A 级【香甜柔糯型】。

【生育日数】在适应区从出苗至采鲜荚生育日数 97d。

【抗病鉴定】接种鉴定中抗大豆花叶病毒 1 号株系和 3 号株系。虫食荚率 1.5%，病害荚率 0.8%。

【产量表现】2014—2015 年鲜荚平均产量 12793.5kg/hm²，较对照品种抚鲜 3 号平均增产 11.1%，2016 年生产试验鲜荚平均产量 12945.0kg/hm²，较对照品种抚鲜 3 号平均增产 17.1%。

【适应区域】辽宁省无霜期 120d 以上，有效积温 2800℃以上的地区。

开豆 19 遗传基础

开豆 19 细胞质 100% 来源于开选 2808，历经 1 轮传递与选育，细胞质传递过程为开选 2808→开豆 19。（详见图 1-26）

开豆 19 细胞核来源于开 95071、开选 2808 等 2 个祖先亲本，分析其核遗传贡献率并注明祖先亲本来源，从而揭示该品种遗传基础，为大豆育种亲本的选择利用提供参考。（详见表 1-26）

表 1-26 开豆 19 祖先亲本

品种名称	母本	父本	祖先亲本	祖先亲本核遗传贡献率/%	祖先亲本来源
开豆 19	开选 2808	开 95071	开 95071	50.00	辽宁省开原市农业科学研究所材料
			开选 2808	50.00	开原市郁丰种业有限公司材料

开选 2808 × 开 95071

↓

开豆 19

图 1-26 开豆 19 系谱图

27 开鲜豆 3 号

开鲜豆 3 号品种简介

【品种来源】开鲜豆 3 号是李子升（申请者：李子升、开原市郁丰种业有限公司）以开绿 9701-2 为母本，开选 303 为父本杂交，经多年选择育成。审定编号：辽审豆 20190018。

【植株性状】白花，椭圆叶，灰色茸毛，鲜荚翠绿色。有限结荚习性，株高 48.2cm，分枝数 2.5 个，主茎节数 11.5 个，单株荚数 39.2 个，多荚粒率 71.1%，单株鲜荚重 83.5g。标准荚数 184.7 个/500g，荚长 5.7cm，荚宽 1.3cm，标准荚率 84.9%。

【籽粒特点】菜用型大豆品种。百粒鲜重 76.2g。口感品质为 A 级（香甜柔糯型）。

【生育日数】在适应区从出苗至采鲜荚生育日数 94d 左右。

【抗病鉴定】接种鉴定中感大豆花叶病毒 1 号株系，抗大豆花叶病毒 3 号株系，中抗大豆炭疽病。虫食粒率 1.5%，病害荚率 1.3%，

【产量表现】2017—2018 年区域试验鲜荚平均产量 11407.5kg/hm²，较对照品种抚鲜 3 号平均增产 9.5%，2018 年生产试验鲜荚平均产量 12084.0kg/hm²，较对照品种抚鲜 3 号平均增产 11.0%。

【适应区域】适宜在辽宁省无霜期 120d 以上，有效积温 2800℃以上的地区，凡种植辽鲜 1 号、抚鲜 3 号、日本青、青苏 2 号、浙鲜豆 12 等菜用大豆的地区均可种植。

开鲜豆 3 号遗传基础

开鲜豆 3 号细胞质 100% 来源于开绿 9701-2，历经 1 轮传递与选育，细胞质传递过程为开绿 9701-2→开鲜豆 3 号。（详见图 1-27）

开鲜豆 3 号细胞核来源于开绿 9701-2、开选 303 等 2 个祖先亲本，分析其核遗传贡献率并注明祖先亲本来源，从而揭示该品种遗传基础，为大豆育种亲本的选择利用提供参考。（详见表 1-27）

表 1-27 开鲜豆 3 号祖先亲本

品种名称	母本	父本	祖先亲本	祖先亲本核遗传贡献率/%	祖先亲本来源
开鲜豆 3 号	开绿 9701-2	开选 303	开绿 9701-2	50.00	辽宁省开原市农业科学研究所材料
			开选 303	50.00	开原市郁丰种业有限公司材料

开绿 9701-2 × 开选 303
↓
开鲜豆 3 号

图 1-27 开鲜豆 3 号系谱图

28 宏鲜豆 1 号

宏鲜豆 1 号品种简介

【品种来源】宏鲜豆 1 号是开原市宏丰种子有限公司以沈鲜 7 号为母本，青酥 2 号为父本杂交，经多年选择育成。审定编号：辽审豆 20190022。

【植株性状】白花，椭圆叶，灰色茸毛。有限结荚习性，株高 42.6cm，分枝 2.9 个，主茎节数 10.7 个，单株荚数 39.0 个，多粒荚荚率 71.3%，单株鲜荚重 78.2g。标准荚数 192.8 个/500g，荚长 5.1cm，荚宽 1.3cm，标准荚率 87.6%。

【籽粒特点】菜用型大豆品种。百粒鲜重 71.2g。口感品质为 A 级（香甜柔糯型）。

【生育日数】在适应区从出苗至采鲜荚生育日数 89d 左右，较对照品种抚鲜 3 号早 1d。

【抗病鉴定】接种鉴定中抗大豆花叶病毒 1 号株系和 3 号株系，病情指数分别为 33.17% 和 29.81%，中抗大豆炭疽病。

【产量表现】2017—2018 年辽宁省大豆菜用组区域试验鲜荚平均产量 11697.0kg/hm^2，较对照品种抚鲜 3 号平均增产 12.3%，2018 年生产试验鲜荚平均产量 11896.5kg/hm^2，较对照品种抚鲜 3 号平均增产 9.3%。

【适应区域】适宜在辽宁各市、县种植。

宏鲜豆 1 号遗传基础

宏鲜豆 1 号细胞质 100% 来源于台湾 B105，历经 2 轮传递与选育，细胞质传递过程为台湾 B105→沈鲜 7 号→宏鲜豆 1 号。（详见图 1-28）

宏鲜豆 1 号细胞核来源于台湾 B105、白狮子等 2 个祖先亲本，分析其核遗传贡献率并注明祖先亲本来源，从而揭示该品种遗传基础，为大豆育种亲本的选择利用提供参考。（详见表 1-28）

表 1-28 宏鲜豆 1 号祖先亲本

品种名称	母本	父本	祖先亲本	祖先亲本核遗传贡献率/%	祖先亲本来源
宏鲜豆 1 号	沈鲜 7 号	青酥 2 号	台湾 B105	50.00	中国台湾材料
			白狮子	50.00	日本品种

台湾 B105　白狮子
↓　　　↓
沈鲜 7 号 × 青酥 2 号
↓
宏鲜豆 1 号

图 1-28 宏鲜豆 1 号系谱图

29 科鲜豆 1 号

科鲜豆 1 号品种简介

【品种来源】科鲜豆 1 号是开原市科研农业技术开发中心（申请者：开原市郁丰种业有限公司、李子升）以开选 1 为母本、开选 95-1 为父本，经多年选择育成。审定编号：辽审豆 20210001。

【植株性状】紫花，椭圆叶，灰色茸毛。株高 67.1cm，有效分枝 3.0 个，主茎节数 14.8 个，单株有效荚数 44.4 个，多粒荚荚率 60.5%，单株鲜荚重 75.6g。标准荚数 188.0 个/500g，标准两粒荚荚长 5.1cm，荚宽 1.3cm，标准荚率 87.5%。

【生育日数】在适应区从出苗至采鲜荚生育日数 105d。

【籽粒特点】鲜食春大豆品种。种皮绿色，种脐褐色，百粒鲜重 68.4g。口感鉴定为香甜柔糯型，A 级。

【抗病鉴定】接种鉴定抗大豆花叶病毒 1 号株系，抗大豆炭疽病。

【产量表现】2018—2019 年辽宁省大豆统一鲜食组区域试验平均产量 11098.5kg/hm²，较对照品种抚鲜 3 号平均增产 11.5%，2020 年生产试验平均产量 12261.0kg/hm²，较对照品种抚鲜 3 号平均增产 15.1%。

【适应区域】适宜在辽宁省有效积温 2700℃以上的地区种植。

科鲜豆 1 号遗传基础

科鲜豆 1 号细胞质 100% 来源于开选 1 号，历经 1 轮传递与选育，细胞质传递过程为开选 1 号→科鲜豆 1 号。（详见图 1-29）

科鲜豆 1 号细胞核来源于开选 1 号、开选 95-1 等 2 个祖先亲本，分析其核遗传贡献率并注明祖先亲本来源，从而揭示该品种遗传基础，为大豆育种亲本的选择利用提供参考。（详见表 1-29）

表 1-29　科鲜豆 1 号祖先亲本

品种名称	母本	父本	祖先亲本	祖先亲本核遗传贡献率/%	祖先亲本来源
科鲜豆 1 号	开选 1 号	开选 95-1	开选 1 号	50.00	开原市郁丰种业有限公司材料
			开选 95-1	50.00	开原市郁丰种业有限公司材料

开选 1 号 × 开选 95-1
↓
科鲜豆 1 号

图 1-29　科鲜豆 1 号系谱图

30　青鲜豆1号

青鲜豆1号品种简介

【品种来源】青鲜豆1号是开原市茂华种业有限公司以K027为母本、75-3为父本杂交，经多年选择育成。审定名称：青鲜豆一号。审定编号：辽审豆20210014。

【植株性状】白花，椭圆叶，灰色茸毛。有限结荚习性，株高52.9cm，有效分枝2.9个，主茎节数12.5个，单株有效荚数45.2个，多粒荚荚率52.0%，单株鲜荚重83.2g。标准荚数191.5个/500g，标准两粒荚荚长5.2cm，荚宽1.3cm，标准荚率86%。

【籽粒特点】鲜食春大豆品种。种皮绿色，种脐褐色，百粒鲜重70.1g。口感鉴定为香甜柔糯型，A级。

【生育日数】在适应区从出苗至采鲜荚生育日数108d。

【抗病鉴定】接种鉴定中抗大豆花叶病毒1号株系，抗大豆炭疽病。

【产量表现】2018—2019年辽宁省大豆统一鲜食组区域试验平均产量10771.5kg/hm²，较对照品种抚鲜3号平均增产8.2%，2020年生产试验平均产量11492.0kg/hm²，较对照品种抚鲜3号平均增产8.2%。

【适应区域】适宜在辽宁省有效积温2700℃以上的地区种植。

青鲜豆1号遗传基础

青鲜豆1号细胞质100%来源于K027，历经1轮传递与选育，细胞质传递过程为K027→青鲜豆1号。（详见图1-30）

青鲜豆1号细胞核来源于K027、台湾75等2个祖先亲本，分析其核遗传贡献率并注明祖先亲本来源，从而揭示该品种遗传基础，为大豆育种亲本的选择利用提供参考。（详见表1-30）

表1-30　青鲜豆1号祖先亲本

品种名称	母本	父本	祖先亲本	祖先亲本核遗传贡献率/%	祖先亲本来源
青鲜豆1号	K027	75-3	K027	50.00	开原市茂华种业有限公司材料
			台湾75	50.00	中国台湾材料

台湾75
↓
K027×75-3
↓
青鲜豆1号

图1-30　青鲜豆1号系谱图

31 润鲜 1 号

润鲜 1 号品种简介

【品种来源】润鲜 1 号是开原市润丰种业有限公司以交大 133 为母本，75-3 为父本杂交，经多年选择育成。审定编号：辽审豆 20190023。

【植株性状】白花，椭圆叶，灰色茸毛，鲜荚绿色。有限结荚习性，株高 57.3cm，分枝 3.0 个，主茎节数 13.9 个，单株荚数 58.0 个，多粒荚荚率 87.1%，单株鲜荚重 129.3g。标准荚数 176.3 个/500g，荚长 5.7cm，荚宽 1.3cm，标准荚率 86.5%。

【籽粒特点】菜用型大豆品种。百粒鲜重 81.1g。口感品质为 A 级（香甜柔糯型）。

【生育日数】在适应区从出苗至采鲜荚生育日数 96d 左右。

【抗病鉴定】接种鉴定中抗大豆花叶病毒 1 号株系，病情指数 22.86%，感大豆花叶病毒 3 号株系，病情指数 60.00%。虫食荚率 2.4%，病害荚率 0.9%。

【产量表现】2016—2017 年辽宁省大豆菜用组区域试验平均鲜荚 12019.5kg/hm^2，较对照品种抚鲜 3 号平均增产 10.5%，2018 年生产试验鲜荚平均产量 11949.0kg/hm^2，较对照品种抚鲜 3 号平均增产 9.8%。

【适应区域】适宜在辽宁各市、县种植。

润鲜 1 号遗传基础

润鲜 1 号细胞质 100% 来源于台湾 88，历经 2 轮传递与选育，细胞质传递过程为台湾 88→交大 133→润鲜 1 号。（详见图 1-31）

润鲜 1 号细胞核来源于农 95-8110、75-3、台湾 88、日本丰娘等 4 个祖先亲本，分析其核遗传贡献率并注明祖先亲本来源，从而揭示该品种遗传基础，为大豆育种亲本的选择利用提供参考。（详见表 1-31）

表 1-31 润鲜 1 号祖先亲本

品种名称	母本	父本	祖先亲本	祖先亲本核遗传贡献率/%	祖先亲本来源
润鲜 1 号	交大 133	75~3	东农 95-8110	12.50	东北农业大学
			台湾 75	50.00	中国台湾材料
			台湾 88	25.00	中国台湾材料
			日本丰娘	12.50	日本品种

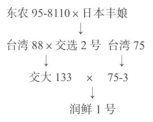

图 1-31 润鲜 1 号系谱图

32 奎鲜 2 号

奎鲜 2 号品种简介

【品种来源】奎鲜 2 号是铁岭市维奎大豆科学研究所（辽宁省审定申请者：铁岭市维奎大豆科学研究所、开原雨农种业有限公司）（浙江省审定育种者和申请者：铁岭市维奎大豆科学研究所、浙江省农业科学院蔬菜研究所）2003 年以辽鲜 1 号为母本、丹 96-5003 为父本杂交，经多年选择育成。审定编号：辽审豆 2014017，浙审豆 2014001。

【植株性状】白花，椭圆叶，灰色茸毛，荚微弯镰形，青荚绿色，成熟荚灰褐色。有限结荚习性。辽宁省试验表现：株高 53.5cm，分枝 2.4 个，株型收敛，主茎节数 12.0 个，多荚粒率 77.3%，单株结荚 41.9 个，平均每荚 1.82 粒，单株鲜荚重 81.3g。标准荚数 170.1 个/500g，荚长 5.3cm，荚宽 1.3cm，标准荚率 85.1%。浙江省试验表现：株高 35.6cm，有效分枝 3.3 个，株型收敛，主茎节数 8.8 个，单株有效荚数 23.1，每荚粒数 2.0 个，百荚鲜重 297.0g。标准荚长 5.6cm，荚宽 1.4cm。多荚粒率 77.3%，单株鲜荚重 81.3g，标准荚数 170.1 个/500g，荚长 5.3cm，荚宽 1.3cm，标准荚率 85.1%，口感品质属 A 级，口感香甜柔糯型。

【籽粒特点】籽粒圆形，种皮绿色，微光泽，种脐黄色。辽宁省试验表现：百粒鲜重 78.1g。口感品质属 A 级，香甜柔糯型。浙江省试验表现：百粒鲜重 83.8g。鲜籽粒可溶性总糖含量 3.09%，淀粉含量 2.94%。口感鲜脆，品质较优。

【生育日数】辽宁省试验表现：在适应区出苗至采鲜荚生育日数 94d 左右，较对照品种抚鲜 3 号晚 4d。浙江省试验表现：在适应区出苗至采鲜荚生育日数 89.8d，与对照品种台 75 同熟期。

【抗病鉴定】辽宁省试验表现：中感大豆花叶病毒 1 号株系。浙江省试验表现：感大豆花叶病毒 SC15 株系，中感大豆花叶病毒 SC18 株系。

【产量表现】辽宁省试验表现：2012-2013 年辽宁省大豆鲜食组区域试验鲜荚平均产量 12612.0kg/hm²，较对照品种抚鲜 3 号平均增产 12.2%，2013 年生产试验鲜荚平均产量 13077.0kg/hm²，较对照品种抚鲜 3 号平均增产 12.8%。浙江试验表现：2011—2012 年区域试验鲜荚平均产量 9594.0kg/hm²，较对照品种平均增产 23.8%。2013 年浙江省生产试验鲜荚平均产量 9733.5kg/hm²，较对照品种平均增产 5.4%。

【适应区域】辽宁省试验表现：辽宁省铁岭、沈阳、鞍山、辽阳、锦州及葫芦岛等鲜食大豆产区。浙江省试验表现：在浙江省适宜作为春大豆种植。

奎鲜 2 号遗传基础

奎鲜 2 号细胞质 100%来源于塔豆棵八两，历经 2 传递与选育，细胞质传递过程为塔豆棵八两→辽鲜 1 号→奎鲜 2 号（详见图 1-32）

奎鲜 2 号细胞核来源于塔豆棵八两、丹 96-5003 等 2 个祖先亲本，分析其核遗传贡献率并注明祖先亲本来源，从而揭示该品种遗传基础，为大豆育种亲本的选择利用提供参考。（详见表 1-32）

表 1-32　奎鲜 2 号祖先亲本

品种名称	母本	父本	祖先亲本	祖先亲本核遗传贡献率/%	祖先亲本来源
奎鲜 2 号	辽鲜 1 号	丹豆 96-5003	塔豆棵八两	75.00	辽宁省地方品种
			丹 96-5003	25.00	丹东农业科学院材料

塔豆棵八两
↓
辽鲜 1 号 × 丹豆 96-5003
↓
奎鲜 2 号

图 1-32　奎鲜 2 号系谱图

33　奎鲜 5 号

奎鲜 5 号品种简介

【品种来源】奎鲜 5 号是铁岭市维奎大豆科学研究所、开原市雨农种业有限公司以奎鲜 3 号为母本，昌源 1 号为父本杂交，经多年选择育成。审定编号：国审豆 20180035，鄂审豆 2015001。

【植株性状】白花，椭圆叶，灰色茸毛。鲜荚微弯镰形，荚淡绿色。有限结荚习性。国家试验表现：株高 31.2cm，有效分枝 3.0 个，主茎节数 9.5 个，单株有效荚数 20.1 个，多粒荚荚率 71.7%，单株鲜荚重 47.6g。标准荚数 166 个/500g，标准两粒荚荚长 5.4cm，荚宽 1.3cm，标准荚率 70.4%。湖北省试验表现：株高 34.7cm，分枝数 3.4 个，株型收敛，主茎节数 9.3 个，单株荚数 24.4 个，单株鲜荚重 54.2g。标准荚数 190 个/500g，标准 2 粒荚荚长 5.2cm，荚宽 1.4cm。

【籽粒特点】籽粒扁圆形，种皮淡绿，子叶黄色，微光泽，种脐黄色。国家试验表现：百粒鲜重 75.8g。口感鉴定香甜柔糯型。湖北省试验表现：百粒鲜重 78.4g，出仁率 55.6%。香甜柔糯型。

【生育日数】国家试验表现：在适应区从出苗至采鲜荚生育日数 84d 左右。湖北省试验表现从播种至采鲜荚 82d。

【抗病鉴定】国家试验表现：接种鉴定抗大豆花叶病毒 3 号株系和 7 号株系，感大豆炭疽病。湖北省试验表现：接种鉴定中感大豆花叶病毒 3 号株系，中抗大豆花叶病毒 7 号株系。

【产量表现】国家试验表现：2015—2016 年鲜食大豆春播组区域试验平均产量 12352.5kg/hm²，较对照品种浙鲜 5 号平均增产 1.8%，2017 年生产试验平均产量 12150.0/hm²，较对照品种浙鲜 5 号平均增产 9.3%。湖北省试验表现：2013—2014 区域试验平均鲜荚产量 13267.4 kg/hm²，较参试品种平均值增产 7.9%。

奎鲜 5 号遗传基础

奎鲜 5 号细胞质 100% 来源于塔豆棵八两，历经 3 轮传递与选育，细胞质传递过程为塔豆棵八两→辽鲜 1 号→奎鲜 3 号→奎鲜 5 号。（详见图 1-33）

奎鲜 5 号细胞核来源于塔豆棵八两、丹 96-5003 等 2 个祖先亲本，分析其核遗传贡献率并注明祖先亲

本来源，从而揭示该品种遗传基础，为大豆育种亲本的选择利用提供参考。（详见表1-33）

表1-33　奎鲜5号祖先亲本

品种名称	母本	父本	祖先亲本	祖先亲本核遗传贡献率/%	祖先亲本来源
奎鲜5号	奎鲜3号	昌源1号	塔豆棵八两	75	辽宁省地方品种
			丹96-5003	25	丹东农业科学院

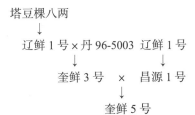

图1-33　奎鲜5号系谱图

34　雨农豆6号

雨农豆6号品种简介

【品种来源】雨农豆6号是铁岭市维奎大豆科学研究所（申请者：铁岭市维奎大豆科学研究所开原雨农种业有限公司）2003年以辽鲜1号为母本，吉青138为父本杂交，经多年选择育成。审定编号：辽审豆2014018，国审豆20180035。

【植株性状】白花，椭圆叶，灰色茸毛，成熟荚灰褐色。有限结荚习性。辽宁省试验表现：株高54.5cm，分枝3.2个，株型收敛，主茎节数13.2个，单株结荚47.7个，平均每荚1.80粒，多荚粒率72.1%，单株鲜荚重82.8g。标准荚数173个/500g，荚长5.2cm，荚宽1.3cm，标准荚率83.7%。国家试验表现：株高31.2cm，有效分枝3.0个，株型收敛，主茎节数9.5个，单株有效荚数20.1个，多粒荚荚率71.7%，单株鲜荚重47.6g。标准荚数166个/500g，标准两粒荚荚长5.4cm，荚宽1.3cm，标准荚率70.4%。

【籽粒特点】籽粒圆形或扁圆形，种皮绿色，微光泽，种脐褐色或黄色，辽宁省试验表现：百粒鲜重75.5g。口感品质属A级，口感香甜柔糯型。国家试验表现：百粒鲜重75.8g。口感鉴定香甜柔糯型。

【生育日数】辽宁省试验表现：在适应区从出苗至采鲜荚生育日数99d左右，较对照品种抚鲜3号晚9d。国家试验表现：在适应区从出苗至采鲜荚生育日数84d左右。

【抗病鉴定】辽宁省试验表现：人工接种鉴定中抗大豆花叶病毒1号株系。国家试验表现：接种鉴定抗大豆花叶病毒3号株系和7号株系，感大豆炭疽病。

【产量表现】辽宁省试验表现：2012—2013年鲜食组区域试验鲜荚平均产量13180.5kg/hm²，较对照品种抚鲜3号平均增产17.3%，2013年生产试验鲜荚平均产量12762.0kg/hm²，较对照品种抚鲜3号平均增产10.0%。国家试验表现：2015—2016年区域试验鲜荚平均产量12352.5kg/hm²，较对照品种浙鲜5号平均增产1.8%，2017年生产试验鲜荚平均产量12150.0kg/hm²，较对照品种浙鲜5号平均增产9.3%。

【适应区域】辽宁省试验表现：辽宁省铁岭、沈阳、鞍山、锦州及葫芦岛等鲜食大豆产区。国家试验表现：适宜在沈阳、上海、武汉、杭州、长沙、贵阳、南宁、昆明、安徽铜陵地区作鲜食春播品种植。

雨农豆 6 号遗传基础

雨农豆 6 号细胞质 100%来源于塔豆棵八两，历经 2 轮传递与选育，细胞质传递过程为塔豆棵八两→辽鲜 1 号→雨农豆 6 号。（详见图 1-34）

雨农豆 6 号细胞核来源于吉青 138、塔豆棵八两等 2 个祖先亲本，分析其核遗传贡献率并注明祖先亲本来源，从而揭示该品种遗传基础，为大豆育种亲本的选择利用提供参考。（详见表 1-34）

表 1-34　雨农豆 6 号祖先亲本

品种名称	母本	父本	祖先亲本	祖先亲本核遗传贡献率/%	祖先亲本来源
雨农豆 6 号	辽鲜 1 号	吉青 138	吉青 138	50	吉林省农业科学院大豆所
			塔豆棵八两	50	辽宁省地方品种

塔豆棵八两
↓
辽鲜 1 号 × 吉青 138
↓
雨农豆 6 号

图 1-34　雨农豆 6 号系谱图

35 雨农豆 7 号

雨农豆 7 号品种简介

【品种来源】雨农豆 7 号是铁岭市维奎大豆科学研究所、开原市雨农种业有限公司以辽鲜 1 号为母本，雨农 5 号为父本杂交，经多年选择育成。审定编号：辽审豆 20180022。

【植株性状】紫花，椭圆叶，灰色茸毛，鲜荚绿色。有限结荚习性，株高 38.0cm，分枝 3.8 个，主茎节数 10.4 个，单株结荚 47.0 个，多粒荚荚率 70.9%，单株鲜荚重 98.7g。标准荚数 174.1 个/500g，荚长 5.4cm，荚宽 1.4cm，标准荚率 80.6%。

【籽粒特点】百粒鲜重 76.3g。口感品质为 A 级（香甜柔糯型）。

【生育日数】在适应区从出苗至采鲜荚生育日数 95d 左右。

【抗病鉴定】抗大豆花叶病毒 1 号株系，病情指数 20.00%，中抗大豆花叶病毒 3 号株系，病情指数 26.67%。虫食荚率 0.8%，病害荚率 1.8%。

【产量表现】2015—2016 年辽宁省鲜食大豆组试验鲜荚平均产量 12838.5kg/hm², 较对照品种抚鲜 3 号平均增产 14.0%，2017 年生产试验鲜荚平均产量 13855.5kg/hm², 较对照品种抚鲜 3 号平均增产 12.7%。

【适应区域】适宜在辽宁省菜用大豆产区种植。

雨农豆 7 号遗传基础

雨农豆 7 号细胞质 100%来源于塔豆棵八两，历经 2 轮传递与选育，细胞质传递过程为塔豆棵八两→辽鲜 1 号→雨农豆 7 号。（详见图 1-35）

雨农豆 7 号细胞核来源于塔豆棵八两、雨农豆 5 号等 2 个祖先亲本，分析其核遗传贡献率并注明祖先亲本来源，从而揭示该品种遗传基础，为大豆育种亲本的选择利用提供参考。（详见表 1-35）

表 1-35　雨农豆 7 号祖先亲本

品种名称	母本	父本	祖先亲本	祖先亲本核遗传贡献率/%	祖先亲本来源
雨农豆 7 号	辽鲜 1 号	雨农 5 号	塔豆棵八两	50.00	辽宁省地方品种
			雨农 5 号	50.00	开原市雨农种业有限公司

塔豆棵八两
↓
辽鲜 1 号 × 雨农豆 5 号
↓
雨农豆 7 号

图 1-35　雨农豆 7 号系谱图

36　雨农鲜豆 8 号

雨农鲜豆 8 号品种简介

【品种来源】雨农鲜豆 8 号是铁岭市维奎大豆科学研究所、开原市雨农种业有限公司以 03090-1-2-2 为母本、台 75-3 为父本杂交，经多年选择育成。审定编号：辽审豆 20210015。

【植株性状】白花，圆叶，灰色茸毛。有限结荚习性，株高 58.9cm，有效分枝 3.2 个，主茎节数 13.4 个，单株有效荚数 48.1 个，多粒荚荚率 54.9%，单株鲜荚重 90.7g。标准荚数 187.1 个/500g，标准两粒荚长 5.5cm，荚宽 1.3cm，标准荚率 84.4%。

【籽粒特点】鲜食春大豆品种。种皮绿色，种脐白色，百粒鲜重 70.8g。口感鉴定 A 级，香甜柔糯型。

【生育日数】在适应区从出苗至采鲜荚生育日数 103d。

【抗病鉴定】接种鉴定抗大豆花叶病毒 1 号株系，抗大豆炭疽病。

【产量表现】2018—2019 年鲜食组区域试验平均产量 11074.5kg/hm²，较对照品种抚鲜 3 号平均增产 11.2%，2020 年生产试验平均产量 12084.0kg/hm²，较对照品种抚鲜 3 号平均增产 13.7%。

【适应区域】适宜在辽宁省有效积温 2700℃以上的地区种植。

雨农鲜豆 8 号遗传基础

雨农鲜豆 8 号细胞质 100%来源于 03090-1-2-2,历经 1 轮传递与选育,细胞质传递过程为 03090-1-2-2→

雨农鲜豆8号。（详见图1-36）

雨农鲜豆8号细胞核来源于03090-1-2-2、台75等2个祖先亲本，分析其核遗传贡献率并注明祖先亲本来源，从而揭示该品种遗传基础，为大豆育种亲本的选择利用提供参考。（详见表1-36）

表1-36　雨农鲜豆8号祖先亲本

品种名称	母本	父本	祖先亲本	祖先亲本核遗传贡献率/%	祖先亲本来源
雨农鲜豆8号	03090-1-2-2	台75-3	03090-1-2-2	50.00	开原市雨农种业有限公司
			台75-3	50.00	中国台湾材料

台湾75
↓
03090-1-2-2 × 台75-3
↓
雨农鲜豆8号

图1-36　雨农鲜豆8号系谱图

37　兰豆8号

兰豆8号品种简介

【品种来源】兰豆8号是辽宁铁穗种业有限公司以JS2008为母本，台湾303为父本杂交，经多年选择育成。审定编号：辽审豆20200020。

【植株性状】白花，圆叶，灰色茸毛。有限结荚习性，株高59.7cm，有效分枝4.4个，主茎节数14.0个，单株有效荚数52.0个，多粒荚荚率76.8%，单株鲜荚重89.8g。标准荚数186.7个/500g，标准两粒荚荚长5.4cm，荚宽1.5cm，标准荚率86.4%。

【籽粒特点】鲜食春大豆品种。籽粒椭圆形，种皮黄绿色，无光泽，种脐褐色，百粒鲜重85.2g。香甜柔糯型，A级。

【生育日数】在适应区从出苗至采鲜荚生育日数101d左右。

【抗病鉴定】接种鉴定抗大豆花叶病毒1号株系和3号株系，抗大豆炭疽病。

【产量表现】2018—2019年联合体试验鲜荚平均产量13215.0kg/hm²，较对照品种抚鲜3号平均增产18.8%，2019年生产试验鲜荚平均产量13444.5kg/hm²，较对照品种抚鲜3号平均增产16.1%。

【适应区域】适宜在辽宁省无霜期120d以上、有效积温2700℃以上的地区均可种植。

兰豆8号遗传基础

兰豆8号细胞质100%来源于JS2008，历经1轮传递与选育，细胞质传递过程为JS2008→兰豆8号。（详见图1-37）

兰豆8号细胞核来源于JS2008、台湾303等2个祖先亲本，分析其核遗传贡献率并注明祖先亲本来源，从而揭示该品种遗传基础，为大豆育种亲本的选择利用提供参考。（详见表1-37）

表 1-37　兰豆 8 号祖先亲本

品种名称	母本	父本	祖先亲本	祖先亲本核遗传贡献率/%	祖先亲本来源
兰豆 8 号	JS2008	台湾 303	JS2008	50.00	辽宁铁穗种业有限公司
			台湾 303	50.00	中国台湾材料

JS2008 × 台湾 303
↓
兰豆 8 号

图 1-37　兰豆 8 号系谱图

38　兰豆 9 号

兰豆 9 号品种简介

【品种来源】兰豆 9 号是铁岭市佳禾农业技术推广有限公司以 JH2008 为母本，青酥 2 号为父本杂交，经多年选择育成。审定编号：辽审豆 20200019。

【植株性状】白花，圆叶，灰色茸毛。有限结荚习性，株高 57.6cm，有效分枝 4.5 个，主茎节数 14.3 个，单株有效荚数 55.0 个，多粒荚荚率 77.0%，单株鲜荚重 96.8g。标准荚数 185.7 个/500g，标准两粒荚荚长 5.4cm，荚宽 1.4cm，标准荚率 89.3%。

【籽粒特点】籽粒椭圆形，种皮绿色，无光泽，种脐黄色，百粒鲜重 84.5g。香甜柔糯型，A 级。

【生育日数】在适应区从出苗至采鲜荚生育日数 95d 左右。

【抗病鉴定】接种鉴定抗大豆花叶病毒 1 号株系，高抗大豆花叶病毒 3 号株系，中抗大豆炭疽病。

【产量表现】2018—2019 年联合体试验鲜荚平均产量 11907.0kg/hm²，较对照品种抚鲜 3 号平均增产 6.9%，2019 年生产试验鲜荚平均产量 12358.5kg/hm²，较对照品种抚鲜 3 号平均增产 6.5%。

【适应区域】适宜在辽宁省无霜期 120d 以上、有效积温 2700℃以上的地区均可种植。

兰豆 9 号遗传基础

兰豆 9 号细胞质 100% 来源于 JH2008，历经 1 轮传递与选育，细胞质传递过程为 JH2008→兰豆 9 号。（详见图 1-38）

兰豆 9 号细胞核来源于 JH2008、白狮子等 2 个祖先亲本，分析其核遗传贡献率并注明祖先亲本来源，从而揭示该品种遗传基础，为大豆育种亲本的选择利用提供参考。（详见表 1-38）

表 1-38　兰豆 9 号祖先亲本

品种名称	母本	父本	祖先亲本	祖先亲本核遗传贡献率/%	祖先亲本来源
兰豆 9 号	JH2008	青酥 2 号	JH2008	50	铁岭市佳禾农业技术推广有限公司
			白狮子	50	日本引进菜用大豆

白狮子
↓
JH2008 × 青酥 2 号
↓
兰豆 9 号

图 1-38　兰豆 9 号系谱图

39　兰豆 10

兰豆 10 品种简介

【品种来源】兰豆 10 是辽宁安云种业科技有限公司以 AY2008 为母本，沪宁 95-1 为父本杂交，经多年选择育成。审定编号：辽审豆 20200017。

【植株性状】白花，圆叶，灰色茸毛。有限结荚习性，株高 53.0cm，有效分枝 4.4 个，主茎节数 13.4 个，单株有效荚数 54.8 个，多粒荚荚率 86.3%，单株鲜荚重 88.8g。标准荚数 189.2 个/500g，标准两粒荚荚长 5.3cm，荚宽 1.3cm，标准荚率 89.1%。

【籽粒特点】鲜食春大豆品种。籽粒椭圆形，种皮绿色，无光泽，种脐黄色，百粒鲜重 78.9g。香甜柔糯型，A 级。

【生育日数】在适应区从出苗至采鲜荚生育日数 95d 左右。

【抗病鉴定】接种鉴定抗大豆花叶病毒 1 号株系和 3 号株系，抗大豆炭疽病。

【产量表现】2018—2019 年联合体试验鲜荚平均产量 12448.5kg/hm²，较对照品种抚鲜 3 号平均增产 11.9%，2019 年生产试验鲜荚平均产量 12823.5kg/hm²，较对照品种抚鲜 3 号平均增产 10.9%。

【适应区域】适宜在辽宁省无霜期 120d 以上、有效积温 2700℃以上的地区均可种植。

兰豆 10 遗传基础

兰豆 10 细胞质 100% 来源于 AY2008，历经 1 轮传递与选育，细胞质传递过程为 AY2008→兰豆 10。（详见图 1-39）

兰豆 10 细胞核来源于 AY2008、日本天开峰等 2 个祖先亲本，分析其核遗传贡献率并注明祖先亲本来源，从而揭示该品种遗传基础，为大豆育种亲本的选择利用提供参考。（详见表 1-39）

表 1-39　兰豆 10 祖先亲本

品种名称	母本	父本	祖先亲本	祖先亲本核遗传贡献率/%	祖先亲本来源
兰豆 10	AY2008	沪宁 95-1	AY2008	50.00	辽宁安云种业科技有限公司
			日本天开峰	50.00	日本品种

日本天开峰
↓
AY2008×沪宁 95-1
↓
兰豆 10

图 1-39　兰豆 10 系谱图

40　于氏 5 号

于氏 5 号品种简介

【品种来源】于氏 5 号是铁岭市于氏种子有限公司以 YS2008 为母本，交大 02-89 为父本杂交，经多年选择育成。审定编号：辽审豆 20200023。

【植株性状】紫花，圆叶，灰色茸毛。有限结荚习性，株高 91.4cm，有效分枝 2.6 个，主茎节数 18.7 个，单株有效荚数 53.6 个，多粒荚荚率 87.4%，单株鲜荚重 96.4g。标准荚数 186.9 个/500g，标准两粒荚荚长 5.3cm，荚宽 1.4cm，标准荚率 89.5%。

【籽粒特点】鲜食春大豆品种。籽粒椭圆形，种皮黄绿色，无光泽，种脐黄色，百粒鲜重 73.1g。香甜柔糯型，A 级。

【生育日数】在适应区从出苗至采鲜荚生育日数 103d 左右。

【抗病鉴定】接种鉴定抗大豆花叶病毒 1 号株系和 3 号株系，中抗大豆炭疽病。

【产量表现】2018—2019 年联合体试验鲜荚平均产量 13128.0kg/hm²，较对照品种抚鲜 3 号平均增产 17.9%，2019 年生产试验鲜荚平均产量 13156.5kg/hm²，较对照品种抚鲜 3 号平均增产 13.3%。

【适应区域】适宜在辽宁省无霜期 120d 以上、有效积温 2700℃以上的地区均可种植。

于氏 5 号遗传基础

于氏 5 号细胞质 100% 来源于 YS2008，历经 1 轮传递与选育，细胞质传递过程为 YS2008→于氏 5 号。（详见图 1-40）

于氏 5 号细胞核来源于白眉、克山四粒荚、蓑衣领、小粒豆 9 号、四粒黄、金元、YS2008、台湾 88、Ohio 等 9 个祖先亲本，分析其核遗传贡献率并注明祖先亲本来源，从而揭示该品种遗传基础，为大豆育种亲本的选择利用提供参考。（详见表 1-40）

表 1-40　于氏 5 号祖先亲本

品种名称	母本	父本	祖先亲本	祖先亲本核遗传贡献率/%	祖先亲本来源
于氏 5 号	YS2008	交大 02-89	白眉	4.69	黑龙江省克山地方品种
			克山四粒荚	3.13	黑龙江省克山地方品种
			蓑衣领	4.69	黑龙江省西部龙江草原地方品种
			小粒豆 9 号	4.69	黑龙江省勃利地方品种

续表

品种名称	母本	父本	祖先亲本	祖先亲本核遗传贡献率/%	祖先亲本来源
			四粒黄	2.34	吉林省公主岭地方品种
			金元	2.34	辽宁省开原地方品种
			YS2008	50.00	铁岭市于氏种子有限公司
			台湾88	25.00	中国台湾材料
			Ohio	3.13	美国材料

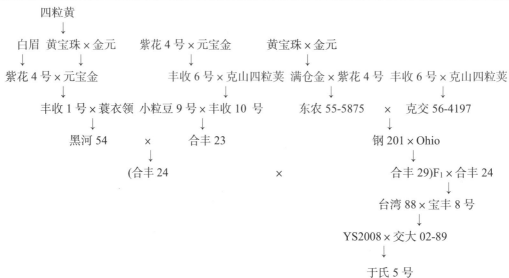

图1-40 于氏5号系谱图

41 于氏11

于氏11品种简介

【品种来源】于氏11是铁岭县凡河镇于氏大豆种植专业合作社以WY2008为母本，开心绿为父本杂交，经多年选择育成。审定编号：辽审豆20200022。

【植株性状】紫花，圆叶，灰色茸毛。有限结荚习性，株高89.5cm，有效分枝3.9个，主茎节数17.7个，单株有效荚数56.4个，多粒荚荚率79.7%，单株鲜荚重95.9g。标准荚数178.5个/500g，标准两粒荚荚长5.2cm，荚宽1.4cm，标准荚率86.3%。

【籽粒特点】鲜食春大豆品种。籽粒椭圆形，种皮黄绿色，无光泽，种脐褐色，百粒鲜重77.1g。香甜柔糯型，A级。

【生育日数】在适应区从出苗至采鲜荚生育日数103d左右。

【抗病鉴定】接种鉴定抗大豆花叶病毒1号株系和3号株系，抗大豆炭疽病。

【产量表现】2018—2019 年联合体试验鲜荚平均产量 13149.0kg/hm^2，较对照品种抚鲜 3 号平均增产 18.1%，2019 年生产试验鲜荚平均产量 12697.5kg/hm^2，较对照品种抚鲜 3 号平均增产 9.8%。

【适应区域】适宜在辽宁省无霜期 120d 以上、有效积温 2700℃以上的地区均可种植。

于氏 11 遗传基础

于氏 11 细胞质 100% 来源于 WY2008，历经 1 轮传递与选育，细胞质传递过程为 WY2008→于氏 11。（详见图 1-41）

于氏 11 细胞核来源于开心绿、WY2008 等 2 个祖先亲本，分析其核遗传贡献率并注明祖先亲本来源，从而揭示该品种遗传基础，为大豆育种亲本的选择利用提供参考。（详见表 1-41）

表 1-41 于氏 11 祖先亲本

品种名称	母本	父本	祖先亲本	祖先亲本核遗传贡献率/%	祖先亲本来源
于氏 11	WY2008	开心绿	开心绿	50.00	辽宁开原地方品种
			WY2008	50.00	铁岭市于氏种子有限公司

WY2008 × 开心绿
↓
于氏 11

图 1-41 于氏 11 系谱图

42 于氏 15

于氏 15 品种简介

【品种来源】于氏 15 是铁岭甘露种业有限公司以 GL2008 为母本，台湾 292 为父本杂交，经多年选择育成。审定编号：辽审豆 20200018。

【植株性状】白花，圆叶，灰色茸毛。有限结荚习性，株高 70.7cm，有效分枝 3.1 个，主茎节数 15.4 个，单株有效荚数 53.5 个，多粒荚荚率 80.2%，单株鲜荚重 86.4g。标准荚数 187.9 个/500g，标准两粒荚荚长 5.4cm，荚宽 1.4cm，标准荚率 89.7%。

【籽粒特点】鲜食春大豆品种。籽粒椭圆形，种皮黄绿色，无光泽，种脐褐色，百粒鲜重 83.7g。香甜柔糯型，A 级。

【生育日数】在适应区从出苗至采鲜荚生育日数 100d 左右。

【抗病鉴定】接种鉴定中抗大豆花叶病毒 1 号株系和 3 号株系，抗大豆炭疽病。

【产量表现】2018—2019 年联合体试验鲜荚平均产量 12540.0kg/hm^2，较对照品种抚鲜 3 号平均增产 12.1%，2019 年生产试验鲜荚平均产量 12589.5kg/hm^2，较对照品种抚鲜 3 号平均增产 8.8%。

【适应区域】适宜在辽宁省无霜期 120d 以上、有效积温 2700℃以上的地区均可种植。

于氏 15 遗传基础

于氏 15 细胞质 100%来源于 GL2008，历经 1 轮传递与选育，细胞质传递过程为 GL2008→于氏 15。（详见图 1-42）

于氏 15 细胞核来源于 GL2008、台湾 292 等 2 个祖先亲本，分析其核遗传贡献率并注明祖先亲本来源，从而揭示该品种遗传基础，为大豆育种亲本的选择利用提供参考。（详见表 1-42）

表 1-42 于氏 15 祖先亲本

品种名称	母本	父本	祖先亲本	祖先亲本核遗传贡献率/%	祖先亲本来源
于氏 15	GL2008	台湾 292	GL2008	50.00	铁岭甘露种业有限公司
			台湾 292	50.00	中国台湾材料

GL2008 × 台湾 292
↓
于氏 15

图 1-42 于氏 15 系谱图

43 于氏 99

于氏 99 品种简介

【品种来源】于氏 99 是辽宁美佳禾种业科技有限公司以 MJH2008 为母本，辽鲜 1 号为父本杂交，经多年选择育成。审定编号：辽审豆 20200021。

【植株性状】白花，圆叶，灰色茸毛。有限结荚习性，株高 45.8cm，有效分枝 3.8 个，主茎节数 13.2 个，单株有效荚数 52.7 个，多粒荚荚率 77.0%，单株鲜荚重 99.7g。标准荚数 189.9 个/500g，标准两粒荚荚长 5.2cm，荚宽 1.3cm，标准荚率 89.1%。

【籽粒特点】鲜食春大豆品种。籽粒椭圆形，种皮黄绿色，无光泽，种脐褐色，百粒鲜重 84.7g。香甜柔糯型，A 级。

【生育日数】在适应区从出苗至采鲜荚生育日数 101d 左右。

【抗病鉴定】接种鉴定高抗大豆花叶病毒 1 号株系和 3 号株系，中抗大豆炭疽病。

【产量表现】2018—2019 年联合体试验鲜荚平均产量 12117.0kg/hm^2，较对照品种抚鲜 3 号平均增产 9.6%，2019 年生产试验鲜荚平均产量 12687.0kg/hm^2，较对照品种抚鲜 3 号平均增产 10.0%。

【适应区域】适宜在辽宁省无霜期 120d 以上、有效积温 2700℃以上的地区均可种植。

于氏 99 遗传基础

于氏 99 细胞质 100%来源于 MJH2008，历经 1 轮传递与选育，细胞质传递过程为 MJH2008→于氏 99。（详见图 1-43）

于氏 99 细胞核来源于塔豆棵八两、MJH2008 等 2 个祖先亲本，分析其核遗传贡献率并注明祖先亲本来源，从而揭示该品种遗传基础，为大豆育种亲本的选择利用提供参考。（详见表 1-43）

表 1-43　于氏 99 祖先亲本

品种名称	母本	父本	祖先亲本	祖先亲本核遗传贡献率/%	祖先亲本来源
于氏 99	MJH2008	辽鲜 1 号	塔豆棵八两	50.00	辽宁省地方品种
			MJH2008	50.00	辽宁美佳禾种业科技有限公司

塔豆棵八两
↓
MJH2008 × 辽鲜 1 号
↓
于氏 99

图 1-43　于氏 99 系谱图

44 铁鲜 3 号

铁鲜 3 号品种简介

【品种来源】铁鲜 3 号是铁岭市农业科学院以辽鲜 1 号为母本，铁 00003-3 为父本杂交，经多年选择育成。审定编号：辽审豆 2017022。

【植株性状】白花，椭圆叶，灰色茸毛，鲜荚绿色。有限结荚习性，株高 55.9cm，分枝 3.1 个，株型收敛，主茎节数 12.8 个，单株荚数 50.1 个，平均每荚 2～3 粒，单株鲜荚重 92.4g。标准荚数 177.7 个/500g，荚长 5.3cm，荚宽 1.3cm，标准荚率 87.1%，多粒荚荚率 69.6%。

【籽粒特点】籽粒圆形，种皮黄绿色，有光泽，百粒鲜重 74.2g。口感品质为 A 级（香甜柔糯型）。

【生育日数】在适应区从出苗至采鲜荚生育日数 101d 左右。

【抗病鉴定】人工接种鉴定中感大豆花叶病毒 1 号株系，病情指数 45.45%。虫食荚率 1.6%，病害荚率 1.3%。

【产量表现】2013—2014 年辽宁省大豆鲜食组区域试验鲜荚平均产量 13102.5kg/hm²，较对照品种抚鲜 3 号平均增产 11.3%，2016 年生产试验鲜荚平均产量 12016.5kg/hm²，较对照品种抚鲜 3 号平均增产 8.7%。

【适应区域】适宜在辽宁省各市种植。

铁鲜 3 号遗传基础

铁鲜 3 号细胞质 100% 来源于塔豆棵八两，历经 2 轮传递与选育，细胞质传递过程为塔豆棵八两→辽鲜 1 号→铁鲜 3 号。（详见图 1-44）

铁鲜 3 号细胞核来源于小金黄、四粒黄、四粒黄、铁荚四粒黄（黑铁荚）、嘟噜豆、辉南青皮豆、金元、铁荚子、熊岳小粒黄、塔豆棵八两、通州小黄豆、即墨油豆、益都平顶黄、大滑皮、铁角黄、台湾 75、十胜长叶、Magnolia 等 18 个祖先亲本，分析其核遗传贡献率并注明祖先亲本来源，从而揭示该品种遗传基础，为大豆育种亲本的选择利用提供参考。（详见表 1-44）

表 1-44　铁鲜 3 号祖先亲本

品种名称	母本	父本	祖先亲本	祖先亲本核遗传贡献率/%	祖先亲本来源
铁鲜 3 号	辽鲜 1 号	铁 00003-3	小金黄	0.78	吉林省中部平原地区地方品种
			四粒黄	0.39	吉林省中部地方品种
			四粒黄	0.20	吉林省公主岭地方品种
			铁荚四粒黄（黑铁荚）	0.39	吉林省中南部半山区地方品种
			嘟噜豆	4.59	吉林省中南部地方品种
			辉南青皮豆	1.17	吉林省辉南地方品种
			金元	0.20	辽宁省开原地方品种
			铁荚子	5.47	辽宁省义县地方品种
			熊岳小粒黄	3.22	辽宁省熊岳地方品种
			塔豆棵八两	50.00	辽宁省地方品种
			通州小黄豆	0.39	北京通县地方品种
			即墨油豆	1.56	山东省即墨地方品种
			益都平顶黄	0.78	山东省益都地方品种
			大滑皮	1.56	山东省济宁地方品种
			铁角黄	0.78	山东省西部地方品种
			台湾 75	25.00	中国台湾材料
			十胜长叶	1.95	日本品种
			Magnolia	1.56	从韩国引入美国材料

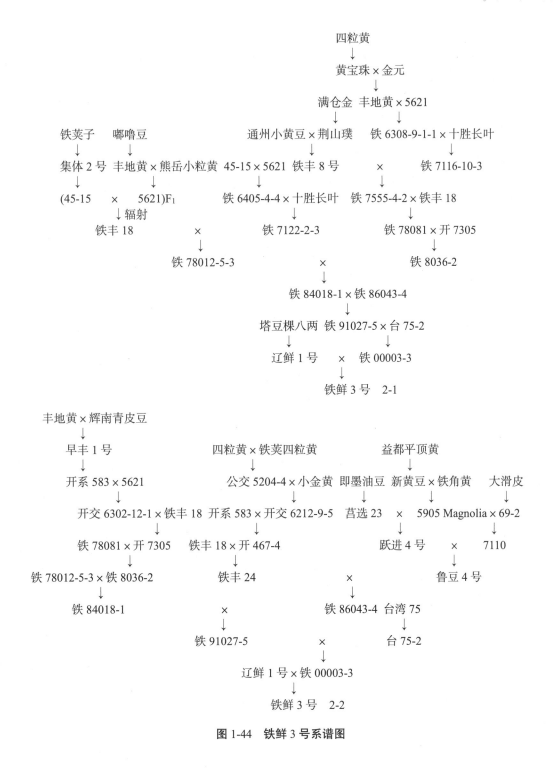

图 1-44　铁鲜 3 号系谱图

45　铁鲜 8 号

铁鲜 8 号品种简介

【品种来源】铁鲜 8 号是铁岭市农业科学院以浙农 6 号为母本，青酥 2 号为父本杂交，经多年选择育成。审定编号：辽审豆 20200016。

【植株性状】白花，圆叶，灰色茸毛。有限结荚习性，株高 52.0cm，有效分枝 2.5 个，主茎节数 12.4 个，单株有效荚数 43.6 个，多粒荚荚率 69.9%，单株鲜荚重 82.4g。标准荚数 189.9 个/500g，标准两粒荚荚长 5.3cm，荚宽 1.3cm，标准荚率 87.1%。

【籽粒特点】鲜食春大豆品种。籽粒椭圆形，种皮黄绿色，有光泽，种脐黄色，百粒鲜重 72.8g。香甜柔糯型，A 级。

【生育日数】在适应区从出苗至采鲜荚生育日数 95d 左右。

【抗病鉴定】接种鉴定中感大豆花叶病毒 1 号株系和 3 号株系，抗大豆炭疽病。

【产量表现】2017—2018 辽宁省大豆菜用组区域试验鲜荚平均产量 11334.0kg/hm²，较对照品种抚鲜 3 号平均增产 8.8%，2019 年生产试验鲜荚平均产量 12930.0kg/hm²，较对照品种抚鲜 3 号平均增产 16.1%。

【适应区域】适宜在辽宁省无霜期 120d 以上、有效积温 2700℃以上的地区均可种植。

铁鲜 8 号遗传基础

铁鲜 8 号细胞质 100%来源于台湾 75，历经 2 轮传递与选育，细胞质传递过程为台湾 75→浙农 6 号→铁鲜 8 号。（详见图 1-45）

铁鲜 8 号细胞核来源于台 75、白狮子、日本大胜白毛（Taisho Shiroge）等 3 个祖先亲本，分析其核遗传贡献率并注明祖先亲本来源，从而揭示该品种遗传基础，为大豆育种亲本的选择利用提供参考。（详见表 1-45）

表 1-45　铁鲜 8 号祖先亲本

品种名称	母本	父本	祖先亲本	祖先亲本核遗传贡献率/%	祖先亲本来源
铁鲜 8 号	浙农 6 号	青酥 2 号	台湾 75	25.00	中国台湾材料
			白狮子	50.00	日本品种豆
			日本大胜白毛（Taisho Shiroge）	25.00	日本品种

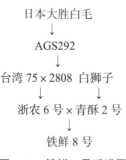

图 1-45　铁鲜 8 号系谱图

46 铁鲜豆 10 号

铁鲜豆 10 号品种简介

【品种来源】铁鲜豆 10 号是铁岭市农业科学院以浙鲜 3 号为母本、辽 00128-1 为父本杂交，经多年选择育成。审定名称：铁鲜豆 10，审定编号：辽审豆 20210011。

【植株性状】白花，圆叶，灰色茸毛。有限结荚习性，株高 50.9cm，有效分枝 3.1 个，主茎节数 14.9个，单株有效荚数 43.4 个，多粒荚荚率 63.8%，单株鲜荚重 74.6g。标准荚数 185.2 个/500g，标准两粒荚荚长 5.3cm，荚宽 1.3cm，标准荚率 86.6%。

【籽粒特点】鲜食春大豆品种。种皮绿色，种脐黄色，百粒鲜重 71.2g。口感鉴定为香甜柔糯型，A级。

【生育日数】在适应区从出苗至采鲜荚生育日数 109d。

【抗病鉴定】接种鉴定抗大豆花叶病毒 1 号株系，抗大豆炭疽病。

【产量表现】2018—2019 年辽宁省大豆统一鲜食组区域试验平均产量 10771.5kg/hm²，较对照品种抚鲜 3 号平均增产 8.2%，2020 年生产试验平均产量 12338.0kg/hm²，较对照品种抚鲜 3 号平均增产 16.1%。

【适应区域】适宜在辽宁省有效积温 2700℃以上的地区种植。

铁鲜豆 10 号遗传基础

铁鲜豆 10 号细胞质 100%来源于台湾 75，历经 2 轮传递与选育，细胞质传递过程为台湾 75→浙鲜 3号→铁鲜豆 10 号。（详见图 1-46）

铁鲜豆 10 号细胞核来源于新开 1 号（开引鲜-2000-1）、大粒豆、台湾 75、辽韩 11 等 4 个祖先亲本，分析其核遗传贡献率并注明祖先亲本来源，从而揭示该品种遗传基础，为大豆育种亲本的选择利用提供参考。（详见表 1-46）

表 1-46　铁鲜豆 10 号祖先亲本

品种名称	母本	父本	祖先亲本	祖先亲本核遗传贡献率/%	祖先亲本来源
铁鲜豆 10 号	浙鲜 3 号	辽 00128-1	新开 1 号（开引鲜-2000-1）	25.00	辽宁省农业科学院作物研究所引材料
			大粒豆	25.00	浙江省材料
			台 75	25.00	中国台湾材料
			辽韩 11	25.00	韩国材料

台湾 75 × 大粒豆　新开 1 号 × 辽韩 11
↓
浙鲜 3 号　　　×　　　辽 00128-1
↓
铁鲜豆 10 号

图 1-46　铁鲜豆 10 号系谱图

47 抚鲜 3 号

抚鲜 3 号品种简介

【品种来源】抚鲜 3 号是抚顺市农业科学研究院从台 75 变异株经多年系统选育而成。审定编号：国审豆 2007021。

【植株性状】白花，灰色茸毛。有限结荚习性，株高 32.4cm，分枝 1.9 个，主茎节数 8.4 个，单株荚数 20.5 个，单株鲜荚重 39.0g。标准荚数 191 个/500g，两粒荚长 5.20cm，荚宽 1.33cm，标准荚率 70.32%。

【籽粒特点】籽粒椭圆形，种皮绿色，子叶黄色，种脐褐色，百粒鲜重 63.0g。口感鉴定：香甜柔糯型。

【生育日数】在适应区从出苗至采鲜荚生育日数 88d 左右。

【抗病鉴定】接种鉴定中抗大豆花叶病毒 3 号株系，中感大豆花叶病毒 7 株系。

【产量表现】2005—2006 区域试验鲜荚平均产量 12021.0kg/hm²，较对照品种 AGS292 平均增产 14.7%，2006 年生产试验鲜荚平均产量 12711.0kg/hm²，较对照品种 AGS292 平均增产 22.0%。

【适应区域】适宜在北京、江苏、安徽、上海、浙江、江西、湖南、湖北、四川、广西、广东、云南、贵州地区作春播鲜食大豆种植。

抚鲜 3 号遗传基础

抚鲜 3 号细胞质 100%来源于台湾 75（台 75），历经 1 轮传递与选育，细胞质传递过程为台湾 75（台 75）→抚鲜 3 号。（详见图 1-47）

抚鲜 3 号细胞核来源于台湾 75（台 75）1 个祖先亲本，分析其核遗传贡献率并注明祖先亲本来源，从而揭示该品种遗传基础，为大豆育种亲本的选择利用提供参考。（详见表 1-47）

表 1-47　抚鲜 3 号祖先亲本

品种名称	父母本	祖先亲本	祖先亲本核遗传贡献率/%	祖先亲本来源
抚鲜 3 号	台 75 变异株	台湾 75（台 75）	100.00	中国台湾材料

台 75
↓
抚鲜 3 号

图 1-47　抚鲜 3 号系谱图

48 东鲜 1 号

东鲜 1 号品种简介

【品种来源】东鲜 1 号是辽宁东亚种业有限公司以开极早绿为母本，台 75 为父本杂交，经多年选择育成。审定编号：辽审豆 20190021。

【植株性状】白花，椭圆叶，灰色茸毛，鲜荚绿色。有限结荚习性，株高 43.5cm，分枝 4.0 个，株型收敛，主茎节数 13.2 个。

【籽粒特点】籽粒椭圆形，种皮绿色，有光泽，百粒鲜重 81.4g。口感品质为 A 级，香甜柔糯型。

【生育日数】在适应区从出苗至采鲜荚生育日数 89d 左右。

【抗病鉴定】人工接种鉴定中抗大豆花叶病毒 1 号株系，感大豆花叶病毒 3 号株系。

【产量表现】2015—2016 年辽宁省大豆鲜食组区域试验鲜荚平均产量 12645.0kg/hm²，比对照品种抚鲜 3 号增产 12.3%，2018 年生产试验鲜荚平均产量 12011.0kg/hm²，比对照品种抚鲜 3 号增产 10.4%。

【适应区域】适宜在辽宁省各市种植。

东鲜 1 号遗传基础

东鲜 1 号细胞质 100% 来源于开极早绿，历经 1 轮传递与选育，细胞质传递过程为开极早绿→东鲜 1 号。（详见图 1-48）

东鲜 1 号细胞核来源于开极早绿、台湾 75（台 75）等 2 个祖先亲本，分析其核遗传贡献率并注明祖先亲本来源，从而揭示该品种遗传基础，为大豆育种亲本的选择利用提供参考。（详见表 1-48）

表 1-48　东鲜 1 号祖先亲本

品种名称	母本	父本	祖先亲本	祖先亲本核遗传贡献率/%	祖先亲本来源
东鲜 1 号	开极早绿	台 75	开极早绿	50.00	辽宁省开原地方品种
			台湾 75（台 75）	50.00	中国台湾材料

开极早绿 × 台 75

↓

东鲜 1 号

图 1-48　东鲜 1 号系谱图

49 辽鲜豆 2 号

辽鲜豆 2 号品种简介

【品种来源】辽鲜豆 2 号是辽宁省农业科学院作物研究所 2004 年以辽 99011-6 为母本，辽鲜 1 号为父本杂交，经多年选择育成。审定编号：辽审豆 2014016。

【植株性状】白花，椭圆叶，灰色茸毛。有限结荚习性，株高 51.0cm，分枝 2.6 个，主茎节数 13.2 个，多粒荚荚率 76.7%，单株荚数 47.8 个，单株鲜荚重 77.0g。标准荚数 192.6 个/500g，荚长 5.1cm，荚宽 1.3cm 标准荚率 87.7%。

【籽粒特点】籽粒圆形，种皮黄色，有光泽，种脐黄色，百粒鲜重 71.9g。口感品种属于 A 级，香甜柔糯型。

【生育日数】在适应区从出苗至采鲜荚生育日数 99d 左右。在适应区从出苗至成熟生育日数 115d 左右。

【抗病鉴定】接种鉴定抗大豆花叶病毒 1 号株系和 3 号株系，病情指数分别为 16.67% 和 20.00%，虫食荚率 1.4%，病害荚率 0.7%。

【产量表现】2012—2013 年辽宁省鲜食组区域试验鲜荚平均产量 13723.5kg/hm²，较对照品种平均增产 22.1%，2013 年生产试验鲜荚平均产量 13837.5kg/hm²，较对照品种平均增产 19.3%。

【适应区域】辽宁省铁岭、沈阳、鞍山、辽阳、锦州及葫芦岛等鲜食大豆产区。

辽鲜豆 2 号遗传基础

辽鲜豆 2 号细胞质 100% 来源于大白脐，历经 6 轮传递与选育，细胞质传递过程为大白脐→群英豆→开育 10 号→开系 8525-26→开 8930→辽 99011-6→辽鲜豆 2 号。（详见图 1-49）

辽鲜豆 2 号细胞核来源于小金黄、嘟噜豆、辉南青皮豆、大粒黄、铁荚子、熊岳小粒黄、塔豆棵八两、开 6708、大白脐、辽韩 6 号、白千鸣、日本白眉等 12 个祖先亲本，分析其核遗传贡献率并注明祖先亲本来源，从而揭示该品种遗传基础，为大豆育种亲本的选择利用提供参考。（详见表 1-49）

表 1-49　辽鲜豆 2 号祖先亲本

品种名称	母本	父本	祖先亲本	祖先亲本核遗传贡献率/%	祖先亲本来源
辽鲜豆 2 号	辽 99011-6	辽鲜 1 号	小金黄	0.59	吉林省中部平原地区地方品种
			嘟噜豆	4.30	吉林省中南部地方品种
			辉南青皮豆	0.78	吉林省辉南地方品种
			大粒黄	0.20	吉林省地方品种
			铁荚子	5.08	辽宁省义县地方品种
			熊岳小粒黄	3.13	辽宁省熊岳地方品种
			塔豆棵八两	50.00	辽宁省地方品种
			开 6708	1.56	辽宁省开原市农业科学研究所材料
			大白种脐	3.13	河北省平泉地方品种
			辽韩 6 号	25.00	韩国材料
			白千鸣	3.13	日本品种
			日本白眉	3.13	日本品种

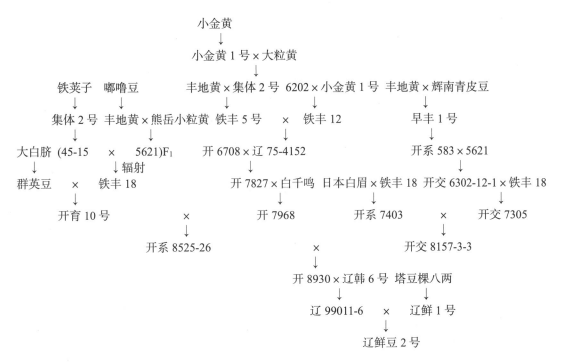

图 1-49　辽鲜豆 2 号系谱图

50 辽鲜豆 3 号

辽鲜豆 3 号品种简介

【品种来源】辽鲜豆 3 号是辽宁省农业科学院作物研究所 2006 年以清河 7 号为母本，辽韩 11 为父本杂交，经多年选择育成。审定编号：辽审豆 2015013。

【植株性状】白花，椭圆叶，灰色茸毛。有限结荚习性，株高 60.6cm，分枝 3.6 个，主茎节数 13.1 个，单株荚数 44.9 个，多粒荚荚率 69.0%，单株鲜荚重 72.5g。标准荚数 183.2 个/500g，荚长 5.2cm，荚宽 1.3cm，标准荚率 84.6%。

【籽粒特点】百粒鲜重 72.4g。口感品质为 A 级，香甜柔糯型。

【生育日数】在适应区从出苗至采鲜荚生育日数 101d 左右。

【抗病鉴定】接种鉴定中感大豆花叶病毒 1 号株系，病情指数 37.69%，虫食荚率 1.7%，病害荚率 1.4%。

【产量表现】2013—2014 年辽宁省鲜食组区域试验鲜荚平均产量 12748.5kg/hm²，较对照品种抚鲜 3 号平均增产 8.3%，2014 年生产试验鲜荚平均产量 13593.0kg/hm²，较对照品种抚鲜 3 号平均增产 10.0%。

【适应区域】适宜在辽宁省铁岭、沈阳、鞍山、辽阳、锦州及葫芦岛等地区种植。

辽鲜豆 3 号遗传基础

辽鲜豆 3 号细胞质 100% 来源于清河 7 号，历经 1 轮传递与选育，细胞质传递过程为清河 7 号→辽鲜豆 3 号。（详见图 1-50）

辽鲜豆 3 号细胞核来源于清河 7 号，辽韩 11 等 2 个祖先亲本，分析其核遗传贡献率并注明祖先亲本

来源，从而揭示该品种遗传基础，为大豆育种亲本的选择利用提供参考。（详见表1-50）

表 1-50　辽鲜豆 3 号祖先亲本

品种名称	母本	父本	祖先亲本	祖先亲本核遗传贡献率/%	祖先亲本来源
辽鲜豆 3 号	清河 7 号	辽韩 11	清河 7 号	50.00	辽宁省农业科学院作物研究所引入材料
			辽韩 11	50.00	韩国材料

清河 7 号 × 辽韩 11
↓
辽鲜豆 3 号

图 1-50　辽鲜豆 3 号系谱图

51　辽鲜豆 9 号

辽鲜豆 9 号品种简介

【品种来源】辽鲜豆 9 号是辽宁省农业科学院作物研究所以辽 00126 为母本，辽 00128 为父本杂交，经多年选择育成。审定编号：辽审豆 20190019。

【植株性状】白花，椭圆叶，灰色茸毛。有限结荚习性，株高 61.5cm，分枝 3.6 个，主茎节数 8.5 个，单株荚数 70.8 个，多粒荚荚率 58.1%，单株鲜荚重 136.8g。标准荚数 187.6 个/500g，荚长 5.2cm，荚宽 1.3cm，标准荚率 85.3%。

【籽粒特点】百粒鲜重 73.5g。口感品质为 A 级，香甜柔糯型。

【生育日数】在适应区从出苗至采鲜荚生育日数 102d 左右。

【抗病鉴定】接种鉴定抗大豆花叶病毒 1 号株系，病情指数 20.00%，中感大豆花叶病毒 3 号株系，病情指数 42.86%。虫食荚率 1.0%，病害荚率 3.8%。

【产量表现】2016—2017 年区域试验平均产量 11797.8kg/hm²，较对照品种抚鲜 3 号平均增产 10.4%，2018 年生产试验鲜荚平均产量 12450.0 kg/hm²，较对照品种抚鲜 3 号平均增产 14.4%。

【适应区域】适宜在辽宁省铁岭、沈阳、鞍山、辽阳、锦州及葫芦岛等地区种植。

辽鲜豆 9 号遗传基础

辽鲜豆 9 号细胞质 100%来源于开引鲜-2000-6，历经 2 轮传递与选育，细胞质传递过程为开引鲜-2000-6→辽 00126→辽鲜豆 9 号。（详见图 1-51）

辽鲜豆 9 号细胞核来源于新开 1 号（开引鲜-2000-1）、开引鲜-2000-6、辽韩 7 号、辽韩 11 等 4 个祖先亲本，分析其核遗传贡献率并注明祖先亲本来源，从而揭示该品种遗传基础，为大豆育种亲本的选择利用提供参考。（详见表 1-51）

表 1-51　辽鲜豆 9 号祖先亲本

品种名称	母本	父本	祖先亲本	祖先亲本核遗传贡献率/%	祖先亲本来源
辽鲜豆 9 号	辽 00126	辽 00128	新开 1 号（开引鲜-2000-1）	25.00	辽宁省农业科学院作物研究所引材料
			开引鲜-2000-6	25.00	开原农家种
			辽韩 7 号	25.00	韩国材料
			辽韩 11	25.00	韩国材料

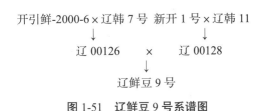

开引鲜-2000-6×辽韩 7 号　新开 1 号×辽韩 11

辽 00126　×　辽 00128

辽鲜豆 9 号

图 1-51　辽鲜豆 9 号系谱图

52 辽鲜豆 10 号

辽鲜豆 10 号品种简介

【品种来源】辽鲜豆 10 号是辽宁省农业科学院作物研究所以东农 1 号为母本，Seakygangputkong 为父本杂交，经多年选择育成。审定编号：辽审豆 20190020。

【植株性状】白花，椭圆叶，灰色茸毛，鲜荚绿色。有限结荚习性，株高 56.4cm，分枝 5.1 个，分枝 5.1 个，主茎节数 8.4 个，单株荚数 59.4 个，多粒荚荚率 101.9%，单株鲜荚重 135.9g。标准荚数 179.1 个/500g，荚长 5.9cm，荚宽 1.4cm，标准荚率 88.5%。

【籽粒特点】百粒鲜重 82.4g。口感品质为 A 级（香甜柔糯型）。

【生育日数】在适应区从出苗至采鲜荚生育日数 96d 左右。

【抗病鉴定】接种鉴定中抗大豆花叶病毒 1 号株系，病情指数 25.71%，感大豆花叶病毒 3 号株系，病情指数 57.33%。虫食荚率 1.0%，病害荚率 0.7%。

【产量表现】2016—2017 年区域试验鲜荚平均产量 12620.0kg/hm²，较对照品种抚鲜 3 号平均增产 16.0%，2018 年生产试验鲜荚平均产量 12081.0kg/hm²，较对照品种抚鲜 3 号平均增产 11.0%。

【适应区域】适宜在辽宁省铁岭、沈阳、鞍山、辽阳、锦州及葫芦岛等地区种植。

辽鲜豆 10 号遗传基础

辽鲜豆 10 号细胞质 100%来源于小粒黄，历经 2 轮传递与选育，细胞质传递过程为小粒黄→东农 1 号→辽鲜豆 10 号。（详见图 1-52）

辽鲜豆 10 号细胞核来源于小粒黄、Seakygangputkong 等 2 个祖先亲本，分析其核遗传贡献率并注明祖先亲本来源，从而揭示该品种遗传基础，为大豆育种亲本的选择利用提供参考。（详见表 1-52）

表 1-52　辽鲜豆 10 号祖先亲本

品种名称	母本	父本	祖先亲本	祖先亲本核遗传贡献率/%	祖先亲本来源
辽鲜豆 10 号	东农 1 号	Seakygangputkong	小粒黄	50.00	黑龙江省勃利地方品种
			Seakygangputkong	50.00	韩国材料

小粒黄
↓
东农 1 号 × Seakygangputkong
↓
辽鲜豆 10 号

图 1-52　辽鲜豆 10 号系谱图

53　辽鲜豆 16

辽鲜豆 16 品种简介

【品种来源】辽鲜豆 16 是辽宁省农业科学院作物研究所以浙鲜 4 号为母本，辽 00128 为父本杂交，经多年选择育成。审定编号：辽审豆 20200015。

【植株性状】白花，圆叶，灰色茸毛。有限结荚习性，株高 31.8cm，有效分枝 3.1 个，主茎节数 9.8 个，单株有效荚数 39.8 个，多粒荚荚率 71.3%，单株鲜荚重 77.9g。标准荚数 186.7 个/500g，标准两粒荚荚长 5.2cm，荚宽 1.3cm，标准荚率 89.3%。

【籽粒特点】鲜食春大豆品种。籽粒椭圆形，种皮中等绿色，无光泽，种脐浅褐色，百粒鲜重 74.8g。香甜柔糯型，A 级。

【生育日数】在适应区从出苗至采鲜荚生育日数 90d 左右。

【抗病鉴定】接种鉴定抗大豆花叶病毒 1 号株系和 3 号株系，中抗大豆炭疽病。

【产量表现】2017—2018 年区域试验鲜荚平均产量 11340.0kg/hm²，较对照品种抚鲜 3 号平均增产 8.9%，2019 年生产试验鲜荚平均产量 12486.0kg/hm²，较对照品种抚鲜 3 号平均增产 12.2%。

【适应区域】适宜在辽宁省无霜期 120d 以上、有效积温 2700℃以上的地区均可种植。

辽鲜豆 16 遗传基础

辽鲜豆 16 细胞质 100% 来源于矮脚白毛，历经 2 轮传递与选育，细胞质传递过程为矮脚白毛→浙鲜 4 号→辽鲜豆 16。（详见图 1-53）

辽鲜豆 16 细胞核来源于新开 1 号（开引鲜-2000-1）、辽韩 11、矮脚白毛、日本大胜白毛（Taisho Shiroge）等 4 个祖先亲本，分析其核遗传贡献率并注明祖先亲本来源，从而揭示该品种遗传基础，为大豆育种亲本

的选择利用提供参考。（详见表1-53）

表1-53　辽鲜豆16祖先亲本

品种名称	母本	父本	祖先亲本	祖先亲本核遗传贡献率/%	祖先亲本来源
辽鲜豆16	浙鲜4号	辽00128	新开1号（开引鲜-2000-1）	25.00	开原农家种
			辽韩11	25.00	韩国材料
			日本大胜白毛（Taisho Shiroge）	25.00	日本品种
			矮脚白毛	25.00	日本品种

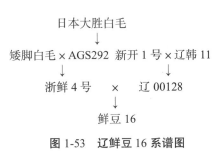

图1-53　辽鲜豆16系谱图

54　辽鲜豆17

辽鲜豆17品种简介

【品种来源】辽鲜豆17是辽宁省农业科学院作物研究所以辽00126为母本，Seakrgangputkong为父本杂交，经多年选择育成。审定编号：国审豆20210074。

【植株性状】白花，卵圆叶，灰色茸毛。有限结荚习性。株高35.4cm，有效分枝2.4个，株型收敛，主茎9.6节，单株有效荚数22.1个，多粒荚荚率69.3%，单株鲜荚重48.7g，标准荚数173.0个/500g，标准两粒荚荚长4.8cm，荚宽1.3cm，标准荚率73.1%，

【籽粒特点】籽粒圆形，种皮淡绿色，子叶黄色，无光泽，种脐淡褐色。百粒鲜重71.7g。口感鉴定为香甜柔糯型，A级。

【生育日数】鲜食春大豆中晚熟品种，在适应区从出苗至采鲜荚生育日数84d，较对照品种浙鲜5号晚熟2d。

【抗病鉴定】接种鉴定抗花叶病毒3号株系和7号株系，中感大豆炭疽病。

【产量表现】2018—2019年区域试验鲜荚平均产量13261.5kg/hm²，较对照品种浙鲜5号平均增产8.9%。2020年生产试验鲜荚平均产量10230.0kg/hm²，较对照品种平均增产9.2%。

【适应区域】适宜在辽宁沈阳，江苏南京，安徽合肥、铜陵，江西南昌，湖南长沙，福建厦门，贵州贵阳，广东广州，云南昆明，广西南宁和四川成都地区作鲜食大豆春播种植。

辽鲜豆 17 遗传基础

辽鲜豆 17 细胞质 100% 来源于开引鲜-2000-6，历经 2 轮传递与选育，细胞质传递过程为开引鲜-2000-6 →辽 00126→辽鲜豆 17。（详见图 1-54）

辽鲜豆 17 细胞核来源于开引鲜-2000-6、Seakrgangputkong、辽韩 7 号等 3 个祖先亲本，分析其核遗传贡献率并注明祖先亲本来源，从而揭示该品种遗传基础，为大豆育种亲本的选择利用提供参考。（详见表 1-54）

表 1-54　辽鲜豆 17 祖先亲本

品种名称	母本	父本	祖先亲本	祖先亲本核遗传贡献率（%）	祖先亲本来源
辽鲜豆 17	辽 00126	Seakrgangputkong	开引鲜-2000-6	25.00	辽宁省农业科学院作物研究所引入材料
			Seakrgangputkong	25.00	韩国材料
			辽韩 7 号	50.00	韩国材料

开引鲜-2000-6 × 辽韩 7 号
↓
辽 00126 × Seakrgangputkong
↓
辽鲜豆 17

图 1-54　辽鲜豆 17 系谱图

55　辽鲜豆 18

辽鲜豆 18 品种简介

【品种来源】辽鲜豆 18 是辽宁省农业科学院作物研究所以辽 07M32 为母本，辽 00128 为父本杂交，经多年选择育成。审定编号：国审豆 20210075。

【植株性状】白花，椭圆叶，灰色茸毛。有限结荚习性。株高 35.6cm，有效分枝 2.5 个，株型收敛，主茎 9.5 节，单株有效荚数 20.4 个，多粒荚荚率 68.4%，单株鲜荚重 46.6g，标准荚数 172.0 个/500g，标准两粒荚荚长 5.1cm，荚宽 1.3cm，标准荚率 70.0%。

【籽粒特点】籽粒扁圆形，种皮淡绿色，子叶黄色，无光泽，种脐褐色，百粒鲜重 74.1g。口感鉴定为香甜柔糯型，A 级。

【生育日数】鲜食春大豆中晚熟品种，在适应区从出苗至采鲜荚生育日数 84d，较对照品种浙鲜 5 号晚熟 2d。

【抗病鉴定】接种鉴定抗花叶病毒 3 号株系和 7 号株系，中感大豆炭疽病。

【产量表现】2018—2019 年区域试验鲜荚平均产量 12475.5kg/hm²，较对照品种浙鲜 5 号平均增产 2.4%。2020 年生产试验鲜荚平均产量 10009.5kg/hm²，较对照品种平均增产 6.9%。

【适应区域】适宜在辽宁沈阳，江苏南京，安徽合肥、铜陵，江西南昌，湖南长沙，云南昆明，四川成都地区作鲜食大豆春播种植。

辽鲜豆 18 遗传基础

辽鲜豆 18 细胞质 100% 来源于开引鲜-2000-6，历经 3 轮传递与选育，细胞质传递过程为开引鲜-2000-6 →辽 00126→辽 07M32→辽鲜豆 18。（详见图 1-55）

辽鲜豆 18 细胞核来源于新开 1 号（开引鲜-2000-1）、开引鲜-2000-6、辽韩 7 号、辽韩 11 等 4 个祖先亲本，分析其核遗传贡献率并注明祖先亲本来源，从而揭示该品种遗传基础，为大豆育种亲本的选择利用提供参考。（详见表 1-55）

表 1-55　辽鲜豆 18 祖先亲本

品种名称	母本	父本	祖先亲本	祖先亲本核遗传贡献率（%）	祖先亲本来源
辽鲜豆 18	辽 07M32	辽 00128	新开 1 号（开引鲜-2000-1）	37.50	辽宁省农业科学院作物研究所引材料
			开引鲜-2000-6	12.50	辽宁省农业科学院作物研究所引材料
			辽韩 7 号	12.50	韩国材料
			辽韩 11	37.5	韩国材料

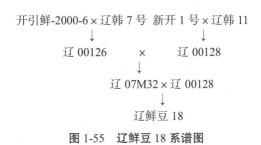

图 1-55　辽鲜豆 18 系谱图

56 辽鲜豆 20

辽鲜豆 20 品种简介

【品种来源】辽鲜豆 20 是辽宁省农业科学院作物研究所以辽 07M09-7 为母本、沪宁 95-1 为父本杂交，经多年选择育成。审定编号：辽审豆 20210012。

【植株性状】紫花，圆叶，灰色茸毛。有限结荚习性，株高 45.5cm，有效分枝 3.7 个，主茎节数 12.5 个，单株有效荚数 58 个，多粒荚荚率 63.5%，单株鲜荚重 98.1g。标准荚数 188.4 个/500g，标准两粒荚荚长 5.1cm，荚宽 1.3cm，标准荚率 89.5%。

【籽粒特点】鲜食春大豆品种。种皮绿色，种脐浅褐色，百粒鲜重 72g。口感鉴定为香甜柔糯型，A 级。

【生育日数】在适应区从出苗至采鲜荚生育日数 101d。

【抗病鉴定】接种鉴定抗大豆花叶病毒 1 号株系，抗大豆炭疽病。

【产量表现】2018—2019 年区域试验鲜荚平均产量 11125.5kg/hm²，较对照品种抚鲜 3 号平均增产 11.7%，2020 年生产试验鲜荚平均产量 13037.0kg/hm²，较对照品种抚鲜 3 号平均增产 22.7%。

【适应区域】适宜在辽宁省有效积温 2700℃以上的地区种植。

辽鲜豆 20 遗传基础

辽鲜豆 20 细胞质 100%来源于辽 07M09-7，历经 1 轮传递与选育，细胞质传递过程为辽 07M09-7→辽鲜豆 20。（详见图 1-56）

辽鲜豆 20 细胞核来源于辽 07M09-7、日本天开峰等 2 个祖先亲本，分析其核遗传贡献率并注明祖先亲本来源，从而揭示该品种遗传基础，为大豆育种亲本的选择利用提供参考。（详见表 1-56）

表 1-56　辽鲜豆 20 祖先亲本

品种名称	母本	父本	祖先亲本	祖先亲本核遗传贡献率/%	祖先亲本来源
辽鲜豆 20	辽 07M09-7	沪宁 95-1	辽 07M09-7	50.00	辽宁省农业科学院作物研究所材料
			日本天开峰	50.00	日本品种

日本天开峰
↓
辽 07M09-7 × 沪宁 95-1
↓
辽鲜豆 20

图 1-56　辽鲜豆 20 系谱图

57　辽鲜豆 21

辽鲜豆 21 品种简介

【品种来源】辽鲜豆 21 是辽宁省农业科学院作物研究所以辽 00136-1-4-2 为母本、辽 00128-1 为父本杂交，经多年选择育成。审定编号：辽审豆 20210013。

【植株性状】紫花，圆叶，灰色茸毛。有限结荚习性，株高 48.8cm，有效分枝 3.5 个，主茎节数 12.6 个，单株有效荚数 48.6 个，多粒荚荚率 58.5%，单株鲜荚重 86.4g。标准荚数 182.4 个/500g，标准两粒荚荚长 5.1cm，荚宽 1.3cm，标准荚率 89.5%。

【籽粒特点】鲜食春大豆品种。种皮绿色，种脐浅黄色，百粒鲜重 72.6g。口感鉴定为香甜柔糯型，A 级。

【生育日数】在适应区从出苗至采鲜荚生育日数 103d。

【抗病鉴定】接种鉴定抗大豆花叶病毒 1 号株系，抗大豆炭疽病。

【产量表现】2018—2019 年区域试验鲜荚平均产量 11713.5kg/hm²，较对照品种抚鲜 3 号平均增产 21.1%，2020 年生产试验鲜荚平均产量 12416.0kg/hm²，较对照品种抚鲜 3 号平均增产 16.8%。

【适应区域】适宜在辽宁省有效积温 2700℃以上的地区种植。

辽鲜豆21遗传基础

辽鲜豆21细胞质100%来源于辽00136-1-4-2,历经1轮传递与选育,细胞质传递过程为辽00136-1-4-2→辽鲜豆20。（详见图1-57）

辽鲜豆21细胞核来源于辽00136-1-4-2、日本天开峰等2个祖先亲本,分析其核遗传贡献率并注明祖先亲本来源,从而揭示该品种遗传基础,为大豆育种亲本的选择利用提供参考。（详见表1-57）

表1-57 辽鲜豆21祖先亲本

品种名称	母本	父本	祖先亲本	祖先亲本核遗传贡献率（%）	祖先亲本来源
辽鲜豆21	辽00136-1-4-2	沪宁95-1	辽00136-1-4-2	50.00	辽宁省农业科学院作物研究所材料
			日本天开峰	50.00	日本品种

日本天开峰
↓
辽07M09-7×沪宁95-1
↓
辽鲜豆20

图1-57 辽鲜豆20系谱图

58 札幌绿

札幌绿品种简介

【品种来源】札幌绿是内蒙古呼盟农业科学研究所1999年从日本引进的菜用大豆,原名札幌绿。审定编号:蒙审豆2002005。

【植株性状】白花,卵圆叶,灰色茸毛,豆荚中等大小,荚弯镰形,成熟深褐色。有限结荚习性,株高35 cm～40cm,分枝2～3个,株型收敛,主茎节数9个左右,2、3粒荚率85%,结荚密集。花期短,仅10～15d,对光反应迟钝,茎秆直立,喜肥水,耐涝,抗倒伏,成熟时落叶性较好,裂荚。

【籽粒特点】籽粒卵圆形,种皮绿色,子叶黄色,种脐绿色,百粒重30～40g。籽粒粗蛋白含量41.27%,粗脂肪含量20.55%。

【生育日数】在适应区从出苗至采鲜荚生育日数60d。在适应区从出苗至成熟生育日数95d,较同类品种早熟20d。

【抗病鉴定】抗大豆胞囊线虫病,抗多种叶部病害。

【产量表现】1999—2000年内蒙古呼盟区域试验鲜荚平均产量9879.0kg/hm^2,2000—2001年生产试验鲜荚平均产量8089.5kg/hm^2。干籽粒产量2167.5kg/hm^2。

【适应区域】适宜内蒙古呼盟、兴安盟等地区种植。

札幌绿遗传基础

札幌绿细胞质 100% 来源于日本札幌绿，历经 1 轮传递与选育，细胞质传递过程为日本札幌绿→札幌绿。（详见图 1-58）

札幌绿细胞核来源于日本札幌绿 1 个祖先亲本，分析其核遗传贡献率并注明祖先亲本来源，从而揭示该品种遗传基础，为大豆育种亲本的选择利用提供参考。（详见表 1-55）

表 1-59　札幌绿祖先亲本

品种名称	父母本	祖先亲本	祖先亲本核遗传贡献率/%	祖先亲本来源
札幌绿	日本菜豆品种札幌绿	日本札幌绿	100.00	日本品种

日本札幌绿
↓
札幌绿

图 1-58　札幌绿系谱图

第二章　特种品质大豆

1 东富豆 1 号

东富豆 1 号品种简介

【品种来源】东富豆 1 号是东北农业大学国家大豆工程技术研究中心、五大连池市富民种子集团有限公司（申请者：五大连池市富民种子集团有限公司）以华疆 1 号为母本，Ichihime 为父本杂交，经多年选择育成。审定编号：黑审豆 2018043。

【植株性状】紫花，尖叶，灰色茸毛，荚弯镰形，成熟荚褐色。无限结荚习性，株高 68cm 左右，有分枝。

【籽粒特点】无腥豆品种。籽粒圆形，种皮黄色，有光泽，种脐黄色，百粒重 19.0g 左右。籽粒粗蛋白含量 43.33%，粗脂肪含量 18.59%。缺失脂肪氧化酶 Lox1，Lox2，Lox3。

【生育日数】在适应区从出苗至成熟生育日数 105d 左右，需 ≥10℃ 活动积温 2050℃ 左右。

【抗病鉴定】接种鉴定中抗大豆灰斑病。

【产量表现】2015—2016 年区域试验平均产量 2630.5kg/hm²，较对照品种黑河 45 平均增产 6.9%，2017年生产试验平均产量 2710.0kg/hm²，较对照品种黑河 45 平均增产 7.2%。

【适应区域】适宜在黑龙江省 ≥10℃ 活动积温 2150℃ 区域种植。

东富豆 1 号遗传基础

东富豆 1 号细胞质 100% 来源于小粒豆 9 号，历经 5 轮传递与选育，细胞质传递过程为小粒豆 9 号→合丰 23→合丰 25→北丰 10 号→华疆 1 号→东富豆 1 号。（详见图 2-1）

东富豆 1 号细胞核来源于逊克当地种、白眉、克山四粒荚、大白眉、小粒豆 9 号、四粒黄、金元、黑龙江 41、Ichihime、十胜长叶等 10 个祖先亲本，分析其核遗传贡献率并注明祖先亲本来源，从而揭示该品种遗传基础，为大豆育种亲本的选择利用提供参考。（详见表 2-1）

表 2-1　东富豆 1 号祖先亲本

品种名称	母本	父本	祖先亲本	祖先亲本核遗传贡献率/%	祖先亲本来源
东富豆 1 号	华疆 1 号	Ichihime	逊克当地种	6.25	黑龙江省逊克地方品种
			白眉	10.94	黑龙江省克山地方品种
			克山四粒荚	4.69	黑龙江省克山地方品种
			大白眉	3.13	黑龙江省克山地方品种

续表

品种名称	母本	父本	祖先亲本	祖先亲本核遗传贡献率/%	祖先亲本来源
			小粒豆9号	6.25	黑龙江省勃利地方品种
			四粒黄	4.69	吉林省公主岭地方品种
			金元	4.69	辽宁省开原地方品种
			黑龙江41	3.13	俄罗斯材料
			Ichihime	50.00	日本品种
			十胜长叶	6.25	日本品种

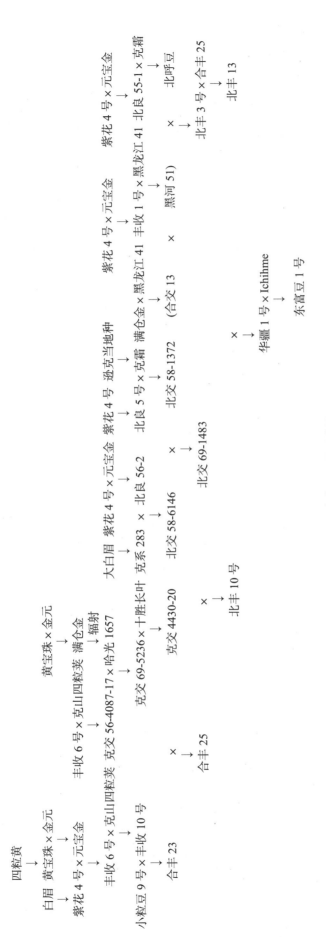

图 2-1 东富豆 1 号系谱图

2 东富豆3号

东富豆3号品种简介

【品种来源】东富豆3号是东北农业大学、黑龙江省五大连池市富民种子集团有限公司以绥07-502为母本，Ichihime为父本杂交，经多年选择育成。审定编号：黑审豆20190045。

【植株性状】紫花，圆叶，白色茸毛，荚弯镰形，成熟荚黄色。亚有限结荚习性，株高85cm左右。

【籽粒特点】无腥豆品种。籽粒圆形，种皮黄色，有光泽，种脐黄色，百粒重24g左右。籽粒粗蛋白含量44.50%，粗脂肪含量18.60%。

【生育日数】在适应区从出苗至成熟生育日数118d左右，需≥10℃活动积温2350℃左右。

【抗病鉴定】接种鉴定中抗大豆灰斑病。

【产量表现】2016—2017年区域试验平均产量2632.0kg/hm²，较对照品种绥无腥豆1号平均增产6.8%，2018年生产试验平均产量2691.0kg/hm²，较对照品种绥无腥豆1号平均增产7.7%。

【适应区域】适宜在黑龙江省≥10℃活动积温2500℃区域种植。

东富豆3号遗传基础

东富豆3号细胞质100%来源于中育37，历经4轮传递与选育，细胞质传递过程为中育37→绥无腥豆1号→绥03-31019→绥07-502→东富豆3号。（详见图2-2）

东富豆3号细胞核来源于逊克当地种、五顶珠、白眉、克山四粒荚、大白眉、小粒黄、小粒豆9号、东农20（黄-中-中20）、永丰豆、四粒黄、铁荚四粒黄（黑铁荚）、嘟噜豆、金元、小金黄、熊岳小粒黄、鹤娘、中育37、富引1号、Ichihime、十胜长叶、花生等21个祖先亲本，分析其核遗传贡献率并注明祖先亲本来源，从而揭示该品种遗传基础，为大豆育种亲本的选择利用提供参考。（详见表2-2）

表2-2 东富豆3号祖先亲本

品种名称	母本	父本	祖先亲本	祖先亲本核遗传贡献率/%	祖先亲本来源
东富豆3号	绥07-502	Ichihime	逊克当地种	0.98	黑龙江省逊克地方品种
			五顶珠	0.49	黑龙江省绥化地方品种
			白眉	3.34	黑龙江省克山地方品种
			克山四粒荚	4.25	黑龙江省克山地方品种
			大白眉	0.49	黑龙江省克山地方品种
			小粒黄	3.52	黑龙江省勃利地方品种
			小粒豆9号	0.98	黑龙江省勃利地方品种
			东农20(黄-中-中20)	1.17	东北农业大学材料
			永丰豆	4.69	吉林省永吉地方品种
			四粒黄	2.84	吉林省公主岭地方品种

续表

品种名称	母本	父本	祖先亲本	祖先亲本核遗传贡献率/%	祖先亲本来源
			铁荚四粒黄（黑铁荚）	0.39	吉林省中南部半山区地方品种
			嘟噜豆	0.39	吉林省中南部地方品种
			金元	2.84	辽宁省开原地方品种
			小金黄	0.39	辽宁省沈阳地方品种
			熊岳小粒黄	0.39	辽宁省熊岳地方品种
			鹤娘	6.25	日本品种
			中育 37	6.25	日本品种
			富引 1 号	7.81	日本品种
			Ichihime	50.00	日本品种
			十胜长叶	0.98	日本品种
			花生	1.56	远缘物种

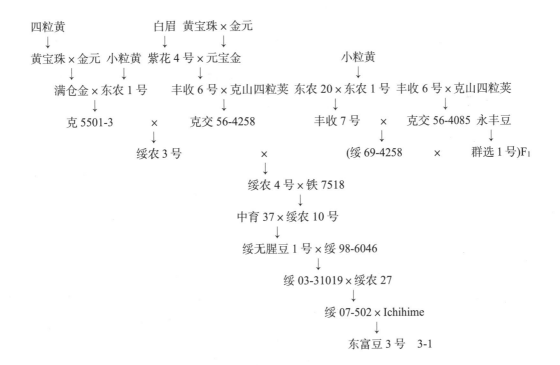

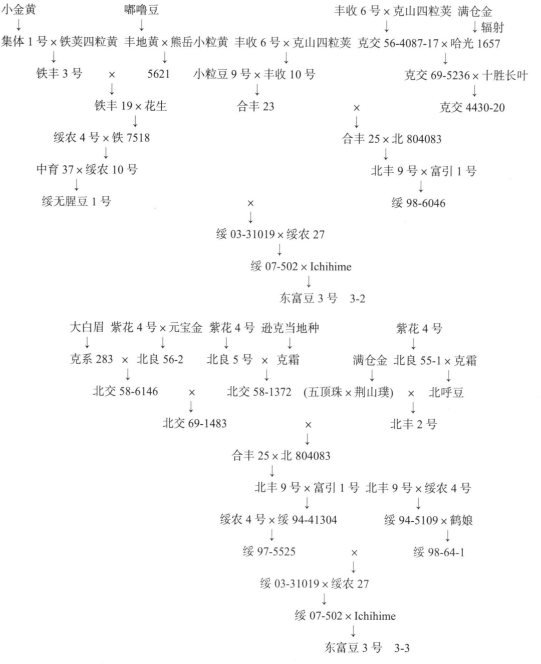

图2-2　东富豆3号系谱图

3　绥无腥豆1号

绥无腥豆1号品种简介

【品种来源】绥无腥豆1号是黑龙江省农业科学院绥化农科所（现单位名称：黑龙江省农业科学院绥化分院）1995年以中育37为母本，绥农10号为父本杂交，经多年选择育成。审定编号：黑审豆2002014。

【植株性状】白花，披针叶，灰色茸毛，成熟荚草黄色。无限结荚习性，株高100cm左右，分枝力强，平均每荚 2.3 粒。

【籽粒特点】籽粒圆形，种皮黄色，有光泽，种脐黄色，百粒重 19g 左右。籽粒粗蛋白含量 40.77%，粗脂肪含量 19.90%。籽粒中不含脂肪氧化酶 Lox2，无豆腥味。

【生育日数】在适应区从出苗至成熟生育日数 120d 左右，需≥10℃活动积温 2450℃。

【抗病鉴定】接种鉴定中抗大豆灰斑病。

【产量表现】1999—2000 年区域试验平均产量 2401.8kg/hm²，较对照品种合丰 25 平均增产 3.0%，2001 年生产试验平均产量 2454.3kg/hm²，较对照品种合丰 25 平均增产 8.1%。

【适应区域】黑龙江省第二积温带。

绥无腥豆 1 号遗传基础

绥无腥豆 1 号细胞质 100% 来源于中育 37，历经 1 轮传递与选育，细胞质传递过程为中育 37→绥无腥豆 1 号。（详见图 2-3）

绥无腥豆 1 号细胞核来源于白眉、克山四粒荚、小粒黄、东农 20（黄-中-中 20）、永丰豆、四粒黄、铁荚四粒黄（黑铁荚）、嘟噜豆、金元、小金黄、熊岳小粒黄、中育 37、花生等 13 个祖先亲本，分析其核遗传贡献率并注明祖先亲本来源，从而揭示该品种遗传基础，为大豆育种亲本的选择利用提供参考。（详见表 2-3）

表 2-3　绥无腥豆 1 号祖先亲本

品种名称	母本	父本	祖先亲本	祖先亲本核遗传贡献率/%	祖先亲本来源
绥无腥豆 1 号	中育 37	绥农 10 号	白眉	2.34	黑龙江省克山地方品种
			克山四粒荚	4.69	黑龙江省克山地方品种
			小粒黄	4.69	黑龙江省勃利地方品种
			东农 20(黄-中-中 20)	1.56	东北农业大学材料
			永丰豆	6.25	吉林省永吉地方品种
			四粒黄	2.73	吉林省公主岭地方品种
			铁荚四粒黄（黑铁荚）	3.13	吉林省中南部半山区地方品种
			嘟噜豆	3.13	吉林省中南部地方品种
			金元	2.73	辽宁省开原地方品种
			小金黄	3.13	辽宁省沈阳地方品种
			熊岳小粒黄	3.13	辽宁省熊岳地方品种
			中育 37	50.00	日本品种
			花生	12.50	远缘物种

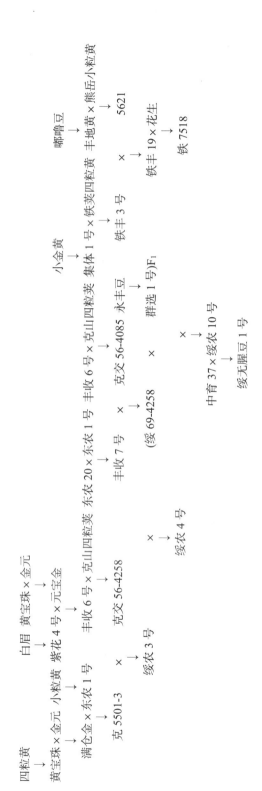

图 2-3 绥无腥豆 1 号系谱图

4　绥无腥豆 2 号

绥无腥豆 2 号品种简介

【品种来源】绥无腥豆 2 号是黑龙江省农业科学院绥化分院、黑龙江省龙科种业集团有限公司以绥 03-31019 为母本，绥农 27 为父本杂交，经多年选择育成。审定编号：黑审豆 2012023。

【植株性状】紫花，长叶，灰色茸毛，荚微弯镰形，成熟荚草黄色。亚有限结荚习性，株高 80cm 左右，无分枝，主茎结荚型，节短荚密，3 粒荚多。秆强抗倒，不炸荚。

【籽粒特点】籽粒圆形，种皮黄色，无光泽，种脐浅黄色，百粒重 24g 左右。籽粒粗蛋白含量 42.67%，粗脂肪含量 20.17%。籽粒不含脂肪氧化酶 Lox1 和 Lox2，无豆腥味。

【生育日数】在适应区从出苗至成熟生育日数 116d 左右，需 ≥10℃ 活动积温 2400℃ 左右。

【抗病鉴定】接种鉴定中抗大豆灰斑病。

【产量表现】2009—2010 年区域试验平均产量 2882.2kg/hm²，较对照品种绥无腥豆 1 号平均增产 12.9%，2011 年生产验平均产量 2486.5kg/hm²，较对照品种绥无腥豆 1 号平均增产 14.1%。

【适应区域】黑龙江省第二积温带。

绥无腥豆 2 号遗传基础

绥无腥豆 2 号细胞质 100% 来源于中育 37，历经 3 轮传递与选育，细胞质传递过程为中育 37→绥无腥豆 1 号→绥 03-31019→绥无腥豆 2 号。（详见图 2-4）

绥无腥豆 2 号细胞核来源于逊克当地种、五顶珠、白眉、克山四粒荚、大白眉、小粒黄、小粒豆 9 号、东农 20（黄-中-中 20）、永丰豆、四粒黄、铁荚四粒黄（黑铁荚）、嘟噜豆、金元、小金黄、熊岳小粒黄、鹤娘、中育 37、富引 1 号、十胜长叶、花生等 20 个祖先亲本，分析其核遗传贡献率并注明祖先亲本来源，从而揭示该品种遗传基础，为大豆育种亲本的选择利用提供参考。（详见表 2-4）

表 2-4　绥无腥豆 2 号祖先亲本

品种名称	母本	父本	祖先亲本	祖先亲本核遗传贡献率/%	祖先亲本来源
绥无腥豆 2 号	绥 03-31019	绥农 27	逊克当地种	1.95	黑龙江省逊克地方品种
			五顶珠	0.98	黑龙江省绥化地方品种
			白眉	6.69	黑龙江省克山地方品种
			克山四粒荚	8.50	黑龙江省克山地方品种
			大白眉	0.98	黑龙江省克山地方品种
			小粒黄	7.03	黑龙江省勃利地方品种
			小粒豆 9 号	1.95	黑龙江省勃利地方品种

续表

品种名称	母本	父本	祖先亲本	祖先亲本核遗传贡献率/%	祖先亲本来源
绥无腥豆 2 号	绥 03-31019	绥农 27	东农 20(黄-中-中 20)	2.34	东北农业大学材料
			永丰豆	9.38	吉林省永吉地方品种
			四粒黄	5.69	吉林省公主岭地方品种
			铁荚四粒黄（黑铁荚）	0.78	吉林省中南部半山区地方品种
			嘟噜豆	0.78	吉林省中南部地方品种
			金元	5.69	辽宁省开原地方品种
			小金黄	0.78	辽宁省沈阳地方品种
			熊岳小粒黄	0.78	辽宁省熊岳地方品种
			鹤娘	12.50	日本品种
			中育 37	12.50	日本品种
			富引 1 号	15.63	日本品种
			十胜长叶	1.95	日本品种
			花生	3.13	远缘物种

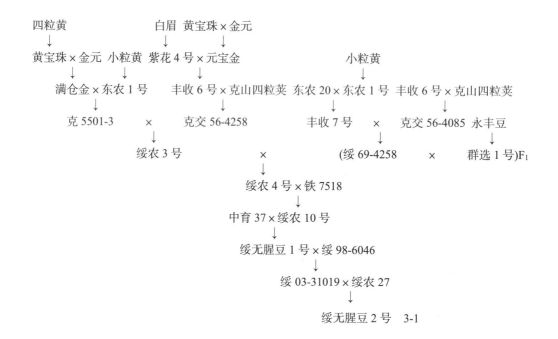

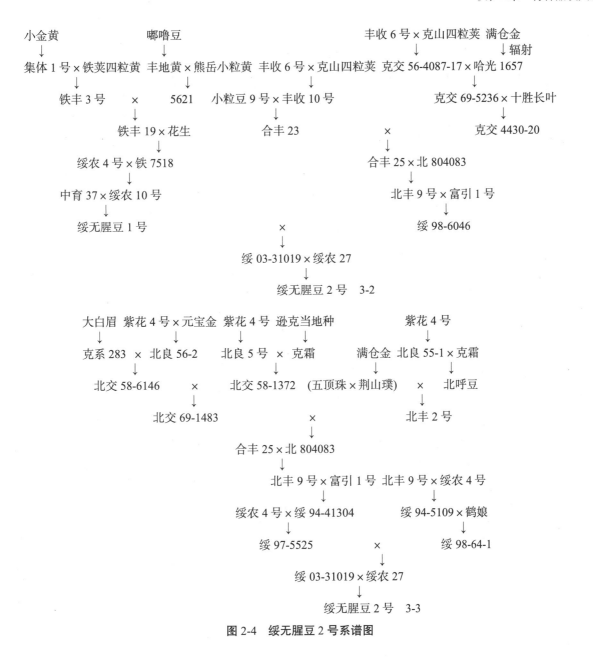

图 2-4　绥无腥豆 2 号系谱图

5　绥无腥豆 3 号

绥无腥豆 3 号品种简介

【品种来源】绥无腥豆 3 号是黑龙江省农业科学院绥化分院以合丰 50 为母本，（绥 03-31019-1×绥 04-5474）F₁ 为父本杂交，经多年选择育成。审定编号：黑审豆 2018047。

【植株性状】紫花，尖叶，灰色茸毛，荚弯镰形，成熟荚褐色。亚有限结荚习性，株高 85cm 左右，有分枝。

【籽粒特点】籽粒圆形，种皮黄色，无光泽，种脐黄色，百粒重 19g 左右。籽粒粗蛋白含量 37.37%，粗脂肪含量 21.81%。缺失脂肪氧化酶 Lox2。

【生育日数】在适应区从出苗至成熟生育日数 115d 左右，需≥10℃活动积温 2300℃左右。

【抗病鉴定】接种鉴定中抗大豆灰斑病。

【产量表现】2015—2016 年区域试验平均产量 2722.6kg/hm²，较对照品种绥无腥豆 2 号平均增产 12.0%，2017 年生产试验平均产量 2755.3kg/hm²，较对照品种绥无腥豆 2 号平均增产 10.8%。

【适应区域】适宜在黑龙江省≥10℃活动积温 2450℃区域种植。

绥无腥豆 3 号遗传基础

绥无腥豆 3 号细胞质 100%来源于白眉，历经 8 轮传递与选育，细胞质传递过程为白眉→紫花 4 号→丰收 1 号→黑河 54→合交 7431→合交 8009-1612→合丰 35→合丰 50→绥无腥豆 3 号。（详见图 2-5）

绥无腥豆 3 号细胞核来源于龙野 79-3433-1、逊克当地种、海伦金元、五顶珠、白眉、克山四粒荚、大白眉、蓑衣领、佳木斯秃荚子、治安小粒豆、小粒黄、小粒豆 9 号、东农 20(黄-中-中 20)、永丰豆、洋蜜蜂、小金黄、四粒黄、铁荚四粒黄（黑铁荚）、嘟噜豆、辉南青皮豆、金元、小金黄、熊岳小粒黄、大白眉、中育 37、富引 1 号、十胜长叶、Amsoy（阿姆索、阿姆索依）、Corsoy（科索）、Ozzie、扁茎大豆、花生等 32 个祖先亲本，分析其核遗传贡献率并注明祖先亲本来源，从而揭示该品种遗传基础，为大豆育种亲本的选择利用提供参考。（详见表 2-5）

表 2-5　绥无腥豆 3 号祖先亲本

品种名称	母本	父本	祖先亲本	祖先亲本核遗传贡献率/%	祖先亲本来源
绥无腥豆 3 号	合丰 50	(绥 03-31019-1 × 绥 04-5474)F1	龙野 79-3433-1	3.13	黑龙江省野生大豆
			逊克当地种	0.39	黑龙江省逊克地方品种
			海伦金元	1.17	黑龙江省海伦地方品种
			五顶珠	0.98	黑龙江省绥化地方品种
			白眉	7.80	黑龙江省克山地方品种
			克山四粒荚	9.55	黑龙江省克山地方品种
			大白眉	0.20	黑龙江省克山地方品种
			蓑衣领	9.38	黑龙江省西部龙江草原地方品种
			佳木斯秃荚子	0.29	黑龙江省佳木斯地方品种
			治安小粒豆	6.25	黑龙江省治安地方品种
			小粒黄	3.05	黑龙江省勃利地方品种
			小粒豆 9 号	2.15	黑龙江省勃利地方品种
			东农 20(黄-中-中 20)	0.98	东北农业大学材料
			永丰豆	3.91	吉林省永吉地方品种
			洋蜜蜂	2.34	吉林省榆树地方品种

续表

品种名称	母本	父本	祖先亲本	祖先亲本核遗传贡献率/%	祖先亲本来源
绥无腥豆 3 号	合丰 50	(绥 03-31019-1 × 绥 04-5474)F1	小金黄	0.29	吉林省中部平原地区地方品种
			四粒黄	6.55	吉林省公主岭地方品种
			铁荚四粒黄（黑铁荚）	2.73	吉林省中南部半山区地方品种
			嘟噜豆	1.56	吉林省中南部地方品种
			辉南青皮豆	1.17	吉林省辉南地方品种
			金元	5.96	辽宁省开原地方品种
			小金黄	0.39	辽宁省沈阳地方品种
			熊岳小粒黄	0.39	辽宁省熊岳地方品种
			大白眉	0.59	辽宁广泛分布的地方品种
			中育 37	6.25	日本品种
			富引 1 号	3.13	日本品种
			十胜长叶	3.42	日本品种
			Amsoy（阿姆索、阿姆索依）	8.20	美国品种
			Corsoy（科索）	1.56	美国品种
			Ozzie	1.56	美国品种
			扁茎大豆	3.13	引进材料
			花生	1.56	远缘物种

四粒黄

白眉
黄宝珠×金元
紫花4号×元宝金
丰收1号×襄衣领
黑河54×Amsoy
克山四粒荚×黑河54
合交7431×黑河54
绥77-5047
合交8009-1612

黄宝珠×金元
满仓金
丰收1号×秃荚子
黑荚×辐射
丰收4号
绥70-6×Amsoy
嘟噜豆
丰收8号
绥7253
合交

黄宝珠×大白眉
辉南青皮豆×洋蜜蜂
海伦金元×黄大102
集体5号×黑铁荚
小粒豆9号×丰收10号
九农7号
黑河54×合丰23

黄宝珠×金元
紫花4号×元宝金
丰地黄×辉南青皮豆
早丰1号
九农6号
集体4号
九农7号
九交7226-2
绥81-272
合丰35

合丰24×洽安小粒豆
合丰34×合丰35
合95-1101

合丰50×(绥03-31019-1×绥04-5474)F₁
绥无腥豆3号 4-1

小金黄

满仓金×东农1号
丰收6号×克山四粒荚
东农20×东农1号
丰收6号×克山四粒荚
丰地黄×能岳小黄
克交56-4087-17×哈光1657
集体1号×铁荚四粒黄

克5501-3
克交56-4258
绥农3号
克交56-4085
永丰豆
铁丰3号
(绥69-4258
绥农4号
铁丰19×花生
群选1号)F₁
中育37×绥农10号
绥无腥豆1号
5621
铁7518

克交69-5236×十胜长叶
克交4430-20
合丰23×克交4430-20
合丰25×北804083
北丰9号×富引1号
绥98-6046

合丰50×(绥03-31019-1×绥04-5474)F₁
绥无腥豆3号 4-2

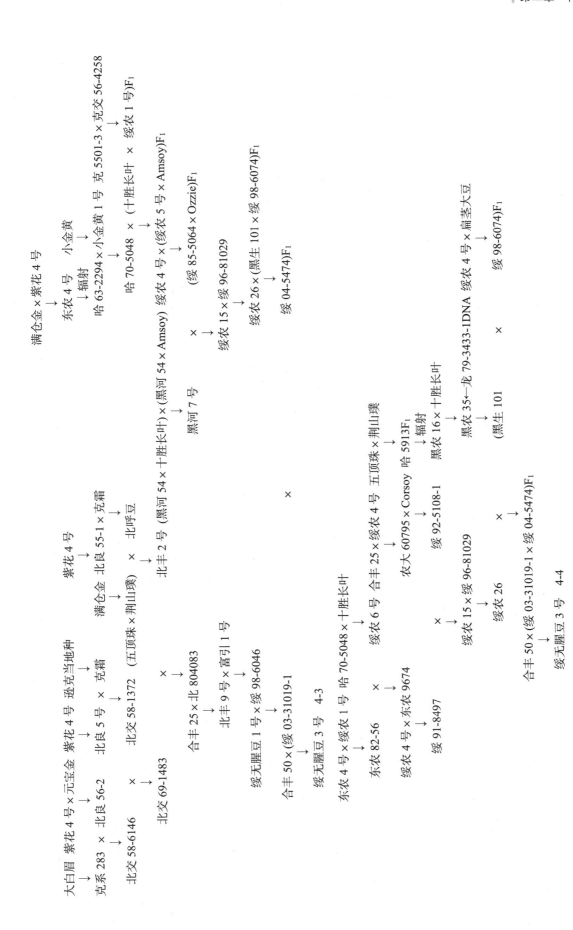

图 2-5　绥无腥豆 3 号系谱图

6 龙垦 3079

龙垦 3079 品种简介

【品种来源】龙垦 3079 是北大荒垦丰种业股份有限公司以绥无腥味 2 号为母本、12-3801-2 为父本杂交，经多年选择育成。审定编号：黑审豆 20210045。

【植株性状】白花，尖叶，灰色茸毛，荚弯形，成熟荚黄褐色。亚有限结荚习性，株高 90cm 左右，无分枝。

【籽粒特点】脂氧化酶（Lox2）缺失品种。种子圆形，种皮黄色，有光泽，种脐黄色，百粒重 20g 左右。籽粒粗蛋白含量 38.11%，粗脂肪含量 21.12%。脂氧化酶 Lox2 缺失。

【生育日数】在适应区出苗至成熟生育日数 118d 左右，需 ≥10℃活动积温 2350℃左右。

【抗病鉴定】接种鉴定中抗大豆灰斑病。

【产量表现】2019—2020 年区域试验平均产量 3057.2kg/hm²，较对照品种绥无腥味 2 号平均增产 10.9%。

【适应区域】适宜在黑龙江省第二积温带 ≥10℃活动积温 2500℃区域种植。

龙垦 3079 遗传基础

龙垦 3079 细胞质 100% 来源于中育 37，历经 4 轮传递与选育，细胞质传递过程为中育 37→绥无腥豆 1 号→绥 03-31019→绥无腥豆 2 号→龙垦 3079。（详见图 2-6）

龙垦 3079 细胞核来源于逊克当地种、五顶珠、白眉、克山四粒荚、大白眉、小粒黄、小粒豆 9 号、东农 20(黄-中-中 20)、永丰豆、四粒黄、铁荚四粒黄（黑铁荚）、嘟噜豆、金元、小金黄、熊岳小粒黄、鹤娘、中育 37、富引 1 号、十胜长叶、Hobbit、花生等 21 个祖先亲本，分析其核遗传贡献率并注明祖先亲本来源，从而揭示该品种遗传基础，为大豆育种亲本的选择利用提供参考。（详见表 2-6）

表 2-6 龙垦 3079 祖先亲本

品种名称	母本	父本	祖先亲本	祖先亲本核遗传贡献率/%	祖先亲本来源
龙垦 3079	绥无腥味 2 号	12-3801-2	逊克当地种	4.10	黑龙江省逊克地方品种
			五顶珠	0.49	黑龙江省绥化地方品种
			白眉	9.20	黑龙江省克山地方品种
			克山四粒荚	6.59	黑龙江省克山地方品种
			大白眉	3.61	黑龙江省克山地方品种
			小粒黄	3.52	黑龙江省勃利地方品种
			小粒豆 9 号	4.10	黑龙江省勃利地方品种
			东农 20(黄-中-中 20)	1.17	东北农业大学材料

续表

品种名称	母本	父本	祖先亲本	祖先亲本核遗传贡献率/%	祖先亲本来源
			永丰豆	4.69	吉林省永吉地方品种
			四粒黄	4.99	吉林省公主岭地方品种
			铁荚四粒黄（黑铁荚）	0.39	吉林省中南部半山区地方品种
			嘟噜豆	0.39	吉林省中南部地方品种
			金元	4.99	辽宁省开原地方品种
			小金黄	0.39	辽宁省沈阳地方品种
			熊岳小粒黄	0.39	辽宁省熊岳地方品种
			鹤娘	6.25	日本品种
			中育 37	6.25	日本品种
			富引 1 号	7.81	日本品种
			十胜长叶	4.10	日本品种
			Hobbit	25.00	美国品种
			花生	1.56	远缘物种

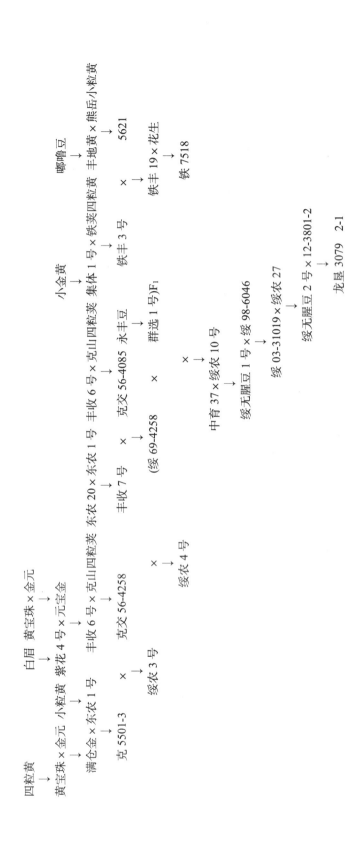

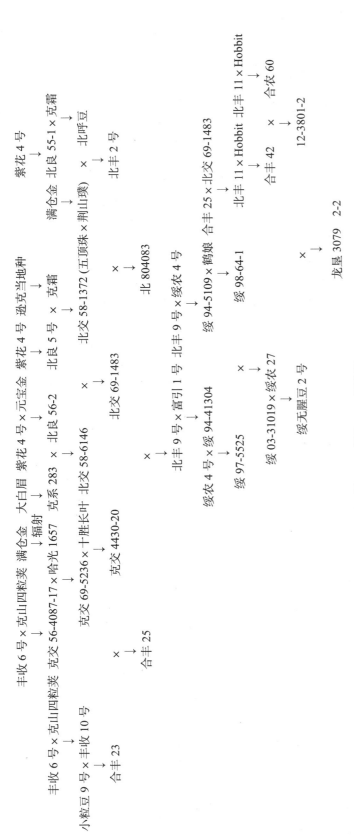

图 2-6 龙垦 3079 系谱图

7 九兴豆1号

九兴豆1号品种简介

【品种来源】九兴豆1号是吉林市农业科学院从九农34变异株中系统选育而成。审定编号：吉审豆20200019。

【植株性状】白花，圆叶，灰色茸毛，成熟荚褐色。亚有限结荚习性，株高85.9cm，有效分枝1.4个，主茎节数20.1个，3粒荚多。

【籽粒特点】无腥味类型品种。籽粒圆形，种皮黄色，微光泽，种脐褐色，百粒重18.9g。籽粒粗蛋白含量37.59%，粗脂肪含量23.86%。缺失脂肪氧化酶Lox1，Lox2，Lox3。

【生育日数】在适应区从出苗至成熟生育日数114d左右。

【抗病鉴定】人工接种鉴定高抗大豆花叶病毒1号株系和3号株系，抗大豆灰斑病。

【产量表现】2018—2019年自主区域试验平均产量2882.0kg/hm²，较对照品种平均增产5.2%，2019年生产试验平均产量3004.5kg/hm²，较对照品种平均增产9.9%。

【适应区域】适宜吉林省早熟区域种植。

九兴豆1号遗传基础

九兴豆1号细胞质100%来源于九交8799，历经2轮传递与选育，细胞质传递过程为九交8799→九农34→九兴豆1号。（详见图2-7）

九兴豆1号细胞核来源于九交8799、Century-2等2个祖先亲本，分析其核遗传贡献率并注明祖先亲本来源，从而揭示该品种遗传基础，为大豆育种亲本的选择利用提供参考。（详见表2-7）

表2-7　九兴豆1号祖先亲本

品种名称	父母本	祖先亲本	祖先亲本核遗传贡献率/%	祖先亲本来源
九兴豆1号	九农34变异株	九交8799	50.00	吉林市农业科学院材料
		Century-2	50.00	美国品种

九交8799 × Century-2
↓
九农34
↓
九兴豆1号

图2-7　九兴豆1号系谱

8 吉育 52

吉育 52 品种简介

【品种来源】吉育 52 是吉林省农业科学院大豆研究所 1989 年以长交 8219-32 为母本，公交 8757-4 为父本杂交，经多年选择育成。审定名称：吉育 52 号，审定编号：吉审豆 2001009。

【植株性状】紫花，圆叶，灰色茸毛，成熟荚褐色。亚有限结荚习性，株高 80~90cm，分枝 1~2 个。较抗倒伏。

【籽粒特点】籽粒圆形，种皮黄色，有光泽，种脐黄色，百粒重 25g。籽粒粗蛋白含量 40.19%，粗脂肪含量 20.87%。不含胰蛋白酶抑制剂。

【生育日数】在适应区从出苗至成熟生育日数 127d 左右，需 ≥10℃ 活动积温 2600℃。

【抗病鉴定】接种鉴定中抗大豆花叶病毒病 1 和 3 号株系，田间表现抗大豆花叶病毒病，抗大豆灰斑病，抗大豆霜霉病，抗大豆细菌性斑点病。

【产量表现】1996—1998 年吉林省大豆品种区域试验平均产量 2479.5kg/hm²，较对照品种长农 5 号平均减产 0.8%，1999—2000 年生产试验平均产量 2857.5kg/hm²，较对照品种长农 5 号平均增产 10.8%。

【适应区域】吉林省吉林、辽源、长春、通化等中熟区域。

吉育 52 遗传基础

吉育 52 细胞质 100% 来源于长交 8219-32，历经 1 轮传递与选育，细胞质传递过程为长交 8219-32→吉育 52。（详见图 2-8）

吉育 52 细胞核来源于白眉、东农 3 号、四粒黄、铁荚四粒黄（黑铁荚）、嘟噜豆、长交 8219-32、金元、铁荚子、熊岳小粒黄、黄客豆、济宁 71021、十胜长叶、L81-4590 等 13 个祖先亲本，分析其核遗传贡献率并注明祖先亲本来源，从而揭示该品种遗传基础，为大豆育种亲本的选择利用提供参考。（详见表 2-8）

表 2-8 吉育 52 祖先亲本

品种名称	母本	父本	祖先亲本	祖先亲本核遗传贡献率/%	祖先亲本来源
吉育 52	长交 8219-32	公交 8757-4	白眉	1.56	黑龙江省克山地方品种
			东农 3 号	1.56	东北农业大学材料
			四粒黄	1.56	吉林省公主岭地方品种
			铁荚四粒黄（黑铁荚）	2.34	吉林省中南部半山区地方品种
			嘟噜豆	0.78	吉林省中南部地方品种
			长交 8219-32	50.00	长春市农业科学院材料
			金元	3.91	辽宁省开原地方品种
			铁荚子	1.56	辽宁省义县地方品种

续表

品种名称	母本	父本	祖先亲本	祖先亲本核遗传贡献率/%	祖先亲本来源
吉育 52	长交 8219-32	吉育 52	熊岳小粒黄	0.78	辽宁省熊岳地方品种
			黄客豆	3.13	辽宁省地方品种
			济宁 71021	6.25	山东省济宁农科所材料
			十胜长叶	1.56	日本品种
			L81-4590	25.00	美国品种

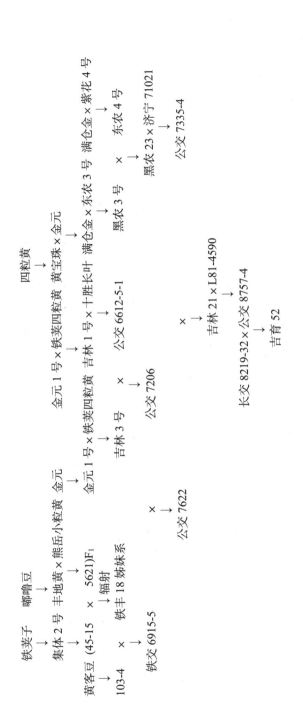

图 2-8 吉育 52 系谱图

9 东农豆 356

东农豆 356 品种简介

【品种来源】东农豆 356 是东北农业大学以东农 47 为母本，HS99B 为父本杂交，经多年选择育成。审定编号：黑审豆 20200070。

【植株性状】紫花，尖叶，灰色茸毛，荚弯镰形，成熟荚褐色。无限结荚习性，株高 98cm 左右，有分枝。

【籽粒特点】特种品种（α'-亚基缺失型低致敏、高蛋白）。籽粒圆形，种皮黄色，无光泽，种脐黄色，百粒重 21.2g。籽粒粗蛋白含量 45.87%，粗脂肪含量 18.22%。α'-亚基缺失型低致敏。

【生育日数】在适应区从出苗至成熟生育日数 120d 左右，需黑龙江省≥10℃活动积温 2400℃左右。

【抗病鉴定】接种鉴定中抗大豆灰斑病。

【产量表现】2018—2019 年区域试验平均产量 2950.9kg/hm²，较对照品种黑农 63 平均增产 5.8%。

【适应区域】适宜在黑龙江省第二积温带南部区、≥10℃活动积温 2550℃区域种植。

东农豆 356 遗传基础

东农豆 356 细胞质 100% 来源于东农 80-277，历经 2 轮传递与选育，细胞质传递过程为东农 80-277→东农 47→东农豆 356。（详见图 2-9）

东农豆 356 细胞核来源于东农 6636-69、东农 80-277、HS99B 等 3 个祖先亲本，分析其核遗传贡献率并注明祖先亲本来源，从而揭示该品种遗传基础，为大豆育种亲本的选择利用提供参考。（详见表 2-9）

表 2-9　东农豆 356 祖先亲本

品种名称	母本	父本	祖先亲本	祖先亲本核遗传贡献率/%	祖先亲本来源
东农豆 356	东农 47	HS99B	东农 6636-69	25.00	东北农业大学材料
			东农 80-277	25.00	东北农业大学材料
			HS99B	50.00	东北农业大学材料

东农 80-277 × 东农 6636-69
↓
东农 47 × HS99B
↓
东农豆 356

图 2-9　东农豆 356 系谱图

10 东农豆358

东农豆358品种简介

【品种来源】东农豆358是东北农业大学以东农47为母本，HS99B为父本杂交，经多年选择育成。审定编号：黑审豆20210046。

【植株性状】白花，圆叶，灰色茸毛，荚弯镰形，成熟荚黄褐色。无限结荚习性，株高100cm左右，有分枝。

【籽粒特点】低致敏（7S球蛋白α-亚基缺失）大豆品种。籽粒圆形，种皮黄色，无光泽，种脐黄色，百粒重17.2g左右。籽粒粗蛋白含量43.75%，粗脂肪含量17.74%。

【生育日数】在适应区出苗至成熟生育日数125d左右，需≥10℃活动积温2550℃左右。

【抗病鉴定】接种鉴定中抗大豆灰斑病。

【产量表现】2019—2020年区域试验平均产量3048.2kg/hm²，较对照品种黑农63平均增产5.2%。

【适应区域】适宜在黑龙江省第一积温带≥10℃活动积温2700℃以上南部区种植。

东农豆358遗传基础

东农豆358细胞质100%来源于东农80-277，历经2轮传递与选育，细胞质传递过程为东农80-277→东农47→东农豆358。（详见图2-10）

东农豆358细胞核来源于东农6636-69、东农80-277、HS99B等3个祖先亲本，分析其核遗传贡献率并注明祖先亲本来源，从而揭示该品种遗传基础，为大豆育种亲本的选择利用提供参考。（详见表2-10）

表2-10 东农豆358祖先亲本

品种名称	母本	父本	祖先亲本	祖先亲本核遗传贡献率/%	祖先亲本来源
东农豆358	东农47	HS99B	东农6636-69	25.00	东北农业大学材料
			东农80-277	25.00	东北农业大学材料
			HS99B	50.00	东北农业大学材料

东农80-277 × 东农6636-69

↓

东农47 × HS99B

↓

东农豆358

图2-10 东农豆358系谱图

第三章　青大豆

1 龙达 7 号

龙达 7 号品种简介

【品种来源】龙达 7 号是北安市大龙种业有限责任公司以海伦绿大豆为母本，哈北 46-1 为父本，经有性杂交，系谱法选择育成。审定编号：黑审豆 20210051。

【植株性状】白花，尖叶，灰色茸毛，荚弯镰形，成熟荚褐色。无限结荚习性，株高 90cm 左右，有分枝。

【籽粒特点】绿皮品种。种子圆形，种皮绿色，有光泽，种脐黄色，百粒重 20g 左右。籽粒粗蛋白含量 41.01%，粗脂肪含量 19.86%。

【生育日数】在适应区出苗至成熟生育日数 113d 左右，需 ≥10℃活动积温 2150℃左右。

【抗病鉴定】接种鉴定中抗大豆灰斑病。

【产量表现】2019 年区域试验平均产量 2275.7kg/hm²，较对照品种广石绿大豆 1 号平均增产 12.2%，2020 年生产试验平均产量 2604.2kg/hm²，较对照品种广石绿大豆 1 号平均增产 8.1%。

【适应区域】适宜在黑龙江省第四积温带 ≥10℃活动积温 2250℃区域种植。

龙达 7 号遗传基础

龙达 7 号细胞质 100% 来源于海伦绿大豆，历经 1 轮传递与选育，细胞质传递过程为海伦绿大豆→龙达绿大豆 1 号。（详见图 3-1）

龙达 7 号细胞核来源于海伦金元、海伦绿大豆、白眉、克山四粒荚、蓑衣领、佳木斯秃荚子、四粒黄、治安小粒豆、小粒黄、小粒豆 9 号、东农 20(黄-中-中 20)、哈 78-6289-10、永丰豆、四粒黄、铁荚四粒黄（黑铁荚）、金元、大白眉、黑龙江 41、十胜长叶、Amsoy（阿姆索、阿姆索依）等 20 个祖先亲本，分析其核遗传贡献率并注明祖先亲本来源，从而揭示该品种遗传基础，为大豆育种亲本的选择利用提供参考。（详见表 3-1）

表 3-1　龙达 7 号祖先亲本

品种名称	母本	父本	祖先亲本	祖先亲本核遗传贡献率/%	祖先亲本来源
龙达 7 号	海伦绿大豆	哈北 46-1	海伦金元	0.78	黑龙江省海伦地方品种
			海伦绿大豆	50.00	黑龙江省海伦材料
			白眉	4.42	黑龙江省克山地方品种
			克山四粒荚	4.59	黑龙江省克山地方品种

续表

品种名称	母本	父本	祖先亲本	祖先亲本核遗传贡献率/%	祖先亲本来源
龙达 7 号	海伦绿大豆	龙达 7 号	蓑衣领	3.13	黑龙江省西部龙江草原地方品种
			佳木斯秃荚子	0.44	黑龙江省佳木斯地方品种
			四粒黄	0.78	黑龙江省东部和中部地方品种
			治安小粒豆	6.25	黑龙江省治安地方品种
			小粒黄	0.59	黑龙江省勃利地方品种
			小粒豆 9 号	4.69	黑龙江省勃利地方品种
			东农 20(黄-中-中 20)	0.20	东北农业大学材料
			哈 78-6289-10	6.25	黑龙江省农业科学院大豆研究所材料
			永丰豆	0.78	吉林省永吉地方品种
			四粒黄	4.46	吉林省公主岭地方品种
			铁荚四粒黄（黑铁荚）	1.56	吉林省中南部半山区地方品种
			金元	4.06	辽宁省开原地方品种
			大白眉	0.39	辽宁广泛分布的地方品种
			黑龙江 41	1.56	俄罗斯材料
			十胜长叶	3.13	日本品种
			Amsoy（阿姆索、阿姆索依）	1.95	美国品种

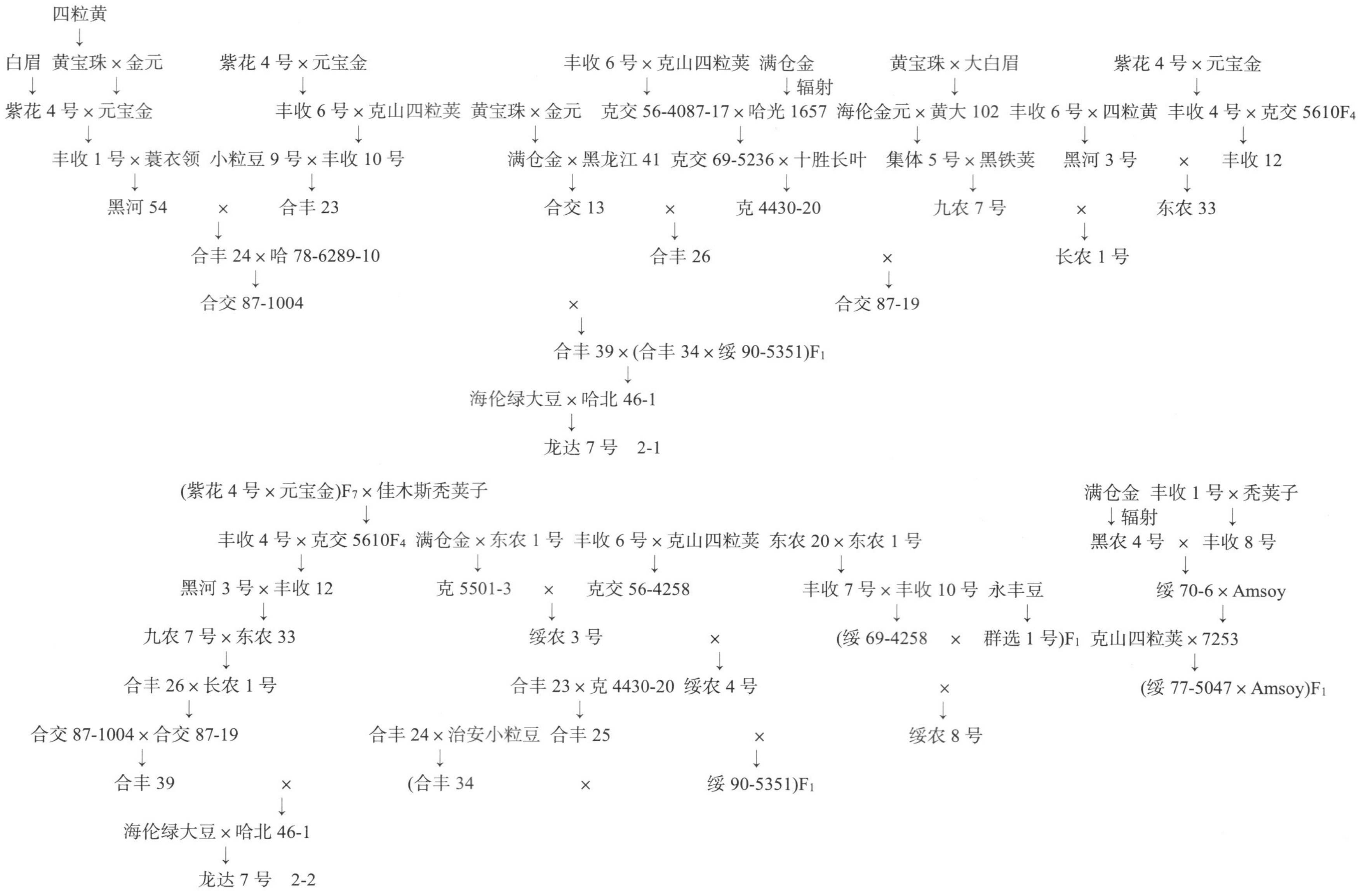

四粒黄

白眉　黄宝珠×金元
紫花 4 号×元宝金

丰收 1 号×黄衣领　小粒豆 9 号×丰收 10 号
黑河 54
合丰 23
合丰 24×哈 78-6289-10
合交 87-1004

紫花 4 号×元宝金
丰收 6 号×克山四粒荚　黄宝珠×大白眉
满仓金　丰收 6 号×克山四粒荚
克交 56-4087-17×哈光 1657　海伦金元×黄大 102　丰收 6 号×四粒黄
↓辐射
满仓金×黑龙江 41　克交 69-5236×十胜长叶　集体 5 号×黑铁荚
合交 13
克 4430-20
九农 7 号
合丰 26
合交 87-19
合丰 39×(合丰 34×绥 90-5351)F₁
海伦绿大豆×哈北 46-1
龙达 7 号　2-1

紫花 4 号×元宝金
丰收 6 号×克山四粒荚　满仓金
丰收 4 号×元宝金　紫花 4 号×克交 5610F₄
丰收 4 号×四粒黄　丰收 6 号×四粒黄　丰收 4 号×克交 5610F₄
东农 33
丰收 12
黑河 3 号
长衣 1 号

满仓金　丰收 1 号×秃荚子
↓辐射
黑农 4 号 × 丰收 8 号
绥 70-6×Amsoy
克山四粒荚×7253
(绥 77-5047×Amsoy)F₁

丰收 6 号×克山四粒荚　东农 20×东农 1 号
丰收 7 号×丰收 10 号　永丰豆
(绥 69-4258) × 群选 1 号)F₁
绥衣 8 号
绥 90-5351)F₁

(紫花 4 号×元宝金)F₇×佳木斯秃荚子
丰收 4 号×克交 5610F₄　满仓金×东农 1 号
黑河 3 号×丰收 12
九农 7 号×东农 33
克 5501-3
绥农 3 号
合丰 23×克 4430-20　绥衣 4 号
合丰 26×长衣 1 号
合丰 24×洽安小粒豆　合丰 25
合交 87-1004×合交 87-19
合丰 39
(合丰 34
海伦绿大豆×哈北 46-1
龙达 7 号　2-2

图 3-1　龙达 7 号系谱图

2　广石绿大豆 1 号

广石绿大豆 1 号品种简介

【品种来源】广石绿大豆 1 号是黑龙江省克山农业科学技术研究所、黑龙江省农垦总局九三农业科学研究所以克山绿大平为母本，绿仁黑大豆为父本杂交，经多年选择育成。审定编号：黑审豆 2006020。

【植株性状】白花，尖叶，灰色茸毛，成熟荚深绿色。无限结荚习性，株高 90cm 左右，结荚密。

【籽粒特点】籽粒圆形，种皮绿色，子叶绿色，种脐绿色，百粒重 20g 左右。籽粒粗蛋白含量 42.91%，粗脂肪含量 19.78%。

【生育日数】在适应区从出苗至成熟生育日数 113d 左右，需≥10℃活动积温 2180℃左右。

【抗病鉴定】接种鉴定中抗大豆灰斑病。

【产量表现】2003—2005 年生产试验平均产量 2806.2kg/hm²，较对照品种黑河 18 平均增产 11.4%。

【适应区域】黑龙江省第四积温带。

广石绿大豆 1 号遗传基础

广石绿大豆 1 号细胞质 100%来源于克山绿大平，历经 1 轮传递与选育，细胞质传递过程为克山绿大平→广石绿大豆 1 号。（详见图 3-2）

广石绿大豆 1 号细胞核来源于克山绿大豆、绿仁黑大豆等 2 个祖先亲本，分析其核遗传贡献率并注明祖先亲本来源，从而揭示该品种遗传基础，为大豆育种亲本的选择利用提供参考。（详见表 3-2）

表 3-2　广石绿大豆 1 号祖先亲本

品种名称	母本	父本	祖先亲本	祖先亲本核遗传贡献率/%	祖先亲本来源
广石绿大豆 1 号	克山绿大平	绿仁黑大豆	克山绿大豆	50.00	黑龙江省克山地方品种
			绿仁黑大豆	50.00	黑龙江省克山农业科学技术研究所材料

克山绿大豆×绿仁黑大豆

↓

广石绿大豆 1 号

图 3-2　广石绿大豆 1 号系谱图

3 恒科绿 1 号

恒科绿 1 号品种简介

【品种来源】恒科绿 1 号是讷河市增丰农业科研所、黑龙江省农垦总局九三科研所以北丰 9 号为母本，广石绿大豆 1 号为父本杂交，经多年选择育成。审定编号：黑审豆 2014022。

【植株性状】紫花，尖叶，灰色茸毛，荚弯镰形，成熟荚褐色。亚有限结荚习性，株高 80cm 左右。

【籽粒特点】籽粒圆形，种皮绿色，有光泽，种脐黄绿色，百粒重 11.0g 左右。籽粒粗蛋白含量 42.76%，粗脂肪含量 17.36%。

【生育日数】在适应区从出苗至成熟生育日数 112d 左右，需 ≥10℃ 活动积温 2200℃ 左右。

【抗病鉴定】接种鉴定中抗大豆灰斑病。

【产量表现】2011—2012 年区域试验平均产量 1928.5kg/hm^2，较对照品种广石绿大豆 1 号平均增产 8.9%，2013 年生产试验平均产量 2006.5kg/hm^2，较对照品种广石绿大豆 1 号平均增产 10.4%。

【适应区域】适宜在黑龙江省第四积温带种植。

恒科绿 1 号遗传基础

恒科绿 1 号细胞质 100% 来源于小粒豆 9 号，历经 4 轮传递与选育，细胞质传递过程为小粒豆 9 号→合丰 23→合丰 25→北丰 9 号→恒科绿 1 号。（详见图 3-3）

恒科绿 1 号细胞核来源于逊克当地种、五顶珠、白眉、大白眉、克山绿大豆、小粒豆 9 号、绿仁黑大豆、四粒黄、金元、十胜长叶等 10 个祖先亲本，分析其核遗传贡献率并注明祖先亲本来源，从而揭示该品种遗传基础，为大豆育种亲本的选择利用提供参考。（详见表 3-3）

表 3-3　恒科绿 1 号祖先亲本

品种名称	母本	父本	祖先亲本	祖先亲本核遗传贡献率/%	祖先亲本来源
恒科绿 1 号	北丰 9 号	广石绿大豆 1 号	逊克当地种	6.25	黑龙江省逊克地方品种
			五顶珠	3.13	黑龙江省绥化地方品种
			白眉	10.16	黑龙江省克山地方品种
			大白眉	3.13	黑龙江省克山地方品种
			克山绿大豆	29.69	黑龙江省克山地方品种
			小粒豆 9 号	6.25	黑龙江省勃利地方品种
			绿仁黑大豆	25.00	黑龙江省克山农业科学技术研究所材料
			四粒黄	5.08	吉林省公主岭地方品种
			金元	5.08	辽宁省开原地方品种
			十胜长叶	6.25	日本品种

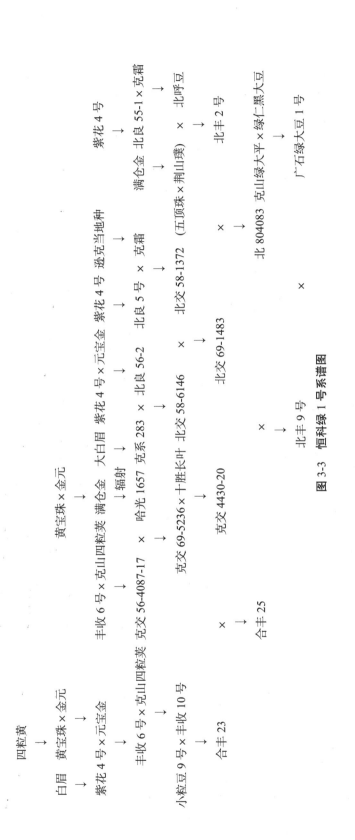

图 3-3　恒科绿 1 号系谱图

4 星农绿小粒豆

星农绿小粒豆品种简介

【品种来源】星农绿小粒豆是哈尔滨明星农业科技开发有限公司以东农 690 为母本，东农青豆 1 号为父本杂交，经多年选择育成。审定编号：黑审豆 2013022。

【植株性状】紫花，尖叶，灰色茸毛，荚弯镰形，成熟荚深褐色。无限结荚习性，株高 80~85cm，有分枝。

【籽粒特点】籽粒圆形，种皮绿色，子叶绿色，有光泽，种脐淡褐色，百粒重 9.4g。籽粒粗蛋白含量 40.86%，粗脂肪含量 17.32%，总糖含量 7.41%。

【生育日数】在适应区从出苗至成熟生育日数 120d 左右，需 ≥10℃活动积温 2450℃左右。

【抗病鉴定】接种鉴定中抗大豆灰斑病。

【产量表现】2010—2011 年区域试验平均产量 2462.3kg/hm²，较对照品种绥小粒豆 2 号平均增产 11.3%，2012 年生产试验平均产量 2542.7kg/hm²，较对照品种绥小粒豆 2 号平均增产 8.9%。

【适应区域】黑龙江省第二积温带。

星农绿小粒豆遗传基础

星农绿小粒豆细胞质 100% 来源于日本小粒豆，历经 2 轮传递与选育，细胞质传递过程为日本小粒豆→东农 690→星农绿小粒豆。（详见图 3-4）

星农绿小粒豆细胞核来源于东农青豆 1 号、东农小粒豆 845、日本小粒豆等 3 个祖先亲本，分析其核遗传贡献率并注明祖先亲本来源，从而揭示该品种遗传基础，为大豆育种亲本的选择利用提供参考。（详见表 3-4）

表 3-4 星农绿小粒豆祖先亲本

品种名称	母本	父本	祖先亲本	祖先亲本核遗传贡献率/%	祖先亲本来源
星农绿小粒豆	东农 690	东农青豆 1 号	东农青豆 1 号	50.00	东北农业大学材料
			东农小粒豆 845	25.00	东北农业大学材料
			日本小粒豆	25.00	日本品种

日本小粒豆 × 东农小粒豆 845

↓

东农 690 × 东农青豆 1 号

↓

星农绿小粒豆

图 3-4 星农绿小粒豆系谱图

5 星农豆 2 号

星农豆 2 号品种简介

【品种来源】星农豆 2 号是哈尔滨明星农业科技开发有限公司以东农 50 为母本，星农绿小粒豆为父本杂交，经多年选择育成。审定编号：黑审豆 20190065。

【植株性状】紫花，尖叶，灰色茸毛，荚弯镰形，成熟荚深褐色。无限结荚习性，株高 100cm 左右，有分枝。

【籽粒特点】籽粒圆形，种皮绿色，子叶绿色，有光泽，种脐褐色，百粒重 16.0g 左右。籽粒粗蛋白含量 42.08%，粗脂肪含量 18.13%。

【生育日数】在适应区从出苗至成熟生育日数 125d 左右，需 ≥10℃ 活动积温 2600℃ 左右。

【抗病鉴定】接种鉴定中抗大豆灰斑病。

【产量表现】2017—2018 年区域试验平均产量 3079.1kg/hm²，较对照品种东农青豆 1 号平均增产 8.3%。

【适应区域】适宜在黑龙江省 ≥10℃ 活动积温 2700℃ 以上南部区种植。

星农豆 2 号遗传基础

星农豆 2 号细胞质 100% 来源于 Electron，历经 2 轮传递与选育，细胞质传递过程为 Electron→东农 50→星农豆 2 号。（详见图 3-5）

星农豆 2 号细胞核来源于东农青豆 1 号、东农小粒豆 845、日本小粒豆、Electron 等 4 个祖先亲本，分析其核遗传贡献率并注明祖先亲本来源，从而揭示该品种遗传基础，为大豆育种亲本的选择利用提供参考。（详见表 3-5）

表 3-5　星农豆 2 号祖先亲本

品种名称	母本	父本	祖先亲本	祖先亲本核遗传贡献率/%	祖先亲本来源
星农豆 2 号	东农 50	星农绿小粒豆	东农青豆 1 号	25.00	东北农业大学材料
			东农小粒豆 845	12.50	东北农业大学材料
			日本小粒豆	12.50	日本品种
			Electron	50.00	加拿大品种

日本小粒豆 × 东农小粒豆 845
↓
Electron　东农 690 × 东农青豆 1 号
↓
东农 50　×　星农绿小粒豆
↓
星农豆 2 号

图 3-5　星农豆 2 号系谱图

6 星农豆 6 号

星农豆 6 号品种简介

【品种来源】星农豆 6 号是哈尔滨明星农业科技开发有限公司以明星 008 为母本、明星 016 为父本杂交，经多年选择育成。审定编号：黑审豆 20210047。

【植株性状】紫花，圆叶，灰色茸毛，荚弯镰形，成熟荚褐色。亚有限结荚习性，株高 85cm 左右，无分枝。

【籽粒特点】绿皮品种。籽粒圆形，种皮绿色，有光泽，种脐绿色，百粒重 22.0g 左右。籽粒粗蛋白含量 41.11%，粗脂肪含量 18.95%。

【生育日数】在适应区出苗至成熟生育日数 115d 左右，需 ≥10℃活动积温 2250℃左右。

【抗病鉴定】接种鉴定中抗大豆灰斑病。

【产量表现】2019—2020 年区域试验平均产量 2735.2kg/hm²，较对照品种北豆 40 平均增产 4.0%。

【适应区域】适宜在黑龙江省第三积温带 ≥10℃活动积温 2350℃区域种植。

星农豆 6 号遗传基础

星农豆 6 号细胞质 100% 来源于明星 008，历经 1 轮传递与选育，细胞质传递过程为明星 008→星农豆 6 号。（详见图 3-6）

星农豆 6 号细胞核来源于明星 008、明星 016 等 2 个祖先亲本，分析其核遗传贡献率并注明祖先亲本来源，从而揭示该品种遗传基础，为大豆育种亲本的选择利用提供参考。（详见表 3-6）

表 3-6　星农豆 6 号祖先亲本

品种名称	母本	父本	祖先亲本	祖先亲本核遗传贡献率/%	祖先亲本来源
星农豆 6 号	明星 008	明星 016	明星 008	50.00	哈尔滨明星农业科技开发有限公司材料
			明星 016	50.00	哈尔滨明星农业科技开发有限公司材料

明星 008 × 明星 016

↓

星农豆 6 号

图 3-6　星农豆 6 号系谱图

7 东农57

东农57品种简介

【品种来源】东农57是东北农业大学以青皮豆为母本，东农960002为父本杂交，经多年选择育成。审定编号：黑审豆2011018。

【植株性状】白花，圆叶，棕色茸毛，荚弯镰形，成熟荚褐色。有限结荚习性，株高55cm左右，底荚高5～10cm，平均每荚2.4粒。

【籽粒特点】籽粒扁圆形，种皮绿色，有光泽，种脐褐色，百粒重30g左右。籽粒粗蛋白含量44.55%，粗脂肪含量18.43%。

【生育日数】在适应区从出苗至成熟生育日数130d左右，需≥10℃活动积温2600℃左右。

【抗病鉴定】接种鉴定高抗大豆灰斑病。

【产量表现】2008—2009年区域试验平均产量2884.2kg/hm²，较对照品种黑农37平均增产10.7%，2010年生产试验平均产量2566.8kg/hm²，较对照品种黑农37平均增产18.1%。

【适应区域】黑龙江省第一积温带。

东农57遗传基础

东农57细胞质100%来源于青皮豆，历经1轮传递与选育，细胞质传递过程为青皮豆→东农57。（详见图3-7）

东农57细胞核来源于青皮豆、东农960002等2个祖先亲本，分析其核遗传贡献率并注明祖先亲本来源，从而揭示该品种遗传基础，为大豆育种亲本的选择利用提供参考。（详见表3-7）

表3-7　东农57祖先亲本

品种名称	母本	父本	祖先亲本	祖先亲本核遗传贡献率/%	祖先亲本来源
东农57	青皮豆	东农960002	青皮豆	50.00	黑龙江省地方品种
			东农960002	50.00	东北农业大学材料

青皮豆 × 东农960002
↓
东农57

图3-7　东农57系谱图

8 东农绿芽豆 1 号

东农绿芽豆 1 号品种简介

【品种来源】东农绿芽豆 1 号是东北农业大学以东农绿小粒为母本，吉林绿豆 1 号为父本杂交，经多年选择育成。审定编号：黑审豆 2016015。

【植株性状】紫花，尖叶，灰色茸毛，荚弯镰形，成熟荚黑色。亚有限结荚习性，株高 120cm 左右。

【籽粒特点】籽粒圆形，种皮绿色，有光泽，种脐无色，百粒重 15～16g。籽粒粗蛋白含量 39.92%，粗脂肪含量 19.95%，可溶性糖含量 8.31%。

【生育日数】在适应区从出苗至成熟生育日数 121d 左右，需≥10℃活动积温 2420℃左右。

【抗病鉴定】接种鉴定抗大豆灰斑病。

【产量表现】2013—2014 年区域试验平均产量 3229.5kg/hm²，较对照品种星农绿小粒平均增产 21.0%，2015 年生产试验平均产量 3015.0kg/hm²，较对照品种星农绿小粒平均增产 15.0%。

【适应区域】适宜黑龙江省第一积温带下限及第二积温带上限种植。

东农绿芽豆 1 号遗传基础

东农绿芽豆 1 号细胞质 100%来源于东农绿小粒，历经 1 轮传递与选育，细胞质传递过程为东农绿小粒→东农绿芽豆 1 号。（详见图 3-8）

东农绿芽豆 1 号细胞核来源于东农绿小粒、吉林绿豆 1 号等 2 个祖先亲本，分析其核遗传贡献率并注明祖先亲本来源，从而揭示该品种遗传基础，为大豆育种亲本的选择利用提供参考。（详见表 3-8）

表 3-8　东农绿芽豆 1 号祖先亲本

品种名称	母本	父本	祖先亲本	祖先亲本核遗传贡献率/%	祖先亲本来源
东农绿芽豆 1 号	东农绿小粒	吉林绿豆 1 号	东农绿小粒	50.00	东北农业大学材料
			吉林绿豆 1 号	50.00	吉林省农业科学院大豆所材料

东农绿小粒×吉林绿豆 1 号

↓

东农绿芽豆 1 号

图 3-8　东农绿芽豆 1 号系谱图

9 龙青大豆 1 号

龙青大豆 1 号品种简介

【品种来源】龙青大豆 1 号是黑龙江省农业科学院作物育种研究所以吉引青为母本，哈 6719 为父本杂交，经多年选择育成。审定编号：黑审豆 2007024。

【植株性状】紫花，尖叶，灰色茸毛，荚弯镰形，成熟荚深褐色。无限结荚习性，株高 100cm 左右，有分枝。

【籽粒特点】绿种皮绿子叶大豆。籽粒圆形，种皮绿色，有光泽，种脐浅褐色，百粒重 20g 左右。籽粒粗蛋白含量 42.92%，粗脂肪含量 19.78%。

【生育日数】在适应区从出苗至成熟生育日数 125d 左右，需≥10℃活动积温 2600℃左右。

【抗病鉴定】接种鉴定中抗大豆灰斑病。

【产量表现】2005—2006 年区域试验平均产量 2709.8kg/hm²，较对照品种黑农 37 平均增产 1.1%，2006 年生产试验平均产量 2700.5kg/hm²，较对照品种黑农 37 平均增产 0.8%。

【适应区域】黑龙江省第一积温带。

龙青大豆 1 号遗传基础

龙青大豆 1 号细胞质 100%来源于吉引青，历经 1 轮传递与选育，细胞质传递过程为吉引青→龙青大豆 1 号。（详见图 3-9）

龙青大豆 1 号细胞核来源于佳木斯秃荚子、白眉、克山四粒荚、小粒黄、东农 20（黄-中-中 20）、哈 76-6045、永丰豆、四粒黄、嘟噜豆、吉引青、金元、熊岳小粒黄、通州小黄豆、十胜长叶、Amsoy 等 15 个祖先亲本，分析其核遗传贡献率并注明祖先亲本来源，从而揭示该品种遗传基础，为大豆育种亲本的选择利用提供参考。（详见表 3-9）

表 3-9 龙青大豆 1 号祖先亲本

品种名称	母本	父本	祖先亲本	祖先亲本核遗传贡献率/%	祖先亲本来源
龙青大豆 1 号	吉引青	哈 6719	白眉	1.37	黑龙江省克山地方品种
			克山四粒荚	3.13	黑龙江省克山地方品种
			佳木斯秃荚子	0.39	黑龙江省佳木斯地方品种
			小粒黄	2.34	黑龙江省勃利地方品种
			东农 20(黄-中-中 20)	0.78	东北农业大学材料
			哈 76-6045	6.25	黑龙江省农业科学院大豆研究所材料
			永丰豆	3.13	吉林省永吉地方品种
			四粒黄	3.81	吉林省公主岭地方品种

续表

品种名称	母本	父本	祖先亲本	祖先亲本核遗传贡献率/%	祖先亲本来源
龙青大豆 1 号	吉引青	哈 6719	嘟噜豆	7.03	吉林省中南部地方品种
			吉引青	50.00	吉林省地方品种
			金元	3.81	辽宁省开原地方品种
			熊岳小粒黄	2.34	辽宁省熊岳地方品种
			通州小黄豆	3.13	北京通县地方品种
			十胜长叶	9.38	日本品种
			Amsoy（阿姆索、阿姆索依）	3.13	美国品种

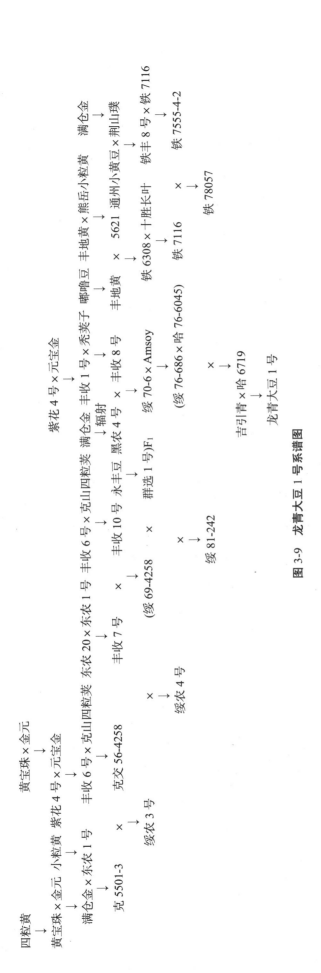

图 3-9　龙青大豆 1 号系谱图

10 龙黄3号

龙黄3号品种简介

【品种来源】龙黄3号是黑龙江省农业科学院大豆研究所、黑龙江省宏鑫农业科技有限责任公司、黑龙江省菽锦科技有限责任公司以黑农37为母本，96101黑大豆为父本杂交，经多年选择育成。审定编号：黑审豆2015022。

【植株性状】白花，圆叶，白色茸毛，荚弯镰形，成熟荚褐色。亚有限结荚习性，株高99cm左右。

【籽粒特点】豆浆品种。籽粒圆形，种皮绿色，有光泽，种脐白色，百粒重22.0g左右。籽粒粗蛋白含量41.38%，粗脂肪含量19.40%。

【生育日数】在适应区从出苗至成熟生育日数119d左右，需≥10℃活动积温2420℃左右。

【抗病鉴定】接种鉴定中抗大豆灰斑病。

【产量表现】2011—2012年区域试验平均产量3204.9kg/hm²，较对照品种黑农53、绥农28平均增产11.1%，2013年生产试验平均产量2477.1kg/hm²，较对照品种黑农53、绥农28平均增产12.6%。

【适应区域】适宜黑龙江省第一积温带和第二积温带种植。

龙黄3号遗传基础

龙黄3号细胞质100%来源于五顶珠，历经7轮传递与选育，细胞质传递过程为五顶珠→哈5913F₂→黑农16→（黑农16×十胜长叶）F₅→黑农28→（黑农28×哈78-8391）F₅→黑农37→龙黄3号。（详见图3-10）

龙黄3号细胞核来源于五顶珠、小粒黄、秃荚子、长叶大豆、东农3号、哈49-2158、哈61-8134、96101黑大豆、四粒黄、金元、十胜长叶等11个祖先亲本，分析其核遗传贡献率并注明祖先亲本来源，从而揭示该品种遗传基础，为大豆育种亲本的选择利用提供参考。（详见表3-10）

表3-10 龙黄3号祖先亲本

品种名称	母本	父本	祖先亲本	祖先亲本核遗传贡献率/%	祖先亲本来源
龙黄3号	黑农37	96101黑大豆	五顶珠	6.25	黑龙江省绥化地方品种
			小粒黄	3.13	黑龙江省勃利地方品种
			秃荚子	3.13	黑龙江省木兰地方品种
			长叶大豆	3.13	黑龙江省地方品种
			东农3号	1.56	东北农业大学材料
			哈49-2158	3.13	黑龙江省农业科学院大豆研究所材料
			哈61-8134	3.13	黑龙江省农业科学院大豆研究所材料

续表

品种名称	母本	父本	祖先亲本	祖先亲本核遗传贡献率/%	祖先亲本来源
龙黄 3 号	黑农 37	96101 黑大豆	96101 黑大豆	50.00	黑龙江省农业科学院大豆研究所材料
			四粒黄	7.03	吉林省公主岭地方品种
			金元	7.03	辽宁省开原地方品种
			十胜长叶	12.50	日本品种

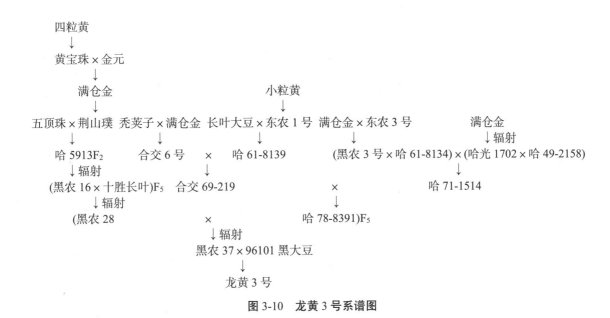

图 3-10　龙黄 3 号系谱图

11　中龙青大豆 1 号

中龙青大豆 1 号品种简介

【品种来源】中龙青大豆 1 号是黑龙江省农业科学院耕作栽培研究所以龙青大豆 1 号为母本，龙品 9501 为父本杂交，经多年选择育成。审定编号：黑审豆 20200068。

【植株性状】特种品种（绿大豆）。紫花，尖叶，棕色茸毛，荚弯镰形，成熟荚深褐色。亚有限结荚习性，株高 80cm 左右，有分枝。

【籽粒特点】籽粒椭圆形，种皮绿色，有光泽，种脐黄色，百粒重 18.5g。籽粒粗蛋白含量 40.98%，粗脂肪含量 19.62%。

【生育日数】在适应区从出苗至成熟生育日数 120d 左右，需≥10℃活动积温 2400℃左右。

【抗病鉴定】接种鉴定中抗大豆灰斑病。

【产量表现】2018—2019 年区域试验平均产量 2280.7kg/hm²，较对照品种龙青大豆 1 号平均增产 7.3%。

【适应区域】适宜在黑龙江省第二积温带中部区≥10℃活动积温2550℃以上区域种植。

中龙青大豆1号遗传基础

中龙青大豆1号细胞质100%来源于吉青引，历经2轮传递与选育，细胞质传递过程为吉青引→龙青大豆1号→中龙青大豆1号。（详见图3-11）

中龙青大豆1号细胞核来源于ZYD355、五顶珠、白眉、克山四粒荚、佳木斯秃荚子、小粒黄、秃荚子、长叶大豆、东农3号、东农20（黄-中-中20）、哈49-2158、哈61-8134、哈76-6045、永丰豆、四粒黄、嘟噜豆、吉引青、金元、熊岳小粒黄、通州小黄豆、十胜长叶、Amsoy（阿姆索、阿姆索依）等22个祖先亲本，分析其核遗传贡献率并注明祖先亲本来源，从而揭示该品种遗传基础，为大豆育种亲本的选择利用提供参考。（详见表3-11）

表3-11　中龙青大豆1号祖先亲本

品种名称	母本	父本	祖先亲本	祖先亲本核遗传贡献率/%	祖先亲本来源
中龙青大豆1号	龙青大豆1号	龙品9501	ZYD355	12.50	黑龙江野生大豆
			五顶珠	6.25	黑龙江省绥化地方品种
			白眉	0.68	黑龙江省克山地方品种
			克山四粒荚	1.56	黑龙江省克山地方品种
			佳木斯秃荚子	0.20	黑龙江省佳木斯地方品种
			小粒黄	2.73	黑龙江省勃利地方品种
			秃荚子	1.56	黑龙江省木兰地方品种
			长叶大豆	1.56	黑龙江省地方品种
			东农3号	0.78	东北农业大学材料
			东农20(黄-中-中20)	0.39	东北农业大学材料
			哈49-2158	1.56	黑龙江省农业科学院大豆研究所材料
			哈61-8134	1.56	黑龙江省农业科学院大豆研究所材料
			哈76-6045	3.13	黑龙江省农业科学院大豆研究所材料
			永丰豆	1.56	吉林省永吉地方品种
			四粒黄	6.98	吉林省公主岭地方品种
			嘟噜豆	3.52	吉林省中南部地方品种
			吉引青	25.00	吉林省地方品种
			金元	6.98	辽宁省开原地方品种
			熊岳小粒黄	1.17	辽宁省熊岳地方品种
			通州小黄豆	1.56	北京通县地方品种

续表

品种名称	母本	父本	祖先亲本	祖先亲本核遗传贡献率/%	祖先亲本来源
中龙青大豆1号	龙青大豆1号	龙品9501	十胜长叶	17.19	日本品种
			Amsoy（阿姆索、阿姆索侬）	1.56	美国品种

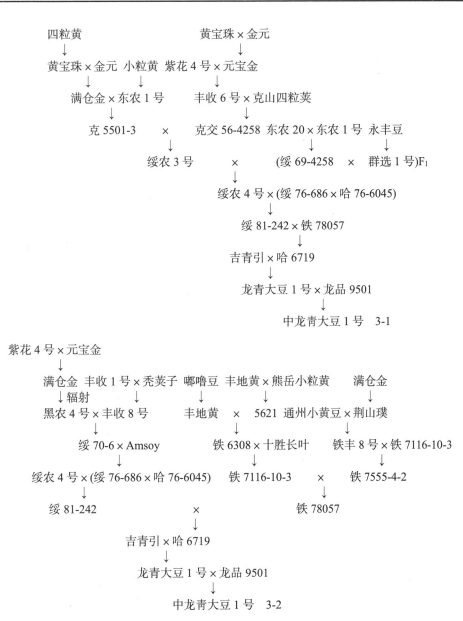

四粒黄　　　　　　　　黄宝珠×金元
　↓　　　　　　　　　　　↓
黄宝珠×金元　小粒黄　紫花4号×元宝金
　↓　　　　↓　　　　　↓
满仓金×东农1号　　丰收6号×克山四粒荚
　　↓　　　　　　　　↓
克5501-3　　×　　克交56-4258　东农20×东农1号　永丰豆
　　　　↓　　　　　　　　↓
　　　绥农3号　　×　　（绥69-4258　×　群选1号)F₁
　　　　　　↓
　　绥农4号×(绥76-686×哈76-6045)
　　　　　　↓
　　　绥81-242×铁78057
　　　　　　↓
　　　吉青引×哈6719
　　　　　　↓
　　龙青大豆1号×龙品9501
　　　　　　↓
　　中龙青大豆1号　3-1

紫花4号×元宝金
　↓
满仓金　丰收1号×秃荚子　嘟噜豆　丰地黄×熊岳小粒黄　满仓金
　↓辐射　　　↓　　　　　　　↓
黑农4号×丰收8号　　丰地黄　×　5621　通州小黄豆×荆山璞
　↓　　　　　　　　　↓　　　　　　↓
绥70-6×Amsoy　　　铁6308×十胜长叶　铁丰8号×铁7116-10-3
　↓　　　　　　　　↓　　　　　　↓
绥农4号×(绥76-686×哈76-6045)　铁7116-10-3　×　铁7555-4-2
　↓　　　　　　　　　　　　　　　　↓
绥81-242　　×　　　　铁78057
　　　　↓
　吉青引×哈6719
　　　↓
龙青大豆1号×龙品9501
　　　↓
中龙青大豆1号　3-2

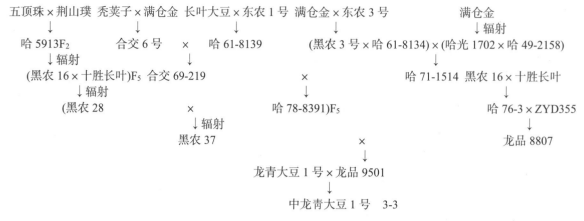

图 3-11　中龙青大豆 1 号系谱图

12　科合 205

科合 205 品种简介

【品种来源】科合 205 是黑龙江省农业科学院草业研究所（黑龙江省农业科学院对俄农业技术合作中心）以日本 HZDD3605 为母本、捷克 HZDD767 为父本杂交，经多年选择育成。

【植株性状】紫花，圆叶，棕色茸毛，荚弯镰形，成熟荚褐色。亚有限结荚习性，株高 70cm 左右，有分枝。

【籽粒特点】种子扁圆形，种皮淡绿色，有光泽，种脐褐色，百粒重 17.5g 左右。籽粒粗蛋白含量 49.24%，粗脂肪含量 16.35%。

【生育日数】在适应区出苗至成熟生育日数 108d 左右，需≥10℃活动积温 1900℃左右。

【抗病鉴定】接种鉴定中抗大豆灰斑病。

【产量表现】2018—2019 年区域试验平均产量 2415.4kg/hm²，较对照品种黑河 45 平均增产 10.2%。

【适应区域】适宜在黑龙江省第五积温带≥10℃活动积温 1950℃区域种植。

科合 205 遗传基础

科合 205 细胞质 100% 来源于 HZDD3605，历经 1 轮传递与选育，细胞质传递过程为 HZDD3605→科合 205。（详见图 3-12）

科合 205 细胞核来源于 HZDD3605、HZDD767 等 2 个祖先亲本，分析其核遗传贡献率并注明祖先亲本来源，从而揭示该品种遗传基础，为大豆育种亲本的选择利用提供参考。（详见表 3-12）

表 3-12　科合 205 祖先亲本

品种名称	母本	父本	祖先亲本	祖先亲本核遗传贡献率/%	祖先亲本来源
科合 205	HZDD3605	HZDD767	HZDD3605	50.00	日本品种
			HZDD767	50.00	捷克品种

HZDD3605 × HZDD767
↓
科合绿大豆 1 号

图 3-12　科合 205 系谱图

13　九青豆

九青豆品种简介

【品种来源】九青豆是吉林市农业科学院以九农 21 为母本，黑皮青为父本杂交，经多年选择育成。审定编号：吉审豆 20170010。

【植株性状】紫花，尖叶，灰色茸毛，成熟荚褐色。亚有限结荚习性，株高 99.8cm，分枝型结荚，主茎节数 18.5 个，3 粒荚多。

【籽粒特点】籽粒圆形，种皮绿色，有光泽，种脐淡黄色，百粒重 15.6g。籽粒粗蛋白含量 44.05%，粗脂肪含量 18.91%。

【生育日数】在适应区从出苗至成熟生育日数 135d 左右。

【抗病鉴定】人工接种鉴定抗大豆花叶病毒 1 号株系和 3 号株系，中抗大豆灰斑病。

【产量表现】2015—2016 年区域试验平均产量 3207.2kg/hm²，较对照品种吉青 1 号平均增产 9.4%，2016 年生产试验平均产量 3106.3kg/hm²，较对照品种吉青 1 号平均增产 7.0%。

【适应区域】适宜吉林省大豆中晚熟区种植。

九青豆遗传基础

九青豆细胞质 100% 来源于 MB152，历经 2 轮传递与选育，细胞质传递过程为 MB152→九农 21→九青豆。（详见图 3-13）

九青豆细胞核来源于铁荚四粒黄（黑铁荚）、一窝蜂、四粒黄、黑皮青、金元、十胜长叶、MB152等 7 个祖先亲本，分析其核遗传贡献率并注明祖先亲本来源，从而揭示该品种遗传基础，为大豆育种亲本的选择利用提供参考。（详见表 3-13）

表 3-13　九青豆祖先亲本

品种名称	母本	父本	祖先亲本	祖先亲本核遗传贡献率/%	祖先亲本来源
九青豆	九农 21	黑皮青	铁荚四粒黄（黑铁荚）	6.25	吉林省中南部半山区地方品种
			一窝蜂	6.25	吉林省中部偏西地区地方品种
			四粒黄	3.13	吉林省东丰地方品种
			黑皮青	50.00	吉林省地方种材料
			金元	3.13	辽宁省开原地方品种

续表

品种名称	母本	父本	祖先亲本	祖先亲本核遗传贡献率/%	祖先亲本来源
九青豆	九农 21	黑皮青	十胜长叶	6.25	日本品种
			MB152	25.00	美国品种

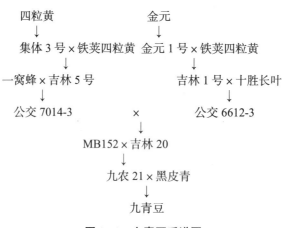

图 3-13　九青豆系谱图

14　九久青

九久青品种简介

【品种来源】九久青是吉林市农业科学院以牡 5796-3 为母本，九 N-1-11-1-5 为父本杂交，经多年选择育成。审定编号：吉审豆 20180013。

【植株性状】白花，尖叶，灰色茸毛，成熟荚褐色。亚有限结荚习性，株高 102.6cm，主茎节数 20 个，主茎型结荚，3 粒荚多。

【籽粒特点】绿色籽粒类型品种。籽粒圆形，种皮绿色，有光泽，种脐绿色，百粒重 13.8g。籽粒粗蛋白含量 40.71%，粗脂肪含量 19.90%。

【生育日数】在适应区从出苗至成熟生育日数 125d 左右，与对照品种吉青 1 号同熟期。

【抗病鉴定】人工接种鉴定中抗大豆花叶病毒 1 号株系，感大豆花叶病毒 3 号株系。

【产量表现】2016—2017 年自主区域试验平均产量 2387.5kg/hm²，较对照品种吉青 1 号平均增产 8.5%，2017 年生产试验平均产量 1955.0kg/hm²，较对照品种吉青 1 号平均增产 10.6%。

【适应区域】适宜吉林省大豆中晚熟地区种植。

九久青遗传基础

九久青细胞质 100% 来源于小粒豆 9 号，历经 4 轮传递与选育，细胞质传递过程为小粒豆 9 号→合丰 23→合丰 25→牡交 5796-3→九久青。（详见图 3-14）

九久青细胞核来源于白眉、克山四粒荚、小粒豆9号、东农7296、四粒黄、黑皮青豆、金元、小粒青豆、十胜长叶等9个祖先亲本，分析其核遗传贡献率并注明祖先亲本来源，从而揭示该品种遗传基础，为大豆育种亲本的选择利用提供参考。（详见表3-14）

表3-14　九久青祖先亲本

品种名称	母本	父本	祖先亲本	祖先亲本核遗传贡献率/%	祖先亲本来源
九久青	牡5796-3	九N-1-11-1-5	白眉	2.34	黑龙江省克山地方品种
			克山四粒荚	4.69	黑龙江省克山地方品种
			小粒豆9号	6.25	黑龙江省勃利地方品种
			东农7296	25.00	东北农业大学材料
			四粒黄	2.73	吉林省公主岭地方品种
			黑皮青豆	25.00	吉林省地方品种材料
			金元	2.73	辽宁省开原地方品种
			小粒青豆	25.00	辽宁省南部地方品种
			十胜长叶	6.25	日本品种

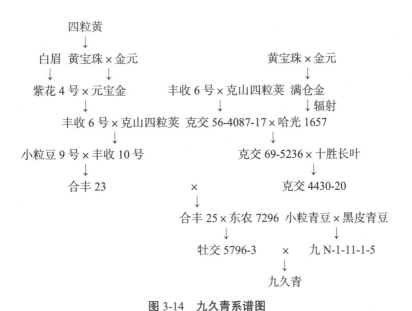

图3-14　九久青系谱图

15 吉农青1号

吉农青1号品种简介

【品种来源】吉农青1号是吉林农业大学以吉青1号为母本，长农13为父本杂交，经多年选择育成。

审定编号：吉审豆20200023。

【植株性状】紫花，尖叶，灰色茸毛，成熟荚深褐色。亚有限结荚习性，株高91.4cm，主茎节数18.8个，主茎型结荚，3粒荚多。

【籽粒特点】籽粒圆形，种皮绿色，微光泽，种脐绿色，百粒重18.9g。籽粒粗蛋白含量39.36%，粗脂肪含量22.35%。

【生育日数】在适应区从出苗至成熟生育日数130d左右，与对照品种吉青1号同熟期。

【抗病鉴定】人工接种鉴定中抗大豆花叶病毒1号株系，感大豆花叶病毒3号株系，中抗大豆灰斑病。

【产量表现】2018—2019年自主区域试验平均产量2225.5kg/hm²，较对照品种吉青1号平均增产18.3%，2019年生产试验平均产量2623.8kg/hm²，较对照品种吉青1号平均增产14.7%。

【适应区域】适宜吉林省大豆中晚熟地区种植。

吉农青1号遗传基础

吉农青1号细胞质100%来源于抚松铁荚青，历经2轮传递与选育，细胞质传递过程为抚松铁荚青→吉青1号→吉农青1号。（详见图3-15）

吉农青1号细胞核来源于白眉、克山四粒荚、小粒豆9号、通7619、小金黄、四粒黄、铁荚四粒黄（黑铁荚）、嘟噜豆、抚松铁荚青、一窝蜂、四粒黄、紫花豆、金元、铁荚子、熊岳小粒黄、十胜长叶等16个祖先亲本，分析其核遗传贡献率并注明祖先亲本来源，从而揭示该品种遗传基础，为大豆育种亲本的选择利用提供参考。（详见表3-15）

表3-15　吉农青1号祖先亲本

品种名称	母本	父本	祖先亲本	祖先亲本核遗传贡献率/%	祖先亲本来源
吉农青1号	吉青1号	长农13	白眉	0.39	黑龙江省克山地方品种
			克山四粒荚	0.78	黑龙江省克山地方品种
			小粒豆9号	1.56	黑龙江省勃利地方品种
			通7619	6.25	通化市农业科学研究院材料
			小金黄	3.13	吉林省中部平原地区地方品种
			四粒黄	6.45	吉林省公主岭地方品种
			铁荚四粒黄（黑铁荚）	3.13	吉林省中南部半山区地方品种
			嘟噜豆	3.91	吉林省中南部地方品种
			抚松铁荚青	50.00	吉林省抚松地方品种
			一窝蜂	3.13	吉林省中部偏西地区地方品种
			四粒黄	1.56	吉林省东丰地方品种
			紫花豆	3.13	吉林东南部地方品种
			金元	1.76	辽宁省开原地方品种

续表

品种名称	母本	父本	祖先亲本	祖先亲本核遗传贡献率/%	祖先亲本来源
吉农青1号	吉青1号	长农13	铁荚子	7.81	辽宁省义县地方品种
			熊岳小粒黄	3.91	辽宁省熊岳地方品种
			十胜长叶	3.13	日本品种

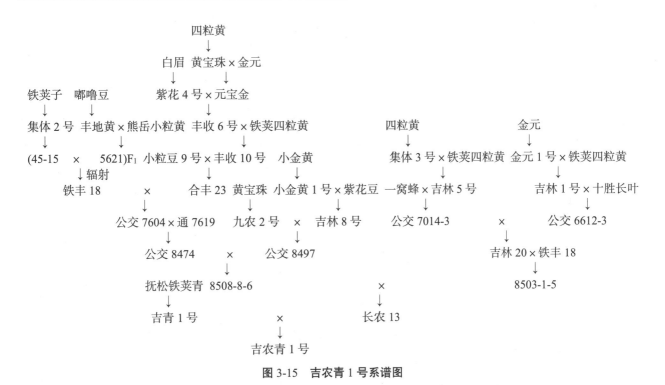

图3-15 吉农青1号系谱图

16 吉青1号

吉青1号品种简介

【品种来源】吉青1号是吉林省农业科学院大豆研究所1985年从地方品种抚松铁荚青的变异株中，采用一次单株选择法选育而成。吉林省确定推广时间：1991年。

【植株性状】白花，圆叶，灰色茸毛，成熟荚黑褐色。无限结荚习性，株高110~140cm，分枝中等，主茎发达较耐肥，喜水，秆较强，抗倒伏。

【籽粒特点】籽粒圆形，种皮绿色，子叶绿色，微光泽，种脐黄色，百粒重22~24g。籽粒粗蛋白含量43.6%，粗脂肪含量18.90%。

【生育日数】在适应区从出苗至成熟生育日数132~135d。

【抗病鉴定】抗大豆花叶病毒病，虫食粒率8.2%以上。

【产量表现】1988—1990年在院内平均产量试验2400.0kg/hm²，1988—1990年平均产量2100kg/hm²。

【适应区域】吉林省中南部地区的四平、公主岭、梨树、辽源等市、县。

吉青 1 号遗传基础

吉青 1 号细胞质 100%来源于抚松铁荚青，历经 1 轮传递与选育，细胞质传递过程为抚松铁荚青→吉青 1 号。（详见图 3-16）

吉青 1 号细胞核来源于抚松铁荚青 1 个祖先亲本，分析其核遗传贡献率并注明祖先亲本来源，从而揭示该品种遗传基础，为大豆育种亲本的选择利用提供参考。（详见表 3-16）

表 3-16 吉青 1 号祖先亲本

品种名称	父母本	祖先亲本	祖先亲本核遗传贡献率/%	祖先亲本来源
吉青 1 号	地方品种抚松铁荚青变异株	抚松铁荚青	100.00	吉林省抚松地方品种

抚松铁荚青
↓
吉青 1 号

图 3-16 吉青 1 号系谱图

17 吉青 2 号

吉青 2 号品种简介

【品种来源】吉青 2 号是吉林省农业科学院大豆研究中心以吉青 1 号为母本、凤交 7807-1-大 A 为父本杂交，F_2 代通过辐射后，经多年选择育成。审定编号：吉审豆 2006014。

【植株性状】白花，椭圆叶，灰色茸毛。有限结荚习性，株高 60～80cm，分枝较强，结荚密集，成熟荚灰褐色。

【籽粒特点】籽粒圆形，种皮绿色，子叶绿色，有光泽，种脐黄色，百粒重 26～30g。籽粒粗蛋白含量 39.68%，粗脂肪含量 20.83%。

【生育日数】在适应区从出苗至成熟生育日数 130d 左右，需≥10℃活动积温 2700℃。

【抗病鉴定】人工接种鉴定抗大豆花叶病毒混合株系、2 号株系和 3 号株系，中抗大豆花叶病毒 1 号株系。田间自然发病：抗大豆花叶病，高抗大豆灰斑病、大豆褐斑病、细菌性斑点病，中抗大豆食心虫和大豆霜霉病。

【产量表现】2005 年生产试验平均产量 2227.5kg/hm²，较对照品种吉青 1 号平均增产 13.0%。

【适应区域】吉林省长春、四平、通化、辽源、白城、松原等中熟地区。

吉青 2 号遗传基础

吉青 2 号细胞质 100%来源于抚松铁荚青，历经 3 轮传递与选育，细胞质传递过程为抚松铁荚青→吉青 1 号→(吉青 1 号×凤交 7807-1-大 A)F_2→吉青 2 号。（详见图 3-17）

吉青 2 号细胞核来源于抚松铁荚青、凤大粒、大表青等 3 个祖先亲本，分析其核遗传贡献率并注明祖先亲本来源，从而揭示该品种遗传基础，为大豆育种亲本的选择利用提供参考。（详见表 3-17）

表 3-17　吉青 2 号祖先亲本

品种名称	母本	父本	祖先亲本	祖先亲本核遗传贡献率/%	祖先亲本来源
吉青 2 号	吉青 1 号	凤交 7807-1-大 A	抚松铁荚青	50.00	吉林省抚松地方品种
			凤大粒	25.00	辽宁省地方品种
			大表青	25.00	辽宁省地方品种

抚松铁荚青　　　凤大粒 × 大表青
↓　　　　　　↓
(吉青 1 号 × 凤交 7807-1-大 A)F$_2$
↓ 辐射
吉青 2 号

图 3-17　吉青 2 号系谱图

18 吉青 3 号

吉青 3 号品种简介

【品种来源】吉青 3 号是吉林省农业科学院大豆研究中心 1992 年以吉青 1 号为母本、黑豆 GD519 为父本杂交，系谱法和混合法选育而成。审定编号：吉审豆 2008003。

【植株性状】白花，椭圆叶，灰色茸毛，成熟荚灰褐色。有限结荚习性，株高 60~80cm，分枝较强，结荚密集。

【籽粒特点】籽粒圆形，种皮绿色，子叶绿色，有光泽，种脐淡褐色，百粒重 29~31g。籽粒粗蛋白含量 41.34%，粗脂肪含量 20.63%。

【生育日数】在适应区从出苗至成熟生育日数 130d 左右，需 ≥10℃ 活动积温积温 2800℃。

【抗病鉴定】人工接种鉴定中感大豆花叶病毒混合株系，网室内免疫大豆花叶病毒 1 号株系，抗大豆花叶病毒 2 号株系，中感大豆花叶病毒 3 号株系，中抗大豆灰斑病。田间自然发病抗大豆花叶病毒病，抗大豆细菌性斑点，抗大豆霜霉病，抗大豆灰斑病，抗大豆褐斑病，中抗大豆霜霉病，中抗大豆食心虫。

【产量表现】2005—2007 年试验平均产量 2254.4kg/hm^2，较对照品种吉青 1 号平均增产 12.0%。

【适应区域】吉林省中熟有效积温 2350℃ 以上地区。

吉青 3 号遗传基础

吉青 3 号细胞质 100% 来源于抚松铁荚青，历经 2 轮传递与选育，细胞质传递过程为抚松铁荚青→吉青 1 号→吉青 3 号。（详见图 3-18）

吉青 3 号细胞核来源于抚松铁荚青、GD519（黑豆）等 2 个祖先亲本，分析其核遗传贡献率并注明祖先亲本来源，从而揭示该品种遗传基础，为大豆育种亲本的选择利用提供参考。（详见表 3-18）

表 3-18　吉青 3 号祖先亲本

品种名称	母本	父本	祖先亲本	祖先亲本核遗传贡献率/%	祖先亲本来源
吉青 3 号	吉青 1 号	黑豆 GD519	抚松铁荚青	50.00	吉林省抚松地方品种
			GD519（黑豆）	50.00	吉林省地方品种

抚松铁荚青
↓
吉青 1 号 × GD519（黑豆）
↓
吉青 3 号

图 3-18　吉青 3 号系谱图

19　吉青 4 号

吉青 4 号品种简介

【品种来源】吉青 4 号是吉林省农业科学院以 S8 为母本，吉青 68 为父本杂交，经多年选择育成。审定编号：吉审豆 20190023。

【植株性状】紫花，椭圆叶，灰色茸毛，成熟荚深褐色。无限结荚习性，株高 103.4cm，主茎节数 21.1 个，2、3 粒荚多。

【籽粒特点】彩色籽粒品种。籽粒圆形，种皮绿色，有光泽，种脐浅褐色，百粒重 23.5g。籽粒粗蛋白含量 42.28%，粗脂肪含量 20.53%。

【生育日数】在适应区从出苗至成熟生育日数 128d 左右，与对照品种吉青 1 号同熟期。

【抗病鉴定】人工接种鉴定高抗大豆花叶病毒 1 号株系，抗大豆花叶病毒 3 号株系，中抗大豆灰斑病。

【产量表现】2017—2018 年自主区域试验平均产量 2042.7kg/hm²，较对照品种吉青 1 号平均增产 16.1%，2018 年生产试验平均产量 2473.8kg/hm²，较对照品种吉青 1 号平均增产 13.0%。

【适应区域】适宜吉林省大豆中晚熟区种植。

吉青 4 号遗传基础

吉青 4 号细胞质 100% 来源于 S8，历经 1 轮传递与选育，细胞质传递过程为 S8→吉青 4 号。（详见图 3-19）

吉青 4 号细胞核来源于抚松铁荚青、GD519（黑豆）、S8 等 3 个祖先亲本，分析其核遗传贡献率并注明祖先亲本来源，从而揭示该品种遗传基础，为大豆育种亲本的选择利用提供参考。（详见表 3-19）

表 3-19 吉青 4 号祖先亲本

品种名称	母本	父本	祖先亲本	祖先亲本核遗传贡献率/%	祖先亲本来源
吉青 4 号	S8	吉青 68	抚松铁荚青）	25.00	吉林省抚松地方品种
			GD519（黑豆）	25.00	吉林省地方品种
			S8	50.00	吉林省农业科学院大豆所材料

抚松铁荚青
↓
吉青 1 号 × GD519（黑豆）
↓
S8 × 吉青 68
↓
吉青 4 号

图 3-19 吉青 4 号系谱图

20 吉青 5 号

吉青 5 号品种简介

【品种来源】吉青 5 号是吉林省农业科学院以吉青 3 号为母本，公野 9112 为父本杂交，经多年选择育成。审定编号：吉审豆 20190024。

【植株性状】紫花，椭圆叶，灰色茸毛，成熟荚灰褐色。亚有限结荚习性，株高 105.6cm 左右，主茎节数 17.9 个左右，主茎型结荚，3、4 粒荚多。

【籽粒特点】彩色籽粒类型品种。籽粒圆形，种皮绿色，有光泽，种脐黄色，百粒重 18.5g。籽粒粗蛋白含量 41.40%，粗脂肪含量 19.80%。

【生育日数】在适应区从出苗至成熟生育日数 128d 左右，较对照品种吉青 3 号晚 1d。

【抗病鉴定】人工接种鉴定高抗大豆花叶病毒 1 号株系，抗大豆花叶病毒 3 号株系，中抗大豆灰斑病。

【产量表现】2017—2018 年自主区域试验平均产量 2593.6kg/hm²，较对照品种吉青 3 号平均增产 10.9%，2018 年生产试验平均产量 2871.6kg/hm²，较对照品种吉青 3 号平均增产 11.9%。

【适应区域】适宜吉林省大豆中晚熟区种植。

吉青 5 号遗传基础

吉青 5 号细胞质 100% 来源于抚松铁荚青，历经 3 轮传递与选育，细胞质传递过程为抚松铁荚青→吉青 1 号→吉青 3 号→吉青 5 号。（详见图 3-20）

吉青 5 号细胞核来源于抚松铁荚青、GD519（黑豆）、公野 9112 等 3 个祖先亲本，分析其核遗传贡

献率并注明祖先亲本来源,从而揭示该品种遗传基础,为大豆育种亲本的选择利用提供参考。(详见表3-20)

表3-20 吉青5号祖先亲本

品种名称	母本	父本	祖先亲本	祖先亲本核遗传贡献率/%	祖先亲本来源
吉青5号	吉青3号	公野9112	抚松铁荚青	25.00	吉林省抚松地方品种
			GD519（黑豆）	25.00	吉林省地方品种
			公野9112	50.00	吉林省农业科学院大豆所材料

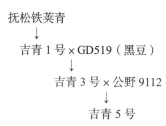

图3-20 吉青5号系谱图

21 吉青6号

吉青6号品种简介

【品种来源】吉青6号是吉林省农业科学院以吉青3号为母本,吉黑250为父本杂交,经多年选择育成。审定编号：吉审豆20200024。

【植株性状】白花,椭圆叶,灰色茸毛,成熟荚灰褐色。有限结荚习性,株高72.5cm,主茎节数10.9个,分枝型结荚,2、3粒荚多。

【籽粒特点】彩色籽粒类型品种。籽粒圆形,种皮绿色,微光泽,种脐黄色,百粒重30.1g。籽粒粗蛋白含量40.05%,粗脂肪含量20.53%。

【生育日数】在适应区从出苗至成熟生育日数128d左右,较对照品种吉青3晚1d。

【抗病鉴定】人工接种鉴定抗大豆花叶病毒1号株系,抗大豆花叶病毒3号株系,高抗大豆灰斑病。

【产量表现】2018—2019年自主区域试验平均产量2745.4kg/hm²,较对照品种吉青3号平均增产12.1%,2019年生产试验平均产量2524.3kg/hm²,较对照品种吉青3号平均增产10.0%。

【适应区域】适宜吉林省大豆中晚熟地区种植。

吉青6号遗传基础

吉青6号细胞质100%来源于抚松铁荚青,历经3轮传递与选育,细胞质传递过程为抚松铁荚青→吉青1号→吉青3号→吉青6号。(详见图3-21)

吉青6号细胞核来源于抚松铁荚青、GD519（黑豆）、吉黑250等3个祖先亲本,分析其核遗传贡献率并注明祖先亲本来源,从而揭示该品种遗传基础,为大豆育种亲本的选择利用提供参考。(详见表3-21)

表 3-21 吉青 6 号祖先亲本

品种名称	母本	父本	祖先亲本	祖先亲本核遗传贡献率/%	祖先亲本来源
吉青 6 号	吉青 3 号	吉黑 250	抚松铁荚青	25.00	吉林省抚松地方品种
			GD519（黑豆）	25.00	吉林省地方品种
			吉黑 250	50.00	吉林省农业科学院大豆所材料

抚松铁荚青
↓
吉青 1 号 × GD519（黑豆）
↓
吉青 3 号 × 吉黑 250
↓
吉青 6 号

图 3-21 吉青 6 号系谱图

22 吉青 7 号

吉青 7 号品种简介

【品种来源】吉青 7 号是吉林省农业科学院以吉育 102 为母本、公品 20002-1 为父本杂交，经多年选择育成。审定编号：吉审豆 20210018。

【植株性状】白花，尖叶，灰色茸毛，成熟荚灰褐色。亚有限结荚习性，株高 83.6cm，主茎节数 14.4 个，主茎型结荚，3、4 粒荚多。

【籽粒特点】彩色籽粒类型品种。籽粒圆形，种皮绿色，子叶绿色，微光泽，种脐黄色，百粒重 12.8g。籽粒粗蛋白含量 43.64%，粗脂肪含量 19.55%。

【生育日数】在适应区从出苗至成熟生育日数 124d，较对照品种吉青 1 号早熟 3d。

【抗病鉴定】人工接种鉴定高抗大豆花叶病毒 1 号株系和 3 号株系。

【产量表现】2019—2020 年区域试验平均产量 2377.7kg/hm²，较对照品种吉青 1 号平均增产 9.0%，2020 年生产试验平均产量 2403.6kg/hm²，较对照品种吉青 1 号平均增产 8.5%。

【适应区域】适宜吉林省大豆中晚熟地区种植。

吉青 7 号遗传基础

吉青 7 号细胞质 100% 来源于公野 9362，历经 2 轮传递与选育，细胞质传递过程为公野 9362→吉育 102→吉青 7 号。（详见图 3-22）

吉青 7 号细胞核来源于抚松铁荚青、公野 9362、公品 20002-1 等 3 个祖先亲本，分析其核遗传贡献率并注明祖先亲本来源，从而揭示该品种遗传基础，为大豆育种亲本的选择利用提供参考。（详见表 3-22）

表 3-22　吉青 7 号祖先亲本

品种名称	母本	父本	祖先亲本	祖先亲本核遗传贡献率/%	祖先亲本来源
吉青 7 号	吉育 102	公品 20002-1	抚松铁荚青	25.00	吉林省抚松地方品种
			公野 9362	25.00	吉林省农业科学院大豆所材料
			公品 20002-1	50.00	吉林省农业科学院大豆所材料

抚松铁荚青
↓
公野 9362 × 吉青 1 号
↓
吉育 102 × 公品 20002-1
↓
吉青 7 号

图 3-22　吉青 7 号系谱图

23　吉育 102

吉育 102 品种简介

【品种来源】吉育 102 是吉林省农业科学院 1995 年以公野 9362 为母本，吉青 1 号为父本杂交，经多年选择育成。审定名称：吉育 102 号，审定编号：吉审豆 2007020。

【植株性状】白花，披针叶，灰色茸毛，成熟荚黑色。亚有限结荚习性，株高 95cm，主茎型，结荚密集，3、4 粒荚多。

【籽粒特点】籽粒圆形，种皮绿色，子叶绿色，有光泽，种脐黄色，百粒重 8.6g。籽粒粗蛋白含量 44.22%，粗脂肪含量 16.95%。

【生育日数】在适应区从出苗至成熟生育日数 123d 左右，需 ≥10℃ 活动积温 2300~2500℃。

【抗病鉴定】人工接种鉴定抗大豆花叶病毒混合株系，中感大豆灰斑病。网室内抗大豆花叶病毒 1 号株系和 2 号株系，中感大豆花叶病毒 3 号株系。田间自然诱发中抗大豆花叶病毒病，抗大豆细菌性斑点病，抗大豆灰斑病，抗大豆褐斑病，高抗大豆霜霉病，高抗大豆食心虫。

【产量表现】2003—2004 年区域试验平均产量 2312.4kg/hm²，较对照品种吉林小粒 4 号平均增产 10.9%，2005—2006 年生产试验平均产量 2268.9kg/hm²，较对照品种吉林小粒 4 号平均增产 13.7%。

【适应区域】吉林省中东部和黑龙江省南部地区有效积温 2300~2500℃ 的山区、半山区。

吉育 102 遗传基础

吉育 102 细胞质 100% 来源于公野 9362，历经 1 轮传递与选育，细胞质传递过程为公野 9362→吉育 102。（详见图 3-23）

吉育 102 细胞核来源于抚松铁荚青、公野 9362 等 2 个祖先亲本，分析其核遗传贡献率并注明祖先亲本来源，从而揭示该品种遗传基础，为大豆育种亲本的选择利用提供参考。（详见表 3-23）

表 3-23 吉育 102 祖先亲本

品种名称	母本	父本	祖先亲本	祖先亲本核遗传贡献率/%	祖先亲本来源
吉育 102	公野 9362	吉青 1 号	抚松铁荚青	50.00	吉林省抚松地方品种
			公野 9362	50.00	吉林省农业科学院大豆所材料

抚松铁荚青
↓
公野 9362 × 吉青 1 号
↓
吉育 102

图 3-23 吉育 102 系谱图

24 吉育 103

吉育 103 品种简介

【品种来源】吉育 103 是吉林省农业科学院大豆研究中心 1997 年以公野 9526 为母本，吉青 1 号为父本杂交，经多年选择育成。审定编号：吉审豆 2010007。

【植株性状】白花，尖叶，灰色茸毛，成熟荚褐色。无限结荚习性，株高 95cm，主茎节数 20 个，主茎型结荚，3 粒荚多。

【籽粒特点】籽粒圆形，种皮绿色，有光泽，种脐黄色，百粒重 8.9g。籽粒粗蛋白含量 40.82%，粗脂肪含量 17.28%。

【生育日数】在适应区从出苗至成熟生育日数 110 ~ 115d，需≥10℃活动积温 2300℃左右。

【抗病鉴定】人工接种鉴定抗大豆花叶病毒 1 号株系，高抗大豆花叶病毒 3 号株系，中抗大豆花叶病毒混合株系，中抗大豆灰斑病。田间自然诱发鉴定抗大豆花叶病毒病，抗大豆灰斑病，抗大豆褐斑病，高抗大豆霜霉病，高抗细菌性斑点病，高感大豆食心虫。

【产量表现】2006—2007 年区域试验平均产量 2437.2kg/hm²，较对照品种吉林小粒 6 号平均增产 10.7%，2008—2009 年生产试验平均产量 2357.3kg/hm²，较对照品种吉林小粒 6 号平均增产 11.4%。

【适应区域】吉林省东部有效积温 2100℃以上的地区。

吉育 103 遗传基础

吉育 103 细胞质 100% 来源于公野 9526，历经 1 轮传递与选育，细胞质传递过程为公野 9526→吉育 103。（详见图 3-24）

吉育 103 细胞核来源于抚松铁荚青、公野 9362 等 2 个祖先亲本，分析其核遗传贡献率并注明祖先亲

本来源，从而揭示该品种遗传基础，为大豆育种亲本的选择利用提供参考。（详见表3-24）

表 3-24　吉育 103 祖先亲本

品种名称	母本	父本	祖先亲本	祖先亲本核遗传贡献率/%	祖先亲本来源
吉育 103	公野 9526	吉青 1 号	抚松铁荚青	50.00	吉林省抚松地方品种
			公野 9526	50.00	吉林省农业科学院大豆所材料

抚松铁荚青
↓
公野 9526 × 吉青 1 号
↓
吉育 103

图 3-24　吉育 103 系谱图

25　吉育 116

吉育 116 品种简介

【品种来源】吉育 116 是吉林省农业科学院以吉林小粒 6 号为母本、吉育 103 为父本杂交，经多年选择育成。审定编号：吉审豆 20200016。

【植株性状】白花，尖叶，灰色茸毛，成熟荚褐色。亚有限结荚习性，株高 85.3cm，主茎节数 19.1 个，主茎型结荚，3 粒荚多。

【籽粒特点】籽粒圆形，种皮绿色，微光泽，种脐淡黄色，百粒重 7.9g。籽粒粗蛋白含量 41.37%，粗脂肪含量 18.20%。

【生育日数】在适应区从出苗至成熟生育日数 114d 左右，与对照品种吉育 105 同熟期。

【抗病鉴定】人工接种鉴定中抗大豆花叶病毒 1 号株系和 3 号株系，中抗大豆灰斑病。

【产量表现】2018—2019 年自主区域试验平均产量 2508.8kg/hm²，较对照品种吉育 105 平均增产 5.6%，2019 年生产试验平均产量 2724.9kg/hm²，较对照品种吉育 105 平均增产 10.6%。

【适应区域】适宜吉林省大豆早熟地区种植。

吉育 116 遗传基础

吉育 116 细胞质 100% 来源于十胜长叶，历经 6 轮传递与选育，细胞质传递过程为十胜长叶→通交 73-399→公野 8008-3→公野 8930→公野 9140-5→吉林小粒 6 号→吉育 116。（详见图 3-25）

吉育 116 细胞核来源于黑龙江小粒豆、白眉、东农 3 号、GD50392、GD50393、四粒黄、抚松铁荚青、公野 9526、金元、济宁 71021、鹤之子、十胜长叶等 12 个祖先亲本，分析其核遗传贡献率并注明祖先亲本来源，从而揭示该品种遗传基础，为大豆育种亲本的选择利用提供参考。（详见表 3-25）

表 3-25　吉育 116 祖先亲本

品种名称	母本	父本	祖先亲本	祖先亲本核遗传贡献率/%	祖先亲本来源
吉育 116	吉林小粒 6 号	吉育 103	黑龙江小粒豆	12.50	黑龙江省地方品种
			白眉	2.34	黑龙江省克山地方品种
			东农 3 号	2.34	东北农业大学材料
			GD50392	6.25	吉林省东北地区半野生大豆
			GD50393	3.13	吉林省东北地区半野生大豆
			四粒黄	2.34	吉林省公主岭地方品种
			抚松铁荚青	25.00	吉林省抚松地方品种
			公野 9526	25.00	吉林省农业科学院大豆所材料
			金元	2.34	辽宁省开原地方品种
			济宁 71021	9.38	山东省济宁农科所材料
			鹤之子	4.69	日本品种
			十胜长叶	4.69	日本品种

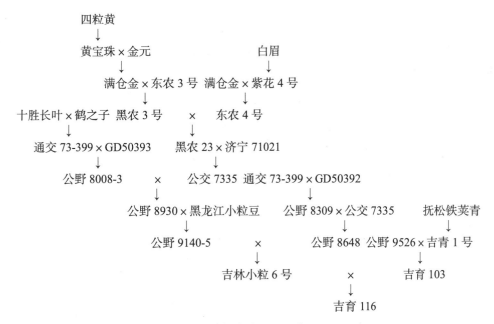

图 3-25　吉育 116 系谱图

26 辽青豆1号

辽青豆1号品种简介

【品种来源】辽青豆1号是辽宁省农业科学院作物研究所1999年以辽8864为母本，彰武绿豆为父本杂交，经多年选择育成。辽宁省非主要农作物品种备案时间：2015年。

【植株性状】白花，椭圆叶，灰色茸毛。株高85.5cm，分枝1.0个，主茎节数17.5个，单株荚数46.2个，以2粒荚为主。

【籽粒特点】种皮绿色，子叶绿色，种脐浅绿色，百粒重18.8g。籽粒粗蛋白含量43.13%，粗脂肪含量20.67%。

【生育日数】在适应区从出苗至成熟生育日数130d左右。

【产量表现】2013—2014年辽宁省农科院作物所品比试验平均产量2977.5kg/hm²，较对照品种平均增产5.1%。

【适应区域】辽宁省沈阳地区及沈阳以南地区。

辽青豆1号遗传基础

辽青豆1号细胞质100%来源于嘟噜豆，历经7轮传递与选育，细胞质传递过程为嘟噜豆→丰地黄→5621→铁丰9号→辽7811-9-2→辽85062→辽8864→辽青豆1号。（详见图3-26）

辽青豆1号细胞核来源于四粒黄、嘟噜豆、辉南青皮豆、金元、彰武绿豆、铁荚子、熊岳小粒黄、通州小黄豆、山东四角齐、即墨油豆、益都平顶黄、铁角黄、滨海大白花、邳县软条枝、十胜长叶等15个祖先亲本，分析其核遗传贡献率并注明祖先亲本来源，从而揭示该品种遗传基础，为大豆育种亲本的选择利用提供参考。（详见表3-26）

表3-26 辽青豆1号祖先亲本

品种名称	母本	父本	祖先亲本	祖先亲本核遗传贡献率/%	祖先亲本来源
辽青豆1号	辽8864	彰武绿豆	四粒黄	7.03	吉林省公主岭地方品种
			嘟噜豆	5.08	吉林省中南部地方品种
			辉南青皮豆	0.78	吉林省辉南地方品种
			金元	3.91	辽宁省开原地方品种
			彰武绿豆	50.00	辽宁省彰武县地方品种
			铁荚子	1.56	辽宁省义县地方品种
			熊岳小粒黄	3.52	辽宁省熊岳地方品种
			通州小黄豆	1.56	北京通县地方品种
			山东四角齐	6.25	山东省商河地方品种

续表

品种名称	母本	父本	祖先亲本	祖先亲本核遗传贡献率/%	祖先亲本来源
辽青豆1号	辽8864	彰武绿豆	即墨油豆	3.13	山东省即墨地方品种
			益都平顶黄	1.56	山东省益都地方品种
			铁角黄	1.56	山东省西部地方品种
			滨海大白花	6.25	江苏省滨海地方品种
			邳县软条枝	6.25	江苏省邳县地方品种
			十胜长叶	1.56	日本品种

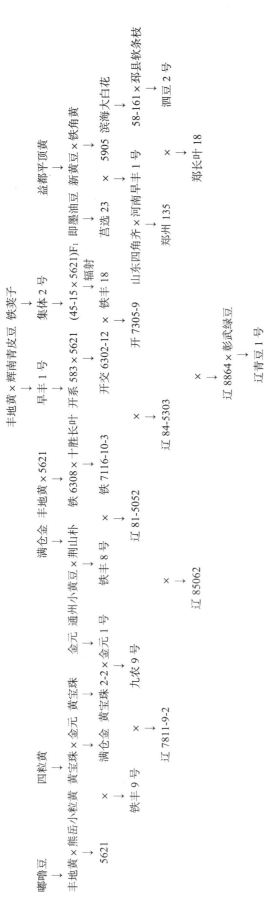

图 3-26　辽青豆 1 号系谱图

27 凤系 12

凤系 12 品种简介

【品种来源】凤系 12 是辽宁省凤城农试站（现单位名称：丹东农业科学院）1952 年以庄河搜集的白荚霜为基本种，经系统选育而成。辽宁省确定推广时间：1965 年。

【植株性状】白花，卵圆叶，大小中等，淡绿色，灰色茸毛，成熟荚极淡褐色。有限结荚习性，株高 100cm 左右，底荚高 20～30cm，主茎节数 18～20 个，结荚略稀，2 粒荚多，平均每荚 2.0 粒。

【籽粒特点】籽粒椭圆形，种皮淡绿色，微光泽，种脐褐色，百粒重 16～18g。籽粒粗蛋白含量 43.80%，粗脂肪含量 18.30%。

【生育日数】在适应区从出苗至成熟生育日数 165d 左右。

【抗病鉴定】不易发生大豆紫斑病，较易发生大豆褐斑病。

【产量表现】产量 1875～2250kg/hm²。

【适应区域】辽宁省丹东地区和辽南南部的东沟、庄河、新金、复县等地。

凤系 12 遗传基础

凤系 12 细胞质 100% 来源于白荚霜，历经 1 轮传递与选育，细胞质传递过程为白荚霜→凤系 12。（详见图 3-27）

凤系 12 细胞核来源于白荚霜 1 个祖先亲本，分析其核遗传贡献率并注明祖先亲本来源，从而揭示该品种遗传基础，为大豆育种亲本的选择利用提供参考。（详见表 3-27）

表 3-27 凤系 12 祖先亲本

品种名称	父母本	祖先亲本	祖先亲本核遗传贡献率/%	祖先亲本来源
凤系 12	庄河地方品种白荚霜	白荚霜	100.00	辽宁省庄河地方品种

白荚霜
↓
凤系 12

图 3-27 凤系 12 系谱图

28 丹豆 1 号

丹豆 1 号品种简介

【品种来源】丹豆 1 号是辽宁省凤城农业科学研究所（现单位名称：丹东农业科学院）1962 年以青豆为基本种，用系统选种法育成。辽宁省确定推广时间：1970 年。

【植株性状】白花，花穗轴长，开花成串，卵圆叶，灰色茸毛，成熟荚黑色。有限结荚习性，株高100cm左右，底荚高15~20cm，主茎节数18~21个，2、3粒荚多，平均每荚2.2粒。

【籽粒特点】籽粒椭圆形，种皮淡绿色，有光泽，种脐褐色，百粒重20g。籽粒粗蛋白含量42.5%，粗脂肪含量19.40%。

【生育日数】在适应区从出苗至成熟生育日数155d左右。

【抗病鉴定】抗食心虫力强，不易发生大豆紫斑病、大豆花叶病毒病和大豆褐斑病。

【产量表现】产量1875~2250kg/hm²。

【适应区域】辽宁省丹东地区和辽南的凤城、岫岩、东沟、丹东、庄河、新金、复县、盖县、长海等县（市）。

丹豆1号遗传基础

丹豆1号细胞质100%来源于青豆，历经1轮传递与选育，细胞质传递过程为青豆→丹豆1号。（详见图3-28）

丹豆1号细胞核来源于青豆1个祖先亲本，分析其核遗传贡献率并注明祖先亲本来源，从而揭示该品种遗传基础，为大豆育种亲本的选择利用提供参考。（详见表3-28）

表3-28　丹豆1号祖先亲本

品种名称	父母本	祖先亲本	祖先亲本核遗传贡献率/%	祖先亲本来源
丹豆1号	地方品种青豆	青豆	100	辽宁省地方品种

图3-28　丹豆1号系谱图

29 丹豆4号

丹豆4号品种简介

【品种来源】丹豆4号是辽宁省凤城农业科学研究所（现单位名称：丹东农业科学院）1963年以表里青为母本，铁荚青为父本杂交，经多年选择育成。辽宁省确定推广时间：1979年。

【植株性状】紫花，卵圆叶，深绿色，灰色茸毛，成熟荚黑色。有限结荚习性，株高60~70cm，分枝4~6个，株型半开张，底荚高15cm左右，主茎节数15~18个，荚密粒多，多2、3粒荚。枝叶繁茂，秆强不倒，耐肥，耐湿，成熟时叶不变色，脱落很快。

【籽粒特点】籽粒椭圆形，种皮绿色，子叶绿色，微光泽，种脐白色，百粒重16~22g。籽粒粗蛋白含量41.58%，粗脂肪含量19.19%。

【生育日数】在适应区从出苗至成熟生育日数128d左右。

【抗病鉴定】抗大豆食心虫，极少发生大豆紫斑病、大豆霜霉病、大豆花叶病毒病，很少发生大豆褐斑粒。

【产量表现】产量 1500～2250kg/hm²。

【适应区域】辽宁省东部山区中北部的凤城、岫岩、宽甸、桓仁、本溪及辽南的辽阳、海城、盖县、营口等县。

丹豆 4 号遗传基础

丹豆 4 号细胞质 100%来源于表里青，历经 1 轮传递与选育，细胞质传递过程为表里青→丹豆 4 号。（详见图 3-29）

丹豆 4 号细胞核来源于铁荚青、表里青等 2 个祖先亲本，分析其核遗传贡献率并注明祖先亲本来源，从而揭示该品种遗传基础，为大豆育种亲本的选择利用提供参考。（详见表 3-29）

表 3-29　丹豆 4 号祖先亲本

品种名称	母本	父本	祖先亲本	祖先亲本核遗传贡献率/%	祖先亲本来源
丹豆 4 号	表里青	铁荚青	铁荚青	50.00	辽宁省沈阳地方品种
			表里青	50.00	辽宁省凤城地方品种

表里青 × 铁荚青
↓
丹豆 4 号

图 3-29　丹豆 4 号系谱图

30 丹豆 6 号

丹豆 6 号品种简介

【品种来源】丹豆 6 号是辽宁省丹东市农业科学院大豆研究所（现单位名称：丹东农业科学院）1978 年以凤大粒为母本，大表青为父本杂交，经多年选择育成。辽宁省确定推广时间：1989 年。

【植株性状】白花，卵圆叶，叶片大，叶色深绿，灰色茸毛。有限结荚习性，株高 60～80cm，分枝 3～4 个，主茎节数 15～17 个。喜肥水，秆强抗倒。

【籽粒特点】籽粒圆形，种皮绿色，子叶绿色，种脐黑色，百粒重 31.0g 左右。籽粒粗蛋白含量 43.80%，粗脂肪含量 18.40%。

【生育日数】在适应区从出苗至成熟生育日数 141d 左右。

【抗病鉴定】抗病性较强。

【产量表现】区域试验平均产量 2172.0kg/hm²，较对照品种丹豆 4 号平均增产 12.6%，生产试验较对照品种丹豆 5 号平均增产 12.6%。

【适应区域】丹东、大连、营口及锦州部分地区。

丹豆 6 号遗传基础

丹豆 6 号细胞质 100%来源于凤大粒，历经 1 轮传递与选育，细胞质传递过程为凤大粒→丹豆 6 号。（详见图 3-30）

丹豆 6 号细胞核来源于凤大粒、大表青等 2 个祖先亲本，分析其核遗传贡献率并注明祖先亲本来源，从而揭示该品种遗传基础，为大豆育种亲本的选择利用提供参考。（详见表 3-30）

表 3-30　丹豆 6 号祖先亲本

品种名称	母本	父本	祖先亲本	祖先亲本核遗传贡献率/%	祖先亲本来源
丹豆 6 号	凤大粒	大表青	凤大粒	50.00	辽宁省地方品种
			大表青	50.00	辽宁省地方品种

凤大粒 × 大表青
↓
丹豆 6 号

图 3-30　丹豆 6 号系谱图

31　翡翠绿

翡翠绿品种简介

【品种来源】翡翠绿是吉林省王义种业有限责任公司以搜集当地青大豆品种为材料，经系统选育而成。审定编号：吉审豆 2006017。

【植株性状】幼苗下胚轴紫绿色，花为绿色，成熟荚黑褐色。无限结荚习性，株高 79cm 左右，分枝 3～4 个，单株荚数 35～40 个，平均每荚 14.3 粒。半直立型，抗旱耐瘠薄。

【籽粒特点】籽粒长圆柱形，种皮鲜绿色，有光泽，百粒重 7.2g 以上。

【抗病鉴定】自然条件下高抗大豆霜霉病，高抗大豆菌核病。

【生育日数】在适应区生育日数 107d 左右，需≥10℃活动积温 2250℃。

【产量表现】2002—2005 年生产试验平均产量 1281.6kg/hm²，较对照品种绿豆 522 平均增产 12.9%。

翡翠绿遗传基础

翡翠绿细胞质 100%来源于长春青豆种，历经 1 轮传递与选育，细胞质传递过程为长春当地青豆种→翡翠绿。（详见图 3-31）

翡翠绿细胞核来源于长春当地青豆种 1 个祖先亲本，分析其核遗传贡献率并注明祖先亲本来源，从而揭示该品种遗传基础，为大豆育种亲本的选择利用提供参考。（详见表 3-31）

表 3-31　翡翠绿祖先亲本

品种名称	父母本	祖先亲本	祖先亲本核遗传贡献率/%	祖先亲本来源
翡翠绿	长春当地青大豆品种	长春当地青大豆	100.00	吉林省长春地区种植青大豆品种

长春当地青大豆

↓

翡翠绿

图 3-31　翡翠绿系谱图

第四章　黑大豆

1　五豆151

五豆151品种简介

【品种来源】五豆151是黑龙江省五大连池市富民种子集团有限公司以黑豆为母本，克山1号为父本杂交，经多年选择育成。审定编号：黑审豆20200063。

【植株性状】紫花，尖叶，棕色茸毛，荚弯镰形，成熟荚褐色。亚有限结荚习性，株高73cm左右，有分枝。

【籽粒特点】特种品种（黑色豆）。籽粒椭圆形，种皮黑色，有光泽，种脐黑色，百粒重18.7g。籽粒粗蛋白含量39.89%，粗脂肪含量20.04%。

【生育日数】在适应区从出苗至成熟生育日数113d左右，需≥10℃活动积温2150℃左右。

【抗病鉴定】接种鉴定中抗大豆灰斑病。

【产量表现】2018—2019年区域试验平均产量2535.0kg/hm²，较对照品种黑河43平均增产6.5%。

【适应区域】适宜在黑龙江省第四积温带≥10℃活动积温2250℃区域种植。

五豆151遗传基础

五豆151细胞质100%来源于黑豆，历经1轮传递与选育，细胞质传递过程为黑豆→五豆151。（详见图4-1）

五豆151细胞核来源于野3-A、白眉、克山四粒荚、蓑衣领、佳木斯秃荚子、四粒黄、小粒黄、小粒豆9号、黑豆、东农20（黄-中-中20）、永丰豆、四粒黄、金元、尤比列（黑河1号）、十胜长叶、Amsoy（阿姆索、阿姆索依）等16个祖先亲本，分析其核遗传贡献率并注明祖先亲本来源，从而揭示该品种遗传基础，为大豆育种亲本的选择利用提供参考。（详见表4-1）

表4-1　五豆151祖先亲本

品种名称	母本	父本	祖先亲本	祖先亲本核遗传贡献率/%	祖先亲本来源
五豆151	黑豆	克山1号	野3-A	3.13	黑龙江省黑河野生豆
			白眉	3.96	黑龙江省克山地方品种
			克山四粒荚	5.27	黑龙江省克山地方品种
			蓑衣领	2.34	黑龙江省西部龙江草原地方品种

续表

品种名称	母本	父本	祖先亲本	祖先亲本核遗传贡献率/%	祖先亲本来源
五豆151	黑豆	克山1号	佳木斯秃荚子	0.10	黑龙江省佳木斯地方品种
			四粒黄	1.95	黑龙江省东部和中部地方品种
			小粒黄	1.17	黑龙江省勃利地方品种
			小粒豆9号	3.13	黑龙江省勃利地方品种
			黑豆	50.00	黑龙江省五大连池市富民种子集团有限公司材料
			东农20(黄-中-中20)	0.39	东北农业大学材料
			永丰豆	1.56	吉林省永吉地方品种
			四粒黄	3.34	吉林省公主岭地方品种
			金元	3.34	辽宁省开原地方品种
			尤比列（黑河1号）	3.91	俄罗斯材料
			十胜长叶	9.38	日本品种
			Amsoy（阿姆索、阿姆索依）	7.03	美国品种

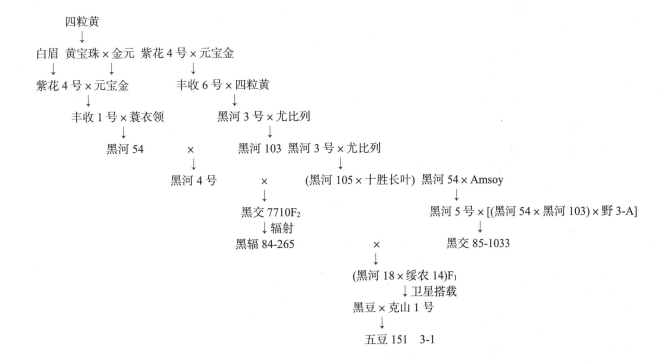

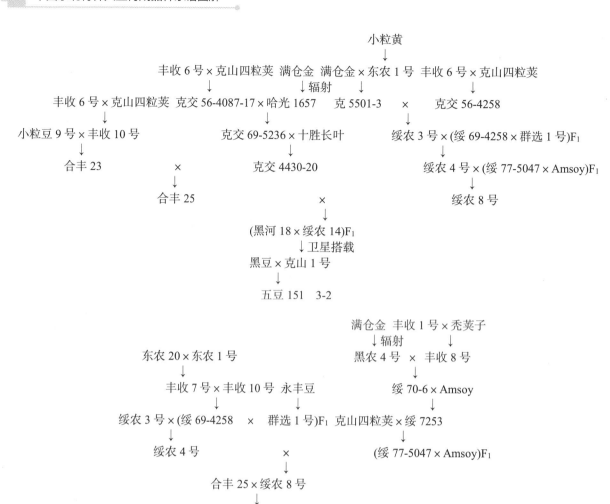

图 4-1 五豆 151 系谱图

2 五黑 1 号

五黑 1 号品种简介

【品种来源】五黑 1 号是黑龙江省五大连池市富民种子集团有限公司以克山 1 号为母本，龙黑大豆为父本杂交，经多年选择育成。审定编号：黑审豆 20190051。

【植株性状】白花，尖叶，棕色茸毛，荚弯镰形，成熟荚黄褐色。亚有限结荚习性，株高 90cm 左右，无分枝。

【籽粒特点】特种品种（黑色大豆品种）。籽粒椭圆形，种皮黑色，无光泽，种脐黑色，百粒重 19.0g 左右。籽粒粗蛋白含量 40.78%，粗脂肪含量 18.50%。

【生育日数】在适应区从出苗至成熟生育日数 115d 左右，需≥10℃活动积温 2300℃左右。

【抗病鉴定】接种鉴定中抗大豆灰斑病。

【产量表现】2016—2017 年区域试验平均产量 2625.0kg/hm²，较对照品种龙黑大豆 1 号平均增产 5.9%，2018 年生产试验平均产量 2707.8kg/hm²，较对照品种龙黑大豆 1 号平均增产 4.6%。

【适应区域】适宜在黑龙江省≥10℃活动积温 2450℃区域种植。

五黑 1 号遗传基础

五黑 1 号细胞质 100%来源于白眉，历经 10 轮传递与选育，细胞质传递过程为白眉→紫花 4 号→丰收 1 号→黑河 54→黑河 4 号→黑交 7710F₂→黑辐 84-265→黑河 18→（黑河 18×绥农 14）F₁→克山 1 号→五黑 1 号。（详见图 4-2）

五黑 1 号细胞核来源于野 3-A、白眉、克山四粒荚、蓑衣领、佳木斯秃荚子、四粒黄、小粒黄、小粒豆 9 号、龙黑大豆、东农 20（黄-中-中 20）、永丰豆、四粒黄、金元、尤比列（黑河 1 号）、十胜长叶、Amsoy（阿姆索、阿姆索依）等 16 个祖先亲本，分析其核遗传贡献率并注明祖先亲本来源，从而揭示该品种遗传基础，为大豆育种亲本的选择利用提供参考。（详见表 4-2）

表 4-2 五黑 1 号祖先亲本

品种名称	母本	父本	祖先亲本	祖先亲本核遗传贡献率/%	祖先亲本来源
五黑 1 号	克山 1 号	龙黑大豆	野 3-A	3.13	黑龙江省黑河野生豆
			白眉	3.96	黑龙江省克山地方品种
			克山四粒荚	5.27	黑龙江省克山地方品种
			蓑衣领	2.34	黑龙江省西部龙江草原地方品种
			佳木斯秃荚子	0.10	黑龙江省佳木斯地方品种
			四粒黄	1.95	黑龙江省东部和中部地方品种
			小粒黄	1.17	黑龙江省勃利地方品种
			小粒豆 9 号	3.13	黑龙江省勃利地方品种
			龙黑大豆	50.00	黑龙江省五大连池市富民种子集团有限公司材料
			东农 20（黄-中-中 20）	0.39	东北农业大学材料
			永丰豆	1.56	吉林省永吉地方品种
			四粒黄	3.34	吉林省公主岭地方品种
			金元	3.34	辽宁省开原地方品种
			尤比列（黑河 1 号）	3.91	俄罗斯材料
			十胜长叶	9.38	日本品种
			Amsoy（阿姆索、阿姆索依）	7.03	美国品种

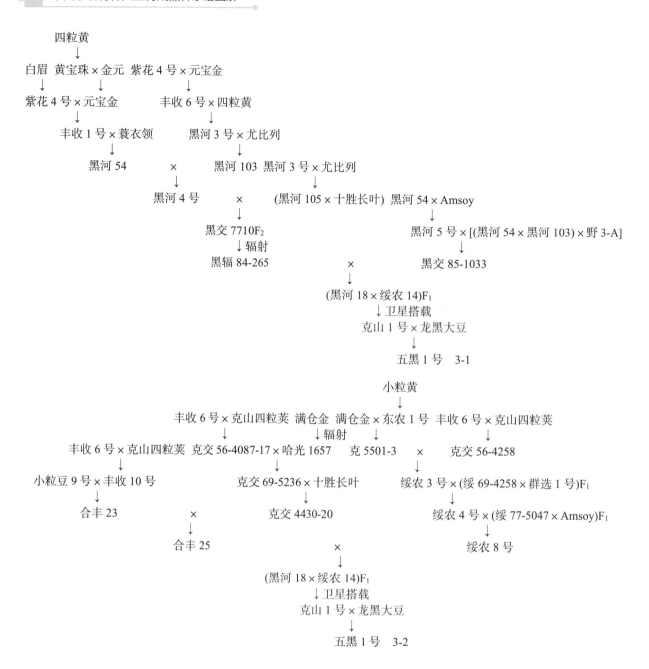

四粒黄
↓
白眉 黄宝珠×金元 紫花4号×元宝金
↓   ↓
紫花4号×元宝金   丰收6号×四粒黄
↓   ↓
丰收1号×蓑衣领   黑河3号×尤比列
↓   ↓
黑河54   ×   黑河103 黑河3号×尤比列
↓   ↓
黑河4号   ×   (黑河105×十胜长叶) 黑河54×Amsoy
↓   ↓
黑交7710F₂   黑河5号×[(黑河54×黑河103)×野3-A]
↓辐射   ↓
黑辐84-265   ×   黑交85-1033
↓
(黑河18×绥农14)F₁
↓卫星搭载
克山1号×龙黑大豆
↓
五黑1号 3-1

小粒黄
↓
丰收6号×克山四粒荚 满仓金 满仓金×东农1号 丰收6号×克山四粒荚
↓   ↓辐射   ↓
丰收6号×克山四粒荚 克交56-4087-17×哈光1657 克5501-3 × 克交56-4258
↓   ↓   ↓
小粒豆9号×丰收10号 克交69-5236×十胜长叶 绥农3号×(绥69-4258×群选1号)F₁
↓   ↓   ↓
合丰23   ×   克交4430-20   绥农4号×(绥77-5047×Amsoy)F₁
↓   ↓   ↓
合丰25   ×   绥农8号
↓
(黑河18×绥农14)F₁
↓卫星搭载
克山1号×龙黑大豆
↓
五黑1号 3-2

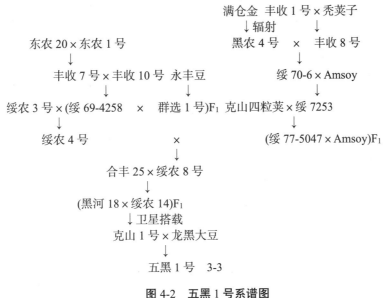

图 4-2　五黑 1 号系谱图

3 广兴黑大豆 1 号

广兴黑大豆 1 号品种简介

【品种来源】广兴黑大豆 1 号是黑龙江省克山农业科技研究所、黑龙江省孙吴县北早种业有限责任公司以农家黑大豆为母本，农家红为父本杂交，经多年选择育成。审定编号：黑审豆 2013020。

【植株性状】白花，尖叶，棕色茸毛，荚弯镰形，成熟荚棕色。亚有限结荚习性，株高 55cm 左右。

【籽粒特点】黑大豆品种。籽粒圆形，种皮黑色，有光泽，种脐淡褐色，百粒重 12.0g 左右。籽粒粗蛋白含量 39.06%，粗脂肪含量 19.02%。

【生育日数】在适应区从出苗至成熟生育日数 105d 左右，需 ≥10℃ 活动积温 2100℃ 左右。

【抗病鉴定】接种鉴定中抗大豆灰斑病。

【产量表现】2009—2010 年区域试验平均产量 3033.8kg/hm²，较对照品种东农 44 平均增产 13.3%，2011—2012 年生产试验平均产量 2980.1kg/hm²，较对照品种东农 44 平均增产 12.3%。

【适应区域】黑龙江省第五积温带。

广兴黑大豆 1 号遗传基础

广兴黑大豆 1 号细胞质 100% 来源于农家黑大豆，历经 1 轮传递与选育，细胞质传递过程为农家黑大豆 → 广兴黑大豆 1 号。（详见图 4-3）

广兴黑大豆 1 号细胞核来源于农家红、农家黑大豆等 2 个祖先亲本，分析其核遗传贡献率并注明祖先亲本来源，从而揭示该品种遗传基础，为大豆育种亲本的选择利用提供参考。（详见表 4-3）

表 4-3　广兴黑大豆 1 号祖先亲本

品种名称	母本	父本	祖先亲本	祖先亲本核遗传贡献率/%	祖先亲本来源
广兴黑大豆 1 号	农家黑大豆	农家红	农家红	50.00	黑龙江省地方品种
			农家黑大豆	50.00	黑龙江省地方品种

农家黑大豆 × 农家红
↓
广兴黑大豆 1 号

图 4-3　广兴黑大豆 1 号系谱图

4　绥黑大豆 1 号

绥黑大豆 1 号品种简介

【品种来源】绥黑大豆 1 号是黑龙江省农业科学院绥化分院以垦 09-3275 为母本，绥 03-3772 为父本杂交，经多年选择育成。审定编号：黑审豆 20190053。

【植株性状】白花，尖叶，棕色茸毛，荚弯镰形，成熟荚黑色。亚有限结荚习性，株高 90cm 左右，有分枝。

【籽粒特点】特种品种（黑色大豆品种）。籽籽粒圆形，种皮黑色，无光泽，种脐黑色，百粒重 22.9g。籽粒粗蛋白含量 41.03%，粗脂肪含量 19.12%。

【生育日数】在适应区从出苗至成熟生育日数 120d 左右，需 ≥10℃活动积温 2450℃左右。

【抗病鉴定】接种鉴定中抗大豆灰斑病。

【产量表现】2017—2018 年区域试验平均产量 2473.3kg/hm²，较对照品种龙黑大豆 1 号平均增产 14.4%。

【适应区域】适宜在黑龙江省 ≥10℃活动积温 2600℃区域种植。

绥黑大豆 1 号遗传基础

绥黑大豆 1 号细胞质 100% 来源于小粒豆 9 号，历经 5 轮传递与选育，细胞质传递过程为小粒豆 9 号→合丰 23→合丰 25→垦丰 19→垦 09-3275→绥黑大豆 1 号。（详见图 4-4）

绥黑大豆 1 号细胞核来源于白眉、克山四粒荚、四粒黄、小粒黄、小粒豆 9 号、青瓢黑大豆、东农 20(黄-中-中 20)、永丰豆、四粒黄、铁荚四粒黄（黑铁荚）、嘟噜豆、金元、小金黄、铁荚子、熊岳小粒黄、十胜长叶、Maple Arrow、83MF40 等 18 个祖先亲本，分析其核遗传贡献率并注明祖先亲本来源，从而揭示该品种遗传基础，为大豆育种亲本的选择利用提供参考。（详见表 4-4）

表 4-4　绥黑大豆 1 号祖先亲本

品种名称	母本	父本	祖先亲本	祖先亲本核遗传贡献率/%	祖先亲本来源
绥黑大豆 1 号	垦 09-3275	绥 03-3772	白眉	6.25	黑龙江省克山地方品种

续表

品种名称	母本	父本	祖先亲本	祖先亲本核遗传贡献率/%	祖先亲本来源
绥黑大豆1号	垦09-3275	绥03-3772	克山四粒荚	9.38	黑龙江省克山地方品种
			四粒黄	3.13	黑龙江省东部和中部地方品种
			小粒黄	4.69	黑龙江省勃利地方品种
			小粒豆9号	6.25	黑龙江省勃利地方品种
			青瓢黑大豆	25.00	黑龙江省农业科学院绥化分院材料
			东农20(黄-中-中20)	1.56	东北农业大学材料
			永丰豆	6.25	吉林省永吉地方品种
			四粒黄	7.81	吉林省公主岭地方品种
			铁荚四粒黄（黑铁荚）	0.20	吉林省中南部半山区地方品种
			嘟噜豆	1.07	吉林省中南部地方品种
			金元	7.91	辽宁省开原地方品种
			小金黄	0.10	辽宁省沈阳地方品种
			铁荚子	0.78	辽宁省义县地方品种
			熊岳小粒黄	0.88	辽宁省熊岳地方品种
			十胜长叶	6.25	日本品种
			Maple Arrow	6.25	加拿大品种
			83MF40	6.25	美国材料

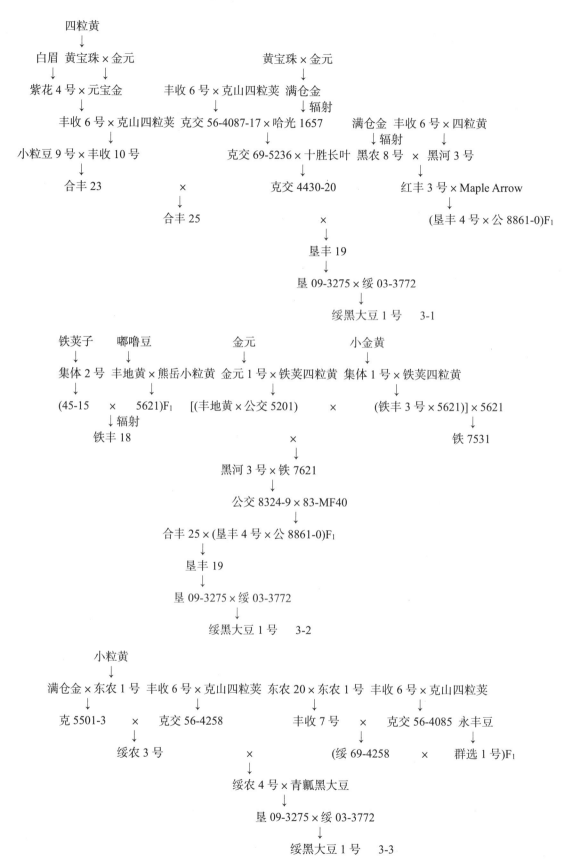

图 4-4　绥黑大豆 1 号系谱图

5 龙黑大豆 1 号

龙黑大豆 1 号品种简介

【品种来源】龙黑大豆 1 号是黑龙江省农业科学院作物育种研究所以农家黑豆为母本，龙品 806 为父本杂交，经多年选择育成。审定编号：黑审豆 2007025。

【植株性状】白花，圆叶，棕色茸毛，荚弓形，成熟荚深褐色。有限结荚习性，株高 75cm 左右，有分枝，平均每荚 2.4 粒。

【籽粒特点】黑种皮绿子叶大豆。籽粒椭圆形，种皮黑色，子叶绿色，无光泽，种脐黑色，百粒重 17.0g 左右。籽粒粗蛋白含量 41.25%，粗脂肪含量 20.00%。

【生育日数】在适应区从出苗至成熟生育日数 113d 左右，需≥10℃活动积温 2300℃左右。

【抗病鉴定】接种鉴定中抗大豆灰斑病。

【产量表现】2005—2006 年区域试验平均产量 2191.3kg/hm²，较对照品种北丰 9 号平均增产 1.9%，2006 年生产试验平均产量 2063.4kg/hm²，较对照品种北丰 9 号平均增产 1.5%。

【适应区域】黑龙江省第三积温带。

龙黑大豆 1 号遗传基础

龙黑大豆 1 号细胞质 100%来源于农家黑豆，历经 1 轮传递与选育，细胞质传递过程为农家黑豆→龙黑大豆 1 号。（详见图 4-5）

龙黑大豆 1 号细胞核来源于 ZYD665、白眉、小金黄、四粒黄、金元、农家黑豆等 6 个祖先亲本，分析其核遗传贡献率并注明祖先亲本来源，从而揭示该品种遗传基础，为大豆育种亲本的选择利用提供参考。（详见表 4-5）

表 4-5　龙黑大豆 1 号祖先亲本

品种名称	母本	父本	祖先亲本	祖先亲本核遗传贡献率/%	祖先亲本来源
龙黑大豆 1 号	农家黑豆	龙品 806	ZYD665	25.00	黑龙江野生大豆
			白眉	6.25	黑龙江省克山地方品种
			小金黄	12.50	吉林省中部平原地区地方品种
			四粒黄	3.13	吉林省公主岭地方品种
			金元	3.13	辽宁省开原地方品种
			农家黑豆	50.00	河南省地方品种

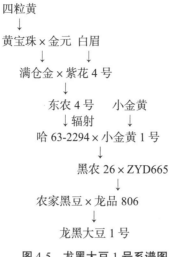

四粒黄
↓
黄宝珠 × 金元　白眉
↓
满仓金 × 紫花 4 号
↓
东农 4 号　小金黄
↓辐射　　↓
哈 63-2294 × 小金黄 1 号
↓
黑农 26 × ZYD665
↓
农家黑豆 × 龙品 806
↓
龙黑大豆 1 号

图 4-5　龙黑大豆 1 号系谱图

6 龙黑大豆 2 号

龙黑大豆 2 号品种简介

【品种来源】龙黑大豆 2 号是黑龙江省农业科学院作物育种研究所以黑选大豆为母本，哈 6719 为父本杂交，经多年选择育成。审定编号：黑审豆 2008022。

【植株性状】白花，圆叶，灰白色茸毛，荚弯镰形，成熟荚褐色。无限结荚习性，株高 95cm 左右，有分枝，平均每荚 2.8 粒。

【籽粒特点】黑种皮黄子叶特用大豆品种。籽粒圆形，种皮黑色，子叶黄色，无光泽，种脐黑色，百粒重 20.0g 左右。籽粒粗蛋白含量 46.85%，粗脂肪含量 18.02%。

【生育日数】在适应区从出苗至成熟生育日数 126d 左右，需≥10℃活动积温 2650℃。

【抗病鉴定】接种鉴定中抗大豆灰斑病。

【产量表现】2006—2007 年区域试验平均产量 2601.2kg/hm²，较对照品种黑农 37 平均增产 1.7%，2007 年生产试验平均产量 2384.0kg/hm²，较对照品种黑农 37 平均增产 1.8%。

【适应区域】黑龙江省第一积温带上限。

龙黑大豆 2 号遗传基础

龙黑大豆 2 号细胞质 100% 来源于黑选大豆，历经 1 轮传递与选育，细胞质传递过程为黑选大豆→龙黑大豆 2 号。（详见图 4-6）

龙黑大豆 2 号细胞核来源于白眉、克山四粒荚、佳木斯秃荚子、小粒黄、东农 20（黄-中-中 20）、黑选大豆、哈 76-6045、永丰豆、四粒黄、嘟噜豆、金元、熊岳小粒黄、通州小黄豆、十胜长叶、Amsoy（阿姆索、阿姆索依）等 15 个祖先亲本，分析其核遗传贡献率并注明祖先亲本来源，从而揭示该品种遗传基础，为大豆育种亲本的选择利用提供参考。（详见表 4-6）

表 4-6　龙黑大豆 2 号祖先亲本

品种名称	母本	父本	祖先亲本	祖先亲本核遗传贡献率/%	祖先亲本来源
龙黑大豆 2 号	黑选大豆	哈 6719	白眉	1.37	黑龙江省克山地方品种
			克山四粒荚	3.13	黑龙江省克山地方品种
			佳木斯秃荚子	0.39	黑龙江省佳木斯地方品种
			小粒黄	2.34	黑龙江省勃利地方品种
			东农 20（黄-中-中 20）	0.78	东北农业大学材料
			黑选大豆	50.00	黑龙江省农业科学院耕作栽培研究所材料
			哈 76-6045	6.25	黑龙江省农业科学院大豆研究所所材料
			永丰豆	3.13	吉林省永吉地方品种
			四粒黄	3.81	吉林省公主岭地方品种
			嘟噜豆	7.03	吉林省中南部地方品种
			金元	3.81	辽宁省开原地方品种
			熊岳小粒黄	2.34	辽宁省熊岳地方品种
			通州小黄豆	3.13	北京通县地方品种
			十胜长叶	9.38	日本品种
			Amsoy（阿姆索、阿姆索依）	3.13	美国品种

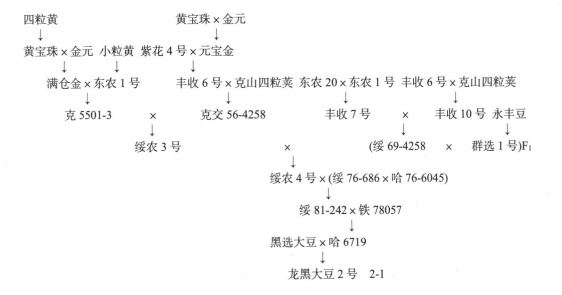

龙黑大豆 2 号　2-1

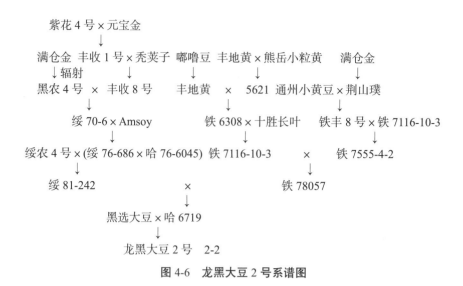

图 4-6　龙黑大豆 2 号系谱图

7　中龙黑大豆 1 号

中龙黑大豆 1 号品种简介

【品种来源】中龙黑大豆 1 号是黑龙江省农业科学院耕作栽培研究所以黑 02-78 为母本，哈 05-478 为父本杂交，经多年选择育成。审定编号：黑审豆 20190042。

【植株性状】紫花，圆叶，棕色茸毛。亚有限结荚习性，株高 70cm 左右，荚弯镰形，成熟荚黑色。

【籽粒特点】特种品种（黑色大豆）。籽粒圆形，种皮黑色，有光泽，种脐黑色，百粒重 20.0g 左右。籽粒粗蛋白含量 43.20%，粗脂肪含量 19.55%。

【生育日数】在适应区从出苗至成熟生育日数 118d 左右，需 ≥10℃ 活动积温 2350℃ 左右。

【抗病鉴定】接种鉴定中抗大豆灰斑病。

【产量表现】2016—2017 年区域试验平均产量 2748.7kg/hm²，较对照品种龙黑大豆 1 号平均增产 8.9%，2018 年生产试验平均产量 3168.8kg/hm²，较对照品种龙黑大豆 1 号平均增产 12.4%。

【适应区域】适宜在黑龙江省 ≥10℃ 活动积温 2500℃ 区域种植。

中龙黑大豆 1 号遗传基础

中龙黑大豆 1 号细胞质 100% 来源于黑 02-78，历经 1 轮传递与选育，细胞质传递过程为黑 02-78→中龙黑大豆 1 号。（详见图 4-7）

中龙黑大豆 1 号细胞核来源于黑 02-78、哈 05-478 等 2 个祖先亲本，分析其核遗传贡献率并注明祖先亲本来源，从而揭示该品种遗传基础，为大豆育种亲本的选择利用提供参考。（详见表 4-7）

表 4-7　中龙黑大豆 1 号祖先亲本

品种名称	母本	父本	祖先亲本	祖先亲本核遗传贡献率/%	祖先亲本来源
中龙黑大豆 1 号	黑 02-78	哈 05-478	哈 05-478	50.00	黑龙江省农业科学院大豆所
			黑 02-78	50.00	黑龙江省农业科学院材料

黑 02-78 × 哈 05-478
↓
中龙黑大豆 1 号

图 4-7　中龙黑大豆 1 号系谱图

8　中龙黑大豆 2 号

中龙黑大豆 2 号品种简介

【品种来源】中龙黑大豆 2 号是黑龙江省农业科学院耕作栽培研究所以黑 02-78 为母本，龙品 03-311 为父本杂交，经多年选择育成。审定编号：黑审豆 20190060。

【植株性状】紫花，圆叶，灰色茸毛，荚弯镰形，成熟荚黑色。亚有限结荚习性，株高 80cm 左右。

【籽粒特点】特种品种（黑色大豆品种）。籽粒圆形，种皮黑色，有光泽，种脐黑色，百粒重 18.0g 左右。籽粒粗蛋白含量 43.02%，粗脂肪含量 19.62%。

【生育日数】在适应区从出苗至成熟生育日数 115d 左右，需≥10℃活动积温 2300℃左右。

【抗病鉴定】接种鉴定中抗大豆灰斑病。

【产量表现】2017—2018 年区域试验平均产量 3031.4kg/hm²，较对照品种龙黑大豆 1 号平均增产 10.9%。

【适应区域】适宜在黑龙江省≥10℃活动积温 2450℃区域种植。

中龙黑大豆 2 号遗传基础

中龙黑大豆 2 号细胞质 100% 来源于黑 02-78，历经 1 轮传递与选育，细胞质传递过程为黑 02-78→中龙黑大豆 2 号。（详见图 4-8）

中龙黑大豆 2 号细胞核来源于 ZYD566、1906-1、龙野 79-3434、五顶珠、黑 02-78、四粒黄、金元、十胜长叶等 8 个祖先亲本，分析其核遗传贡献率并注明祖先亲本来源，从而揭示该品种遗传基础，为大豆育种亲本的选择利用提供参考。（详见表 4-8）

表 4-8　中龙黑大豆 2 号祖先亲本

品种名称	母本	父本	祖先亲本	祖先亲本核遗传贡献率/%	祖先亲本来源
中龙黑大豆 2 号	黑 02-78	龙品 03-311	ZYD566	25.00	黑龙江野生大豆
			1906-1	25.00	黑龙江野生大豆
			龙野 79-3434	25.00	黑龙江野生大豆

续表

品种名称	母本	父本	祖先亲本	祖先亲本核遗传贡献率/%	祖先亲本来源
中龙黑大豆 2 号	黑 02-78	龙品 03-311	五顶珠	4.69	黑龙江省绥化地方品种
			黑 02-78	50.00	黑龙江省农业科学院材料
			四粒黄	3.52	吉林省公主岭地方品种
			金元	3.52	辽宁省开原地方品种
			十胜长叶	9.38	日本品种

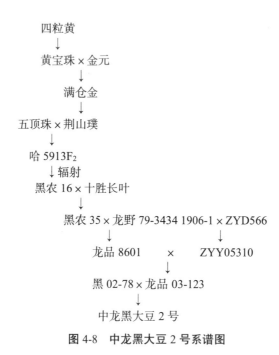

图 4-8　中龙黑大豆 2 号系谱图

9 中龙黑大豆 3 号

中龙黑大豆 3 号品种简介

【品种来源】中龙黑大豆 3 号是黑龙江省农业科学院耕作栽培研究所以龙黑大豆 1 号为母本、龙品 9501 为父本杂交，经多年选择育成。审定编号：黑审豆 20210039。

【植株性状】紫花，尖叶，棕色茸毛，荚弯镰形，成熟荚黑色。亚有限结荚习性，株高 70cm 左右，有分枝。

【籽粒特点】黑大豆品种。种子圆形，种皮黑色，无光泽，种脐黑色，百粒重 18g 左右。籽粒粗蛋白含量 38.76%，粗脂肪含量 21.21%。

【生育日数】在适应区出苗至成熟生育日数 120d 左右，需≥10℃活动积温 2400℃左右。

【抗病鉴定】接种鉴定中抗大豆灰斑病。

【产量表现】2019—2020 年区域试验平均产量 2798.8kg/hm²，较对照品种龙黑大豆 1 号平均增产 9.6%。

【适应区域】适宜在黑龙江省第二积温带 ≥10℃活动积温 2550℃区域种植。

中龙黑大豆 3 号遗传基础

中龙黑大豆 3 号细胞质 100%来源于农家黑豆，历经 2 轮传递与选育，细胞质传递过程为农家黑豆→龙黑大豆 1 号→中龙黑大豆 3 号。（详见图 4-9）

中龙黑大豆 3 号细胞核来源于 ZYD355、ZYD665、五顶珠、白眉、小粒黄、秃荚子、长叶大豆、东农 3 号、哈 49-2158、哈 61-8134、小金黄、四粒黄、金元、农家黑豆、十胜长叶等 15 个祖先亲本，分析其核遗传贡献率并注明祖先亲本来源，从而揭示该品种遗传基础，为大豆育种亲本的选择利用提供参考。（详见表 4-9）

表 4-9　中龙黑大豆 3 号祖先亲本

品种名称	母本	父本	祖先亲本	祖先亲本核遗传贡献率/%	祖先亲本来源
中龙黑大豆 3 号	龙黑大豆 1 号	龙品 9501	ZYD355	12.50	黑龙江野生大豆
			ZYD665	12.50	黑龙江野生大豆
			五顶珠	6.25	黑龙江省绥化地方品种
			白眉	3.13	黑龙江省克山地方品种
			小粒黄	1.56	黑龙江省勃利地方品种
			秃荚子	1.56	黑龙江省木兰地方品种
			长叶大豆	1.56	黑龙江省地方品种
			东农 3 号	0.78	东北农业大学材料
			哈 49-2158	1.56	黑龙江省农业科学院大豆研究所材料
			哈 61-8134	1.56	黑龙江省农业科学院大豆研究所材料
			小金黄	6.25	吉林省中部平原地区地方品种
			四粒黄	6.64	吉林省公主岭地方品种
			金元	6.64	辽宁省开原地方品种
			农家黑豆	25.00	河南省地方品种
			十胜长叶	12.50	日本品种

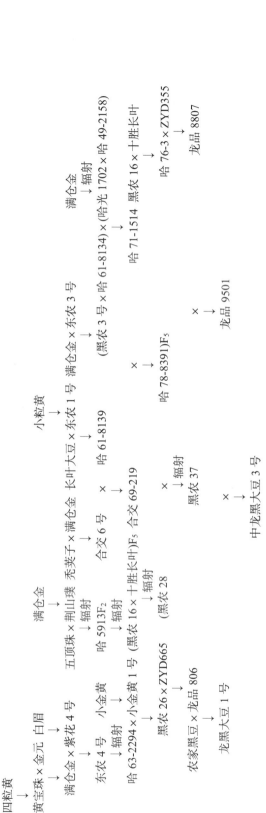

图 4-9 中龙黑大豆 3 号系谱图

10 九农黑皮青1号

九农黑皮青1号品种简介

【品种来源】九农黑皮青1号是吉林市农业科学院从农家品种黑皮青系选育成。审定编号：吉审豆20190021。

【植株性状】紫花，圆叶，棕色茸毛，成熟荚深褐色。亚有限结荚习性，株高86.8cm，主茎型结荚，主茎节数12.1个，3粒荚多。

【籽粒特点】彩色籽粒类型品种。籽粒椭圆形，种皮黑色，无光泽，种脐黑色，百粒重15.6g。籽粒粗蛋白含量41.44%，粗脂肪含量21.06%。

【生育日数】在适应区从出苗至成熟生育日数116d左右，与对照品种吉黑5号相同。

【抗病鉴定】人工接种鉴定抗大豆花叶病毒1号株系，感大豆花叶病毒3号株系，抗大豆灰斑病。

【产量表现】2017-2018年自主区域试验平均产量2356.6kg/hm²，较对照品种吉黑5号平均增产12.0%，2018年生产试验平均产量2705.4kg/hm²，较对照品种吉黑5号平均增产12.1%。

【适应区域】适宜吉林省大豆早熟区种植。

九农黑皮青1号遗传基础

九农黑皮青1号细胞质100%来源于黑皮青，历经1轮传递与选育，细胞质传递过程为黑皮青→九农黑皮青1号。（详见图4-10）

九农黑皮青1号细胞核来源于黑皮青，只有1个祖先亲本，分析其核遗传贡献率并注明祖先亲本来源，从而揭示该品种遗传基础，为大豆育种亲本的选择利用提供参考。（详见表4-10）

表4-10　九农黑皮青1号祖先亲本

品种名称	父母本	祖先亲本	祖先亲本核遗传贡献率/%	祖先亲本来源
九农黑皮青1号	地方品种黑皮青	黑皮青	100.00	吉林省地方品种

黑皮青
↓
九农黑皮青1号

图4-10　农黑皮青1号系谱图

11 九黑豆1号

九黑豆1号品种简介

【品种来源】九黑豆1号是吉林市农业科学院以农家绿大豆为母本、农家黑皮青为父本杂交，经多年选择育成。审定编号：吉审豆20210017。

【植株性状】白花，圆叶，棕色茸毛，成熟荚深褐色。亚有限结荚习性，株高84.6cm，主茎节数16.2个，主茎型结荚，结荚密集，2、3粒荚多。

【籽粒特点】彩色籽粒型品种。籽粒圆形，种皮黑色，有光泽，种脐黑色，百粒重13.2g。籽粒粗蛋白含量38.79%，粗脂肪含量20.73%。

【生育日数】在适应区出苗至成熟生育日数114d，较对照品种吉黑5号晚1d。

【抗病鉴定】人工接种鉴定抗大豆花叶病毒1号株系，感大豆花叶病毒3号株系，中抗大豆灰斑病。

【产量表现】2019—2020年区域试验平均产量2611.0kg/hm²，较对照品种吉黑5平均增产6.7%，2020年生产试验平均产量2653.9kg/hm²，较对照品种吉黑5号平均增产6.9%。

【适应区域】适宜吉林省大豆早熟地区种植。

九黑豆1号遗传基础

九黑豆1号细胞质100%来源于农家绿大豆，历经1轮传递与选育，细胞质传递过程为农家绿大豆→九黑豆1号。（详见图4-11）

九黑豆1号细胞核来源于农家黑皮青、农家绿大豆等2个祖先亲本，分析其核遗传贡献率并注明祖先亲本来源，从而揭示该品种遗传基础，为大豆育种亲本的选择利用提供参考。（详见表4-11）

表4-11 九黑豆1号祖先亲本

品种名称	母本	父本	祖先亲本	祖先亲本核遗传贡献率/%	祖先亲本来源
九黑豆1号	农家绿大豆	农家黑皮青	农家黑皮青	50.00	吉林省地方品种
			农家绿大豆	50.00	吉林省地方品种

农家绿大豆×农家黑皮青

↓

九黑豆1号

图4-11 九黑豆1号系谱图

12 吉黑 1 号

吉黑 1 号品种简介

【品种来源】吉黑 1 号是吉林省农业科学院大豆研究中心以吉黑 1995-1 为母本、公品 8202-9 为父本杂交，采用系谱法与混合法相结合选育而成。审定编号：吉审豆 2006015。

【植株性状】紫花，椭圆叶，灰色茸毛，成熟荚灰褐色。有限结荚习性，株高 80～100cm，分枝较强，结荚密集，3、4 粒荚多。

【籽粒特点】籽粒椭圆形，种皮黑色，子叶黄色，有光泽，种脐黑色，百粒重 12～16g。籽粒粗蛋白含量 41.28%，粗脂肪含量 20.15%。

【生育日数】在适应区从出苗至成熟生育日数 130d 左右，需≥10℃活动积温 2650℃以上。

【抗病鉴定】接种鉴定抗大豆花叶病毒混合株系。网室内抗大豆花叶病毒 1 号株系和 3 号株系，中抗大豆花叶病毒 2 号株系。田间自然发病抗大豆花叶病毒病，抗大豆灰斑病，抗大豆褐斑病，中抗大豆霜霉病，高抗大豆细菌性斑点病，高抗大豆食心虫。

【产量表现】2005 年生产试验平均产量 2296.8kg/hm²，较对照品种吉青 1 号平均增产 17.12%。

【适应区域】吉林省四平、白城、松原、辽源地区。

吉黑 1 号遗传基础

吉黑 1 号细胞质 100%来源于吉黑 1995-1，历经 1 轮传递与选育，细胞质传递过程为吉黑 1995-1→吉黑 1 号。（详见图 4-12）

吉黑 1 号细胞核来源于公品 8202-9、吉黑 1995-1 号等 2 个祖先亲本，分析其核遗传贡献率并注明祖先亲本来源，从而揭示该品种遗传基础，为大豆育种亲本的选择利用提供参考。（详见表 4-12）

表 4-12 吉黑 1 号祖先亲本

品种名称	母本	父本	祖先亲本	祖先亲本核遗传贡献率/%	祖先亲本来源
吉黑 1 号	吉黑 1995-1	公品 8202-9	公品 8202-9	50.00	吉林省农业科学院大豆所材料
			吉黑 1995-1 号	50.00	吉林省农业科学院大豆所材料

吉黑 1995-1 × 公品 8202-9
↓
吉黑 1 号

图 4-12 吉黑 1 号系谱图

13 吉黑2号

吉黑2号品种简介

【品种来源】吉黑2号是吉林省农业科学院大豆研究中心2000年以（吉林黑豆×青瓢黑豆）F₁为母本、公品8202-9为父本杂交，采用系谱法与混合法相结合选育而成。审定编号：吉审豆2010009。

【植株性状】紫花，圆叶，灰色茸毛，成熟荚褐色。有限结荚习性，株高80~100cm，主茎节数20个，主茎型结荚，3、4粒荚多。

【籽粒特点】籽粒椭圆形，种皮黑色，有光泽，种脐黑色，百粒重16.2g。籽粒粗蛋白含量42.57%，粗脂肪含量17.22%。

【生育日数】在适应区从出苗至成熟生育日数128d左右，需≥10℃活动积温3000℃左右。

【抗病鉴定】人工接种鉴定抗大豆花叶病毒1号株系和混合株系，中抗大豆花叶病毒3号株系中抗大豆灰斑病。田间自然诱发鉴定抗大豆花叶病毒病，抗大豆灰斑病，抗大豆褐斑病，中抗大豆霜霉病，抗细菌性斑点病，中抗大豆食心虫。

【产量表现】2007—2009年生产试验平均产量2558.4kg/hm²，较对照品种吉黑1号平均增产13.4%。

【适应区域】吉林省北部、南部的平原地区和东部山区、半山区。

吉黑2号遗传基础

吉黑2号细胞质100%来源于吉林黑豆，历经2轮传递与选育，细胞质传递过程为吉林黑豆→（吉林黑豆×青瓢黑豆）F₁→吉黑2号。（详见图4-13）

吉黑2号细胞核来源于吉林黑豆、青瓢黑豆、公品8202-9等3个祖先亲本，分析其核遗传贡献率并注明祖先亲本来源，从而揭示该品种遗传基础，为大豆育种亲本的选择利用提供参考。（详见表4-13）

表4-13 吉黑2号祖先亲本

品种名称	母本	父本	祖先亲本	祖先亲本核遗传贡献率/%	祖先亲本来源
吉黑2号	（吉林黑豆×青瓢黑豆）F₁	公品8202-9	吉林黑豆	25.00	吉林省地方品种材料
			青瓢黑豆	25.00	辽宁省兴城县地方品种
			公品8202-9	50.00	吉林省农业科学院大豆所材料

(吉林黑豆×青瓢黑豆)F₁×公品8202-9

↓

吉黑2号

图4-13 吉黑2号系谱图

14 吉黑3号

吉黑3号品种简介

【品种来源】吉黑3号是吉林省农业科学院大豆研究中心2000年以公品8406混-1为母本、吉林小粒1号为父本杂交,采用系谱法与混合法相结合选育而成。审定编号:吉审豆2010010。

【植株性状】紫花,圆叶,灰色茸毛,成熟荚褐色。有限结荚习性,株高70~90cm,分枝较强,主茎节数20个,3、4粒荚多。

【籽粒特点】籽粒圆形,种皮黑色,子叶黄色,有光泽,种脐黄色,百粒重9.2g。籽粒粗蛋白含量40.27%,粗脂肪含量19.23%。

【生育日数】在适应区从出苗至成熟生育日数130d左右,需≥10℃活动积温3100℃左右。

【抗病鉴定】人工接种鉴定抗大豆花叶病毒1号株系、3号株系和混合株系,中抗大豆灰斑病。田间自然诱发鉴定抗大豆花叶病毒病,抗大豆灰斑病,抗大豆褐斑病,中抗大豆霜霉病,高抗大豆细菌性斑点病,抗大豆食心虫。

【产量表现】2007—2009年生产试验平均产量2522.4kg/hm²,较对照品种吉黑1号平均增产8.6%。

【适应区域】吉林省东部有效积温2150℃以上的地区。

吉黑3号遗传基础

吉黑3号细胞质100%来源于公品8406混-1,历经1轮传递与选育,细胞质传递过程为公品8406混-1→吉黑3号。(详见图4-14)

吉黑3号细胞核来源于GD50477、平顶四、公品8406混-1等3个祖先亲本,分析其核遗传贡献率并注明祖先亲本来源,从而揭示该品种遗传基础,为大豆育种亲本的选择利用提供参考。(详见表4-14)

表4-14 吉黑3号祖先亲本

品种名称	母本	父本	祖先亲本	祖先亲本核遗传贡献率/%	祖先亲本来源
吉黑3号	公品8406混-1	吉林小粒1号	GD50477	25.00	吉林省公主岭半野生大豆
			平顶四	25.00	吉林省中部地方品种
			公品8406混-1	50.00	吉林省农业科学院大豆所材料

平顶四×GD50477
↓
公品8406混-1×吉林小粒1号
↓
吉黑3号

图4-14 吉黑3号系谱图

15 吉黑 4 号

吉黑 4 号品种简介

【品种来源】吉黑 4 号是吉林省农业科学院大豆研究中心 2002 年以吉青 2 号为母本，吉黑 46 为父本杂交，经多年选择育成。审定编号：吉审豆 2012013。

【植株性状】白花，圆叶，棕色茸毛，成熟荚褐色。有限结荚习性，株高 70cm 左右，结荚均匀，2、3 粒荚较多。

【籽粒特点】籽粒椭圆形，种皮黑色，子叶绿色，有光泽，种脐黑色，百粒重 31.4g。籽粒粗蛋白含量 41.66%，粗脂肪含量 18.98%。

【生育日数】在适应区从出苗至成熟生育日数 127d 左右，需≥10℃活动积温 2650℃以上。

【抗病鉴定】人工接种鉴定抗大豆花叶病毒 1 号株系和混合株系，中抗大豆花叶病毒 3 号株系，抗大豆灰斑病。田间自然发病高抗大豆花叶病毒病，高抗大豆灰斑病，抗大豆褐斑病，高抗大豆霜霉病，高抗大豆细菌性斑点病，感大豆食心虫。

【产量表现】2009—2010 年区域试验平均产量 2394.9kg/hm²，较对照品种平均增产 9.5%，2011 年生产试验平均产量 2810.0kg/hm²，较对照品种吉黑 1 号平均增产 10.5%。

【适应区域】吉林省、内蒙古自治区大部分平原地区和山地或贫瘠地块。

吉黑 4 号遗传基础

吉黑 4 号细胞质 100% 来源于抚松铁荚青，历经 4 轮传递与选育，细胞质传递过程为抚松铁荚青→吉青 1 号→（吉青 1 号×凤交 7807-1-大 A）F₂→吉青 2 号→吉黑 4 号。（详见图 4-15）

吉黑 4 号细胞核来源于抚松铁荚青、吉黑 46、凤大粒、大表青等 4 个祖先亲本，分析其核遗传贡献率并注明祖先亲本来源，从而揭示该品种遗传基础，为大豆育种亲本的选择利用提供参考。（详见表 4-15）

表 4-15　吉黑 4 号祖先亲本

品种名称	母本	父本	祖先亲本	祖先亲本核遗传贡献率/%	祖先亲本来源
吉黑 4 号	吉青 2 号	吉黑 46	抚松铁荚青	25.00	吉林省抚松地方品种
			吉黑 46	50.00	吉林省农业科学院大豆所材料
			凤大粒	12.50	辽宁省地方品种
			大表青	12.50	辽宁省地方品种

抚松铁荚青　　凤大粒×大表青
↓　　　　　　↓
(吉青 1 号×凤交 7807-1-大 A)F₂
↓辐射
吉青 2 号×吉黑 46
↓
吉黑 4 号

图 4-15　吉黑 4 号系谱图

16　吉黑 5 号

吉黑 5 号品种简介

【品种来源】吉黑 5 号是吉林省农业科学院大豆研究所、敦化市华力对外经贸有限责任公司 2004 年以公野 9265F₁ 为母本，公野 9032 为父本杂交，经多年选择育成。审定编号：吉审豆 2013012。

【植株性状】紫花，圆叶，棕色茸毛，成熟荚褐色。亚有限结荚习性，株高 70cm，分枝型，结荚密集，3 粒荚多。

【籽粒特点】籽粒椭圆形，种皮黑色，有光泽，种脐黑色，百粒重 16.0g 左右。籽粒粗蛋白含量 38.69%，粗脂肪含量 20.17%。

【生育日数】在适应区从出苗至成熟生育日数 115d 左右，需≥10℃活动积温 2100℃。

【抗病鉴定】人工接种鉴定抗大豆花叶病毒混合株系，中感大豆灰斑病。网室内抗大豆花叶病毒 1 号株系，中抗大豆花叶病毒 3 号株系。田间自然发病高抗大豆花叶病毒病，高抗大豆灰斑病，抗大豆褐斑病，高抗大豆霜霉病，高抗大豆细菌性斑点病，高抗大豆食心虫。

【产量表现】2010—2011 年区域试验平均产量 2165.0kg/hm²，较对照品种吉黑 3 号平均增产 10.1%，2011—2012 年生产试验平均产量 2120.0kg/hm²，较对照品种吉黑 3 号平均增产 11.6%。

【适应区域】吉林省早熟区。

吉黑 5 号遗传基础

吉黑 5 号细胞质 100% 来源于公野 9265F₁，历经 1 轮传递与选育，细胞质传递过程为公野 9265F₁→吉黑 5 号。（详见图 4-16）

吉黑 5 号细胞核来源于公野 9032、公野 9265F₁ 等 2 个祖先亲本，分析其核遗传贡献率并注明祖先亲本来源，从而揭示该品种遗传基础，为大豆育种亲本的选择利用提供参考。（详见表 4-16）

表 4-16　吉黑 5 号祖先亲本

品种名称	母本	父本	祖先亲本	祖先亲本核遗传贡献率/%	祖先亲本来源
吉黑 5 号	公野 9265F₁	公野 9032	公野 9032	50.00	吉林省农业科学院大豆所材料
			公野 9265F₁	50.00	吉林省农业科学院大豆所材料

公野 9265F₁ × 公野 9032
↓
吉黑 5 号

图 4-16 吉黑 5 号系谱图

17 吉黑 6 号

吉黑 6 号品种简介

【品种来源】吉黑 6 号是吉林省农业科学院以公品 20002 为母本，吉林小粒 8 号为父本杂交，经多年选择育成。审定编号：吉审豆 20180010。

【植株性状】白花，椭圆叶，棕色茸毛，成熟荚深褐色。亚有限结荚习性，株高 86.2cm，主茎节数 19 个，主茎型结荚，3 粒荚多。

【籽粒特点】小粒黑豆类型品种。籽粒圆形，种皮黑色，有光泽，种脐黑色，百粒重 7.5g。籽粒粗蛋白含量 39.43%，粗脂肪含量 18.01%。

【生育日数】在适应区从出苗至成熟生育日数 113d 左右，与对照品种吉育 105 同熟期。

【抗病鉴定】人工接种鉴定高抗大豆花叶病毒 1 号株系和 3 号株系，中抗大豆灰斑病。

【产量表现】2016—2017 年自主区域试验平均产量 2509.5kg/hm²，较对照品种吉育 105 平均增产 11.7%，2017 年生产试验平均产量 2392.8kg/hm²，较对照品种吉育 105 平均增产 9.7%。

【适应区域】适宜吉林省大豆早熟地区种植。

吉黑 6 号遗传基础

吉黑 6 号细胞质 100% 来源于公品 20002，历经 1 轮传递与选育，细胞质传递过程为公品 20002→吉黑 6 号。（详见图 4-17）

吉黑 6 号细胞核来源于公野 8748、公品 20002、北海道小粒豆等 3 个祖先亲本，分析其核遗传贡献率并注明祖先亲本来源，从而揭示该品种遗传基础，为大豆育种亲本的选择利用提供参考。（详见表 4-17）

表 4-17 吉黑 6 号祖先亲本

品种名称	母本	父本	祖先亲本	祖先亲本核遗传贡献率/%	祖先亲本来源
吉黑 6 号	公品 20002	吉林小粒 8 号	公野 8748	25.00	吉林省农业科学院大豆所材料
			公品 20002	50.00	吉林省农业科学院大豆所材料
			北海道小粒豆	25.00	日本品种

红野 8748 × 北海道小粒豆
↓
公品 20002 × 吉林小粒 8 号
↓
吉黑 6 号

图 4-17　吉黑 6 号系谱图

18　吉黑 7 号

吉黑 7 号品种简介

【品种来源】吉黑 7 号是吉林省农业科学院以吉青 3 号为母本，吉黑 46 号为父本杂交，经多年选择育成。审定编号：吉审豆 20190025。

【植株性状】白花，椭圆叶，棕色茸毛，成熟荚棕褐色。有限结荚习性，株高 80.9cm，分枝型结荚，主茎节数 11.4 个，2、3 粒荚多。

【籽粒特点】彩色籽粒类型品种。籽粒椭圆形，种皮黑色，有光泽，种脐黑色，百粒重 34.7g。籽粒粗蛋白含量 41.31%，粗脂肪含量 20.26%。

【生育日数】在适应区从出苗至成熟生育日数 128d 左右，与对照品种吉黑 4 号同熟期。

【抗病鉴定】人工接种鉴定中抗大豆花叶病毒 1 号株系和 3 号株系，高抗大豆灰斑病。

【产量表现】2017—2018 年自主区域试验平均产量 2508.4kg/hm²，较对照品种吉黑 4 号平均增产 11.3%，2018 年生产试验平均产量 2999.5kg/hm²，较对照品种吉黑 4 号平均增产 11.5%。

【适应区域】适宜吉林省大豆中晚熟区种植。

吉黑 7 号遗传基础

吉黑 7 号细胞质 100% 来源于抚松铁荚青，历经 3 轮传递与选育，细胞质传递过程为抚松铁荚青→吉青 1 号→吉青 3 号→吉黑 7 号。（详见图 4-18）

吉黑 7 号细胞核来源于抚松铁荚青、GD519（黑豆）、吉黑 46 等 3 个祖先亲本，分析其核遗传贡献率并注明祖先亲本来源，从而揭示该品种遗传基础，为大豆育种亲本的选择利用提供参考。（详见表 4-18）

表 4-18　吉黑 7 号祖先亲本

品种名称	母本	父本	祖先亲本	祖先亲本核遗传贡献率/%	祖先亲本来源
吉黑 7 号	吉青 3 号	吉黑 46	抚松铁荚青	25.00	吉林省抚松地方品种
			GD519（黑豆）	25.00	吉林省地方品种
			吉黑 46	50.00	吉林省农业科学院大豆所材料

抚松铁荚青
↓
吉青 1 号 × GD519（黑豆）
↓
吉青 3 号 × 吉黑 46
↓
吉黑 7 号

图 4-18　吉黑 7 号系谱图

19 吉黑 8 号

吉黑 8 号品种简介

【品种来源】吉黑 8 号是吉林省农业科学院以 GY2004-60 为母本，吉大 114 为父本杂交，经多年选择育成。审定编号：吉审豆 20200021。

【植株性状】紫花，尖叶，棕色茸毛，成熟荚深褐色。亚有限结荚习性，株高 91.5cm，主茎节数 18.0 个，2、3 粒荚多。

【籽粒特点】彩色籽粒类型品种。籽粒圆形，种皮黑色，子叶黄色，微光泽，种脐黑色，百粒重 14.7g。籽粒粗蛋白含量 37.07%，粗脂肪含量 23.13%。

【生育日数】在适应区从出苗至成熟生育日数 124d 左右。

【抗病鉴定】人工接种鉴定中抗大豆花叶病毒 1 号株系，感大豆花叶病毒 3 号株系，中抗大豆灰斑病。

【产量表现】2018—2019 年自主区域试验平均产量 2372.6kg/hm²，较对照品种吉黑 4 号平均增产 10.6%，2019 年生产试验平均产量 2406.2kg/hm²，较对照品种吉黑 4 号平均增产 8.1%。

【适应区域】适宜吉林省大豆中熟地区种植。

吉黑 8 号遗传基础

吉黑 8 号细胞质 100% 来源于公野 9265F₁，历经 1 轮传递与选育，细胞质传递过程为公野 9265F1→GY2004-60→吉黑 8 号。（详见图 4-19）

吉黑 8 号细胞核来源于公野 9032、公野 9265F₁、吉大 114 等 3 个祖先亲本，分析其核遗传贡献率并注明祖先亲本来源，从而揭示该品种遗传基础，为大豆育种亲本的选择利用提供参考。（详见表 4-19）

表 4-19　吉黑 8 号祖先亲本

品种名称	母本	父本	祖先亲本	祖先亲本核遗传贡献率/%	祖先亲本来源
吉黑 8 号	GY2004-60	吉大 114	公野 9032	25.00	吉林省农业科学院大豆所材料
			公野 9265F₁	25.00	吉林省农业科学院大豆所材料
			吉大 114	50.00	吉林大学植物科学学院材料

公野 9265F$_1$×公野 9032
↓
GY2004-60×吉大 114
↓
吉黑 8 号

图 4-19　吉黑 8 号系谱图

20 吉黑 9 号

吉黑 9 号品种简介

【品种来源】吉黑 9 号是吉林省农业科学院以吉黑 46 为母本，吉青 2 号为父本杂交，经多年选择育成。审定编号：吉审豆 20200025。

【植株性状】白花，椭圆叶，棕色茸毛，成熟荚棕褐色。有限结荚习性，株高 67.8cm，分枝型结荚，主茎节数平均 10.5 个，2、3 粒荚多。

【籽粒特点】彩色籽粒类型品种。籽粒圆形，种皮黑色，子叶绿色，无光泽，种脐黑色，百粒重 34.6g。籽粒粗蛋白含量 40.43%，粗脂肪含量 20.65%。

【生育日数】在适应区从出苗至成熟生育日数 125d 左右，较对照品种吉黑 4 号早 3d。

【抗病鉴定】人工接种鉴定高抗大豆花叶病毒 1 号株系和 3 号株系，高抗大豆灰斑病。

【产量表现】2018—2019 年自主区域试验平均产量 2779.3kg/hm²，较对照品种吉黑 4 号平均增产 13.7%，2019 年生产试验平均产量 2649.2kg/hm²，较对照品种吉黑 4 号平均增产 11.1%。

【适应区域】适宜吉林省大豆中晚熟地区种植。

吉黑 9 号遗传基础

吉黑 9 号细胞质 100%来源于吉黑 46，历经 1 轮传递与选育，细胞质传递过程为吉黑 46→吉黑 9 号。（详见图 4-20）

吉黑 9 号细胞核来源于抚松铁荚青、吉黑 46、凤大粒、大表青等 4 个祖先亲本，分析其核遗传贡献率并注明祖先亲本来源，从而揭示该品种遗传基础，为大豆育种亲本的选择利用提供参考。（详见表 4-20）

表 4-20　吉黑 9 号祖先亲本

品种名称	母本	父本	祖先亲本	祖先亲本核遗传贡献率/%	祖先亲本来源
吉黑 9 号	吉黑 46	吉青 2 号	抚松铁荚青	25.00	吉林省抚松地方品种
			吉黑 46	50.00	吉林省农业科学院大豆所材料
			凤大粒	12.50	辽宁省地方品种
			大表青	12.50	辽宁省地方品种

抚松铁荚青　　凤大粒×大表青
↓　　　　　↓
(吉青 1 号×凤交 7807-1-大 A)F$_2$
↓辐射
吉黑 46×吉青 2 号
↓
吉黑 9 号

图 4-20　吉黑 9 号系谱图

21 吉黑 10 号

吉黑 10 号品种简介

【品种来源】吉黑 10 是吉林省农业科学院以公品 20002 为母本，吉林小粒 8 号为父本杂交，经多年选择育成。审定名称：吉黑 10。审定编号：吉审豆 20200018。

【植株性状】白花，圆叶，棕色茸毛，成熟荚深褐色。亚有限结荚习性，株高 86.7cm，主茎节数 18.3 个，主茎型结荚，3 粒荚多。

【籽粒特点】彩色籽粒类型品种。籽粒圆形，种皮黑色，子叶绿色，微光泽，种脐黑色，百粒重 8.0g。籽粒粗蛋白含量 38.48%，粗脂肪含量 21.00%。

【生育日数】在适应区从出苗至成熟生育日数 113d 左右，较对照品种吉育 105 早 1d。

【抗病鉴定】人工接种鉴定高抗大豆花叶病毒 1 号株系和 3 号株系，中抗大豆灰斑病。

【产量表现】2018—2019 年自主区域试验平均产量 2567.3kg/hm²，较对照品种吉育 105 平均增产 7.8%，2019 年生产试验平均产量 2709.2kg/hm²，较对照品种吉育 105 平均增产 10.0%。

【适应区域】适宜吉林省大豆早熟地区种植。

吉黑 10 号遗传基础

吉黑 10 细胞质 100% 来源于公品 20002，历经 1 轮传递与选育，细胞质传递过程为公品 20002→吉黑 10。（详见图 4-21）

吉黑 10 细胞核来源于公野 8748、公品 20002、北海道小粒豆等 3 个祖先亲本，分析其核遗传贡献率并注明祖先亲本来源，从而揭示该品种遗传基础，为大豆育种亲本的选择利用提供参考。（详见表 4-21）

表 4-21　吉黑 10 祖先亲本

品种名称	母本	父本	祖先亲本	祖先亲本核遗传贡献率/%	祖先亲本来源
吉黑 10	公品 20002	吉林小粒 8 号	公野 8748	25.00	吉林省农业科学院大豆所材料
			公品 20002	50.00	吉林省农业科学院大豆所材料
			北海道小粒豆	25.00	日本品种

红野 8748×北海道小粒豆
↓
公品 20002×吉林小粒 8 号
↓
吉黑 10 号

图 4-21　吉黑 10 号系谱图

22 吉黑 11

吉黑 11 品种简介

【品种来源】吉黑 11 是吉林省农业科学院以 skalla 为母本、吉林棕毛黑豆为父本杂交，经多年选择育成。审定编号：吉审豆 20210016。

【植株性状】紫花，圆叶，棕色茸毛，成熟荚深褐色。亚有限结荚习性，株高 87.1cm，主茎节数 14.9 个，主茎型结荚，3 粒荚多。

【籽粒特点】彩色籽粒型品种。籽粒圆形，种皮黑色，有光泽，种脐黑色，百粒重 15.4g 左右。籽粒粗蛋白含量 34.25%，粗脂肪含量 21.47%。

【生育日数】在适应区从出苗至成熟生育日数 113d，与对照品种吉黑 5 号同熟期。

【抗病鉴定】人工接种鉴定中抗大豆花叶病毒 1 号株系，感大豆花叶病毒 3 号株系，中抗大豆灰斑病。

【产量表现】2019—2020 年区域试验平均产量 2718.7kg/hm²，较对照品种吉黑 5 号平均增产 11.0%，2020 年生产试验平均产量 2703.6kg/hm²，较对照品种吉黑 5 号平均增产 8.9%。

【适应区域】适宜吉林省大豆早熟地区种植。

吉黑 11 遗传基础

吉黑 11 细胞质 100% 来源于 skalla，历经 1 轮传递与选育，细胞质传递过程为 skalla→吉黑 11。（详见图 4-22）

吉黑 11 细胞核来源于吉林棕毛黑豆、skalla 等 2 个祖先亲本，分析其核遗传贡献率并注明祖先亲本来源，从而揭示该品种遗传基础，为大豆育种亲本的选择利用提供参考。（详见表 4-22）

表 4-22　吉黑 11 祖先亲本

品种名称	母本	父本	祖先亲本	祖先亲本核遗传贡献率/%	祖先亲本来源
吉黑 11	skalla	吉林棕毛黑豆	吉林棕毛黑豆	50.00	吉林省地方品种
			skalla	50.00	外引材料

skalla×吉林棕毛黑豆
↓
吉黑 11

图 4-22　吉黑 11 系谱图

23 吉黑 13

吉黑 13 品种简介

【品种来源】吉黑 13 是吉林省农业科学院以吉黑 1 号为母本、公品 20002-1 为父本杂交，经多年选择育成。审定名称：吉黑 13 号，审定编号：吉审豆 20210019。

【植株性状】白花，圆叶，棕色茸毛，成熟荚棕褐色。有限结荚习性，株高 80.3cm，分枝型结荚，主茎节数 14.8 个，3、4 粒荚多。

【籽粒特点】彩色籽粒型品种。籽粒椭圆形，种皮黑色，子叶绿色，微光泽，种脐黑色，百粒重 12.8g。籽粒粗蛋白含量 42.89%，粗脂肪含量 19.59%。

【生育日数】在适应区从出苗至成熟生育日数 121d，较对照品种吉黑 3 号晚 1d。

【抗病鉴定】人工接种鉴定高抗大豆花叶病毒 1 号株系，抗大豆花叶病毒 3 号株系。

【产量表现】2019—2020 年区域试验平均产量 2299.7kg/hm²，较对照品种吉黑 3 号平均增产 8.7%，2020 年生产试验平均产量 2241.5kg/hm²，较对照品种吉黑 3 号平均增产 11.0%。

【适应区域】适宜吉林省大豆中熟地区种植。

吉黑 13 遗传基础

吉黑 13 细胞质 100% 来源于吉黑 1995-1，历经 2 轮传递与选育，细胞质传递过程为吉黑 1995-1→吉黑 1 号→吉黑 13。（详见图 4-23）

吉黑 13 细胞核来源于公品 20002-1、公品 8202-9、吉黑 1995-1 等 3 个祖先亲本，分析其核遗传贡献率并注明祖先亲本来源，从而揭示该品种遗传基础，为大豆育种亲本的选择利用提供参考。（详见表 4-23）

表 4-23　吉黑 13 祖先亲本

品种名称	母本	父本	祖先亲本	祖先亲本核遗传贡献率/%	祖先亲本来源
吉黑 13	吉黑 1 号	公品 20002-1	公品 20002-1	50.00	吉林省农业科学院大豆所材料
			公品 8202-9	25.00	吉林省农业科学院大豆所材料
			吉黑 1995-1	25.00	吉林省农业科学院大豆所材料

吉黑 1995-1 × 公品 8202-9

↓

吉黑 1 号 × 公品 20002-1

↓

吉黑 13

图 4-23　吉黑 13 系谱图

24　吉科豆 12

吉科豆 12 品种简介

【品种来源】吉科豆 12 是吉林省农业科学院 2006 年以黄瓢黑豆为母本，青瓢黑豆为父本杂交，经多年选择育成。审定编号：吉审豆 2015012。

【植株性状】紫花，圆叶，棕色茸毛，成熟荚褐色。无限结荚习性，株高 110cm，分枝型结荚，3 粒荚多。

【籽粒特点】籽粒圆形，种皮黑色，种脐白色，百粒重 20.0g。籽粒粗蛋白含量 44.22%，粗脂肪含量 19.53%。

【生育日数】在适应区从出苗至成熟生育日数 120d 左右。

【抗病鉴定】2014 年人工接种鉴定高抗大豆花叶病毒混合株系、1 号株系和 3 号株系，高抗大豆灰斑病。

【产量表现】2012—2013 年区域试验平均产量 2284.2kg/hm²，较对照品种吉黑 5 号平均增产 9.5%，2013—2014 年生产试验平均产量 1902.5kg/hm²，较对照品种吉黑 5 号平均增产 8.6%。

【适应区域】吉林省大豆中早熟区。

吉科豆 12 遗传基础

吉科豆 12 细胞质 100% 来源于黄瓢黑豆，历经 1 轮传递与选育，细胞质传递过程为黄瓢黑豆→吉科豆 12。（详见图 4-24）

吉科豆 12 细胞核来源于黄瓢黑豆、青瓢黑豆等 2 个祖先亲本，分析其核遗传贡献率并注明祖先亲本来源，从而揭示该品种遗传基础，为大豆育种亲本的选择利用提供参考。（详见表 4-24）

表 4-24　吉科豆 12 祖先亲本

品种名称	母本	父本	祖先亲本	祖先亲本核遗传贡献率/%	祖先亲本来源
吉科豆 12	黄瓢黑豆	青瓢黑豆	黄瓢黑豆	50.00	吉林省地方品种
			青瓢黑豆	50.00	辽宁省兴城县地方品种

黄瓢黑豆×青瓢黑豆
↓
吉科豆 12

图 4-24　吉科豆 12 系谱图

25 镇引黑 1 号

镇引黑 1 号品种简介

【品种来源】镇引黑 1 号是吉林省镇赉县种子公司从内蒙古自治区开鲁黑大豆生产基地品种选出的自然株。审定编号：吉审豆 2006016。

【植株性状】白花，披针叶，灰色茸毛。无限结荚习性，株高 110cm，分枝收敛，结荚均匀，3 粒荚较多。

【籽粒特点】籽粒圆形，种皮黑色，种脐黑色，百粒重 24g。籽粒粗蛋白含量 43.5%，粗脂肪含量 18.73%。

【生育日数】在适应区从出苗至成熟生育日数 128d 左右。

【抗病鉴定】田间自然鉴定高抗大豆灰斑病，高抗大豆褐斑病，高抗大豆霜霉病，高抗大豆细菌性斑点病，中抗大豆食心虫。

【产量表现】2002—2003 年区域试验平均产量 2391.5kg/hm^2，较对照品种绥农 14 平均增产 14.8%；2003—2004 年生产试验平均产量 2423.2kg/hm^2，较对照品种绥农 14 平均增产 14.7%。

【适应区域】吉林省西部中早熟区。

镇引黑 1 号遗传基础

镇引黑 1 号细胞质 100% 来源于开鲁黑大豆，历经 1 轮传递与选育，细胞质传递过程为开鲁黑大豆→镇引黑 1 号。（详见图 4-25）

镇引黑 1 号细胞核来源于开鲁黑大豆 1 个祖先亲本，分析其核遗传贡献率并注明祖先亲本来源，从而揭示该品种遗传基础，为大豆育种亲本的选择利用提供参考。（详见表 4-25）

表 4-25　镇引黑 1 号祖先亲本

品种名称	父母本	祖先亲本	祖先亲本核遗传贡献率/%	祖先亲本来源
镇引黑 1 号	开鲁黑大豆生产基地黑大豆品种	开鲁黑大豆	100.00	内蒙古自治区开鲁种植品种

开鲁黑大豆
↓
镇引黑 1 号

图 4-25　镇引黑 1 号系谱图

26 辽农职黑豆 1 号

辽农职黑豆 1 号品种简介

【品种来源】辽农职黑豆 1 号是辽宁省农业职业技术学院 1990 年以长发为母本，82651 为父本杂交，经多年选择育成。审定编号：辽备杂粮 2014005。

【植株性状】白花， 椭圆叶，成熟荚浅黄色。亚有限结荚习性，株高 61cm，分枝 3.2 个，主茎节数 16 个，单株荚数 58.1 个，平均每荚 2.7 粒，单株粒重 25.58g。苗势强，株型直立，抗倒、抗旱、耐涝、耐瘠薄。

【籽粒特点】籽粒椭圆型，种皮黑色，种脐黑色，百粒重 21.0g。

【生育日数】在适应区从出苗至成熟生育日数 90d 左右。

【产量表现】试验平均产量 2093.3kg/hm²，较对照品种辽黑豆 2 号平均增产 5.2%

【适应区域】适宜在辽宁省黑豆生产区种植。

辽农职黑豆 1 号遗传基础

辽农职黑豆 1 号细胞质 100% 来源于长发，历经 1 轮传递与选育，细胞质传递过程为长发→辽农职黑豆 1 号。（详见图 4-26）

辽农职黑豆 1 号细胞核来源于长发、82651 等 2 个祖先亲本，分析其核遗传贡献率并注明祖先亲本来源，从而揭示该品种遗传基础，为大豆育种亲本的选择利用提供参考。（详见表 4-26）

表 4-26　辽农职黑豆 1 号祖先亲本

品种名称	母本	父本	祖先亲本	祖先亲本核遗传贡献率/%	祖先亲本来源
辽农职黑豆 1 号	长发	82651	长发	50.00	辽宁省地方品种
			82651	50.00	辽宁省农业职业技术学院自选系

长发 × 82651
↓
辽农职黑豆 1 号

图 4-26　辽农职黑豆 1 号系谱图

27 沈农黑豆 2 号

沈农黑豆 2 号品种简介

【品种来源】沈农黑豆 2 号是沈阳农业大学以沈农 94-1-14 为母本，1050 为父本杂交，经多年选择育成。辽宁省非主要农作物品种备案时间：2004 年。

【植株性状】紫花，卵圆叶，黄毛茸毛，茎多毛，荚皮棕黄色。亚有限结荚习性，株高 114.5cm，分枝 1~2 个，主茎节数 24 个，单株主茎荚数 54 个，每荚粒数 2.8 个，荚长 4cm。直立型，茎圆形，抗倒，耐旱，耐瘠薄，抗逆性强。

【籽粒特点】籽粒椭圆形，种皮黑色，子叶黄色，有光泽，百粒重 18.0g。籽粒粗蛋白含量 42.29%，粗脂肪含量 20.09%。

【生育日数】在适应区从出苗至成熟 132d，需≥10℃活动积温 2500~2600℃。

【抗病鉴定】田间表现抗病。

【产量表现】2003 年区域试验平均产量 3187.5kg/hm²，较对照品种沈农黑豆 H1 平均增产 40%。

【适应区域】辽宁南部、西部各市县。

沈农黑豆 2 号遗传基础

沈农黑豆 2 号细胞质 100% 来源于本溪小黑脐，历经 5 轮传递与选育，细胞质传递过程为本溪小黑脐→（本溪小黑脐×公 616）F₂→凤交 66-12→沈农 91-44→沈农 94-1-14→沈农黑豆 2 号。（详见图 4-27）

沈农黑豆 2 号细胞核来源于小金黄、四粒黄、公 616、铁荚四粒黄（黑铁荚）、嘟噜豆、辉南青皮豆、本溪小黑脐、铁荚子、晚小白眉、1050 等 10 个祖先亲本，分析其核遗传贡献率并注明祖先亲本来源，从而揭示该品种遗传基础，为大豆育种亲本的选择利用提供参考。（详见表 4-27）

表 4-27　沈农黑豆 2 号祖先亲本

品种名称	母本	父本	祖先亲本	祖先亲本核遗传贡献率/%	祖先亲本来源
沈农黑豆 2 号	沈农 94-1-14	1050	小金黄	6.25	吉林省中部平原地区地方品种
			四粒黄	3.13	吉林省中部地方品种
			公 616	6.25	吉林省公主岭地方品种
			铁荚四粒黄（黑铁荚）	3.13	吉林省中南部半山区地方品种
			嘟噜豆	6.25	吉林省中南部地方品种
			辉南青皮豆	6.25	吉林省辉南地方品种
			本溪小黑脐	6.25	辽宁省本溪地方品种
			铁荚子	6.25	辽宁省义县地方品种
			晚小白眉	6.25	辽宁省地方品种
			1050	50.00	美国黑大豆材料

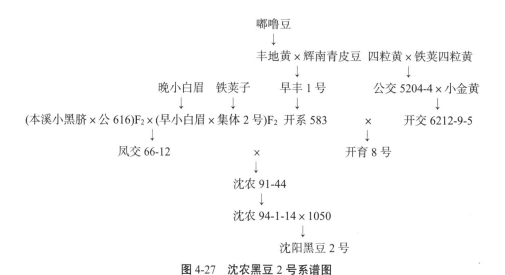

图 4-27　沈农黑豆 2 号系谱图

28　辽引黑豆 1 号

辽引黑豆 1 号品种简介

【品种来源】辽引黑豆 1 号是辽宁省农业科学院作物研究所与辽宁绿色芳山有机食品有限公司于 2002 年从日本引进黑豆材料育成。辽宁省非主要农作物品种备案时间：2005 年。

【植株性状】紫花，叶片深绿色，株高 50～60cm，分枝 4～5 个，植株生长健壮，秆壮抗倒伏，单株结荚 70～80 个，荚长 5cm。抗逆性较强，成熟时不炸荚，耐旱，耐瘠薄。

【籽粒特点】籽粒圆形，种皮黑色，子叶黄色，有光泽，种脐白色，百粒重 30g 左右。粗蛋白含量 36.96%，粗脂肪含量 20.54%，总淀粉含量 9.42%。

【生育日数】生育期 110d 左右。

【抗病鉴定】抗病较强。

【产量表现】产量 2625kg/hm² 左右。

【适应区域】辽宁省均可种植。

辽引黑豆 1 号遗传基础

辽黑豆 1 号细胞质 100% 来源于日本黑豆，历经 1 轮传递与选育，细胞质传递过程为日本黑豆→辽黑豆 1 号。（详见图 4-28）

辽黑豆 1 号细胞核来源于日本黑豆 1 个祖先亲本，分析其核遗传贡献率并注明祖先亲本来源，从而揭示该品种遗传基础，为大豆育种亲本的选择利用提供参考。（详见表 4-28）

表 4-28　辽引黑豆 1 号祖先亲本

品种名称	父母本	祖先亲本	祖先亲本核遗传贡献率/%	祖先亲本来源
辽引黑豆 1 号	日本引进的黑大豆材料	日本黑豆	100.00	日本材料

日本黑豆
↓
辽引黑豆 1 号

图 4-28　辽黑豆 2 号系谱图

29　辽黑豆 2 号

辽黑豆 2 号品种简介

【品种来源】辽黑豆 2 号是辽宁省农业科学院以黄仁黑豆（农家品种）为母本，辽引黑豆 1 号为父本杂交，经多年选择育成。辽宁省非主要农作物品种备案时间：2007 年。

【植株性状】白花，椭圆叶，棕色茸毛。有限结荚习性，株高 57.2cm，有效分枝 3.0 个，株型半开张，底荚高度 6.5cm，主茎节数 11.8 个，以 2、3 粒荚为主。茎秆强韧，较抗倒伏，成熟时落叶性较好，不裂荚，籽粒商品性好。

【籽粒特点】籽粒椭圆形，种皮黑色，子叶黄色，有光泽，百粒重 20.7g。

【生育日数】在适应区从出苗至成熟生育日数 123d。

【产量表现】2007 年辽宁省杂粮备案品种试验平均产量 1789.5Kg/hm²。

【适应区域】沈阳地区及沈阳以南地区均可种植。

辽黑豆 2 号遗传基础

辽黑豆 2 号细胞质 100% 来源于黄仁黑豆，历经 1 轮传递与选育，细胞质传递过程为黄仁黑豆→辽黑豆 2 号。（详见图 4-29）

辽黑豆 2 号细胞核来源于黄仁黑豆、辽引黑豆 1 号等 2 个祖先亲本，分析其核遗传贡献率并注明祖先亲本来源，从而揭示该品种遗传基础，为大豆育种亲本的选择利用提供参考。（详见表 4-29）

表 4-29　辽黑豆 2 号祖先亲本

品种名称	母本	父本	祖先亲本	祖先亲本核遗传贡献率/%	祖先亲本来源
辽黑豆 2 号	黄仁黑豆	辽引黑豆 1 号	黄仁黑豆	50.00	辽宁省地方品种
			日本黑豆	50.00	日本材料

日本黑豆
↓
黄仁黑豆 × 辽引黑豆 1 号
↓
辽黑豆 2 号

图 4-29　辽黑豆 2 号系谱图

30 辽黑豆 3 号

辽黑豆 3 号品种简介

【品种来源】辽黑豆 3 号是辽宁省农业科学院以黄仁黑豆（农家品种）为母本，外引大粒黑豆（韩国）为父本杂交，经多年选择育成。辽宁省非主要农作物品种备案时间：2008 年。

【植株性状】紫花，椭圆叶，棕色茸毛。有限结荚习性，株高 54.0cm，有效分枝 2.4 个，株型半开张，底荚高度 15.0cm，主茎节数 13.4 个，以 2～3 粒荚为主。茎秆强韧，较抗倒伏，成熟时落叶性较好，不裂荚。

【籽粒特点】籽粒圆形，种皮黑色，子叶黄色，有光泽，百粒重 37.6g。

【生育日数】在适应区从出苗至成熟生育日数 131d。

【产量表现】2008 年辽宁省杂粮备案试验平均产量 2275.95kg/hm²，对照品种辽黑豆 2 号平均增产 3.9%。

【适应区域】沈阳地区及沈阳以南地区均可种植。

辽黑豆 3 号遗传基础

辽黑豆 3 号细胞质 100%来源于黄仁黑豆，历经 1 轮传递与选育，细胞质传递过程为黄仁黑豆→辽黑豆 3 号。（详见图 4-30）

辽黑豆 3 号细胞核来源于黄仁黑豆、外引大粒黑豆等 2 个祖先亲本，分析其核遗传贡献率并注明祖先亲本来源，从而揭示该品种遗传基础，为大豆育种亲本的选择利用提供参考。（详见表 4-30）

表 4-30　辽黑豆 3 号祖先亲本

品种名称	母本	父本	祖先亲本	祖先亲本核遗传贡献率/%	祖先亲本来源
辽黑豆 3 号	黄仁黑豆	外引大粒黑豆	黄仁黑豆	50.00	辽宁省地方品种
			外引大粒黑豆	50.00	韩国材料

黄仁黑豆 × 外引大粒黑豆
↓
辽黑豆 3 号

图 4-30　辽黑豆 3 号系谱图

31　辽黑豆 4 号

辽黑豆 4 号品种简介

【品种来源】辽黑豆 4 号是辽宁省农业科学院作物研究所以辽黑豆 2 号为母本，外引黑豆为父本杂交，经多年选择育成。辽宁省非主要农作物品种备案时间：2013 年。

【植株性状】白花，棕色茸毛。有限结荚习性，株高 73.1cm，分枝 3.8 个，单株荚数 61.9 个，平均每荚 2.1 粒，单株粒重 20.1g。

【籽粒特点】种皮黑色，子叶绿色，百粒重 18.6g。

【生育日数】在适应区从出苗至成熟生育日数 117d 左右。

【产量表现】2012 年辽宁省非主要农作物品种备案试验平均产量 2642.3kg/hm²。

【适应区域】辽宁省大部分地区。

辽黑豆 4 号遗传基础

辽黑豆 4 号细胞质 100%来源于黄仁黑豆，历经 2 轮传递与选育，细胞质传递过程为黄仁黑豆→辽黑豆 2 号→辽黑豆 4 号。（详见图 4-31）

辽黑豆 4 号细胞核来源于黄仁黑豆、日本黑豆、外引黑豆等 3 个祖先亲本，分析其核遗传贡献率并注明祖先亲本来源，从而揭示该品种遗传基础，为大豆育种亲本的选择利用提供参考。（详见表 4-31）

表 4-31　辽黑豆 4 号祖先亲本

品种名称	母本	父本	祖先亲本	祖先亲本核遗传贡献率/%	祖先亲本来源
辽黑豆 4 号	辽黑豆 2 号	外引黑豆	黄仁黑豆	25.00	辽宁省地方品种
			日本黑豆	50.00	日本材料
			外引黑豆	25.00	外引材料

日本黑豆
↓
黄仁黑豆 × 辽引黑豆 1 号
↓
辽黑豆 2 号 × 外引黑豆
↓
辽黑豆 4 号

图 4-31　辽黑豆 4 号系谱图

32　辽黑豆 8 号

辽黑豆 8 号品种简介

【品种来源】辽黑豆 8 号是辽宁省农业科学院作物研究所以辽 05M06-1 为母本，市场黑豆为父本杂交，经多年选择育成。辽宁省非主要农作物品种备案时间：2015 年。

【植株性状】株高 116cm，主茎分枝 3.0 个，单株荚数 59.5 个，平均每荚 2.7 粒，单株粒重 22.1g。

【籽粒特点】种皮黑色，百粒重 19.1g。

【生育日数】在适应区从出苗至成熟生育日数 116d 左右。

【产量表现】2014 年辽宁省非主要农作物品种备案试验平均产量 2161.4kg/hm^2。

【适应区域】辽宁省大部分地区。

辽黑豆 8 号遗传基础

辽黑豆 8 号细胞质 100% 来源于辽 05M06-1，历经 1 轮传递与选育，细胞质传递过程为辽 05M06-1 → 辽黑豆 8 号。（详见图 4-32）

辽黑豆 8 号细胞核来源于市场黑豆、辽 05M06-1 等 2 个祖先亲本，分析其核遗传贡献率并注明祖先亲本来源，从而揭示该品种遗传基础，为大豆育种亲本的选择利用提供参考。（详见表 4-32）

表 4-32　辽黑豆 8 号祖先亲本

品种名称	母本	父本	祖先亲本	祖先亲本核遗传贡献率/%	祖先亲本来源
辽黑豆 8 号	辽 05M06-1	市场黑豆	市场黑豆	50.00	辽宁省材料
			辽 05M06-1	50.00	辽宁省农业科学院作物研究所材料

辽 05M06-1 × 市场黑豆
↓
辽黑豆 8 号

图 4-32　辽黑豆 8 号系谱图

33　蒙豆 25

蒙豆 25 品种简介

【品种来源】蒙豆 25 是内蒙古农业技术推广站从蒙豆 24 变异株系选育成。审定名称：蒙豆 25 号，审定编号：蒙审 2007006 号。

【植株性状】幼苗叶片绿色，紫花，圆叶，棕色茸毛，成熟荚褐色。无限结荚习性，株高 80cm 左右，分枝 2~4 个，3、4 粒荚多。

【籽粒特点】籽粒椭圆形，种皮黑色，子叶黄色，种脐黑色，百粒重 15g 左右。籽粒粗蛋白含量 34.79%，粗脂肪含量 22.43%。

【生育日数】在适应区从出苗至成熟生育日数 120d 左右。

【抗病鉴定】对大豆灰斑病免疫，中抗大豆花叶病毒 1 号和 3 号株系。

【产量表现】2005—2006 年区域试验平均产量 2223.5kg/hm²，较对照品种开育 10 号、吉林 30 平均增产 19.4%，2006 年生产试验平均产量 2260.5kg/hm²，较对照品种吉林 30 平均增产 7.7%。

【适应区域】内蒙古自治区通辽市、赤峰市≥10℃活动积温 2800℃以上地区种植。

蒙豆 25 遗传基础

蒙豆 25 细胞质 100% 来源于 94-96，历经 2 轮传递与选育，细胞质传递过程为 94-96→蒙豆 24→蒙豆 25。（详见图 4-33）

蒙豆 25 细胞核来源于 94~96 一个祖先亲本，分析其核遗传贡献率并注明祖先亲本来源，从而揭示该品种遗传基础，为大豆育种亲本的选择利用提供参考。（详见表 4-33）

表 4-33　蒙豆 25 祖先亲本

品种名称	父母本	祖先亲本	祖先亲本核遗传贡献率/%	祖先亲本来源
蒙豆 25	蒙豆 24 变异株	94-96	100.00	美国材料

94-96

↓

蒙豆 24

↓

蒙豆 25

图 4-33　蒙豆 25 系谱图

34　垦秣 1 号

垦秣 1 号品种简介

【品种来源】垦秣 1 号是黑龙江省农垦科学院农作物开发研究所 1979 年从农家品种双河秣食豆中选出的变异株，经多年选择育成。黑龙江省确定推广时间：1989 年。

【植株性状】紫花，椭圆叶，灰色茸毛。无限结荚习性，株高 100cm 左右，分枝 2～4 个，鲜草量比普通大豆高 80%。荚多，粒多。

【籽粒特点】籽粒扁圆形，种皮茶色，百粒重 11～13g。籽粒粗蛋白含量 44.16%，粗脂肪含量 17.71%。

【生育日数】北方春秣食豆型，在适应区从出苗至成熟生育日数 110～116d，需≥10℃活动积温 2300℃左右。

【抗病鉴定】经嫩江农场管理局植保检验为高抗胞囊线虫品种，平均单株胞囊数 2.1 个，病情指数 0.8%，

【产量表现】1985—1986 年区域试验平均产量 1645.5kg/hm²，较对照品种丰收 10 号平均增产 48.7%，1987—1988 年生产试验平均产量 1143.0kg/hm²，比对照品种垦丰 1 号平均增产 37.8%。

【适应区域】黑龙江省西部大豆胞囊线虫病发生地区。

垦秣 1 号遗传基础

垦秣 1 号细胞质 100% 来源于双河秣食豆，历经 1 轮传递与选育，细胞质传递过程为双河秣食豆→垦秣 1 号。（详见图 4-34）

垦秣 1 号细胞核来源于双河秣食豆 1 个祖先亲本，分析其核遗传贡献率并注明祖先亲本来源，从而揭示该品种遗传基础，为大豆育种亲本的选择利用提供参考。（详见表 4-34）

表 4-34　垦秣 1 号祖先亲本

品种名称	父母本	祖先亲本	祖先亲本核遗传贡献率/%	祖先亲本来源
垦秣 1 号	农家品种双河秣食豆变异株	双河秣食豆	100.00	黑龙江省双河地方品种

双河秣食豆

↓

垦秣 1 号

图 4-34　垦秣 1 号系谱图

第五章　小粒豆

1 黑河 20

黑河 20 品种简介

【品种来源】黑河 20 是黑龙江省农科院黑河农科所以黑交 83-889 为母本、MapleAllow 为父本杂交，经多年选择育成。审定名称：黑河 20 号，审定编号：黑审豆 2000008。

【植株性状】白花，长叶，棕色茸毛，成熟荚浅褐色。亚有限结荚习性，株高 70cm 左右，分枝 1～2 个，主茎结荚，平均每荚 2.4 粒。

【籽粒特点】籽粒圆形，种皮黄色，有光泽，百粒重 14～15g。蛋白质含量 43.30%，脂肪含量 18.89%。

【生育日数】在适应区从出苗到成熟 90d 左右，需活动积温 1850℃左右。

【产量表现】1997-1998 年区域试验平均产量 1836.0kg/hm²，较对照品种东农 41 平均增产 17.4%，1999 年生产试验平均产量 1972.8kg/hm²，较对照品种东农 41 平均增产 11.78%。

【适应区域】黑龙江省第六积温带。

黑河 20 遗传基础

黑河 20 细胞质 100% 来源于十胜长叶，历经 3 轮传递与选育，细胞质传递过程为十胜长叶→黑交 76-91→黑交 83-889→黑河 20。（详见图 5-1）

黑河 20 细胞核来源于祖先亲本四粒黄、白眉、蓑衣领、长叶 1 号、四粒黄、金元、尤比列（黑河 1 号）、十胜长叶、Maple Arrow 等 9 个祖先亲本，分析其核遗传贡献率并注明祖先亲本来源，从而揭示该品种遗传基础，为大豆育种亲本的选择利用提供参考。（详见表 5-1）

表 5-1　黑河 20 祖先亲本

品种名称	母本	父本	祖先亲本	祖先亲本核遗传贡献率/%	祖先亲本来源
黑河 20	黑交 83-889	Maple Arrow	白眉	4.69	黑龙江省克山地方品种
			蓑衣领	6.25	黑龙江省西部龙江草原地方品种
			四粒黄	3.13	黑龙江省东部和中部地方品种
			长叶 1 号	12.50	黑龙江省地方品种
			四粒黄	2.34	吉林省公主岭地方品种
			金元	2.34	辽宁省开原地方品种
			尤比列（黑河 1 号）	6.25	俄罗斯材料
			十胜长叶	12.50	日本品种
			Maple Arrow	50.00	加拿大品种

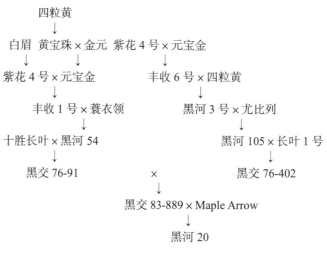

图 5-1　黑河 20 系谱图

2　黑科 77

黑科 77 品种简介

【品种来源】黑科 77 是黑龙江省农业科学院黑河分院以黑河 9 号为母本，minimax 为父本杂交，经多年选择育成。黑龙江省审定名称：黑科 77 号，审定编号：黑审豆 20190043。

【植株性状】紫花，圆叶，灰色茸毛，荚弯镰形，成熟荚褐色。亚有限结荚习性，株高 70cm 左右，有分枝。

【籽粒特点】特种品种（小粒品种）。籽粒圆形，种皮黄色，有光泽，种脐浅黄色，百粒重 9.0g 左右。籽粒粗蛋白含量 42.97%，粗脂肪含量 16.71%。

【生育日数】在适应区从出苗至成熟生育日数 100d 左右，需≥10℃活动积温 2000℃左右。

【抗病鉴定】接种鉴定中抗大豆灰斑病。

【产量表现】2016—2017 年区域试验平均产量 2308.2kg/hm²，较对照品种华疆 2 号平均增产 9.4%，2018 年生产试验平均产量 2380.2kg/hm²，较对照品种华疆 2 号平均增产 10.4%。

【适应区域】适宜在黑龙江省≥10℃活动积温 2100℃区域种植。

黑科 77 遗传基础

黑科 77 号细胞质 100%来源于白眉，历经 7 轮传递与选育，细胞质传递过程为白眉→紫花 4 号→丰收 1 号→黑河 54→黑河 4 号→黑交 7710F₂→黑河 9 号→黑科 77。（详见图 5-2）

黑科 77 细胞核来源于白眉、四粒黄、四粒黄、金元、尤比列（黑河 1 号）、十胜长叶、minimax 等 7 个祖先亲本，分析其核遗传贡献率并注明祖先亲本来源，从而揭示该品种遗传基础，为大豆育种亲本的选择利用提供参考。（详见表 5-2）

表 5-2 黑科 77 祖先亲本

品种名称	母本	父本	祖先亲本	祖先亲本核遗传贡献率/%	祖先亲本来源
黑科 77	黑河 9 号	minimax	白眉	3.13	黑龙江省克山地方品种
			四粒黄	6.25	黑龙江省东部和中部地方品种
			四粒黄	1.56	吉林省公主岭地方品种
			金元	1.56	辽宁省开原地方品种
			尤比列（黑河 1 号）	12.50	俄罗斯材料
			十胜长叶	25.00	日本品种
			minimax	50.00	外引材料

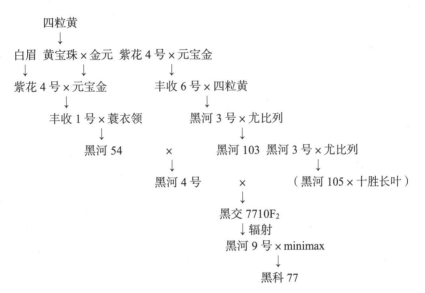

图 5-2 黑科 77 系谱图

3 五芽豆 1 号

五芽豆 1 号品种简介

【品种来源】五芽豆 1 号是黑龙江省五大连池市富民种子集团有限公司以东农 690 为母本，绥小粒豆为父本杂交，经多年选择育成。审定编号：黑审豆 2018044。

【植株性状】紫花，尖叶，灰色茸毛，荚弯镰形，成熟荚黄褐色。无限结荚习性，株高 90cm 左右，有分枝。

【籽粒特点】小粒豆。籽粒圆形，种皮黄色，有光泽，种脐黄色，百粒重 10.0g 左右。籽粒粗蛋白含量 44.43%，粗脂肪含量 16.23%。

【生育日数】在适应区从出苗至成熟生育日数 110d 左右，需≥10℃活动积温 2150℃左右。

【抗病鉴定】接种鉴定感大豆灰斑病。

【产量表现】2015—2016 年区域试验平均产量 2360.5kg/hm²，较对照品种东农 60 平均增产 6.9%，2017 年生产试验平均产量 2349.8kg/hm²，较对照品种东农 60 平均增产 6.9%。

【适应区域】适宜在黑龙江省≥10℃活动积温 2250℃区域种植。

五芽豆 1 号遗传基础

五芽豆 1 号细胞质 100% 来源于日本小粒豆，历经 2 轮传递与选育，细胞质传递过程为日本小粒豆→东农 690→五芽豆 1 号。（详见图 5-3）

五芽豆 1 号细胞核来源于绥小粒豆、东农小粒豆 845、日本小粒豆等 3 个祖先亲本，分析其核遗传贡献率并注明祖先亲本来源，从而揭示该品种遗传基础，为大豆育种亲本的选择利用提供参考。（详见表 5-3）

表 5-3   五芽豆 1 号祖先亲本

品种名称	母本	父本	祖先亲本	祖先亲本核遗传贡献率/%	祖先亲本来源
五芽豆 1 号	东农 690	绥小粒豆	绥小粒豆	50.00	黑龙江省农业科学院绥化分院材料
			东农小粒豆 845	25.00	东北农业大学材料
			日本小粒豆	25.00	日本品种

日本小粒豆 × 东农小粒豆 845
↓
东农 690 × 绥小粒豆
↓
五芽豆 1 号

图 5-3   五芽豆 1 号系谱图

4 五芽豆 2 号

五芽豆 2 号品种简介

【品种来源】五芽豆 2 号是黑龙江省五大连池市富民种子集团有限公司以东农 69 为母本，绥小粒 2 号为父本杂交，经多年选择育成。审定编号：黑审豆 20190040。

【植株性状】紫花，尖叶，灰色茸毛，荚弯镰形，成熟荚褐色。无限结荚习性，株高 90cm 左右，有分枝。

【籽粒特点】特种品种（小粒品种）。籽粒圆形，种皮黄色，有光泽，种脐黄色，百粒重 10.0g 左右。籽粒粗蛋白含量 44.70%，粗脂肪含量 16.40%。

【生育日数】在适应区从出苗至成熟生育日数 115d 左右，需≥10℃活动积温 2300℃左右。

【抗病鉴定】接种鉴定中抗大豆灰斑病。

【产量表现】2016—2017 年区域试验平均产量 2575.9kg/hm²，较对照品种东农 60 平均增产 6.6%，2018

年生产试验平均产量 2322.0kg/hm²，较对照品种东农 60 平均增产 6.9%。

【适应区域】适宜在黑龙江省≥10℃活动积温 2450℃区域种植。

五芽豆 2 号遗传基础

五芽豆 2 号细胞质 100%来源于白眉，历经 9 轮传递与选育，细胞质传递过程为白眉→紫花 4 号→丰收 1 号→黑河 54→合交 7431→合交 8009-1612→合丰 35→合丰 50→东农 69→五芽豆 2 号。（详见图 5-4）

五芽豆 2 号细胞核来源于半野生大豆、逊克当地种、海伦金元、五顶珠、白眉、克山四粒荚、大白眉、蓑衣领、佳木斯秃荚子、治安小粒豆、小粒黄、小粒豆 9 号、克 67-3256-5F₄、东农 20（黄-中-中 20）、GD50477、永丰豆、洋蜜蜂、平顶四、四粒黄、铁荚四粒黄（黑铁荚）、嘟噜豆、辉南青皮豆、金元、大白眉、黑龙江 41、富引 1 号、日本小粒豆、十胜长叶、Amsoy（阿姆索、阿姆索依）等 29 个祖先亲本，分析其核遗传贡献率并注明祖先亲本来源，从而揭示该品种遗传基础，为大豆育种亲本的选择利用提供参考。（详见表 5-4）

表 5-4 五芽豆 2 号祖先亲本

品种名称	母本	父本	祖先亲本	祖先亲本核遗传贡献率/%	祖先亲本来源
五芽豆 2 号	东农 69	绥小粒 2 号	半野生大豆	6.25	黑龙江省农业科学院资源所材料
			逊克当地种	3.52	黑龙江省逊克地方品种
			海伦金元	0.59	黑龙江省海伦地方品种
			五顶珠	0.20	黑龙江省绥化地方品种
			白眉	13.40	黑龙江省克山地方品种
			克山四粒荚	8.79	黑龙江省克山地方品种
			大白眉	2.54	黑龙江省克山地方品种
			蓑衣领	4.30	黑龙江省西部龙江草原地方品种
			佳木斯秃荚子	0.15	黑龙江省佳木斯地方品种
			治安小粒豆	3.13	黑龙江省治安地方品种
			小粒黄	3.71	黑龙江省勃利地方品种
			小粒豆 9 号	3.52	黑龙江省勃利地方品种
			克 67-3256-5F4	1.56	黑龙江省农业科学院克山分院材料
			东农 20(黄-中-中 20)	1.37	东北农业大学材料
			GD50477	6.25	吉林省公主岭半野生大豆
			永丰豆	5.47	吉林省永吉地方品种
			洋蜜蜂	1.17	吉林省榆树地方品种

续表

品种名称	母本	父本	祖先亲本	祖先亲本核遗传贡献率/%	祖先亲本来源
			平顶四	6.25	吉林省中部地方品种
			四粒黄	6.12	吉林省公主岭地方品种
			铁荚四粒黄（黑铁荚）	1.17	吉林省中南部半山区地方品种
			嘟噜豆	0.59	吉林省中南部地方品种
			辉南青皮豆	0.59	吉林省辉南地方品种
			金元	5.82	辽宁省开原地方品种
			大白眉	0.29	辽宁广泛分布的地方品种
			黑龙江41	0.78	俄罗斯材料
			富引1号	3.13	日本品种
			日本小粒豆	3.13	日本品种
			十胜长叶	2.73	日本品种
			Amsoy（阿姆索、阿姆索依）	3.52	美国品种

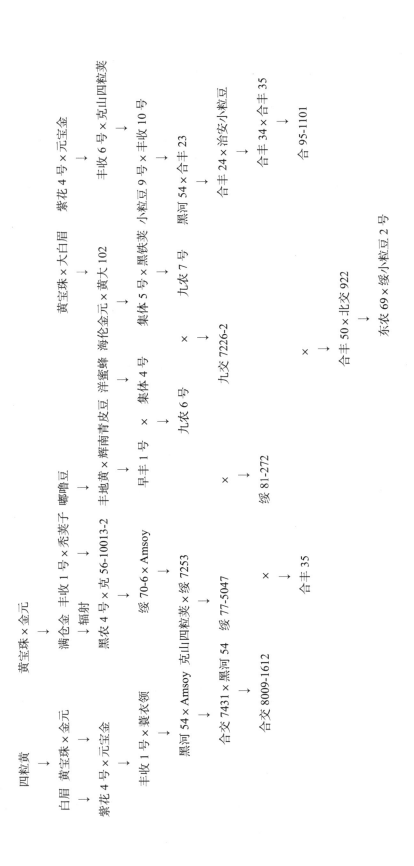

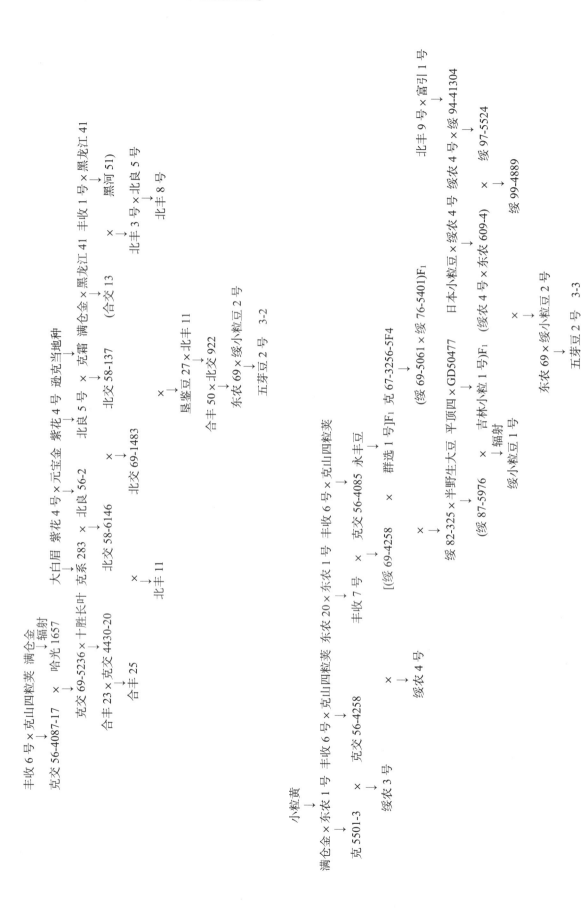

图 5-4　五芽豆 2 号系谱图

5 昊疆 13

昊疆 13 品种简介

【品种来源】昊疆 13 是北安市昊疆农业科学技术研究所（申请者：北安市昊疆农业科学技术研究所、孙吴贺丰种业有限公司）以昊疆 829 为母本，昊疆 711 为父本杂交，经多年选择育成。审定名称：昊疆 13 号，审定编号：黑审豆 2018042。

【植株性状】白花，尖叶，灰色茸毛，荚弯镰形，成熟荚褐色。亚有限结荚习性，株高 82cm 左右，无分枝。

【籽粒特点】芽豆品种。籽粒圆形，种皮黄色，有光泽，种脐黄色，百粒重 14.0g 左右。籽粒粗蛋白含量 39.71%，粗脂肪含量 20.55%。

【生育日数】在适应区从出苗至成熟生育日数 110d 左右，需≥10℃活动积温 2200℃左右。

【抗病鉴定】接种鉴定中抗大豆灰斑病。

【产量表现】2015—2016 年区域试验平均产量 2728.9kg/hm²，较对照品种东农 60 平均增产 12.4%，2017 年生产试验平均产量 2950.1kg/hm²，较对照品种东农 60 平均增产 14.2%。

【适应区域】适宜在黑龙江省≥10℃活动积温 2250℃区域种植。

昊疆 13 遗传基础

昊疆 13 细胞质 100% 来源于昊疆 829，历经 1 轮传递与选育，细胞质传递过程为昊疆 829→昊疆 13。（详见图 5-5）

昊疆 13 细胞核来源于昊疆 711、昊疆 829 等 2 个祖先亲本，分析其核遗传贡献率并注明祖先亲本来源，从而揭示该品种遗传基础，为大豆育种亲本的选择利用提供参考。（详见表 5-5）

表 5-5 昊疆 13 祖先亲本

品种名称	母本	父本	祖先亲本	祖先亲本核遗传贡献率/%	祖先亲本来源
昊疆 13	昊疆 829	昊疆 711	昊疆 711	50.00	北安市昊疆农业科学技术研究所材料
			昊疆 829	50.00	北安市昊疆农业科学技术研究所材料

昊疆 829×昊疆 711
↓
昊疆 13

图 5-5 昊疆 13 系谱图

6 克豆 48

克豆 48 品种简介

【品种来源】克豆 48 是黑龙江省农业科学院克山分院以克交 99-578 为母本，东农 50 为父本杂交，经多年选择育成。审定名称：克豆 48 号，审定编号：黑审豆 20190057。

【植株性状】白花，长叶，灰色茸毛，荚弯镰形，成熟荚褐色。亚有限结荚习性，株高 78cm 左右，有分枝。

【籽粒特点】特种品种（小粒品种）。籽粒圆形，种皮黄色，有光泽，种脐黄色，百粒重 9.3g 左右。籽粒粗蛋白含量 44.34%，粗脂肪含量 15.78%。

【生育日数】在适应区从出苗至成熟生育日数 115d 左右，需≥10℃活动积温 2300℃左右。

【抗病鉴定】接种鉴定中抗大豆灰斑病。

【产量表现】2017—2018 年区域试验平均产量 2161.4kg/hm²，较对照品种东农 60 平均增产 12.4%。

【适应区域】适宜在黑龙江省≥10℃活动积温 2450℃区域种植。

克豆 48 遗传基础

克豆 48 细胞质 100%来源于小粒豆 9 号，历经 6 轮传递与选育，细胞质传递过程为小粒豆 9 号→合丰 23→合丰 25→丰收 22→克交 88513-2→克交 99-578→克豆 48。（详见图 5-6）

克豆 48 细胞核来源于白眉、克山四粒荚、小粒豆 9 号、克交 8206-1、D95-753-754、四粒黄、金元、十胜长叶、Electron 等 9 个祖先亲本，分析其核遗传贡献率并注明祖先亲本来源，从而揭示该品种遗传基础，为大豆育种亲本的选择利用提供参考。（详见表 5-6）

表 5-6　克豆 48 祖先亲本

品种名称	母本	父本	祖先亲本	祖先亲本核遗传贡献率/%	祖先亲本来源
克豆 48	克交 99-578	东农 50	白眉	1.17	黑龙江省克山地方品种
			克山四粒荚	2.34	黑龙江省克山地方品种
			小粒豆 9 号	3.13	黑龙江省勃利地方品种
			克交 8206-1	12.50	黑龙江省农业科学院克山分院材料
			D95-753-754	25.00	黑龙江省农业科学院生物技术中心材料
			四粒黄	1.37	吉林省公主岭地方品种
			金元	1.37	辽宁省开原地方品种
			十胜长叶	3.13	日本品种
			Electron	50.00	加拿大品种

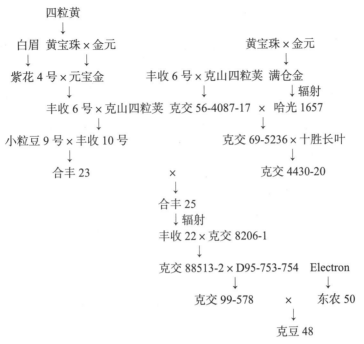

图 5-6　克豆 48 系谱图

7　克豆 57

克豆 57 品种简介

【品种来源】克豆 57 是黑龙江省农业科学院克山分院以克交 99-578 为母本，合丰 42 为父本杂交，经多年选择育成。审定编号：黑审豆 20200065。

【植株性状】白花，圆叶，灰色茸毛，荚弯镰形，成熟荚褐色。亚有限结荚习性，株高 74cm 左右，无分枝。

【籽粒特点】特种品种（小粒）。籽粒圆形，种皮黄色，有光泽，种脐黄色，百粒重 13.1g 左右。籽粒粗蛋白含量 46.71%，粗脂肪含量 16.44%。

【生育日数】在适应区从出苗至成熟生育日数 115d 左右，需 ≥10℃活动积温 2250℃左右。

【抗病鉴定】接种鉴定中抗大豆灰斑病。

【产量表现】2018—2019 年区域试验平均产量 2328.2kg/hm²，较对照品种东农 60 平均增产 12.3%。

【适应区域】适宜在黑龙江省第三积温带西部区，≥10℃活动积温 2350℃区域种植。

克豆 57 遗传基础

克豆 57 细胞质 100% 来源于小粒豆 9 号，历经 6 轮传递与选育，细胞质传递过程为小粒豆 9 号→合丰 23→合丰 25→丰收 22→克交 88513-2→克交 99-578→克豆 57。（详见图 5-7）

克豆 57 细胞核来源于逊克当地种、白眉、克山四粒荚、大白眉、小粒豆 9 号、克交 8206-1、D95-753-754、四粒黄、金元、十胜长叶、Hobbit 等 11 个祖先亲本，分析其核遗传贡献率并注明祖先亲本来源，从而揭

示该品种遗传基础，为大豆育种亲本的选择利用提供参考。（详见表5-7）

表 5-7 克豆 57 祖先亲本

品种名称	母本	父本	祖先亲本	祖先亲本核遗传贡献率/%	祖先亲本来源
克豆 57	克交 99-578	合丰 42	逊克当地种	3.13	黑龙江省逊克地方品种
			白眉	7.03	黑龙江省克山地方品种
			克山四粒荚	4.69	黑龙江省克山地方品种
			大白眉	3.13	黑龙江省克山地方品种
			小粒豆 9 号	6.25	黑龙江省勃利地方品种
			克交 8206-1	12.50	黑龙江省农业科学院克山分院材料
			D95-753-754	25.00	黑龙江省农业科学院生物技术中心材料
			四粒黄	3.52	吉林省公主岭地方品种
			金元	3.52	辽宁省开原地方品种
			十胜长叶	6.25	日本品种
			Hobbit	25.00	美国品种

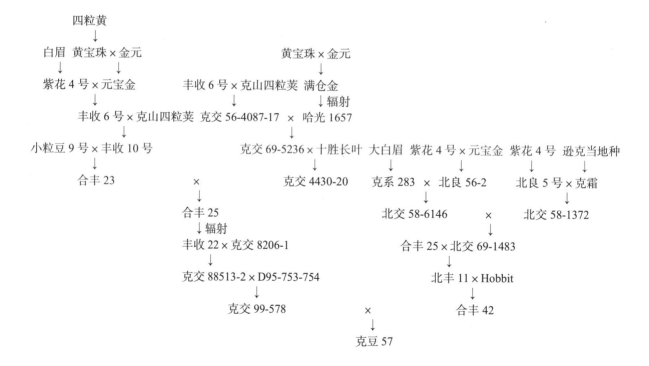

图 5-7 克豆 57 系谱图

8 顺豆小粒豆1号

顺豆小粒豆1号品种简介

【品种来源】顺豆小粒豆1号是黑龙江省风调雨顺种业有限公司以东农小粒豆为母本，抗线1号为父本杂交，经多年选择育成。审定编号：黑审豆2013021。

【植株性状】紫花，长叶，灰色茸毛，荚微弯形，成熟荚褐色。亚有限结荚习性，株高80cm左右。

【籽粒特点】籽粒圆形，种皮黄色，种脐淡褐色，百粒重10g左右。籽粒粗蛋白含量42.44%，粗脂肪含量18.59%。

【生育日数】在适应区从出苗至成熟生育日数123d左右，需≥10℃活动积温2550℃左右。

【抗病鉴定】接种鉴定中抗大豆灰斑病。

【产量表现】2010—2011年区域试验平均产量1961.8kg/hm²，较对照品种东农690平均增产12.6%，2012年生产试验平均产量1870.8kg/hm²，较对照品种东农690平均增产21.8%。

【适应区域】黑龙江省第二积温带。

顺豆小粒豆1号遗传基础

顺豆小粒豆1号细胞质100%来源于东农小粒豆，历经1轮传递与选育，细胞质传递过程为东农小粒豆→顺豆小粒豆1号。（详见图5-8）

顺豆小粒豆1号细胞核来源于白眉、佳木斯秃荚子、东农小粒豆、四粒黄、金元、Franklin等6个祖先亲本，分析其核遗传贡献率并注明祖先亲本来源，从而揭示该品种遗传基础，为大豆育种亲本的选择利用提供参考。（详见表5-8）

表5-8 顺豆小粒豆1号祖先亲本

品种名称	母本	父本	祖先亲本	祖先亲本核遗传贡献率/%	祖先亲本来源
顺豆小粒豆1号	东农小粒豆	抗线1号	白眉	6.25	黑龙江省克山地方品种
			佳木斯秃荚子	12.50	黑龙江省佳木斯地方品种
			东农小粒豆	50.00	东北农业大学材料
			四粒黄	6.25	吉林省公主岭地方品种
			金元	12.50	辽宁省开原地方品种
			Franklin	12.50	美国品种

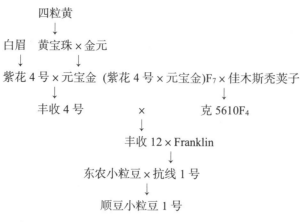

图 5-8　顺豆小粒豆 1 号系谱图

9　齐农 26

齐农 26 品种简介

【品种来源】齐农 26 是黑龙江省农业科学院齐齐哈尔分院以蒙豆 36 为母本、克 09-09 为父本杂交，经多年选择育成。审定名称：齐农 26 号。审定编号：黑审豆 20210042。

【植株性状】白花，圆叶，灰色茸毛，荚弯镰形，成熟荚褐色。亚有限结荚习性，株高 88cm 左右，有分枝。

【籽粒特点】高蛋白、小粒品种。籽粒圆形，种皮黄色，有光泽，种脐黄色，百粒重 12.7g 左右。籽粒粗蛋白含量 45.91%，粗脂肪含量 16.52%。

【生育日数】在适应区出苗至成熟生育日数 115d 左右，需 ≥10℃活动积温 2250℃左右。

【抗病鉴定】接种鉴定中抗大豆灰斑病。

【产量表现】2019—2020 年区域试验平均产量 2559.6kg/hm²，较对照品种东农 60 平均增产 11.3%。

【适应区域】适宜在黑龙江省第三积温带 ≥10℃活动积温 2350℃区域种植。

齐农 26 遗传基础

齐农 26 细胞质 100% 来源于小粒豆 9 号，历经 6 轮传递与选育，细胞质传递过程为小粒豆 9 号→合丰 23→合丰 25→北 87-7→蒙豆 13→蒙豆 36→齐农 26。（详见图 5-9）

齐农 26 细胞核来源于逊克当地种、五顶珠、白眉、克山四粒荚、大白眉、小粒黄、小粒豆 9 号、秃荚子、长叶大豆、克交 8206-1、克交 885122、D95-753-754、东农 3 号、东农 20（黄-中-中 20）、哈 49-2158、哈 61-8134、永丰豆、四粒黄、铁荚四粒黄（黑铁荚）、嘟噜豆、金元、小金黄、熊岳小粒黄、黑龙江 41、十胜长叶、花生等 26 个祖先亲本，分析其核遗传贡献率并注明祖先亲本来源，从而揭示该品种遗传基础，为大豆育种亲本的选择利用提供参考。（详见表 5-9）

表 5-9　齐农 26 祖先亲本

品种名称	母本	父本	祖先亲本	祖先亲本核遗传贡献率/%	祖先亲本来源
齐农 26	蒙豆 36	克 09-09	逊克当地种	2.34	黑龙江省逊克地方品种
			五顶珠	3.13	黑龙江省绥化地方品种
			白眉	5.96	黑龙江省克山地方品种
			克山四粒荚	5.27	黑龙江省克山地方品种
			大白眉	1.56	黑龙江省克山地方品种
			小粒黄	2.73	黑龙江省勃利地方品种
			小粒豆 9 号	5.47	黑龙江省勃利地方品种
			秃荚子	1.56	黑龙江省木兰地方品种
			长叶大豆	1.56	黑龙江省地方品种
			克交 8206-1	6.25	黑龙江省农业科学院克山分院材料
			克交 885122	6.25	黑龙江省农业科学院克山分院材料
			东农 3 号	0.78	东北农业大学材料
			东农 20(黄-中-中 20)	0.39	东北农业大学材料
			哈 49-2158	1.56	黑龙江省农业科学院大豆研究所材料
			哈 61-8134	1.56	黑龙江省农业科学院大豆研究所材料
			D95-753-754	18.75	黑龙江省农业科学院生物技术中心材料
			永丰豆	1.56	吉林省永吉地方品种
			四粒黄	7.28	吉林省公主岭地方品种
			铁荚四粒黄（黑铁荚）	0.78	吉林省中南部半山区地方品种
			嘟噜豆	0.78	吉林省中南部地方品种
			金元	7.28	辽宁省开原地方品种
			小金黄	0.78	辽宁省沈阳地方品种
			熊岳小粒黄	0.78	辽宁省熊岳地方品种
			黑龙江 41	0.78	俄罗斯材料
			十胜长叶	11.72	日本品种
			花生	3.13	远缘物种

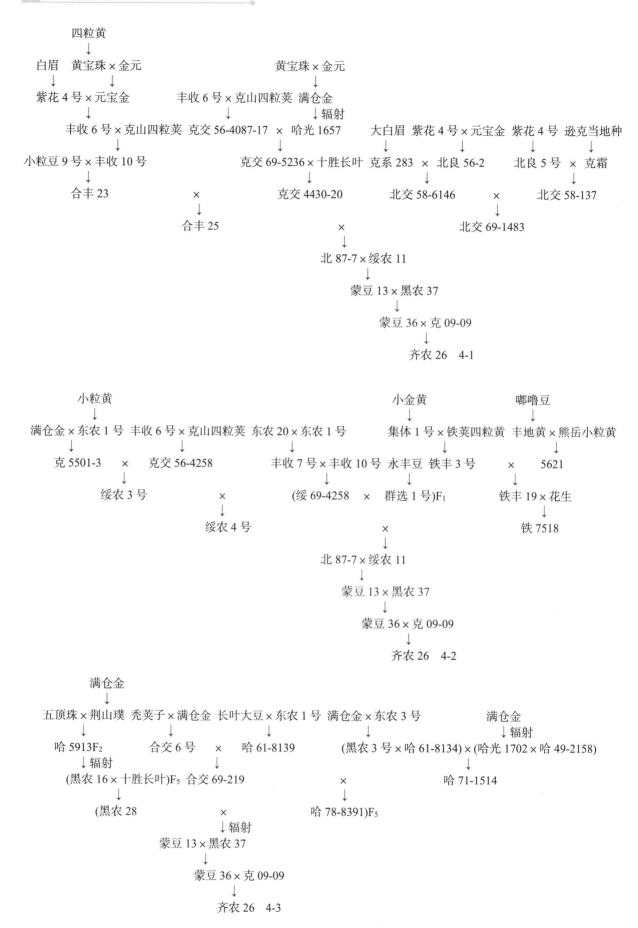

四粒黄
↓
白眉　黄宝珠×金元　　　　　　　黄宝珠×金元
↓　　　↓　　　　　　　　　　　　　　↓
紫花 4 号×元宝金　　丰收 6 号×克山四粒荚　满仓金
↓　　　　　　　　　　　　　　　　　↓辐射
丰收 6 号×克山四粒荚　克交 56-4087-17 × 哈光 1657　　大白眉　紫花 4 号×元宝金　紫花 4 号　逊克当地种
↓　　　　　　　　　　　　　　↓　　　　　　　　　　↓　　　　↓　　　　　↓　　　　　↓
小粒豆 9 号×丰收 10 号　　克交 69-5236×十胜长叶　克系 283　× 北良 56-2　北良 5 号　× 克霜
↓　　　　　　　　　　　　　　　↓　　　　　　　　　↓　　　　　　　　　　　↓
合丰 23　　　　　　×　　　　克交 4430-20　　　北交 58-6146　　　×　　　北交 58-137
↓　　　　　　　　　　　　　　　　　　　　　　　　　　　　　　　　　　↓
合丰 25　　　　　　　　　　　　×　　　　　　　　　北交 69-1483
↓
北 87-7×绥农 11
↓
蒙豆 13×黑农 37
↓
蒙豆 36×克 09-09
↓
齐农 26　4-1

小粒黄　　　　　　　　　　　　　　　　小金黄　　　　　嘟噜豆
↓　　　　　　　　　　　　　　　　　　　↓　　　　　　　↓
满仓金×东农 1 号　丰收 6 号×克山四粒荚　东农 20×东农 1 号　集体 1 号×铁荚四粒黄　丰地黄×熊岳小粒黄
↓　　　　　　　　　　↓　　　　　　　　↓　　　　　　　　↓　　　　　　　　　↓
克 5501-3　×　克交 56-4258　　丰收 7 号×丰收 10 号　永丰豆　铁丰 3 号　×　5621
↓　　　　　　　　　　　　　　　　↓　　　　　　↓　　　　↓　　　　　　　　↓
绥农 3 号　　　　　　×　　　　　(绥 69-4258　×　群选 1 号)F₁　铁丰 19×花生
↓　　　　　　　　　　　　　　　　　　　　↓　　　　　　　　↓
绥农 4 号　　　　　　　　　　　　　　　　×　　　　　　铁 7518
↓
北 87-7×绥农 11
↓
蒙豆 13×黑农 37
↓
蒙豆 36×克 09-09
↓
齐农 26　4-2

满仓金
↓
五顶珠×荆山璞　秃荚子×满仓金　长叶大豆×东农 1 号　满仓金×东农 3 号　　满仓金
↓　　　　　　　↓　　　　　　　　↓　　　　　　　　　↓　　　　　　　　　↓辐射
哈 5913F₂　　合交 6 号　　×　　哈 61-8139　　(黑农 3 号×哈 61-8134)×(哈光 1702×哈 49-2158)
↓辐射　　　　　↓　　　　　　　　　　　　　　　　　　　　　　　　　　↓
(黑农 16×十胜长叶)F₅　合交 69-219　　　　　　　　　　　　　　哈 71-1514
↓
(黑农 28　　　　　　×　　　　哈 78-8391)F₅
↓辐射
蒙豆 13×黑农 37
↓
蒙豆 36×克 09-09
↓
齐农 26　4-3

194

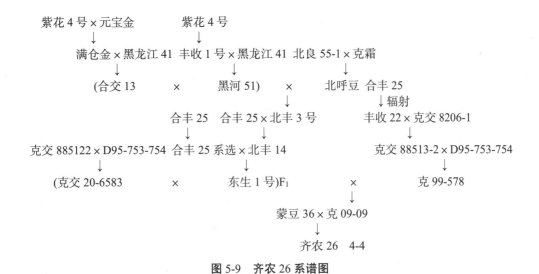

图 5-9 齐农 26 系谱图

10 齐农 28

齐农 28 品种简介

【品种来源】齐农 28 号是黑龙江省农业科学院齐齐哈尔分院以九三 00-48 为母本、顺小粒豆 1 号为父本杂交，经多年选择育成。审定编号：黑审豆 20210041。

【植株性状】紫花，尖叶，灰色茸毛，荚弯镰形，成熟荚褐色。亚有限结荚习性，株高 89cm 左右，有分枝。

【籽粒特点】小粒品种。籽粒圆形，种皮黄色，有光泽，种脐黄色，百粒重 8.6g 左右。籽粒粗蛋白含量 42.44%，粗脂肪含量 17.74%。

【生育日数】在适应区出苗至成熟生育日数 115d 左右，需≥10℃活动积温 2250℃左右。

【抗病鉴定】接种鉴定中抗大豆灰斑病。

【产量表现】2019—2020 年区域试验平均产量 2533.7kg/hm²，较对照品种东农 60 平均增产 10.8%。

【适应区域】适宜在黑龙江省第三积温带≥10℃活动积温 2350℃区域种植。

齐农 28 遗传基础

齐农 28 细胞质 100%来源于 Electron，历经 3 轮传递与选育，细胞质传递过程为 Electron→东农 50→九三 00-48→齐农 28。（详见图 5-10）

齐农 28 细胞核来源于半野生大豆、白眉、克山四粒荚、佳木斯秃荚子、小粒黄、克 67-3256-5F4、绥 76-5401、东农 20（黄-中-中 20）、东农小粒豆、GD50477、永丰豆、平顶四、四粒黄、金元、Electron、Franklin 等 16 个祖先亲本，分析其核遗传贡献率并注明祖先亲本来源，从而揭示该品种遗传基础，为大豆育种亲本的选择利用提供参考。（详见表 5-10）

表 5-10 齐农 28 祖先亲本

品种名称	母本	父本	祖先亲本	祖先亲本核遗传贡献率/%	祖先亲本来源
齐农 28	九三 00-48	顺小粒豆 1 号	半野生大豆	6.25	黑龙江省农业科学院资源所材料
			白眉	3.42	黑龙江省克山地方品种
			克山四粒荚	0.59	黑龙江省克山地方品种
			佳木斯秃荚子	6.25	黑龙江省佳木斯地方品种
			小粒黄	0.59	黑龙江省勃利地方品种
			克 67-3256-5F4	1.56	黑龙江省农业科学院克山分院材料
			绥 76-5401	1.56	黑龙江省农业科学院绥化分院材料
			东农 20(黄-中-中 20)	0.20	东北农业大学材料
			东农小粒豆	25.00	东北农业大学材料
			GD50477	6.25	吉林省公主岭半野生大豆
			永丰豆	0.78	吉林省永吉地方品种
			平顶四	6.25	吉林省中部地方品种
			四粒黄	3.47	吉林省公主岭地方品种
			金元	6.59	辽宁省开原地方品种
			Electron	25.00	加拿大品种
			Franklin	6.25	美国品种

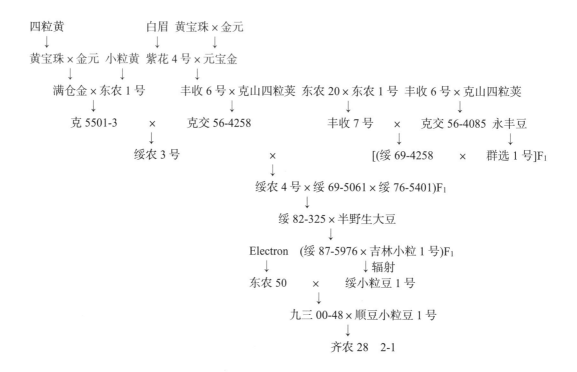

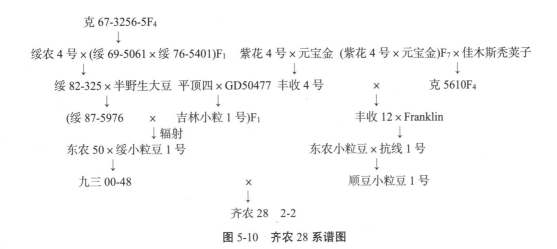

图 5-10 齐农 28 系谱图

11 绥小粒豆 1 号

绥小粒豆 1 号品种简介

【品种来源】绥小粒豆 1 号是黑龙江省农业科学院绥化农科所（现单位名称：黑龙江省农业科学院绥化分院）1994 年把（小粒豆绥 87-5976×吉林小粒豆 1 号）F_0 种子，用 ^{60}Co-γ 射线处理，经 5 个世代选育而成。审定编号：黑审豆 2002013。

【植株性状】紫花，长叶，灰色茸毛，成熟荚褐色。亚有限结荚习性，株高 80cm 左右，分枝力强，主茎结荚密，平均每荚 2.2 粒。

【籽粒特点】籽粒圆形，种皮鲜黄色，有光泽，种脐无色，百粒重 9.0g 左右。籽粒粗蛋白含量 46.01%，粗脂肪含量 16.11%。

【生育日数】在适应区从出苗至成熟生育日数 113d 左右，需≥10℃活动积温 2320℃。

【抗病鉴定】接种鉴定中抗大豆灰斑病。

【产量表现】1999—2000 年区域试验平均产量 2056.5kg/hm²，较对照品种黑农 1 号、加拿大小粒豆平均增产 12.9%，2001 年生产试验平均产量 2020.5kg/hm²，较对照品种加拿大小粒豆平均增产 12.6%。

【适应区域】黑龙江省第二积温带。

绥小粒豆 1 号遗传基础

绥小粒豆 1 号细胞质 100%来源于四粒黄，历经 9 轮传递与选育，细胞质传递过程为四粒黄→黄宝珠→满仓金→克 5501-3→绥农 3 号→绥农 4 号→绥 82-325→绥 87-5976→(小粒豆绥 87-5976×吉林小粒豆 1 号)F_0→绥小粒豆 1 号。（详见图 5-11）

绥小粒豆 1 号细胞核来源于半野生大豆、白眉、克山四粒荚、小粒黄、克 67-3256-5F_4、绥 76-5401、东农 20(黄-中-中 20)、GD50477、永丰豆、平顶四、四粒黄、金元等 12 个祖先亲本，分析其核遗传贡献率并注明祖先亲本来源，从而揭示该品种遗传基础，为大豆育种亲本的选择利用提供参考。（详见表 5-11）

表 5-11　绥小粒豆 1 号祖先亲本

品种名称	父母本	祖先亲本核遗传贡献率/%	祖先亲本	祖先亲本来源
绥小粒豆 1 号	(绥 87-5976×吉林小粒豆 1 号)F0 种子辐射材料	25.00	半野生大豆	黑龙江省农业科学院资源所材料
		1.17	白眉	黑龙江省克山地方品种
		2.34	克山四粒荚	黑龙江省克山地方品种
		2.34	小粒黄	黑龙江省勃利地方品种
		6.25	克 67-3256-5F4	黑龙江省农业科学院克山分院材料
		6.25	绥 76-5401	黑龙江省农业科学院绥化分院材料
		0.78	东农 20(黄-中-中 20)	东北农业大学材料
		25.00	GD50477	吉林省公主岭半野生大豆
		3.13	永丰豆	吉林省永吉地方品种
		25.00	平顶四	吉林省中部地方品种
		1.37	四粒黄	吉林省公主岭地方品种
		1.37	金元	辽宁省开原地方品种

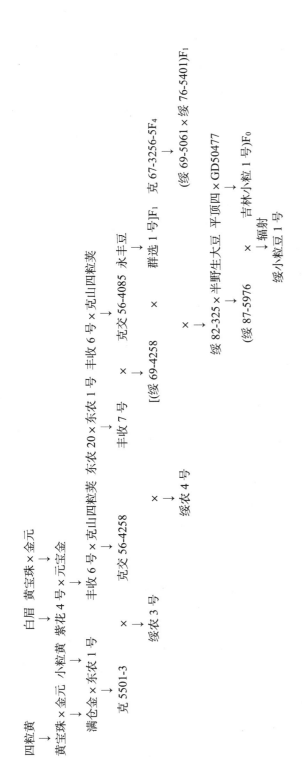

图 5-11 绥小粒豆 1 号系谱图

12 绥小粒豆2号

绥小粒豆2号品种简介

【品种来源】绥小粒豆2号是黑龙江省农业科学院绥化农科所（现单位名称：黑龙江省农业科学院绥化分院）以绥小粒豆1号为母本、绥99-4889为父本杂交，经多年选择育成。审定编号：黑审豆2007023。

【植株性状】紫花，长叶，灰色茸毛，荚微弯镰形，成熟荚褐色。亚有限结荚习性，株高100cm左右，有分枝。

【籽粒特点】籽粒圆球形，种皮黄色，有光泽，种脐浅黄色，百粒重9.5g左右。籽粒粗蛋白含量45.47%，粗脂肪含量16.70%。

【生育日数】在适应区从出苗至成熟生育日数115d左右，需≥10℃活动积温2300℃左右。

【抗病鉴定】接种鉴定中抗大豆灰斑病。

【产量表现】2004—2005年区域试验平均产量2431.6kg/hm²，较对照品种绥小粒豆1号平均增产18.4%，2006年生产试验平均产量2150.3kg/hm²，较对照品种绥小粒豆1号平均增产14.4%。

【适应区域】黑龙江省第二积温带及第三积温带上限。

绥小粒豆2号遗传基础

绥小粒豆2号细胞质100%来源于四粒黄，历经10轮传递与选育，细胞质传递过程为四粒黄→黄宝珠→满仓金→克5501-3→绥农3号→绥农4号→绥82-325→绥87-5976→（绥87-5976×吉林小粒豆1号）F₀→绥小粒豆1号→绥小粒豆2号。（详见图5-12）

绥小粒豆2号细胞核来源于半野生大豆、逊克当地种、五顶珠、白眉、克山四粒荚、大白眉、小粒黄、小粒豆9号、克67-3256-5F₄、绥76-5401、东农20（黄-中-中20）、GD50477、永丰豆、平顶四、四粒黄、金元、富引1号、日本小粒豆、十胜长叶等19个祖先亲本，分析其核遗传贡献率并注明祖先亲本来源，从而揭示该品种遗传基础，为大豆育种亲本的选择利用提供参考。（详见表5-12）

表5-12　绥小粒豆2号祖先亲本

品种名称	母本	父本	祖先亲本	祖先亲本核遗传贡献率/%	祖先亲本来源
绥小粒豆2号	绥小粒豆1号	绥99-4889	12.50	半野生大豆	黑龙江省农业科学院资源所材料
			0.78	逊克当地种	黑龙江省逊克地方品种
			0.39	五顶珠	黑龙江省绥化地方品种
			4.79	白眉	黑龙江省克山地方品种
			7.62	克山四粒荚	黑龙江省克山地方品种
			0.39	大白眉	黑龙江省克山地方品种
			7.03	小粒黄	黑龙江省勃利地方品种

续表

品种名称	母本	父本	祖先亲本核遗传贡献率/%	祖先亲本	祖先亲本来源
绥小粒豆2号	绥小粒豆1号	绥99-4889	0.78	小粒豆9号	黑龙江省勃利地方品种
			3.13	克67-3256-5F4	黑龙江省农业科学院克山分院材料
			3.13	绥76-5401	黑龙江省农业科学院绥化分院材料
			2.34	东农20(黄-中-中20)	东北农业大学材料
			12.50	GD50477	吉林省公主岭半野生大豆
			9.38	永丰豆	吉林省永吉地方品种
			12.50	平顶四	吉林省中部地方品种
			4.74	四粒黄	吉林省公主岭地方品种
			4.74	金元	辽宁省开原地方品种
			6.25	富引1号	日本品种
			6.25	日本小粒豆	日本品种
			0.78	十胜长叶	日本品种

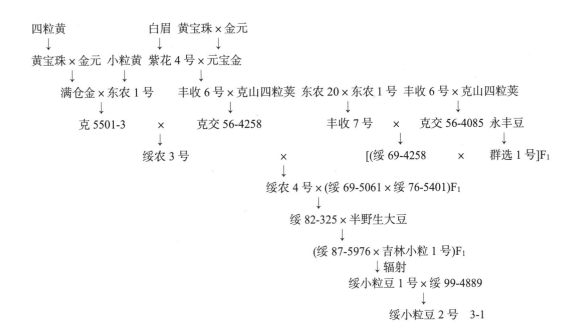

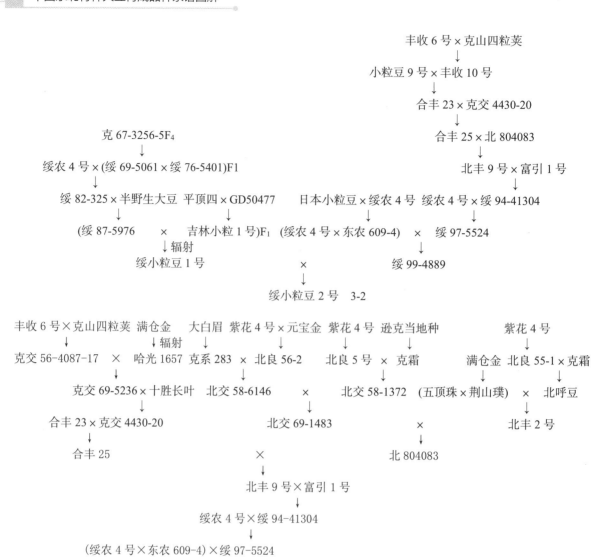

图 5-12　绥小粒豆 2 号系谱图

13 红丰小粒豆 1 号

红丰小粒豆 1 号品种简介

【品种来源】红丰小粒豆 1 号是黑龙江省红兴隆农管局农业科学研究所 1980 年以钢 6634-7-晚为母本，红野-1 为父本杂交，经多年选择育成。黑龙江省确定推广时间：1988 年。

【植株性状】白花，披针叶，叶片较小，绿色，灰色茸毛。无限结荚习性，株高 70~80cm，分枝 4~5 个，3、4 粒荚较多。茎秆基部粗壮，上部节间较长而细，在鼓粒期由于上部重量大而弯曲，落叶后呈直立或倾斜状。

【籽粒特点】籽粒椭圆形，种皮黄色，种脐浅黄色，百粒重 7.0g 左右。籽粒粗蛋白含量 39.90%，粗脂肪含量 16.70%。

【生育日数】在适应区从出苗至成熟生育日数 113d 左右。

【抗病鉴定】接种鉴定抗大豆灰斑病。

【产量表现】1986—1987 年区域试验平均产量 1941.0kg/hm²，较对照品种红丰 3 号减产 11.9%，1987 年生产试验平均产量 1780.5kg/hm²，较对照品种红丰 3 号减产 24.1%。

【适应区域】分布于黑龙江省红兴隆农管局一般土壤肥力。

红丰小粒豆 1 号遗传基础

红丰小粒豆 1 号细胞质 100% 来源于四粒黄，历经 5 轮传递与选育，细胞质传递过程为四粒黄→黄宝珠→满仓金→黑农 8 号→钢 6634-7-晚→红丰小粒豆 1 号。（详见图 5-13）

红丰小粒豆 1 号细胞核来源于红野-1、白眉、四粒黄、四粒黄、金元等 5 个祖先亲本，分析其核遗传贡献率并注明祖先亲本来源，从而揭示该品种遗传基础，为大豆育种亲本的选择利用提供参考。（详见表 5-13）

表 5-13　红丰小粒豆 1 号祖先亲本

品种名称	母本	父本	祖先亲本	祖先亲本核遗传贡献率/%	祖先亲本来源
红丰小粒豆 1 号	钢 6634-7-晚	红野-1	红野-1	50.00	黑龙江省地方品种
			白眉	6.25	黑龙江省克山地方品种
			四粒黄	12.50	黑龙江省东部和中部地方品种
			四粒黄	15.63	吉林省公主岭地方品种
			金元	15.63	辽宁省开原地方品种

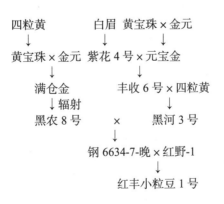

图 5-13　红丰小粒豆 1 号系谱图

14 合丰 54

合丰 54 品种简介

【品种来源】合丰 54 是黑龙江省农业科学院合江农业科学研究所（现单位名称：黑龙江省农业科学院佳木斯分院）以龙 9777 为母本，日本小粒豆为父本杂交，经多年选择育成。审定编号：黑审豆 2008020。

【植株性状】白花，尖叶，灰色茸毛，荚直形，成熟荚灰褐色。无限结荚习性，株高 90~95cm，有分枝。

【籽粒特点】小粒豆。籽粒圆形，种皮黄色，有光泽，种脐黄色，百粒重 9.0g 左右。籽粒粗蛋白含量 42.29%，粗脂肪含量 19.30%。

【生育日数】在适应区从出苗至成熟生育日数 115d 左右，需≥10℃活动积温 2320℃左右。

【抗病鉴定】接种鉴定中抗大豆灰斑病。

【产量表现】2006—2007 年区域试验平均产量 2201.6kg/hm²，较对照品种绥小粒豆 1 号平均增产 13.2%，2007 年生产试验平均产量 2211.6kg/hm²，较对照品种绥小粒豆 1 号平均增产 13.0%。

【适应区域】黑龙江省第二积温带。

合丰 54 遗传基础

合丰 54 细胞质 100% 来源于四粒黄，历经 7 轮传递与选育，细胞质传递过程为四粒黄→黄宝珠→满仓金→东农 4 号→哈 63-2294→黑农 26→龙 9777→合丰 54。（详见图 5-14）

合丰 54 细胞核来源于白眉、小金黄、四粒黄、金元、日本小粒豆等 5 个祖先亲本，分析其核遗传贡献率并注明祖先亲本来源，从而揭示该品种遗传基础，为大豆育种亲本的选择利用提供参考。（详见表 5-14）

表 5-14　合丰 54 祖先亲本

品种名称	母本	父本	祖先亲本	祖先亲本核遗传贡献率/%	祖先亲本来源
合丰 54	龙 9777	日本小粒豆	白眉	12.50	黑龙江省克山地方品种
			小金黄	25.00	吉林省中部平原地区地方品种
			四粒黄	6.25	吉林省公主岭地方品种
			金元	6.25	辽宁省开原地方品种
			日本小粒豆	50.00	日本品种

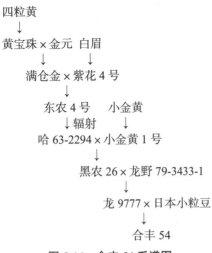

图 5-14　合丰 54 系谱图

15　合农 58

合农 58 品种简介

【品种来源】合农 58 是黑龙江省农业科学院佳木斯分院以龙 9777 为母本，日本小粒豆为父本杂交，经多年选择育成。审定编号：黑审豆 2010020。

【植株性状】白花，尖叶，灰色茸毛，荚直形，成熟荚黄褐色。亚有限结荚习性，株高 75～85cm，多分枝。

【籽粒特点】芽豆或纳豆加工专用品种。籽粒圆形，种皮黄色，有光泽，种脐黄色，百粒重 9.5g。籽粒粗蛋白含量 42.75%，粗脂肪含量 19.14%，可溶性糖含量 8.17%。

【生育日数】在适应区从出苗至成熟生育日数 114d 左右，需 ≥10℃ 活动积温 2260℃ 左右。

【抗病鉴定】接种鉴定中抗大豆灰斑病。

【产量表现】2007—2008 年区域试验平均产量 2291.7kg/hm²，较对照品种绥小粒豆 1 号平均增产 16.2%，2009 年生产试验平均产量 2273.3kg/hm²，较对照品种绥小粒豆 1 号平均增产 14.2%。

【适应区域】黑龙江省第二积温带。

合农 58 遗传基础

合农 58 细胞质 100% 来源于四粒黄，历经 7 轮传递与选育，细胞质传递过程为四粒黄→黄宝珠→满仓金→东农 4 号→哈 63-2294→黑农 26→龙 9777→合农 58。（详见图 5-15）

合农 58 细胞核来源于白眉、小金黄、四粒黄、金元、日本小粒豆等 5 个祖先亲本，分析其核遗传贡献率并注明祖先亲本来源，从而揭示该品种遗传基础，为大豆育种亲本的选择利用提供参考。（详见表 5-15）

表 5-15　合农 58 祖先亲本

品种名称	母本	父本	祖先亲本	祖先亲本核遗传贡献率/%	祖先亲本来源
合农 58	龙 9777	日本小粒豆	白眉	12.50	黑龙江省克山地方品种
			小金黄	25.00	吉林省中部平原地区地方品种
			四粒黄	6.25	吉林省公主岭地方品种
			金元	6.25	辽宁省开原地方品种
			日本小粒豆	50.00	日本品种

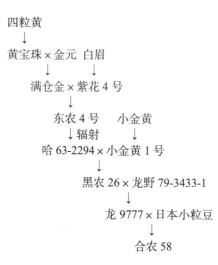

四粒黄
↓
黄宝珠 × 金元　白眉
↓　　　↓
满仓金 × 紫花 4 号
↓
东农 4 号　　小金黄
↓辐射　　　↓
哈 63-2294 × 小金黄 1 号
↓
黑农 26 × 龙野 79-3433-1
↓
龙 9777 × 日本小粒豆
↓
合农 58

图 5-15　合农 58 系谱图

16 合农 92

合农 92 品种简介

【品种来源】合农 92 是黑龙江省农业科学院佳木斯分院以合丰 34 为母本，九丰 10 号为父本杂交，经多年选择育成。审定编号：黑审豆 2016017。

【植株性状】紫花，尖叶，灰色茸毛，荚弯镰形，成熟荚褐色。亚有限结荚习性，株高 81cm 左右，有分枝。

【籽粒特点】小粒豆品种。籽粒圆形，种皮黄色，有光泽，种脐黄色，百粒重 15.0g 左右。籽粒粗蛋白含量 38.61%，粗脂肪含量 22.20%。

【生育日数】在适应区从出苗至成熟生育日数 111d 左右，需≥10℃活动积温 2250℃左右。

【抗病鉴定】接种鉴定中抗大豆灰斑病。

【产量表现】2013—2014 年区域试验平均产量 2595.4kg/hm²，较对照品种合农 58 平均增产 13.5%，2015 年生产试验平均产量 2681.5kg/hm²，较对照品种合农 58 平均增产 15.2%。

【适应区域】适宜黑龙江省第三积温带下限及第四积温带上限种植。

合农 92 遗传基础

合农 92 细胞质 100% 来源于白眉，历经 6 轮传递与选育，细胞质传递过程为白眉→紫花 4 号→丰收 1 号→黑河 54→合丰 24→合丰 34→合农 92。（详见图 5-16）

合农 92 细胞核来源于海伦金元、白眉、克山四粒荚、蓑衣领、治安小粒豆、小粒黄、小粒豆 9 号、东农 20（黄-中-中 20）、永丰豆、洋蜜蜂、四粒黄、铁荚四粒黄（黑铁荚）、嘟噜豆、辉南青皮豆、金元、大白眉、十胜长叶等 17 个祖先亲本，分析其核遗传贡献率并注明祖先亲本来源，从而揭示该品种遗传基础，为大豆育种亲本的选择利用提供参考。（详见表 5-16）

表 5-16　合农 92 祖先亲本

品种名称	母本	父本	祖先亲本	祖先亲本核遗传贡献率/%	祖先亲本来源
合农 92	合丰 34	九丰 10 号	海伦金元	1.56	黑龙江省海伦地方品种
			白眉	8.20	黑龙江省克山地方品种
			克山四粒荚	10.16	黑龙江省克山地方品种
			蓑衣领	6.25	黑龙江省西部龙江草原地方品种
			治安小粒豆	25.00	黑龙江省治安地方品种
			小粒黄	2.34	黑龙江省勃利地方品种
			小粒豆 9 号	12.50	黑龙江省勃利地方品种
			东农 20(黄-中-中 20)	0.78	东北农业大学材料
			永丰豆	3.13	吉林省永吉地方品种
			洋蜜蜂	3.13	吉林省榆树地方品种
			四粒黄	7.23	吉林省公主岭地方品种
			铁荚四粒黄（黑铁荚）	3.13	吉林省中南部半山区地方品种
			嘟噜豆	1.56	吉林省中南部地方品种
			辉南青皮豆	1.56	吉林省辉南地方品种
			金元	6.45	辽宁省开原地方品种
			大白眉	0.78	辽宁广泛分布的地方品种
			十胜长叶	6.25	日本品种

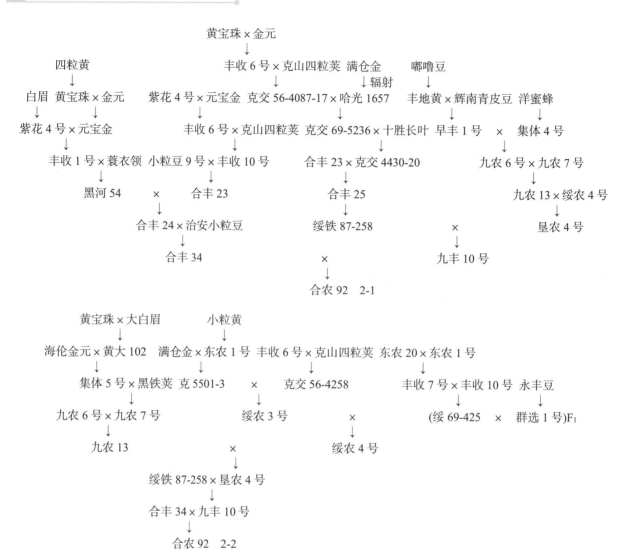

图 5-16　合农 92 系谱图

17　合农 113

合农 113 品种简介

【品种来源】合农 113 是黑龙江省农业科学院佳木斯分院以日本小粒豆为母本，合交 98-1062 为父本杂交，经多年选择育成。审定编号：黑审豆 20190041。

【植株性状】紫花，尖叶，灰色茸毛，荚弯镰形，成熟荚褐色。有限结荚习性，株高 69cm 左右，有分枝。

【籽粒特点】特种品种（小粒品种）。籽粒圆形，种皮黄色，有光泽，种脐黄色，百粒重 12.2g 左右。籽粒粗蛋白含量 40.50%，粗脂肪含量 19.51%。

【生育日数】在适应区从出苗至成熟生育日数 120d 左右，需≥10℃活动积温 2450℃左右。

【抗病鉴定】接种鉴定中抗大豆灰斑病。

【产量表现】2016—2017 年区域试验平均产量 2760.0kg/hm²，较对照品种绥小粒豆 2 号平均增产 14.2%，2018 年生产试验平均产量 2749.7kg/hm²，较对照品种绥小粒豆 2 号平均增产 13.8%。

【适应区域】适宜在黑龙江省≥10℃活动积温 2600℃区域种植。

合农 113 遗传基础

合农 113 细胞质 100%来源于日本小粒豆，历经 1 轮传递与选育，细胞质传递过程为日本小粒豆→合农 113。（详见图 5-17）

合农 113 细胞核来源于海伦金元、千斤黄、白眉、克山四粒荚、蓑衣领、治安小粒豆、小粒黄、小粒豆 9 号、东农 20（黄-中-中 20）、永丰豆、洋蜜蜂、四粒黄、铁荚四粒黄（黑铁荚）、嘟噜豆、辉南青皮豆、金元、大白眉、日本小粒豆等 18 个祖先亲本，分析其核遗传贡献率并注明祖先亲本来源，从而揭示该品种遗传基础，为大豆育种亲本的选择利用提供参考。（详见表 5-17）

表 5-17 合农 113 祖先亲本

品种名称	母本	父本	祖先亲本	祖先亲本核遗传贡献率/%	祖先亲本来源
合农 113	日本小粒豆	合交 98-1062	海伦金元	0.78	黑龙江省海伦地方品种
			千斤黄	6.25	黑龙江省安达地方品种
			白眉	4.88	黑龙江省克山地方品种
			克山四粒荚	1.95	黑龙江省克山地方品种
			蓑衣领	1.56	黑龙江省西部龙江草原地方品种
			治安小粒豆	6.25	黑龙江省治安地方品种
			小粒黄	1.17	黑龙江省勃利地方品种
			小粒豆 9 号	1.56	黑龙江省勃利地方品种
			东农 20(黄-中-中 20)	0.39	东北农业大学材料
			永丰豆	1.56	吉林省永吉地方品种
			洋蜜蜂	1.56	吉林省榆树地方品种
			四粒黄	9.47	吉林省公主岭地方品种
			铁荚四粒黄（黑铁荚）	1.56	吉林省中南部半山区地方品种
			嘟噜豆	0.78	吉林省中南部地方品种
			辉南青皮豆	0.78	吉林省辉南地方品种
			金元	9.08	辽宁省开原地方品种
			大白眉	0.39	辽宁广泛分布的地方品种
			日本小粒豆	50.00	日本品种

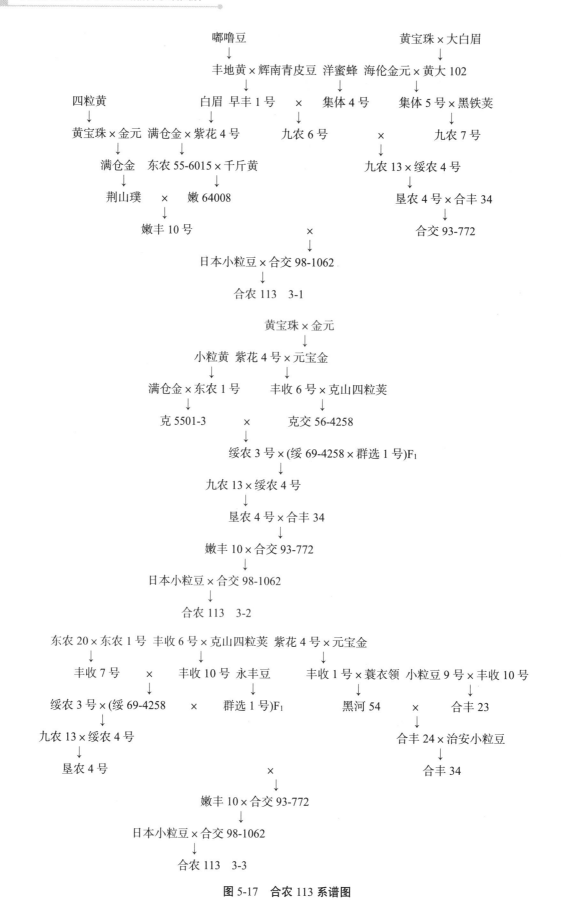

图 5-17 合农 113 系谱图

18 合农 135

合农 135 品种简介

【品种来源】合农 135 是黑龙江省农业科学院佳木斯分院以合农 69 为母本，绥农 14 为父本杂交，经多年选择育成。审定编号：黑审豆 20190056。

【植株性状】白花，尖叶，灰色茸毛，荚弯镰形，成熟荚褐色。亚有限结荚习性，株高 76cm 左右，有分枝。

【籽粒特点】特种大豆（小粒品种）。籽粒圆形，种皮黄色，有光泽，种脐黄色，百粒重 14.1g 左右。籽粒粗蛋白含量 38.45%，粗脂肪含量 21.05%。

【生育日数】在适应区从出苗至成熟生育日数 118d 左右，需≥10℃活动积温 2350℃左右。

【抗病鉴定】接种鉴定中抗大豆灰斑病。

【产量表现】2017—2018 年区域试验平均产量 3185.0kg/hm²，较对照品种绥小粒豆 2 号平均增产 15.7%。

【适应区域】适宜在黑龙江省≥10℃活动积温 2500℃区域种植。

合农 135 遗传基础

合农 135 细胞质 100%来源于小粒豆 9 号，历经 6 轮传递与选育，细胞质传递过程为小粒豆 9 号→合丰 23→合丰 25→北丰 11→合交 98-1622→合农 69→合农 135。（详见图 5-18）

合农 135 细胞核来源于逊克当地种、海伦金元、五顶珠、白眉、克山四粒荚、大白眉、佳木斯秃荚子、小粒黄、小粒豆 9 号、东农 20（黄-中-中 20）、永丰豆、洋蜜蜂、四粒黄、铁荚四粒黄（黑铁荚）、嘟噜豆、辉南青皮豆、金元、十胜长叶、Amsoy（阿姆索、阿姆索依）、Hobbit 等 20 个祖先亲本，分析其核遗传贡献率并注明祖先亲本来源，从而揭示该品种遗传基础，为大豆育种亲本的选择利用提供参考。（详见表 5-18）

表 5-18 合农 135 祖先亲本

品种名称	母本	父本	祖先亲本	祖先亲本核遗传贡献率/%	祖先亲本来源
合农 135	合农 69	绥农 14	逊克当地种	1.56	黑龙江省逊克地方品种
			海伦金元	0.78	黑龙江省海伦地方品种
			五顶珠	3.13	黑龙江省绥化地方品种
			白眉	7.13	黑龙江省克山地方品种
			克山四粒荚	12.89	黑龙江省克山地方品种
			大白眉	1.95	黑龙江省克山地方品种
			佳木斯秃荚子	0.20	黑龙江省佳木斯地方品种
			小粒黄	3.52	黑龙江省勃利地方品种

续表

品种名称	母本	父本	祖先亲本	祖先亲本核遗传贡献率/%	祖先亲本来源
合农 135	合农 69	绥农 14	小粒豆 9 号	7.81	黑龙江省勃利地方品种
			东农 20(黄-中-中 20)	1.17	东北农业大学材料
			永丰豆	4.69	吉林省永吉地方品种
			洋蜜蜂	1.56	吉林省榆树地方品种
			四粒黄	8.25	吉林省公主岭地方品种
			铁荚四粒黄（黑铁荚）	1.56	吉林省中南部半山区地方品种
			嘟噜豆	0.78	吉林省中南部地方品种
			辉南青皮豆	0.78	吉林省辉南地方品种
			金元	7.86	辽宁省开原地方品种
			十胜长叶	14.06	日本品种
			Amsoy（阿姆索、阿姆索依）	7.81	美国品种
			Hobbit	12.50	美国品种

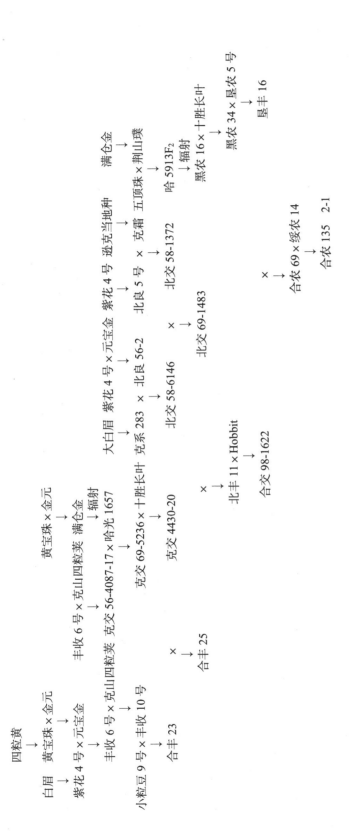

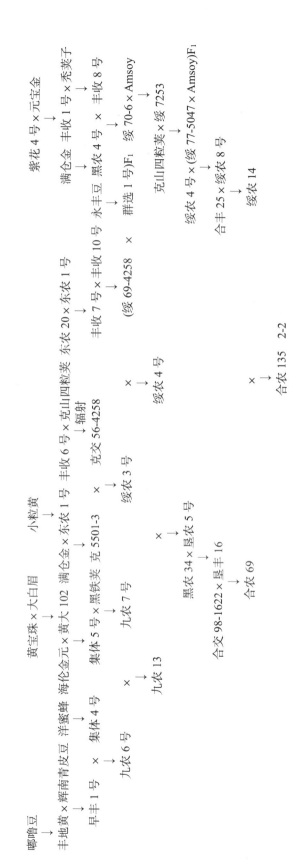

图 5-18 合农 135 系谱图

19 佳豆 25

佳豆 25 品种简介

【品种来源】佳豆 25 是黑龙江省农业科学院佳木斯分院（申请者：黑龙江省广民种业有限责任公司、黑龙江省农业科学院佳木斯分院）以垦丰 16 为母本，华疆 4 号为父本杂交，经多年选择育成。审定编号：黑审豆 20190055。

【植株性状】紫花，尖叶，灰色茸毛，荚弯镰形，成熟荚褐色。亚有限结荚习性，株高 79cm 左右。

【籽粒特点】特种大豆（小粒品种）。籽粒圆形，种皮黄色，有光泽，种脐黄色，百粒重 13.7g 左右。籽粒粗蛋白含量 37.87%，粗脂肪含量 22.48%。

【生育日数】在适应区从出苗至成熟生育日数 110d 左右，需≥10℃活动积温 2150℃左右。

【抗病鉴定】接种鉴定中抗大豆灰斑病。

【产量表现】2017—2018 年区域试验平均产量 2752.6kg/hm²，较对照品种合农 92 平均增产 14.1%。

【适应区域】适宜在黑龙江省≥10℃活动积温 2250℃区域种植。

佳豆 25 遗传基础

佳豆 25 细胞质 100%来源于五顶珠，历经 5 轮传递与选育，细胞质传递过程为五顶珠→哈 5913F₂→黑农 16→黑农 34→垦丰 16→佳豆 25。（详见图 5-19）

佳豆 25 细胞核来源于逊克当地种、海伦金元、五顶珠、白眉、克山四粒荚、大白眉、小粒黄、小粒豆 9 号、北交 68-1438、克交 228、东农 20(黄-中-中 20)、永丰豆、洋蜜蜂、四粒黄、铁荚四粒黄（黑铁荚）、嘟噜豆、辉南青皮豆、金元、大白眉、黑龙江 41、十胜长叶等 21 个祖先亲本，分析其核遗传贡献率并注明祖先亲本来源，从而揭示该品种遗传基础，为大豆育种亲本的选择利用提供参考。（详见表 5-19）

表 5-19　佳豆 25 祖先亲本

品种名称	母本	父本	祖先亲本	祖先亲本核遗传贡献率/%	祖先亲本来源
佳豆 25	垦丰 16	华疆 4 号	逊克当地种	4.69	黑龙江省逊克地方品种
			海伦金元	1.56	黑龙江省海伦地方品种
			五顶珠	6.25	黑龙江省绥化地方品种
			白眉	17.38	黑龙江省克山地方品种
			克山四粒荚	5.86	黑龙江省克山地方品种
			大白眉	3.13	黑龙江省克山地方品种
			小粒黄	2.34	黑龙江省勃利地方品种
			小粒豆 9 号	4.69	黑龙江省勃利地方品种

续表

品种名称	母本	父本	祖先亲本	祖先亲本核遗传贡献率/%	祖先亲本来源
佳豆25	垦丰16	华疆4号	北交68-1438	3.13	黑龙江省农垦总局北安科研所材料
			克交228	0.78	黑龙江省农业科学院克山分院材料
			东农20(黄-中-中20)	0.78	东北农业大学材料
			永丰豆	3.13	吉林省永吉地方品种
			洋蜜蜂	3.13	吉林省榆树地方品种
			四粒黄	9.08	吉林省公主岭地方品种
			铁荚四粒黄（黑铁荚）	3.13	吉林省中南部半山区地方品种
			嘟噜豆	1.56	吉林省中南部地方品种
			辉南青皮豆	1.56	吉林省辉南地方品种
			金元	8.30	辽宁省开原地方品种
			大白眉	0.78	辽宁广泛分布的地方品种
			黑龙江41	1.56	俄罗斯材料
			十胜长叶	17.19	日本品种

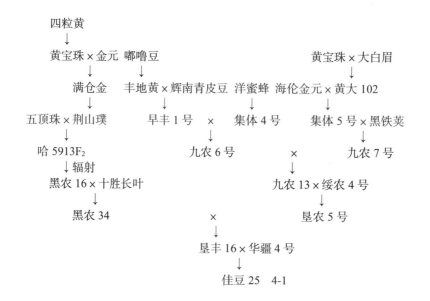

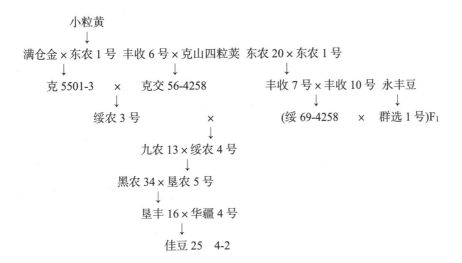

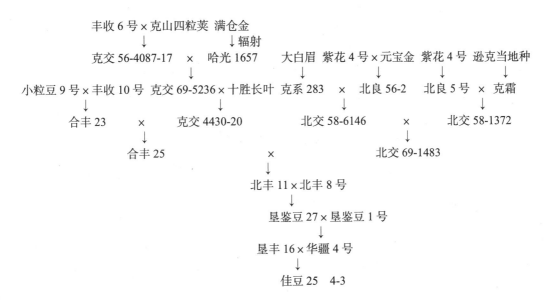

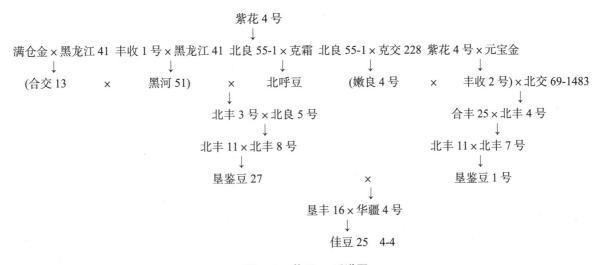

图 5-19 佳豆 25 系谱图

20 星农豆 3 号

星农豆 3 号品种简介

【品种来源】星农豆 3 号是哈尔滨明星农业科技开发有限公司以绥小粒豆 2 号为母本，东农 52 为父本杂交，经多年选择育成。审定编号：黑审豆 20200062。

【植株性状】紫花，尖叶，灰色茸毛，荚弯镰形，成熟荚褐色。无限结荚习性，株高 101cm 左右，有分枝。

【籽粒特点】特种品种（小粒）。籽粒圆形，种皮黄色，有光泽，种脐黄色，百粒重 13.0g 左右。籽粒粗蛋白含量 42.28%，粗脂肪含量 19.17%。

【生育日数】在适应区从出苗至成熟生育日数 115d 左右，需 $\geqslant 10℃$ 活动积温 2300℃ 左右。

【抗病鉴定】接种鉴定中抗大豆灰斑病。

【产量表现】2018—2019 年区域试验平均产量 2450.1kg/hm²，较对照品种绥小粒豆 2 号平均增产 7.9%。

【适应区域】适宜在黑龙江省第三积温带西部区，$\geqslant 10℃$ 活动积温 2350℃ 区域种植。

星农豆 3 号遗传基础

星农豆 3 号细胞质 100% 来源于四粒黄，历经 11 轮传递与选育，细胞质传递过程为四粒黄→黄宝珠→满仓金→克 5501-3→绥农 3 号→绥农 4 号→绥 82-325→绥 87-5976→（绥 87-5976×吉林小粒豆 1 号）F_0→绥小粒豆 1 号→绥小粒豆 2 号→星农豆 3 号。（详见图 5-20）

星农豆 3 号细胞核来源于半野生大豆、逊克当地种、五顶珠、白眉、克山四粒荚、大白眉、佳木斯秃荚子、小粒黄、小粒豆 9 号、克 67-3256-5F₄、东农 20（黄-中-中 20）、哈 76-6045、GD50477、永丰豆、平顶四、四粒黄、嘟噜豆、吉 5412、金元、熊岳小粒黄、通州小黄豆、日本小粒豆、富引 1 号、十胜长叶、Amsoy（阿姆索、阿姆索依）等 25 个祖先亲本，分析其核遗传贡献率并注明祖先亲本来源，从而揭示该品种遗传基础，为大豆育种亲本的选择利用提供参考。（详见表 5-20）

表 5-20 星农豆 3 号祖先亲本

品种名称	母本	父本	祖先亲本	祖先亲本核遗传贡献率/%	祖先亲本来源
星农豆 3 号	绥小粒豆 2 号	东农 52	半野生大豆	6.25	黑龙江省农业科学院资源所材料
			逊克当地种	0.39	黑龙江省逊克地方品种
			五顶珠	0.20	黑龙江省绥化地方品种
			白眉	3.17	黑龙江省克山地方品种
			克山四粒荚	5.57	黑龙江省克山地方品种
			大白眉	0.20	黑龙江省克山地方品种
			佳木斯秃荚子	0.20	黑龙江省佳木斯地方品种

续表

品种名称	母本	父本	祖先亲本	祖先亲本核遗传贡献率/%	祖先亲本来源
星农豆3号	绥小粒豆2号	东农52	小粒黄	4.88	黑龙江省勃利地方品种
			小粒豆9号	0.39	黑龙江省勃利地方品种
			克67-3256-5F4	1.56	黑龙江省农业科学院克山分院材料
			东农20(黄-中-中20)	1.76	东北农业大学材料
			哈76-6045	3.13	黑龙江省农业科学院大豆研究所材料
			GD50477	6.25	吉林省公主岭半野生大豆
			永丰豆	7.03	吉林省永吉地方品种
			平顶四	6.25	吉林省中部地方品种
			四粒黄	4.32	吉林省公主岭地方品种
			嘟噜豆	3.52	吉林省中南部地方品种
			吉5412	25.00	吉林省农业科学院大豆所材料
			金元	4.32	辽宁省开原地方品种
			熊岳小粒黄	1.17	辽宁省熊岳地方品种
			通州小黄豆	1.56	北京通县地方品种
			富引1号	3.13	日本品种
			日本小粒豆	3.13	日本品种
			十胜长叶	5.08	日本品种
			Amsoy（阿姆索、阿姆索依）	1.56	美国品种

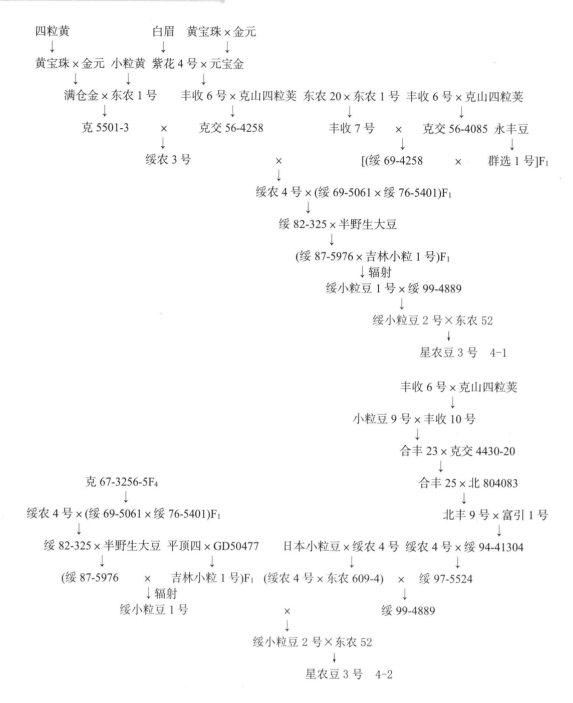

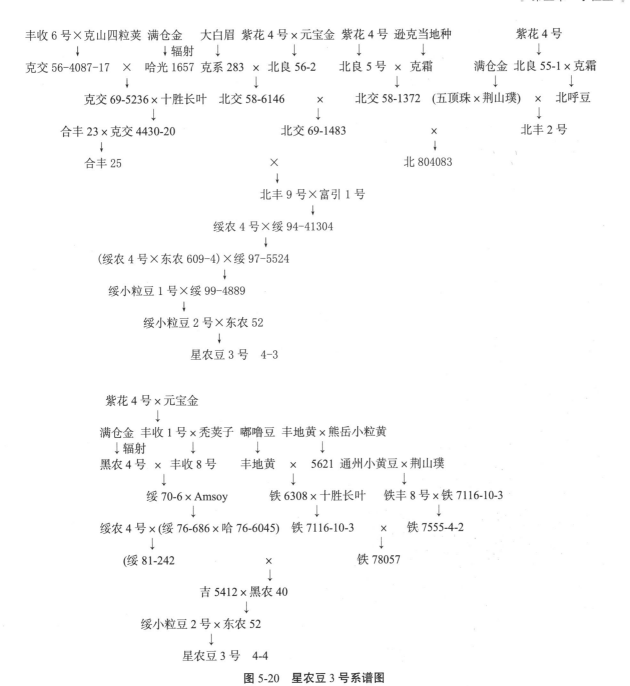

图 5-20　星农豆 3 号系谱图

21　富航芽豆1号

富航芽豆1号品种简介

【品种来源】富航芽豆1号是黑龙江富航农业科技有限公司以东农50为母本,Williams82为父本杂交,经多年选择育成。审定编号:黑审豆20190062。

【植株性状】白花,尖叶,灰色茸毛,荚弯镰形,成熟荚黄褐色。亚有限结荚习性,株高93cm左右。

【籽粒特点】特种品种(芽豆品种)。籽粒圆形,种皮黄色,有光泽,种脐黄色,百粒重12.1g左右。

籽粒粗蛋白含量 40.88%，粗脂肪含量 20.01%。

【生育日数】在适应区从出苗至成熟生育日数 120d 左右，需≥10℃活动积温 2450℃左右。

【抗病鉴定】接种鉴定中抗大豆灰斑病。

【产量表现】2017—2018 年区域试验平均产量 3225.0kg/hm²，较对照品种绥小粒豆 2 号平均增产 7.8%。

【适应区域】适宜在黑龙江省≥10℃活动积温 2600℃区域种植。

富航芽豆 1 号遗传基础

富航芽豆 1 号细胞质 100% 来源于 Electron，历经 1 轮传递与选育，细胞质传递过程为 Electron→东农 50→富航芽豆 1 号。（详见图 5-21）

富航芽豆 1 号细胞核来源于 Electron、williams82 等 2 个祖先亲本，分析其核遗传贡献率并注明祖先亲本来源，从而揭示该品种遗传基础，为大豆育种亲本的选择利用提供参考。（详见表 5-21）

表 5-21　富航芽豆 1 号祖先亲本

品种名称	母本	父本	祖先亲本	祖先亲本核遗传贡献率/%	祖先亲本来源
富航芽豆 1 号	东农 50	Williams82	Electron	50.00	加拿大小粒豆品种
			williams82	50.00	美国品种

Electron
↓
东农 50 × Williams82
↓
富航芽豆 1 号

图 5-21　富航芽豆 1 号系谱图

22　龙垦 396

龙垦 396 品种简介

【品种来源】龙垦 396 是北大荒垦丰种业股份有限公司以垦农小粒豆为母本，龙小粒豆 2 号为父本杂交，经多年选择育成。审定编号：黑审豆 20200066。

【植株性状】白花，尖叶，灰色茸毛，荚弯镰形，成熟荚黄褐色。无限结荚习性，株高 105cm 左右，有分枝。

【籽粒特点】特种品种（小粒）。籽粒圆形，种皮黄色，有光泽，种脐黄色，百粒重 8.0g 左右。籽粒粗蛋白含量 41.84%，粗脂肪含量 19.71%。

【生育日数】在适应区从出苗至成熟生育日数 118d 左右，需≥10℃活动积温 2350℃左右。

【抗病鉴定】接种鉴定中抗大豆灰斑病。

【产量表现】2018—2019 年区域试验平均产量 2673.1kg/hm²，较对照品种龙小粒豆 2 号平均增产 7.2%。

【适应区域】适宜在黑龙江省第二积温带东部区，≥10℃活动积温 2500℃区域种植。

龙垦 396 遗传基础

龙垦 396 细胞质 100%来源于垦农小粒豆，历经 1 轮传递与选育，细胞质传递过程为垦农小粒豆→龙垦 396。（详见图 5-22）

龙垦 396 细胞核来源于 ZYD566、1906-1、龙野 79-3434、五顶珠、垦农小粒豆、四粒黄、金元、十胜长叶等 8 个祖先亲本，分析其核遗传贡献率并注明祖先亲本来源，从而揭示该品种遗传基础，为大豆育种亲本的选择利用提供参考。（详见表 5-22）

表 5-22　龙垦 396 祖先亲本

品种名称	母本	父本	祖先亲本	祖先亲本核遗传贡献率/%	祖先亲本来源
龙垦 396	垦农小粒豆	龙小粒豆 2 号	ZYD566	12.50	黑龙江野生大豆
			1906-1	12.50	黑龙江野生大豆
			龙野 79-3434	12.50	黑龙江省野生大豆
			五顶珠	3.13	黑龙江省绥化地方品种
			垦农小粒豆	50.00	黑龙江八一农垦大学材料
			四粒黄	1.56	吉林省公主岭地方品种
			金元	1.56	辽宁省开原地方品种
			十胜长叶	6.25	日本品种

图 5-22　龙垦 396 系谱图

23 垦保小粒豆 1 号

垦保小粒豆 1 号品种简介

【品种来源】垦保小粒豆 1 号是北大荒垦丰种业股份有限公司、黑龙江省农垦科学院植物保护研究所以东农 690 为母本，韩国小粒豆为父本杂交，经多年选择育成。审定编号：黑审豆 2014021。

【植株性状】白花，尖叶，灰色茸毛，荚弯镰形，成熟荚浅褐色。亚有限结荚习性，株高 80cm 左右。

【籽粒特点】小粒大豆品种。籽粒圆形，种皮黄色，有光泽，种脐黄色，百粒重 9.0g 左右。籽粒粗蛋白含量 41.71%，粗脂肪含量 20.45%。

【生育日数】在适应区从出苗至成熟生育日数 115d 左右，需≥10℃活动积温 2350℃左右。

【抗病鉴定】接种鉴定抗大豆灰斑病。

【产量表现】2011—2012 年区域试验平均产量 2063.1kg/hm²，较对照品种绥小粒豆 2 号平均增产 12.8%，2013 年生产试验平均产量 2512.7kg/hm²，较对照品种绥小粒豆 2 号平均增产 14.3%。

【适应区域】适宜在黑龙江省第二积温带种植。

垦保小粒豆 1 号遗传基础

垦保小粒豆 1 号细胞质 100%来源于日本小粒豆，历经 2 轮传递与选育，细胞质传递过程为日本小粒豆→东农 690→垦保小粒豆 1 号。（详见图 5-23）

垦保小粒豆 1 号细胞核来源于东农小粒豆 845、韩国小粒豆、日本小粒豆等 3 个祖先亲本，分析其核遗传贡献率并注明祖先亲本来源，从而揭示该品种遗传基础，为大豆育种亲本的选择利用提供参考。（详见表 5-23）

表 5-23　垦保小粒豆 1 号祖先亲本

品种名称	母本	父本	祖先亲本	祖先亲本核遗传贡献率/%	祖先亲本来源
垦保小粒豆 1 号	东农 690	韩国小粒豆	东农小粒豆 845	25.00	东北农业大学材料
			韩国小粒豆	50.00	韩国材料
			日本小粒豆	25.00	日本品种

日本小粒豆×东农小粒 845
↓
东农 690×韩国小粒豆
↓
垦保小粒豆 1 号

图 5-23　垦保小粒豆 1 号系谱图

24　东牡小粒豆

东牡小粒豆品种简介

【品种来源】东牡小粒豆是东北农业大学、牡丹江农管局农业科学研究所 1974 年以嫩良 68-8 为母本，Harosoy63 为父本杂交，经多年选择育成。黑龙江省确定推广时间：1988 年。

【植株性状】紫花，椭圆叶，灰色茸毛，成熟荚褐色。无限结荚习性，株高 80~105cm，分枝 3 个，株型半开张，底荚高 12cm，主茎节数 21 个。

【籽粒特点】适于做小粒豆。籽粒圆形，种皮黄色，微光泽，种脐极淡褐色，百粒重 12.5g，粒径 6.3mm 以下占 70~90%。籽粒粗蛋白含量 40.42%，粗脂肪含量 18.53%。

【生育日数】在适应区从出苗至成熟生育日数 116d 左右，需活动积温 2222℃。

【抗病鉴定】较耐大豆花叶病毒病，抗大豆灰斑病，大豆虫食粒率低。

【产量表现】1985—1986 年区域试验平均产量 1938kg/hm²，较对照品种黑农 26、合丰 25 平均增产 12.1%，1987 年生产试验平均产量 1702.5kg/hm²，较对照品种黑农 26 平均增产 5.4%。

【适应区域】牡丹江垦区特别是瘠薄的山前、漫岗地区。

东牡小粒豆遗传基础

东牡小粒豆细胞质 100% 来源于北良 62-6-8，历经 2 轮传递与选育，细胞质传递过程为北良 62-6-8→嫩良 68-8→东牡小粒豆。（详见图 5-24）

东牡小粒豆细胞核来源于北良 57-25、北良 62-6-8、Harosoy63（哈罗索 63）等 3 个祖先亲本，分析其核遗传贡献率并注明祖先亲本来源，从而揭示该品种遗传基础，为大豆育种亲本的选择利用提供参考。（详见表 5-24）

表 5-24　东牡小粒豆祖先亲本

品种名称	母本	父本	祖先亲本	祖先亲本核遗传贡献率/%	祖先亲本来源
东牡小粒豆	嫩良 68-8	Harosoy63	北良 57-25	25.00	黑龙江省农垦总局北安科研所材料
			北良 62-6-8	25.00	黑龙江省农垦总局北安科研所材料
			Harosoy63（哈罗索 63）	50.00	美国品种

北良 62-6-8 × 北良 57-25
↓
嫩良 68-8 × Harosoy63
↓
东牡小粒豆

图 5-24　东牡小粒豆系谱图

25 东农小粒豆1号

东农小粒豆1号品种简介

【品种来源】东农小粒豆1号是东北农业大学大豆科学研究所以丰山1号为母本,药泉山半野生大豆为父本杂交,经多年选择育成。审定编号:黑审豆1993001。

【植株性状】白花,长叶,灰色茸毛。有限结荚习性,株高60~70cm,分枝2~3个。生长繁茂,秆强。

【籽粒特点】籽粒圆形,种皮黄色,种脐淡褐色,百粒重9.2g。籽粒粗蛋白含量41.00%,粗脂肪含量16.50%。无硬实粒。

【生育日数】在适应区从出苗至成熟生育日数115d左右,需≥10℃活动积温2300~2400℃。

【抗病鉴定】病粒少。

【产量表现】1989—1991年区域试验平均产量1953.1kg/hm²,较对照品种红兴隆小粒豆号平均增产16.0%,1991年生产试验平均产量1795.2kg/hm²,较对照品种红兴隆小粒豆平均增产10.5%。

东农小粒豆1号遗传基础

东农小粒豆1号细胞质100%来源于丰山1号,历经1轮传递与选育,细胞质传递过程为丰山1号→东农小粒豆1号。(详见图5-25)

东农小粒豆1号细胞核来源于药泉山半野生大豆、丰山1号等2个祖先亲本,分析其核遗传贡献率并注明祖先亲本来源,从而揭示该品种遗传基础,为大豆育种亲本的选择利用提供参考。(详见表5-25)

表5-25 东农小粒豆1号祖先亲本

品种名称	母本	父本	祖先亲本	祖先亲本核遗传贡献率/%	祖先亲本来源
东农小粒豆1号	丰山1号	药泉山	药泉山	50.00	黑龙江省五大连池药泉山半野生大豆
			丰山1号	50.00	黑龙江省海伦地方品种

丰山1号×药泉山
↓
东农小粒豆1号

图5-25 东农小粒豆1号系谱图

26 东农50

东农50品种简介

【品种来源】东农50是东北农业大学2003年从加拿大引进小粒豆品种Electron。审定编号:黑审豆

2007022。

【植株性状】白花，尖叶，灰色茸毛，荚弯镰形，成熟荚黄褐色。亚有限结荚习性，株高 106cm 左右，有分枝。

【籽粒特点】小粒豆品种。籽粒圆形，种皮黄色，有光泽，种脐无色，百粒重 6~7g。籽粒粗蛋白含量 40.72%，粗脂肪含量 19.59%。

【生育日数】在适应区从出苗至成熟生育日数 115d 左右，需 ≥10℃ 活动积温 2350℃ 左右。

【抗病鉴定】接种鉴定中抗大豆灰斑病。

【产量表现】2004—2005 年区域试验平均产量 2141.2kg/hm²，较对照品种绥小粒豆 1 号平均增产 9.4%，2006 年生产试验平均产量 2139.8kg/hm²，较对照品种绥小粒豆 1 号平均增产 9.5%。

【适应区域】黑龙江省第三积温带。

东农 50 遗传基础

东农 50 细胞质 100% 来源于 Electron，历经 1 轮传递与选育，细胞质传递过程为 Electron→东农 50。（详见图 5-26）

东农 50 细胞核来源于 Electron 小粒豆品种 1 个祖先亲本，分析其核遗传贡献率并注明祖先亲本来源，从而揭示该品种遗传基础，为大豆育种亲本的选择利用提供参考。（详见表 5-26）

表 5-26　东农 50 祖先亲本

品种名称	父母本	祖先亲本	祖先亲本核遗传贡献率/%	祖先亲本来源
东农 50	加拿大引进的小粒豆品种 Electron	Electron	100.00	加拿大品种

Electron
↓
东农 50

图 5-26　东农 50 系谱图

27 东农 60

东农 60 品种简介

【品种来源】东农 60 是东北农业大学大豆科学研究所以日本小粒豆为母本，东农小粒豆 845 为父本杂交，经多年选择育成。审定编号：黑审豆 2013023。

【植株性状】紫花，长叶，灰色茸毛，荚弯镰形，成熟荚褐色。亚有限结荚习性，株高 90cm 左右，有分枝。

【籽粒特点】小粒型大豆品种。籽粒圆形，种皮深黄色，有光泽，种脐无色，百粒重 9.0g 左右。籽粒粗蛋白含量 47.09%，粗脂肪含量 17.02%。

【生育日数】在适应区从出苗至成熟生育日数 115d 左右，需 ≥10℃ 活动积温 2250℃ 左右。

【抗病鉴定】接种鉴定中抗大豆灰斑病。

【产量表现】2010—2011 年区域试验平均产量 2298.2kg/hm²，较对照品种东农 50 平均增产 7.4%，2012 年生产试验平均产量 2274.2kg/hm²，较对照品种东农 50 平均增产 7.1%。

【适应区域】黑龙江省第二积温带。

东农 60 遗传基础

东农 60 细胞质 100% 来源于日本小粒豆，历经 1 轮传递与选育，细胞质传递过程为日本小粒豆→东农 60。（详见图 5-27）

东农 60 细胞核来源于东农小粒豆 845、日本小粒豆等 2 个祖先亲本，分析其核遗传贡献率并注明祖先亲本来源，从而揭示该品种遗传基础，为大豆育种亲本的选择利用提供参考。（详见表 5-27）

表 5-27 东农 60 祖先亲本

品种名称	母本	父本	祖先亲本	祖先亲本核遗传贡献率/%	祖先亲本来源
东农 60	日本小粒豆	东农小粒豆 845	东农小粒豆 845	50.00	东北农业大学材料
			日本小粒豆	50.00	日本品种

日本小粒豆 × 东农小粒 845
↓
东农 60

图 5-27 东农 60 系谱图

28 龙小粒豆 1 号

龙小粒豆 1 号品种简介

【品种来源】龙小粒豆 1 号是黑龙江省农业科学院作物育种研究所 1989 年以黑农 26 为母本，龙野 79-3434-1 为父本杂交，经多年选择育成。审定编号：黑审豆 2003019。

【植株性状】白花，长叶，灰色茸毛，成熟荚褐色。无限结荚习性，株高 80cm 左右，分枝 2 ~ 6 个，底荚高 5 ~ 10cm，结荚密，平均每荚 2.3 粒。幼苗拱土能力强，出苗整齐，根系发达，秆强。

【籽粒特点】适于制作纳豆和芽豆。籽粒圆形，种皮黄色，有光泽，种脐黄色，百粒重 9.0g，粒径 5.5mm，通过率 90% 以上。籽粒粗蛋白含量 42.34%，粗脂肪含量 18.5%，可溶糖含量 7.31%。

【生育日数】在适应区从出苗至成熟生育日数 108 ~ 110d，需≥10℃活动积温 2100℃左右。

【抗病鉴定】接种鉴定中抗大豆灰斑病。

【产量表现】2000—2001 年黑龙江省区域试验平均产量 2088.0kg/hm²，较对照品种平均增产 1.2%，2002 年生产试验平均产量 2095.5kg/hm²，较对照品种减产 3.1%。

【适应区域】黑龙江省第四积温带。

龙小粒豆 1 号遗传基础

龙小粒豆 1 号细胞质 100% 来源于四粒黄，历经 6 轮传递与选育，细胞质传递过程为四粒黄→黄宝珠→满仓金→东农 4 号→哈 63-2294→黑农 26→龙小粒豆 1 号。（详见图 5-28）

龙小粒豆 1 号细胞核来源于龙野 79-3434-1、白眉、小金黄、四粒黄、金元等 5 个祖先亲本，分析其核遗传贡献率并注明祖先亲本来源，从而揭示该品种遗传基础，为大豆育种亲本的选择利用提供参考。（详见表 5-28）

表 5-28　龙小粒豆 1 号祖先亲本

品种名称	母本	父本	祖先亲本	祖先亲本核遗传贡献率/%	祖先亲本来源
龙小粒豆 1 号	黑农 26	龙野 79-3434-1	龙野 79-3434-1	50.00	黑龙江省野生大豆
			白眉	12.50	黑龙江省克山地方品种
			小金黄	25.00	吉林省中部平原地区地方品种
			四粒黄	6.25	吉林省公主岭地方品种
			金元	6.25	辽宁省开原地方品种

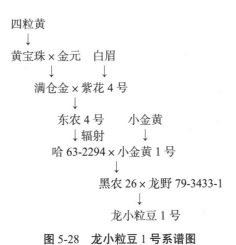

图 5-28　龙小粒豆 1 号系谱图

29 龙小粒豆 2 号

龙小粒豆 2 号品种简介

【品种来源】龙小粒豆 2 号是黑龙江省农业科学院作物育种研究所以龙 8601 为母本，种间杂交创新种质 ZYY5310 为父本杂交，经多年选择育成。审定编号：黑审豆 2008019。

【植株性状】白花，尖叶，灰白色茸毛，荚弯镰形，成熟荚褐色。亚有限结荚习性，株高 80cm 左右，底荚高 7~20cm。

【籽粒特点】籽粒圆形，种皮黄色，有光泽，种脐黄色，百粒重 10.6g。籽粒粗蛋白含量 42.65%，粗脂肪含量 18.27%，可溶糖含量 8.73%。

【生育日数】在适应区从出苗至成熟生育日数 116d 左右，需≥10℃活动积温 2300℃。

【抗病鉴定】接种鉴定中抗大豆灰斑病。

【产量表现】2006—2007 年区域试验平均产量 2098.6kg/hm²，较对照品种绥小粒豆 1 号平均增产 11.5%，2007 年生产试验平均产量 2091.7kg/hm²，较对照品种绥小粒豆 1 号平均增产 13.1%。

【适应区域】黑龙江省第三积温带上限。

龙小粒豆 2 号遗传基础

龙小粒豆 2 号细胞质 100% 来源于五顶珠，历经 5 轮传递与选育，细胞质传递过程为五顶珠→哈 5913F₂→黑农 16→黑农 35→龙品 8601→龙小粒豆 2 号。（详见图 5-29）

龙小粒豆 2 号细胞核来源于龙野 79-3434、ZYY5310、1906-1、五顶珠、四粒黄、金元、十胜长叶等 7 个祖先亲本，分析其核遗传贡献率并注明祖先亲本来源，从而揭示该品种遗传基础，为大豆育种亲本的选择利用提供参考。（详见表 5-29）

表 5-29　龙小粒豆 2 号祖先亲本

品种名称	母本	父本	祖先亲本	祖先亲本核遗传贡献率/%	祖先亲本来源
龙小粒豆 2 号	龙 8601	ZYY5310	龙野 79-3434	25.00	黑龙江省野生大豆
			ZYY5310	25.00	黑龙江野生大豆
			1906-1	25.00	黑龙江野生大豆
			五顶珠	6.25	黑龙江省绥化地方种
			四粒黄	3.13	吉林省公主岭地方种
			金元	3.13	辽宁省开原地方品种
			十胜长叶	12.50	日本品种

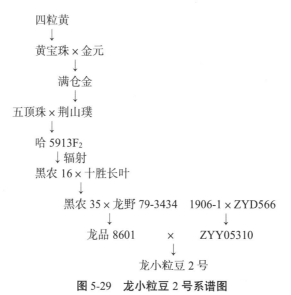

图 5-29　龙小粒豆 2 号系谱图

30 黑农小粒豆 1 号

黑农小粒豆 1 号品种简介

【品种来源】黑农小粒豆 1 号是黑龙江省农业科学院大豆研究所 1980 年用热中子照射（哈7626-0-2×7634-0-17）F$_2$ 单株，系谱法选育而成。黑龙江省确定推广时间：1989 年。

【植株性状】紫花，披针叶，灰色茸毛，成熟荚黑色。亚有限结荚习性，半直立型，株高 90~100cm，分枝 3 个，主茎节数 20 个左右，单株荚数多，3、4 粒荚多，平均每荚 2.4 个。半直立型，成熟后易炸荚。

【籽粒特点】适于做纳豆。籽粒圆形，种皮黄色，有光泽，种脐极淡褐色，百粒重 11~12g，直径5.8mm，籽粒均匀。籽粒粗蛋白含量 42.9%，粗脂肪含量 18.2%，可溶性糖含量 7.98%。

【生育日数】在适应区从出苗至成熟生育日数 129d 左右。

【抗病鉴定】抗大豆灰斑病，中抗大豆花叶病毒病。

【产量表现】1987 年区域试验平均产量 1755kg/hm^2，较对照品种黑农 26 减产 11.3%，1987 年生产试验平均产量 1762.5kg/hm^2，较对照品种合丰 25 减产 15.5%。

【适应区域】黑龙江省牡丹江、松花江等地区。

黑农小粒豆 1 号遗传基础

黑农小粒豆 1 号细胞质 100% 来源于东农 72-806，历经 3 轮传递与选育，细胞质传递过程为东农72-806→7626-0-2→（7626-0-2×7634-0-17）F$_2$→黑农小粒豆 1 号。（详见图 5-30）

黑农小粒豆 1 号细胞核来源于白眉、克山四粒荚、东农 72-806、四粒黄、金元、熊岳小粒黄、Wilkin等 7 个祖先亲本，分析其核遗传贡献率并注明祖先亲本来源，从而揭示该品种遗传基础，为大豆育种亲本的选择利用提供参考。（详见表 5-30）

表 5-30 黑农小粒豆 1 号祖先亲本

品种名称	父母本	祖先亲本	祖先亲本核遗传贡献率/%	祖先亲本来源
黑农小粒豆 1 号	(7626-0-2 × 7634-0-17)F$_2$ 辐射材料	白眉	6.25	黑龙江省克山地方品种
		克山四粒荚	12.50	黑龙江省克山地方品种
		东农 72-806	25.00	东北农业大学材料
		四粒黄	3.13	吉林省公主岭地方品种
		金元	3.13	辽宁省开原地方品种
		熊岳小粒黄	25.00	辽宁省熊岳地方品种
		Wilkin	25.00	美国品种

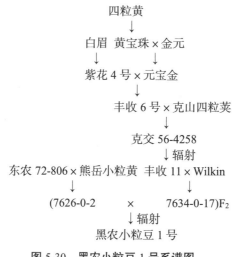

图 5-30　黑农小粒豆 1 号系谱图

31　黑龙芽豆 1 号

黑龙芽豆 1 号品种简介

【品种来源】黑龙芽豆 1 号是黑龙江省农业科学院大豆研究所、黑龙江省龙科种业集团有限公司以黑农 68 为母本，长农 12 为父本杂交，经多年选择育成。审定编号：黑审豆 20190039。

【植株性状】白花，尖叶，灰色茸毛，荚微弯镰形，成熟荚深褐色。亚有限结荚习性，株高 90cm 左右。

【籽粒特点】特种品种（芽豆品种）。籽粒圆形，种皮黄色，有光泽，种脐黄色，百粒重 15.0g 左右。籽粒粗蛋白含量 41.09%，粗脂肪含量 19.62%。

【生育日数】在适应区从出苗至成熟生育日数 118d 左右，需≥10℃活动积温 2350℃左右。

【抗病鉴定】接种鉴定中抗大豆灰斑病。

【产量表现】2016—2017 年区域试验平均产量 3106.3kg/hm²，较对照品种绥小粒豆 2 号平均增产 10.1%，2018 年生产试验平均产量 3251.4kg/hm²，较对照品种绥小粒豆 2 号平均增产 11.6%。

【适应区域】适宜在黑龙江省≥10℃活动积温 2500℃区域种植。

黑龙芽豆 1 号遗传基础

黑龙芽豆 1 号细胞质 100% 来源于五顶珠，历经 9 轮传递与选育，细胞质传递过程为五顶珠→哈 5913F₂→黑农 16→(黑农 16×十胜长叶)F₅→黑农 28→(黑农 28×哈 78-8391)F₅→哈 85-6437→黑农 44→黑农 68→黑龙芽豆 1 号。（详见图 5-31）

黑龙芽豆 1 号细胞核来源于五顶珠、白眉、克山四粒荚、佳木斯秃荚子、小粒黄、小粒豆 9 号、秃荚子、长叶大豆、东农 3 号、东农 20(黄-中-中 20)、哈 49-2158、哈 61-8134、永丰豆、四粒黄、铁荚四粒黄（黑铁荚）、一窝蜂、四粒黄、公交 5688-1、生 844-2-2、金元、十胜长叶、Amsoy（阿姆索、阿姆索依）等 22 个祖先亲本，分析其核遗传贡献率并注明祖先亲本来源，从而揭示该品种遗传基础，为大豆育种亲

本的选择利用提供参考。（详见表5-31）

表5-31　黑龙芽豆1号祖先亲本

品种名称	母本	父本	祖先亲本	祖先亲本核遗传贡献率/%	祖先亲本来源
黑龙芽豆1号	黑农68	长农12	五顶珠	1.56	黑龙江省绥化地方品种
			白眉	1.81	黑龙江省克山地方品种
			克山四粒荚	5.27	黑龙江省克山地方品种
			佳木斯秃荚子	0.10	黑龙江省佳木斯地方品种
			小粒黄	1.95	黑龙江省勃利地方品种
			小粒豆9号	3.13	黑龙江省勃利地方品种
			秃荚子	0.78	黑龙江省木兰地方品种
			长叶大豆	0.78	黑龙江省地方品种
			东农3号	0.39	东北农业大学材料
			东农20(黄-中-中20)	0.39	东北农业大学材料
			哈49-2158	0.78	黑龙江省农业科学院大豆研究所材料
			哈61-8134	0.78	黑龙江省农业科学院大豆研究所材料
			永丰豆	1.56	吉林省永吉地方品种
			四粒黄	4.03	吉林省公主岭地方品种
			铁荚四粒黄（黑铁荚）	3.13	吉林省中南部半山区地方品种
			一窝蜂	3.13	吉林省中部偏西地区地方品种
			四粒黄	1.56	吉林省东丰地方品种
			公交5688-1	25.00	吉林省农业科学院大豆所材料
			生844-2-2	25.00	长春市农业科学院材料
			金元	5.59	辽宁省开原地方品种
			十胜长叶	9.38	日本品种
			Amsoy（阿姆索、阿姆索依）	3.91	美国品种

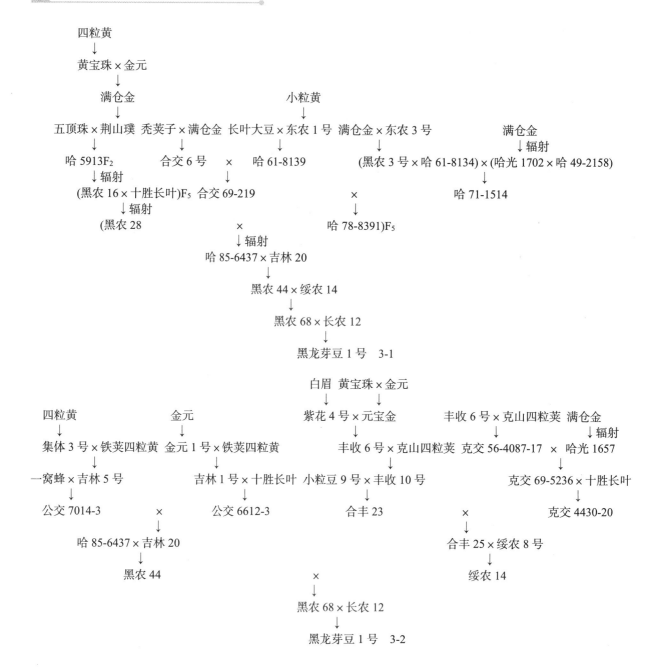

四粒黄
↓
黄宝珠×金元
↓
满仓金   小粒黄
↓
五顶珠×荆山璞　秃荚子×满仓金　长叶大豆×东农1号　满仓金×东农3号　　　　　满仓金
↓　　　　　　　　　　↓　　　　　　　↓　　　　　　　　　↓　　　　　　　　↓辐射
哈5913F₂　　　　合交6号　×　哈61-8139　　　(黑农3号×哈61-8134)×(哈光1702×哈49-2158)
↓辐射　　　　　　　　↓　　　　　　　　　　　　　　　　　　　↓
(黑农16×十胜长叶)F₅　合交69-219　　　　　　　　　×　　　　　哈71-1514
↓辐射　　　　　　　　　　　　　　　　　　　　↓
(黑农28　　　　　　　×　　　　　哈78-8391)F₅
↓辐射
哈85-6437×吉林20
↓
黑农44×绥农14
↓
黑农68×长农12
↓
黑龙芽豆1号　　3-1

白眉　黄宝珠×金元
↓　　　↓
紫花4号×元宝金　　　　丰收6号×克山四粒荚　满仓金
四粒黄　　　　　　金元　　　　　　　　　　　　　　　　　　↓辐射
↓　　　　　　　　↓　　　　　丰收6号×克山四粒荚　克交56-4087-17　×　哈光1657
集体3号×铁荚四粒黄　金元1号×铁荚四粒黄　　　　↓
↓　　　　　　　　　　↓　　　小粒豆9号×丰收10号　　克交69-5236×十胜长叶
一窝蜂×吉林5号　　吉林1号×十胜长叶　　　↓　　　　　　　　　↓
↓　　　　　　　　　　↓　　　合丰23　　　　　　　　克交4430-20
公交7014-3　×　　公交6612-3　　　　　　　　×
↓　　　　　　　　　　　　　　　　　　　　　　　↓
哈85-6437×吉林20　　　　　　　　　　　　合丰25×绥农8号
↓　　　　　　　　　　　　　　　　　　　　　↓
黑农44　　　　　　　　　　　　　　　　　　绥农14
×
黑农68×长农12
↓
黑龙芽豆1号　　3-2

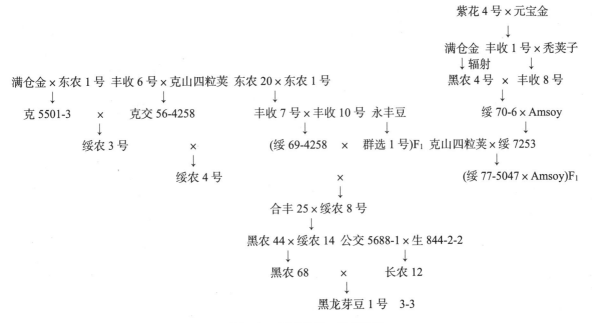

图 5-31　黑龙芽豆 1 号系谱图

32 黑农芽豆 2 号

黑农芽豆 2 号品种简介

【品种来源】黑农芽豆 2 号是黑龙江省农业科学院大豆研究所以黑农 84 为母本，黑农 64 为父本杂交，经多年选择育成。审定编号：黑审豆 20190064。

【植株性状】白花，尖叶，灰色茸毛，荚弯镰形，成熟荚深褐色。亚有限结荚习性，株高 90cm 左右。

【籽粒特点】特种品种（小粒品种）籽粒圆形，种皮黄色，有光泽，种脐黄色，百粒重 18g 左右。籽粒粗蛋白含量 43.36%，粗脂肪含量 18.59%。

【生育日数】在适应区从出苗至成熟生育日数 118d 左右，需 ≥10℃活动积温 2350℃左右。

【抗病鉴定】接种鉴定中抗大豆灰斑病。

【产量表现】2017—2018 年区域试验平均产量 3055.0kg/hm²，较对照品种绥小粒豆 2 号平均增产 11.4%。

【适应区域】适宜在黑龙江省 ≥10℃活动积温 2500℃区域种植。

黑农芽豆 2 号遗传基础

黑农芽豆 2 号细胞质 100% 来源于五顶珠，历经 9 轮传递与选育，细胞质传递过程为五顶珠→哈 5913F₂→黑农 16→（黑农 16×十胜长叶）F₅→黑农 28→（黑农 28×哈 78-8391）F₅→黑农 37→黑农 51→黑农 84→黑农芽豆 2 号。（详见图 5-32）

黑农芽豆 2 号细胞核来源于海伦金元、五顶珠、白眉、克山四粒荚、蓑衣领、佳木斯秃荚子、四粒黄、小粒黄、立新 9 号、小粒豆 9 号、秃荚子、长叶大豆、M2、东农 3 号、东农 20(黄-中-中 20)、哈 49-2158、哈 61-8134、哈 78-6289-10、91R3-301、永丰豆、小金黄、四粒黄、铁荚四粒黄(黑铁荚)、嘟噜豆、一窝蜂、四粒黄、M2、金元、小金黄、熊岳小粒黄、大白眉、灰皮支、济宁 71021、黑龙江 41、十胜长叶、Clark63（克拉克 63）、Merit(美丁)、花生等 37 个祖先亲本，分析其核遗传贡献率并注明祖先亲本来源，从而揭示该品种遗传基础，为大豆育种亲本的选择利用提供参考。（详见表 5-32）

表 5-32　黑农芽豆 2 号祖先亲本

品种名称	母本	父本	祖先亲本	祖先亲本核遗传贡献率/%	祖先亲本来源
黑农芽豆 2 号	黑农 84	黑农 64	海伦金元	0.59	黑龙江省海伦地方品种
			五顶珠	3.91	黑龙江省绥化地方品种
			白眉	3.64	黑龙江省克山地方品种
			克山四粒荚	1.71	黑龙江省克山地方品种
			蓑衣领	1.17	黑龙江省西部龙江草原地方品种
			佳木斯秃荚子	0.29	黑龙江省佳木斯地方品种
			四粒黄	0.59	黑龙江省东部和中部地方品种
			小粒黄	2.78	黑龙江省勃利地方品种
			立新 9 号	3.13	黑龙江省勃利地方品种
			小粒豆 9 号	1.17	黑龙江省勃利地方品种
			秃荚子	1.95	黑龙江省木兰地方品种
			长叶大豆	1.95	黑龙江省地方品种
			M2	0.78	(荆山璞+紫花 4 号+东农 10 号)混合花粉
			东农 3 号	1.76	东北农业大学材料
			东农 20(黄-中-中 20)	0.05	东北农业大学材料
			哈 49-2158	1.95	黑龙江省农业科学院大豆研究所材料
			哈 61-8134	1.95	黑龙江省农业科学院大豆研究所材料
			哈 78-6289-10	4.69	黑龙江省农业科学院大豆研究所材料
			D82-198	0.78	黑龙江省农业科学院大豆研究所材料
			永丰豆	0.20	吉林省永吉地方品种
			小金黄	0.20	吉林省中部平原地区地方品种
			四粒黄	8.17	吉林省公主岭地方品种
			铁荚四粒黄（黑铁荚）	7.52	吉林省中南部半山区地方品种
			嘟噜豆	0.10	吉林省中南部地方品种
			一窝蜂	6.25	吉林省中部偏西地区地方品种

续表

品种名称	母本	父本	祖先亲本	祖先亲本核遗传贡献率/%	祖先亲本来源
黑农芽豆2号	黑农84	黑农64	四粒黄	3.13	吉林省东丰地方品种
			金元	11.00	辽宁省开原地方品种
			小金黄	0.10	辽宁省沈阳地方品种
			熊岳小粒黄	0.10	辽宁省熊岳地方品种
			大白眉	0.29	辽宁广泛分布的地方品种
			灰皮支	3.13	山西省兴县地方品种
			济宁71021	3.13	山东省济宁农科所材料
			黑龙江41	1.17	俄罗斯材料
			十胜长叶	17.19	日本品种
			Clark63（克拉克63）	2.34	美国品种
			Merit(美丁)	0.78	美国品种
			花生	0.39	远缘物种

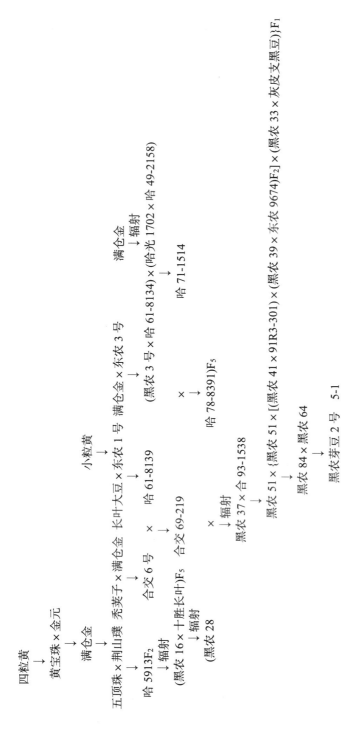

四粒黄
↓
黄宝珠 × 金元
↓
满仓金
↓   小粒黄
哈 5913F₂   五顶珠 × 荆山璞 秃荚子 × 满仓金 长叶大豆 × 东农 1 号 满仓金 × 东农 3 号   满仓金
↓辐射   ↓   ↓   ↓辐射
(黑农 16 × 十胜长叶)F₅   合交 6 号   哈 61-8139   (黑农 3 号 × 哈 61-8134) × (哈光 1702 × 哈 49-2158)
↓辐射   ↓   ×   ↓
(黑农 28   合交 69-219   哈 71-1514
                           ×   ×
                           ↓辐射   ↓
                        黑农 37 × 合 93-1538   哈 78-8391)F₅
                                  ↓
                        黑农 51 × {黑农 51 × [黑农 41 × 91R3-301] × (黑农 39 × 东农 9674F₂) × (黑农 33 × 灰皮支黑豆)}F₁
                                  ↓
                        黑农 84 × 黑农 64
                                  ↓
                        黑农芽豆 2 号 5-1

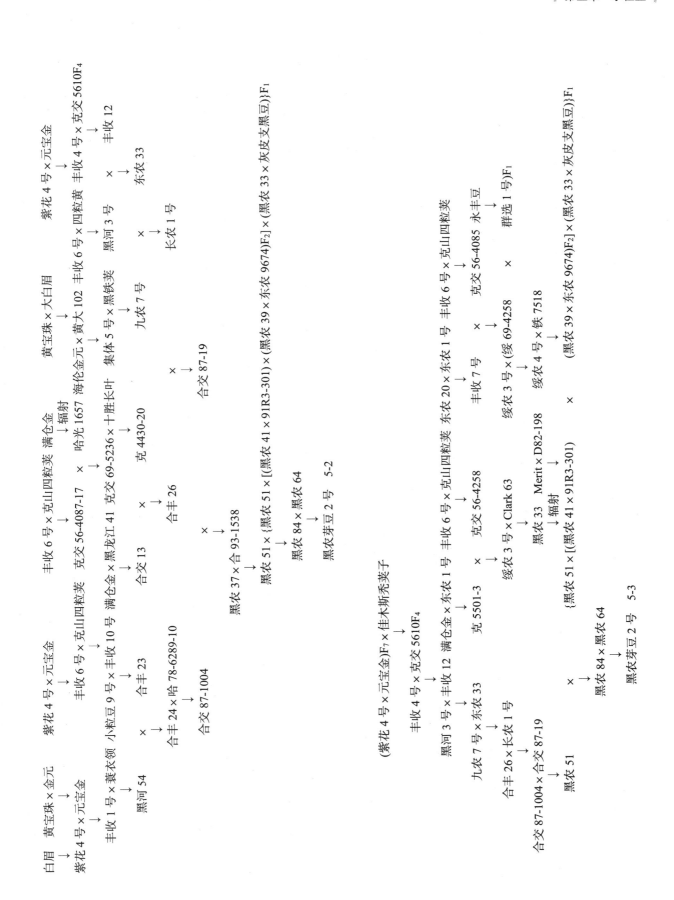

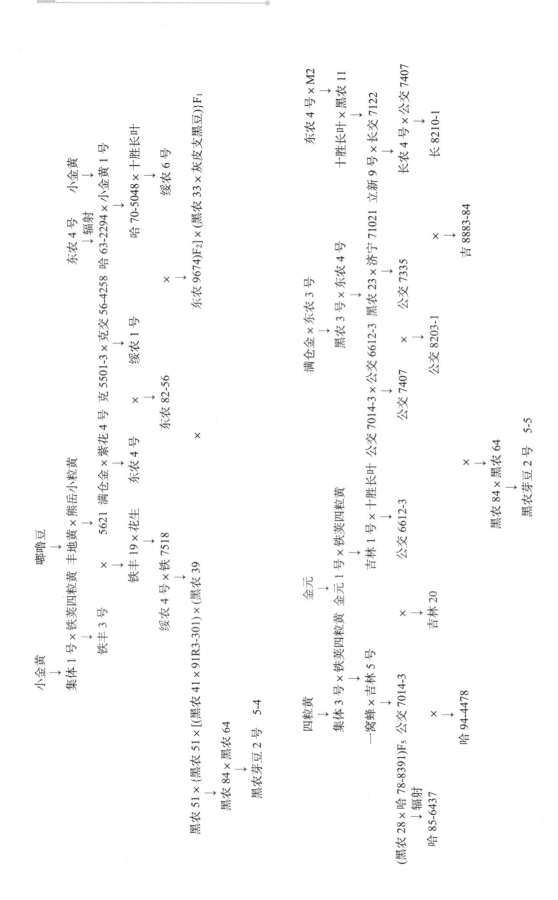

图 5-32 黑农芽豆 2 号系谱图

33 中龙小粒豆 1 号

中龙小粒豆 1 号品种简介

【品种来源】中龙小粒豆 1 号是黑龙江省农业科学院耕作栽培研究所以龙品 8601 为母本，ZYY39 为父本杂交，经多年选择育成。审定编号：黑审豆 2016018。

【植株性状】白花，圆叶，灰色茸毛，荚弯镰形，成熟荚褐色。亚有限结荚习性，株高 70cm 左右。

【籽粒特点】小粒豆、高蛋白品种。籽粒圆形，种皮黄色，有光泽，种脐黄色，百粒重 11.0g 左右。籽粒粗蛋白含量 44.77%，粗脂肪含量 17.37%。

【生育日数】在适应区从出苗至成熟生育日数 114d 左右，需 ≥10℃活动积温 2260℃左右。

【抗病鉴定】接种鉴定中抗大豆灰斑病。

【产量表现】2013—2014 年区域试验平均产量 2303.1kg/hm²，较对照品种龙小粒豆 1 号平均增产 11.4%，2015 年生产试验平均产量 2471.4kg/hm²，较对照品种龙小粒豆 1 号平均增产 9.1%。

【适应区域】适宜黑龙江省第二积温带种植。

中龙小粒豆 1 号遗传基础

中龙小粒豆 1 号细胞质 100% 来源于五顶珠，历经 5 轮传递与选育，细胞质传递过程为五顶珠→哈 5913F₂→黑农 16→黑农 35→龙品 8601→中龙小粒豆 1 号。（详见图 5-33）

中龙小粒豆 1 号细胞核来源于 ZYY39、龙野 79-3434、五顶珠、四粒黄、金元、十胜长叶等 6 个祖先亲本，分析其核遗传贡献率并注明祖先亲本来源，从而揭示该品种遗传基础，为大豆育种亲本的选择利用提供参考。（详见表 5-33）

表 5-33 中龙小粒豆 1 号祖先亲本

品种名称	母本	父本	祖先亲本	祖先亲本核遗传贡献率/%	祖先亲本来源
中龙小粒豆 1 号	龙品 8601	ZYY39	ZYY39	50.00	黑龙江野生大豆
			龙野 79-3434	25.00	黑龙江省野生大豆
			五顶珠	6.25	黑龙江省绥化地方品种
			四粒黄	3.13	吉林省公主岭地方品种
			金元	3.13	辽宁省开原地方品种
			十胜长叶	12.50	日本品种

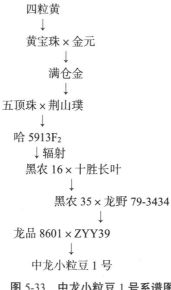

四粒黄
↓
黄宝珠 × 金元
↓
满仓金
↓
五顶珠 × 荆山璞
↓
哈 5913F$_2$
↓辐射
黑农 16 × 十胜长叶
↓
黑农 35 × 龙野 79-3434
↓
龙品 8601 × ZYY39
↓
中龙小粒豆 1 号

图 5-33　中龙小粒豆 1 号系谱图

34 中龙小粒豆 2 号

中龙小粒豆 2 号品种简介

【品种来源】中龙小粒豆 2 号是黑龙江省农业科学院耕作栽培研究所以绥小粒豆 2 号为母本，龙品 03-123 为父本杂交，经多年选择育成。审定编号：黑审豆 20190059。

【植株性状】紫花，尖叶，灰色茸毛，荚弯镰形，成熟荚褐色。亚有限结荚习性，株高 85cm 左右。

【籽粒特点】特种品种（小粒品种）。籽粒圆形，种皮黄色，有光泽，种脐黄色，百粒重 11.0g 左右。籽粒粗蛋白含量 46.96%，粗脂肪含量 16.02%。

【生育日数】在适应区从出苗至成熟生育日数 110d 左右，需 ≥10℃ 活动积温 2150℃ 左右。

【抗病鉴定】接种鉴定中抗大豆灰斑病。

【产量表现】2017—2018 年区域试验平均产量 3026.3kg/hm²，较对照品种龙小粒豆 1 号平均增产 9.7%。

【适应区域】适宜在黑龙江省 ≥10℃ 活动积温 2250℃ 区域种植。

中龙小粒豆 2 号遗传基础

中龙小粒豆 2 号细胞质 100% 来源于四粒黄，历经 11 轮传递与选育，细胞质传递过程为四粒黄→黄宝珠→满仓金→克 5501-3→绥农 3 号→绥农 4 号→绥 82-325→绥 87-5976→(绥 87-5976×吉林小粒 1 号)F$_1$→绥小粒豆 1 号→绥小粒豆 2 号→中龙小粒豆 2 号。（详见图 5-34）

中龙小粒豆 2 号细胞核来源于龙野 79-3434、ZYD566、1906-1、半野生大豆、逊克当地种、五顶珠、白眉、克山四粒荚、大白眉、小粒黄、小粒豆 9 号、克 67-3256-5F$_4$、绥 76-5401、东农 20(黄-中-中 20)、GD50477、永丰豆、平顶四、四粒黄、金元、日本小粒、富引 1 号、十胜长叶等 22 个祖先亲本，分析其核遗传贡献率并注明祖先亲本来源，从而揭示该品种遗传基础，为大豆育种亲本的选择利用提供参考。

（详见表 5-34）

表 5-34　中龙小粒豆 2 号祖先亲本

品种名称	母本	父本	祖先亲本	祖先亲本核遗传贡献率/%	祖先亲本来源
中龙小粒豆 2 号	绥小粒豆 2 号	龙品 03-123	12.50	ZYD566	黑龙江野生大豆
			12.50	1906~1	黑龙江野生大豆
			12.50	龙野 79-3434	黑龙江野生大豆
			6.25	半野生大豆	黑龙江省农业科学院资源所材料
			0.39	逊克当地种	黑龙江省逊克地方品种
			3.32	五顶珠	黑龙江省绥化地方品种
			2.39	白眉	黑龙江省克山地方品种
			3.81	克山四粒荚	黑龙江省克山地方品种
			0.20	大白眉	黑龙江省克山地方品种
			3.52	小粒黄	黑龙江省勃利地方品种
			0.39	小粒豆 9 号	黑龙江省勃利地方品种
			1.56	克 67-3256-5F4	黑龙江省农业科学院克山分院材料
			1.56	绥 76-5401	黑龙江省农业科学院绥化分院材料
			1.17	东农 20(黄-中-中 20)	东北农业大学材料
			6.25	GD50477	吉林省公主岭半野生大豆
			4.69	永丰豆	吉林省永吉地方品种
			6.25	平顶四	吉林省中部地方品种
			3.93	四粒黄	吉林省公主岭地方品种
			3.93	金元	辽宁省开原地方品种
			3.13	富引 1 号	日本品种
			3.13	日本小粒豆	日本品种
			6.64	十胜长叶	日本品种

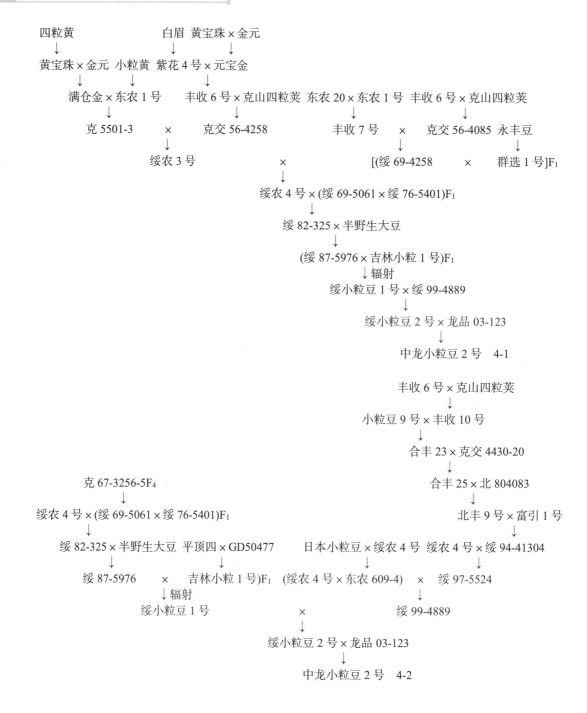

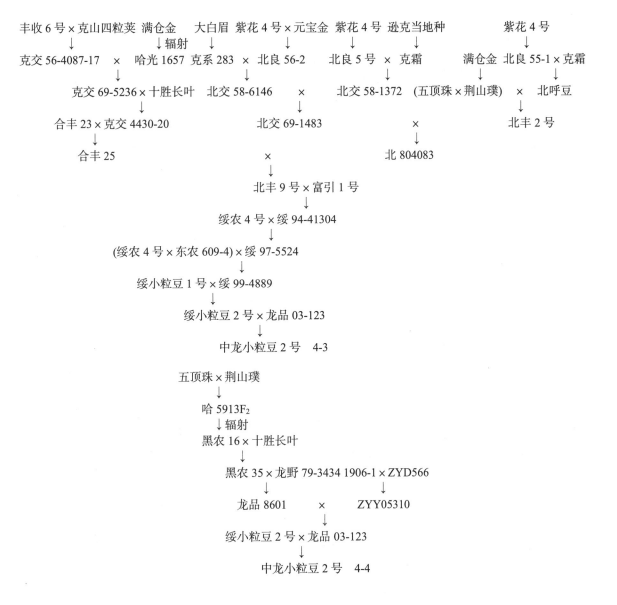

图 5-34 中龙小粒豆 2 号系谱图

35 中龙小粒豆 3 号

中龙小粒豆 3 号品种简介

【品种来源】中龙小粒豆 3 号是黑龙江省农业科学院耕作栽培研究所以中龙小粒豆 1 号为母本,龙品 8807 为父本杂交,经多年选择育成。审定编号:黑审豆 20200067。

【植株性状】白花,尖叶,灰色茸毛,荚弯镰形,成熟荚浅褐色。亚有限结荚习性,株高 113cm 左右,有分枝。

【籽粒特点】特种品种（小粒）。籽粒椭球形,种皮黄色,有光泽,种脐黄色,百粒重 8.1g 左右。籽粒粗蛋白含量 42.39%,粗脂肪含量 18.38%。

【生育日数】在适应区从出苗至成熟生育日数 120d 左右，需≥10℃活动积温 2400℃左右。

【抗病鉴定】接种鉴定中抗大豆灰斑病。

【产量表现】2018—2019 年区域试验平均产量 2673.5kg/hm²，较对照品种龙小粒豆 1 号平均增产 8.2%。

【适应区域】适宜在黑龙江省第二积温带南部区，≥10℃活动积温 2550℃以上区域种植。

中龙小粒豆 3 号遗传基础

中龙小粒豆 3 号细胞质 100% 来源于五顶珠，历经 6 轮传递与选育，细胞质传递过程为五顶珠→哈 5913F₂→黑农 16→黑农 35→龙品 8601→中龙小粒豆 1 号→中龙小粒豆 3 号。（详见图 5-35）

中龙小粒豆 3 号细胞核来源于龙野 79-3434、ZYD355、ZYY39、五顶珠、四粒黄、金元、十胜长叶等 7 个祖先亲本，分析其核遗传贡献率并注明祖先亲本来源，从而揭示该品种遗传基础，为大豆育种亲本的选择利用提供参考。（详见表 5-35）

表 5-35　中龙小粒豆 3 号祖先亲本

品种名称	母本	父本	祖先亲本	祖先亲本核遗传贡献率/%	祖先亲本来源
中龙小粒豆 3 号	中龙小粒豆 1 号	龙品 8807	龙野 79-3434	12.50	黑龙江省野生大豆
			ZYD355	25.00	黑龙江省野生大豆
			ZYY39	25.00	黑龙江省野生大豆
			五顶珠	9.38	黑龙江省绥化地方品种
			四粒黄	4.69	吉林省公主岭地方品种
			金元	4.69	辽宁省开原地方品种
			十胜长叶	18.75	日本品种

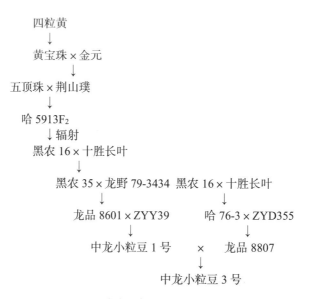

图 5-35　中龙小粒豆 3 号系谱图

36　科合202

科合202品种简介

【品种来源】科合202是黑龙江省农业科学院草业研究所（黑龙江省农业科学院对俄农业技术合作中心）以俄罗斯HZDD1424为母本、加拿大HZDD3796为父本杂交，经多年选择育成。审定编号：黑审豆20210040。

【植株性状】紫花，圆叶，灰色茸毛，荚直形，成熟荚黄褐色。亚有限结荚习性，株高87cm左右，有分枝。

【籽粒特点】小粒品种。种子圆形，种皮黄色，种脐浅褐色，有光泽，百粒重7.7g左右。籽粒粗蛋白含量41.03%，粗脂肪含量18.79%。

【生育日数】在适应区出苗至成熟生育日数120d左右，需≥10℃活动积温2400℃左右。

【抗病鉴定】接种鉴定中抗大豆灰斑病。

【产量表现】2019—2020年区域试验平均产量2716.1kg/hm²，较对照品种绥小粒豆2号平均增产10.5%。

【适应区域】适宜在黑龙江省第二积温带≥10℃活动积温2550℃区域种植。

科合202遗传基础

科合202细胞质100%来源于HZDD1424，历经1轮传递与选育，细胞质传递过程为HZDD1424→科合202。（详见图5-36）

科合202细胞核来源于HZDD1424、HZDD3796等2个祖先亲本，分析其核遗传贡献率并注明祖先亲本来源，从而揭示该品种遗传基础，为大豆育种亲本的选择利用提供参考。（详见表5-36）

表5-36　科合202祖先亲本

品种名称	母本	父本	祖先亲本	祖先亲本核遗传贡献率/%	祖先亲本来源
科合202	俄罗斯HZDD1424	加拿大HZDD3796	HZDD1424	50.00	俄罗斯材料
			HZDD3796	50.00	加拿大材料

HZDD1424 × HZDD3796

↓

科合202

图5-36　科合202系谱图

37 东生 89

东生 89 品种简介

【品种来源】东生 89 是中国科学院东北地理与农业生态研究所、黑龙江省农业科学院牡丹江分院以黑农 35 风干种子为材料，经 ^{60}Co-γ 射线辐射处理。审定编号：黑审豆 20190066。

【植株性状】白花，尖叶，灰色茸毛，荚弯镰形，成熟荚黄褐色。亚有限结荚习性，株高 70cm 左右。

【籽粒特点】特种品种（小粒品种）。籽粒圆形，种皮黄色，有光泽，种脐黄色，百粒重 15.0g 左右。籽粒粗蛋白含量 42.05%，粗脂肪含量 20.8%。

【生育日数】在适应区从出苗至成熟生育日数 115d 左右，需 ≥10℃活动积温 2300℃左右。

【抗病鉴定】接种鉴定中抗大豆灰斑病。

【产量表现】2017—2018 年区域试验平均产量 2676.5kg/hm²，较对照品种北豆 40 平均增产 10.0%。

【适应区域】适宜在黑龙江省 ≥10℃活动积温 2450℃区域种植。

东生 89 遗传基础

东生 89 细胞质 100% 来源于五顶珠，历经 4 轮传递与选育，细胞质传递过程为五顶珠→哈 5913F₂→黑农 16→黑农 35→东生 89。（详见图 5-37）

东生 89 细胞核来源于五顶珠、四粒黄、金元、十胜长叶等 4 个祖先亲本，分析其核遗传贡献率并注明祖先亲本来源，从而揭示该品种遗传基础，为大豆育种亲本的选择利用提供参考。（详见表 5-37）

表 5-37 东生 89 祖先亲本

品种名称	父母本	祖先亲本	祖先亲本核遗传贡献率/%	祖先亲本来源
东生 89	黑农 35 风干种子辐射材料	五顶珠	25.00	黑龙江省绥化地方品种
		四粒黄	12.50	吉林省公主岭地方品种
		金元	12.50	辽宁省开原地方品种
		十胜长叶	50.00	日本品种

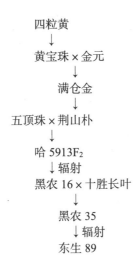

图 5-37 东生 89 系谱图

38 东生 200

东生 200 品种简介

【品种来源】东生 200 是中国科学院东北地理与农业生态研究所以黑农 51 为母本，435 为父本杂交，经多年选择育成。审定编号：黑审豆 20200061。

【植株性状】白花，圆叶，灰色茸毛，荚弯镰形，成熟荚褐色。亚有限结荚习性，株高 101cm 左右，有分枝。

【籽粒特点】特种品种（小粒）。籽粒圆形，种皮黄色，无光泽，种脐浅褐色，百粒重 13.0g 左右。籽粒粗蛋白含量 42.4%，粗脂肪含量 19.1%，油酸含量 75% 左右。

【生育日数】在适应区从出苗至成熟生育日数 116d 左右，需 ≥10℃活动积温 2350℃左右。

【抗病鉴定】接种鉴定中抗大豆灰斑病。

【产量表现】2018—2019 年区域试验平均产量 2450.1kg/hm²，较对照品种绥小粒豆 2 号平均增产 7.9%。

【适应区域】适宜在黑龙江省第二积温带东部区，≥10℃活动积温 2500℃区域种植。

东生 200 遗传基础

东生 200 细胞质 100% 来源于五顶珠，历经 8 轮传递与选育，细胞质传递过程为五顶珠→哈 5913F₂→黑农 16→（黑农 16×十胜长叶）F₅→黑农 28→（黑农 28×哈 78-8391)F₅→黑农 37→黑农 51→东生 200。（详见图 5-38）

东生 200 细胞核来源于海伦金元、五顶珠、白眉、克山四粒荚、蓑衣领、佳木斯秃荚子、四粒黄、小粒黄、小粒豆 9 号、秃荚子、长叶大豆、东农 3 号、哈 49-2158、哈 61-8134、哈 78-6289-10、435、四粒黄、铁荚四粒黄(黑铁荚)、金元、大白眉、黑龙江 41、十胜长叶等 22 个祖先亲本，分析其核遗传贡献率并注明祖先亲本来源，从而揭示该品种遗传基础，为大豆育种亲本的选择利用提供参考。（详见表 5-38）

表 5-38　东生 200 祖先亲本

品种名称	母本	父本	祖先亲本	祖先亲本核遗传贡献率/%	祖先亲本来源
东生 200	黑农 51	435	海伦金元	0.78	黑龙江省海伦地方品种
			五顶珠	3.13	黑龙江省绥化地方品种
			白眉	2.34	黑龙江省克山地方品种
			克山四粒荚	1.17	黑龙江省克山地方品种
			蓑衣领	1.56	黑龙江省西部龙江草原地方品种
			佳木斯秃荚子	0.39	黑龙江省佳木斯地方品种
			四粒黄	0.78	黑龙江省东部和中部地方品种
			小粒黄	1.56	黑龙江省勃利地方品种
			小粒豆 9 号	1.56	黑龙江省勃利地方品种
			秃荚子	1.56	黑龙江省木兰地方品种
			长叶大豆	1.56	黑龙江省地方品种
			东农 3 号	0.78	东北农业大学材料
			哈 49-2158	1.56	黑龙江省农业科学院大豆研究所材料
			哈 61-8134	1.56	黑龙江省农业科学院大豆研究所材料
			哈 78-6289-10	6.25	黑龙江省农业科学院大豆研究所材料
			435	50.00	中国科学院东北地理与农业生态研究所材料
			四粒黄	6.25	吉林省公主岭地方品种
			铁荚四粒黄（黑铁荚）	1.56	吉林省中南部半山区地方品种
			金元	5.86	辽宁省开原地方品种
			大白眉	0.39	辽宁广泛分布的地方品种
			黑龙江 41	1.56	俄罗斯材料
			十胜长叶	7.81	日本品种

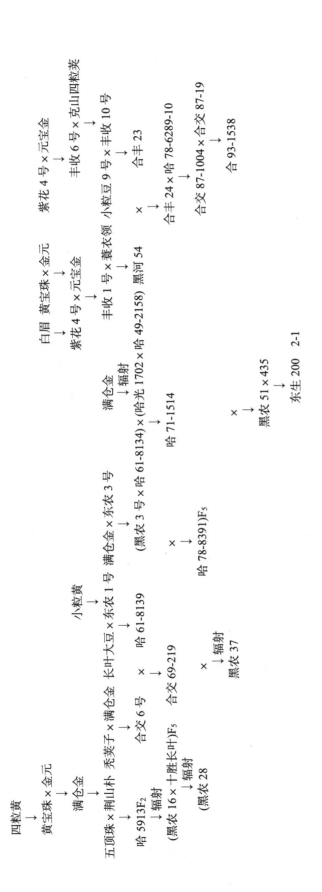

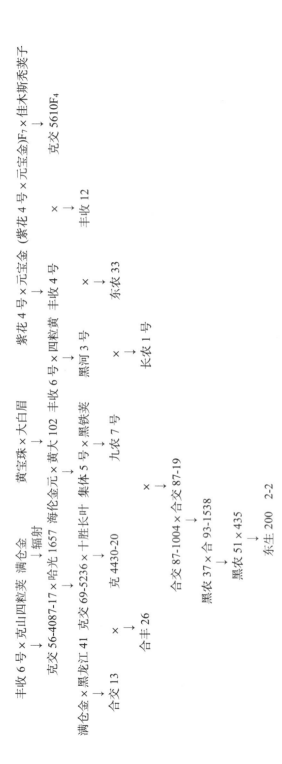

图 5-38　东生 200 系谱图

39 东生 300

【品种来源】东生 300 是中国科学院东北地理与农业生态研究所农业技术中心以黑农 51 为母本、435 为父本杂交，经多年选择育成。审定编号：黑审豆 20210048。

【植株性状】紫花，圆叶，灰色茸毛，荚弯镰形，成熟荚浅褐色。亚有限结荚习性，株高 104cm 左右，有分枝。

【籽粒特点】高油酸品种。籽粒椭圆形，种皮黄色，无光泽，种脐浅褐色，百粒重 14.0g 左右。籽粒粗蛋白含量 41.90%，粗脂肪含量 18.04%，油酸含量 73.5%。

【生育日数】在适应区出苗至成熟生育日数 120d 左右，需≥10℃活动积温 2400℃左右。

【抗病鉴定】接种鉴定中抗大豆灰斑病。

【产量表现】2019—2020 年区域试验平均产量 3213.5kg/hm²，较对照品种绥小粒豆 2 号平均增产 7.4%，2020 年生产试验平均产量 3238.2kg/hm²，较对照品种绥小粒豆 2 号平均增产 7.1%。

【适应区域】适宜在黑龙江省第二积温带≥10℃活动积温 2550℃区域种植。

东生 300 遗传基础

东生 300 细胞质 100%来源于五顶珠，历经 8 轮传递与选育，细胞质传递过程为五顶珠→哈 5913F₂→黑农 16→(黑农 16×十胜长叶)F₅→黑农 28→(黑农 28×哈 78-8391)F₅→黑农 37→黑农 51→东生 300。（详见图 5-38）

东生 300 细胞核来源于海伦金元、五顶珠、白眉、克山四粒荚、蓑衣领、佳木斯秃荚子、四粒黄、小粒黄、小粒豆 9 号、秃荚子、长叶大豆、东农 3 号、哈 49-2158、哈 61-8134、哈 78-6289-10、435、四粒黄、铁荚四粒黄(黑铁荚)、金元、大白眉、黑龙江 41、十胜长叶等 22 个祖先亲本，分析其核遗传贡献率并注明祖先亲本来源，从而揭示该品种遗传基础，为大豆育种亲本的选择利用提供参考。（详见表 5-38）

表 5-38　东生 300 祖先亲本

品种名称	母本	父本	祖先亲本	祖先亲本核遗传贡献率/%	祖先亲本来源
东生 300	黑农 51	435	海伦金元	0.78	黑龙江省海伦地方品种
			五顶珠	3.13	黑龙江省绥化地方品种
			白眉	2.34	黑龙江省克山地方品种
			克山四粒荚	1.17	黑龙江省克山地方品种
			蓑衣领	1.56	黑龙江省西部龙江草原地方品种
			佳木斯秃荚子	0.39	黑龙江省佳木斯地方品种
			四粒黄	0.78	黑龙江省东部和中部地方品种

续表

品种名称	母本	父本	祖先亲本	祖先亲本核遗传贡献率/%	祖先亲本来源
东生 300	黑农 51	435	小粒黄	1.56	黑龙江省勃利地方品种
			小粒豆 9 号	1.56	黑龙江省勃利地方品种
			秃荚子	1.56	黑龙江省木兰地方品种
			长叶大豆	1.56	黑龙江省地方品种
			东农 3 号	0.78	东北农业大学材料
			哈 49-2158	1.56	黑龙江省农业科学院大豆研究所材料
			哈 61-8134	1.56	黑龙江省农业科学院大豆研究所材料
			哈 78-6289-10	6.25	黑龙江省农业科学院大豆研究所材料
			435	50.00	中国科学院东北地理与农业生态研究所材料
			四粒黄	6.25	吉林省公主岭地方品种
			铁荚四粒黄（黑铁荚）	1.56	吉林省中南部半山区地方品种
			金元	5.86	辽宁省开原地方品种
			大白眉	0.39	辽宁广泛分布的地方品种
			黑龙江 41	1.56	俄罗斯材料
			十胜长叶	7.81	日本品种

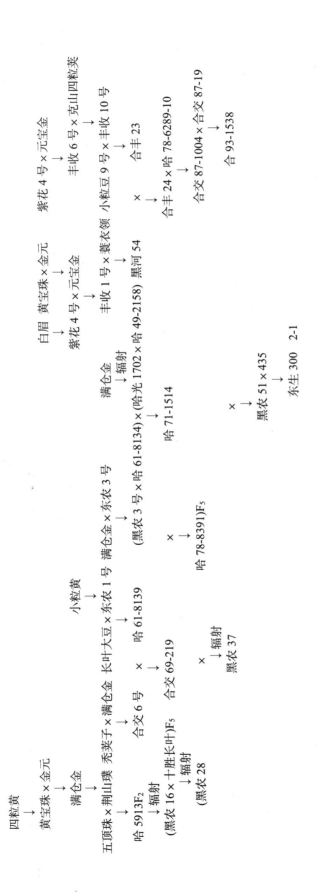

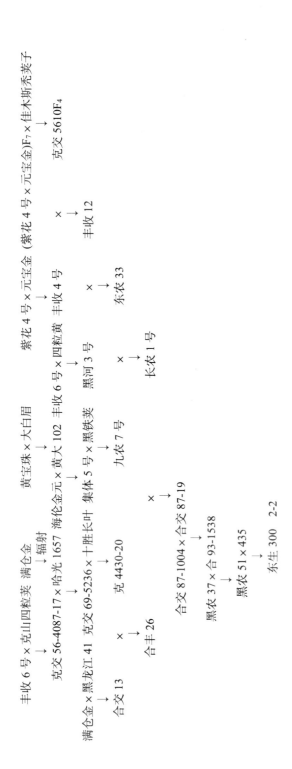

图 5-39　东生 300 系谱图

40 广大101

广大101品种简介

【品种来源】广大101是广州大学分子遗传与进化创新研究中心以黑农51为母本、110为父本杂交，经多年选择育成。审定编号：黑审豆20210043。

【植株性状】紫花，尖叶，灰色茸毛，荚弯镰形，成熟荚浅褐色。亚有限结荚习性，株高99cm左右，有分枝。

【籽粒特点】高油酸品种。籽粒椭圆形，种皮黄色，无光泽，种脐黄色，百粒重13g左右。籽粒粗蛋白含量41.62%，粗脂肪含量19.39%，油酸含量76.6%。

【生育日数】在适应区出苗至成熟生育日数120d左右，需≥10℃活动积温2400℃左右。

【抗病鉴定】接种鉴定中抗大豆灰斑病。

【产量表现】2019—2020年区域试验平均产量3453.6kg/hm²，较对照品种绥小粒豆2号平均增产5.6%，2020年生产试验平均产量3407.2kg/hm²，较对照品种绥小粒豆2号平均增产6.3%。

【适应区域】适宜在黑龙江省第二积温带≥10℃活动积温2550℃区域种植。

广大101遗传基础

广大101细胞质100%来源于五顶珠，历经8轮传递与选育，细胞质传递过程为五顶珠→哈5913F₂→黑农16→(黑农16×十胜长叶)F₅→黑农28→(黑农28×哈78-8391)F₅→黑农37→黑农51→广大101。（详见图5-40）

广大101细胞核来源于海伦金元、五顶珠、白眉、克山四粒荚、蓑衣领、佳木斯秃荚子、四粒黄、小粒黄、小粒豆9号、秃荚子、长叶大豆、东农3号、哈49-2158、哈61-8134、哈78-6289-10、110、四粒黄、铁荚四粒黄(黑铁荚)、金元、大白眉、黑龙江41、十胜长叶等22个祖先亲本，分析其核遗传贡献率并注明祖先亲本来源，从而揭示该品种遗传基础，为大豆育种亲本的选择利用提供参考。（详见表5-40）

表5-40 广大101祖先亲本

品种名称	母本	父本	祖先亲本	祖先亲本核遗传贡献率/%	祖先亲本来源
广大101	黑农51	110	海伦金元	0.78	黑龙江省海伦地方品种
			五顶珠	3.13	黑龙江省绥化地方品种
			白眉	2.34	黑龙江省克山地方品种
			克山四粒荚	1.17	黑龙江省克山地方品种
			蓑衣领	1.56	黑龙江省西部龙江草原地方品种
			佳木斯秃荚子	0.39	黑龙江省佳木斯地方品种
			四粒黄	0.78	黑龙江省东部和中部地方品种

续表

品种名称	母本	父本	祖先亲本	祖先亲本核遗传贡献率/%	祖先亲本来源
广大 101	黑农 51	110	小粒黄	1.56	黑龙江省勃利地方品种
			小粒豆 9 号	1.56	黑龙江省勃利地方品种
			秃荚子	1.56	黑龙江省木兰地方品种
			长叶大豆	1.56	黑龙江省地方品种
			东农 3 号	0.78	东北农业大学材料
			哈 49-2158	1.56	黑龙江省农业科学院大豆研究所材料
			哈 61-8134	1.56	黑龙江省农业科学院大豆研究所材料
			哈 78-6289-10	6.25	黑龙江省农业科学院大豆研究所材料
			110	50.00	广州大学分子遗传与进化创新研究中心材料
			四粒黄	6.25	吉林省公主岭地方品种
			铁荚四粒黄（黑铁荚）	1.56	吉林省中南部半山区地方品种
			金元	5.86	辽宁省开原地方品种
			大白眉	0.39	辽宁广泛分布的地方品种
			黑龙江 41	1.56	俄罗斯材料
			十胜长叶	7.81	日本品种

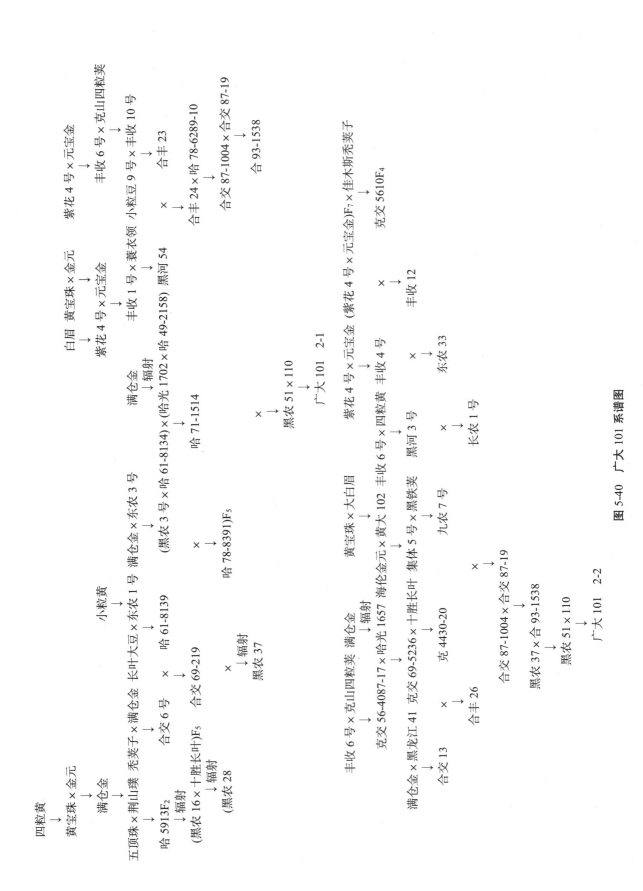

图 5-40 广大 101 系谱图

41 牡小粒豆1号

牡小粒豆1号品种简介

【品种来源】牡小粒豆1号是黑龙江省农业科学院牡丹江分院以龙小粒豆1号风干种子为材料，通过 ^{60}Co-γ射线诱变处理，系谱法选育而成。审定编号：黑审豆20190054。

【植株性状】紫花，尖叶，灰色茸毛，荚弯镰形，成熟荚黄褐色。亚有限结荚习性，株高75cm左右。

【籽粒特点】特种品种（小粒品种）。籽粒圆形，种皮黄色，有光泽，种脐黄色，百粒重14.8g左右。籽粒粗蛋白含量39.75%，粗脂肪含量21.62%。

【生育日数】在适应区从出苗至成熟生育日数120d左右，需≥10℃活动积温2450℃左右。

【抗病鉴定】接种鉴定抗大豆灰斑病。

【产量表现】2017—2018年区域试验平均产量3245.0kg/hm²，较对照品种绥小粒豆2号平均增产8.5%。

【适应区域】适宜在黑龙江省≥10℃活动积温2600℃区域种植。

牡小粒豆1号遗传基础

牡小粒豆1号细胞质100%来源于四粒黄，历经7轮传递与选育，细胞质传递过程为四粒黄→黄宝珠→满仓金→东农4号→哈63-2294→黑农26→龙小粒豆1号→牡小粒豆1号。（详见图5-41）

牡小粒豆1号细胞核来源于龙野79-3433-1、白眉、小金黄、四粒黄、金元等5个祖先亲本，分析其核遗传贡献率并注明祖先亲本来源，从而揭示该品种遗传基础，为大豆育种亲本的选择利用提供参考。（详见表5-41）

表5-41　牡小粒豆1号祖先亲本

品种名称	父母本	祖先亲本	祖先亲本核遗传贡献率/%	祖先亲本来源
牡小粒豆1号	龙小粒豆1号风干种子辐射材料	龙野79-3433-1	50.00	黑龙江省野生大豆
		白眉	12.50	黑龙江省克山地方种
		小金黄	25.00	吉林省中部平原地区地方种
		四粒黄	6.25	吉林省公主岭地方种
		金元	6.25	辽宁省开原地方种

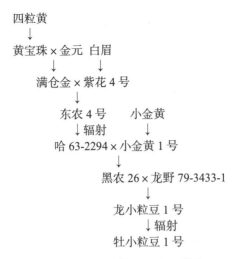

四粒黄
↓
黄宝珠 × 金元　白眉
↓
满仓金 × 紫花 4 号
↓
东农 4 号　　小金黄
↓辐射　　　↓
哈 63-2294 × 小金黄 1 号
↓
黑农 26 × 龙野 79-3433-1
↓
龙小粒豆 1 号
↓辐射
牡小粒豆 1 号

图 5-41　牡小粒豆 1 号系谱图

42　雁育 1 号

雁育 1 号品种简介

【品种来源】雁育 1 号是吉林省雁鸣湖种业有限责任公司 2005 年以吉林小粒 3 号为母本，东农 690 为父本杂交，经多年选择育成。审定编号：吉审豆 2014012。

【植株性状】白花，披针叶，灰色茸毛。亚有限结荚习性，株高 95cm，结荚密集，3、4 粒荚多。

【籽粒特点】籽粒圆形，种皮黄色，有光泽，种脐黄色，百粒重 8.5g。籽粒粗蛋白含量 36.59%，粗脂肪含量 18.33%。

【生育日数】在适应区从出苗至成熟生育日数 115～118d，需 ≥10℃ 活动积温 2250℃ 以上。

【抗病鉴定】人工接种鉴定抗大豆花叶病毒混合株系，中抗大豆灰斑病。网室内抗大豆花叶病毒 1 号株系和 3 号株系。田间自然诱发鉴定抗大豆花叶病毒病，高抗大豆灰斑病，抗大豆褐斑病，高抗大豆霜霉病，高抗大豆细菌性斑点病，高抗大豆食心虫。

【产量表现】2011—2012 年区域试验平均产量 2187.5kg/hm²，较对照品种吉林小粒 4 号平均增产 11.0%，2012—2013 年生产试验平均产量 2383.2kg/hm²，较对照品种吉育 105 平均增产 12.4%。

【适应区域】吉林省东部山区、半山区等早熟区。

雁育 1 号遗传基础

雁育 1 号细胞质 100% 来源于公野交 8537F₂，历经 2 轮传递与选育，细胞质传递过程为公野交 8537F₂→吉林小粒 3 号→雁育 1 号。（详见图 5-42）

雁育 1 号细胞核来源于东农小粒豆 845、公野交 8527F₂、公野交 8537F₂、日本小粒豆等 4 个祖先亲本，分析其核遗传贡献率并注明祖先亲本来源，从而揭示该品种遗传基础，为大豆育种亲本的选择利用提供参考。（详见表 5-42）

表 5-42　雁育 1 号祖先亲本

品种名称	母本	父本	祖先亲本	祖先亲本核遗传贡献率/%	祖先亲本来源
雁育 1 号	吉林小粒 3 号	东农 690	东农小粒豆 845	25.00	东北农业大学材料
			公野交 8527F$_2$	25.00	吉林省农业科学院大豆所材料
			公野交 8537F$_2$	25.00	吉林省农业科学院大豆所材料
			日本小粒豆	25.00	日本品种

图 5-42　雁育 1 号系谱图

43　雁育 2 号

雁育 2 号品种简介

【品种来源】雁育 2 号是吉林省雁鸣湖种业有限责任公司 2006 年以吉林小粒 4 号为母本，绥农 2 号为父本杂交，经多年选择育成。审定编号：吉审豆 2015010。

【植株性状】白花，椭圆叶，棕色茸毛。亚有限结荚习性，株高 90cm，亚有限结荚习性。

【籽粒特点】籽粒圆形，种皮黄色，有光泽，种脐黄色，百粒重 9.0g。籽粒粗蛋白含量 33.43%，粗脂肪含量 21.58%。

【生育日数】在适应区从出苗至成熟生育日数 115d 左右，需 ≥10℃活动积温 2250℃以上。

【抗病鉴定】人工接种鉴定抗大豆花叶病毒混合株系和 1 号株系，高抗大豆花叶病毒 3 号株系，中抗大豆灰斑病。田间自然诱发鉴定抗大豆花叶病毒病，抗大豆灰斑病，抗大豆褐斑病，抗大豆霜霉病，抗大豆细菌性斑点病，中抗大豆食心虫。

【产量表现】2012—2014 年区域试验平均产量 2367.2kg/hm²，较对照品种吉育 105 平均增产 8.2%，2014 年生产试验平均产量 2587.4kg/hm²，较对照品种吉育 105 平均增产 11.5%。

【适应区域】吉林省大豆早熟区。

雁育 2 号遗传基础

雁育 2 号细胞质 100% 来源于一窝蜂，历经 4 轮传递与选育，细胞质传递过程为一窝蜂→公交 7014F$_1$→吉林 18→吉林小粒 4 号→雁育 2 号。（详见图 5-43）

雁育 2 号细胞核来源于白眉、克山四粒荚、小粒黄、GD5044-1、四粒黄、铁荚四粒黄（黑铁荚）、嘟噜豆、一窝蜂、海龙嘟噜豆、四粒黄、金元、牛尾巴黄、十胜长叶等 13 个祖先亲本，分析其核遗传贡献率并注明祖先亲本来源，从而揭示该品种遗传基础，为大豆育种亲本的选择利用提供参考。（详见表 5-43）

表 5-43 雁育 2 号祖先亲本

品种名称	母本	父本	祖先亲本	祖先亲本核遗传贡献率/%	祖先亲本来源
雁育 2 号	吉林小粒 4 号	绥农 2 号	白眉	6.25	黑龙江省克山地方品种
			克山四粒荚	12.50	黑龙江省克山地方品种
			小粒黄	12.50	黑龙江省勃利地方品种
			GD5044-1	12.50	吉林省东北地区半野生大豆
			四粒黄	9.38	吉林省公主岭地方品种
			铁荚四粒黄（黑铁荚）	6.25	吉林省中南部半山区地方品种
			嘟噜豆	3.13	吉林省中南部地方品种
			窝蜂	6.25	吉林省中部偏西地区地方品种
			海龙嘟噜豆	3.13	吉林省梅河口市海龙镇地方品种
			四粒黄	3.13	吉林省东丰地方品种
			金元	12.50	辽宁省开原地方品种
			牛尾巴黄	3.13	吉林省西部地方品种
			十胜长叶	9.38	日本品种

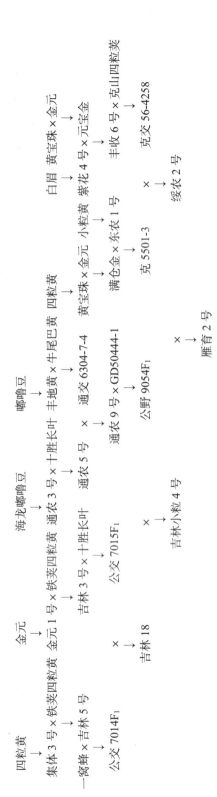

图 5-43　雁育 2 号系谱图

44 长白1号

长白1号品种简介

【品种来源】长白1号是吉林省敦化县从地方品种压迫车中系统选种育成。吉林省确定推广时间：1982年。

【植株性状】紫花，椭圆叶，灰色茸毛，成熟荚浅黄色。亚有限结荚习性，株高70~90cm，分枝性强，节间短，2、3粒荚多。茎较细，不耐肥，秆较软，不抗倒伏。

【籽粒特点】纳豆品种。籽粒扁圆形，种皮黄色，有光泽，种脐浅黄色，百粒重12.0g左右。

【生育日数】在适应区从出苗至成熟生育日数120d左右。

【抗病鉴定】较抗病虫，虫食粒率低。

【产量表现】产量1650~1800kg/hm^2。

【适应区域】吉林省敦化市。

长白1号遗传基础

长白1号细胞质100%来源于压破车，历经1轮传递与选育，细胞质传递过程为压破车→长白1号。（详见图5-44）

长白1号细胞核来源于压破车一个祖先亲本，分析其核遗传贡献率并注明祖先亲本来源，从而揭示该品种遗传基础，为大豆育种亲本的选择利用提供参考。（详见表5-44）

表5-44 长白1号祖先亲本

品种名称	父母本	祖先亲本	祖先亲本核遗传贡献率/%	祖先亲本来源
长白1号	地方品种压迫车	压破车	100.00	吉林省东部地方品种

压迫车
↓
长白1号

图5-44 长白1号系谱图

45 延农小粒豆1号

延农小粒豆1号品种简介

【品种来源】延农小粒豆1号是延边农业科学研究院以延交8302F$_3$为母本，延交75-14为父本杂交，经多年选择育成。审定编号：吉审豆2006008。

【植株性状】白花，尖叶，灰色茸毛，成熟荚褐色。亚有限结荚习性，株高85cm左右，分枝3个以上，2、3 粒荚较多。

【籽粒特点】籽粒圆形，种皮黄色，有光泽，种脐无色，百粒重 8.4g。籽粒粗蛋白含量 41.41%，粗脂肪含量 18.28%。

【生育日数】在适应区从出苗至成熟生育日数 117d 左右，需≥10℃活动积温 2300~2400℃。

【抗病鉴定】人工接种鉴定中抗大豆花叶病毒 1 号株系。田间自然发病鉴定抗大豆花叶病毒病，抗大豆灰斑病。

【产量表现】1995-1996 年和 2004-2005 年四年生产试验平均产量 2345.0kg/hm²，比对照品种公小早、白山 1 号、吉林小粒 3 号、吉林小粒 4 号平均增产 10.3%。

【适应区域】吉林省东部山区、半山区早熟、中早熟地区。

延农小粒豆 1 号遗传基础

延农小粒豆 1 号细胞质 100% 来源于延交 75-14，历经 2 轮传递与选育，细胞质传递过程为延交 75-14→延交 8302→延农小粒豆 1 号。（详见图 5-45）

延农小粒豆 1 号细胞核来源于 GD50546、延交 75-14 等 2 个祖先亲本，分析其核遗传贡献率并注明祖先亲本来源，从而揭示该品种遗传基础，为大豆育种亲本的选择利用提供参考。（详见表 5-45）

表 5-45　延农小粒豆 1 号祖先亲本

品种名称	母本	父本	祖先亲本	祖先亲本核遗传贡献率/%	祖先亲本来源
延农小粒豆 1 号	延交 8302F₃	延交 75-14	GD50546	25.00	吉林省东北地区半野生大豆
			延交 75-14	75.00	延边农业科学院材料

延交 75-14×GD50546

↓

延交 8302F3×延交 75-14

↓

延农小粒豆 1 号

图 5-45　延农小粒豆 1 号系谱图

46　铃丸

铃丸品种简介

【品种来源】铃丸是龙井长白农产品有限公司以十育 153 为母本，纳豆小粒为父本杂交，经多年选择育成。审定编号：吉审豆 2009016（认定）。

【植株性状】紫花，尖叶，灰色茸毛。有限结荚习性，成熟荚褐色。株高 56cm，分枝 8 个以上，有效分枝 3~4 个，主茎节数 13 个，主茎结荚较密，2~3 粒荚较多。

【籽粒特点】籽粒圆形，种皮黄色，无光泽，种脐无色，百粒重 13.4g。籽粒粗蛋白含量 41.00%，粗脂肪含量 20.00%。

【生育日数】在适应区从出苗至成熟生育日数 115d 左右，需≥10℃活动积温 2400℃。

【产量表现】产量 1800-2800kg/hm²。

铃丸遗传基础

铃丸细胞质 100%来源于十育 153，历经 1 轮传递与选育，细胞质传递过程为十育 153→铃丸。（详见图 5-46）

铃丸细胞核来源于纳豆小粒、十育 153 等 2 个祖先亲本，分析其核遗传贡献率并注明祖先亲本来源，从而揭示该品种遗传基础，为大豆育种亲本的选择利用提供参考。（详见表 5-46）

表 5-46　铃丸祖先亲本

品种名称	母本	父本	祖先亲本	祖先亲本核遗传贡献率/%	祖先亲本来源
铃丸	十育 153	纳豆小粒	纳豆小粒	50.00	日本品种
			十育 153	50.00	日本品种

十育 153 × 纳豆小粒
↓
铃丸

图 5-46　铃丸系谱图

47　九芽豆 1 号

九芽豆 1 号品种简介

【品种来源】九芽豆 1 号是吉林市农业科学院以吉林小粒豆 7 号为母本，九农 21 为父本杂交，经多年选择育成。审定编号：吉审豆 20190022。

【植株性状】紫花，披针叶，灰色茸毛，成熟荚褐色。亚有限结荚习性，株高 59.4cm，分枝型结荚，主茎节数 11.5 个，3 粒荚多。

【籽粒特点】小粒类型品种。籽粒圆形，种皮黄色，有光泽，种脐黄色，百粒重 12.8g。籽粒粗蛋白含量 41.52%，粗脂肪含量 20.30%。

【生育日数】在适应区从出苗至成熟生育日数 120d 左右，与对照品种吉育 107 相同。

【抗病鉴定】人工接种鉴定中抗大豆花叶病毒 1 号株系，感大豆花叶病毒 3 号株系，高抗大豆灰斑病。

【产量表现】2017—2018 年自主区域试验平均产量 2281.7kg/hm²，较对照品种吉育 107 平均增产 7.4%，2018 年生产试验平均产量 2202.3kg/hm²，较对照品种吉育 107 平均增产 12.0%。

【适应区域】适宜吉林省大豆中熟区种植。

九芽豆 1 号遗传基础

九芽豆 1 号细胞质 100%来源于黄客豆，历经 6 轮传递与选育，细胞质传递过程为十胜长叶→通交 73-399→公野 8008-3→公野 8930→公野 9140-5→吉林小粒 7 号→九芽豆 1 号。（详见图 5-47）

九芽豆 1 号细胞核来源于白眉、黑龙江小粒豆、东农 3 号、GD50393、四粒黄、铁荚四粒黄（黑铁荚）、一窝蜂、四粒黄、金元、济宁 71021、鹤之子、十胜长叶、MB152 等 13 个祖先亲本，分析其核遗传贡献率并注明祖先亲本来源，从而揭示该品种遗传基础，为大豆育种亲本的选择利用提供参考。（详见表 5-47）

表 5-47　九芽豆 1 号祖先亲本

品种名称	母本	父本	祖先亲本	祖先亲本核遗传贡献率/%	祖先亲本来源
九芽豆 1 号	吉林小粒豆 7 号	九农 21	白眉	0.78	黑龙江省克山地方品种
			黑龙江小粒豆	37.50	黑龙江省地方品种
			东农 3 号	0.78	东北农业大学
			GD50393	3.13	吉林省东北地区半野生大豆
			四粒黄	0.78	吉林省公主岭地方品种
			铁荚四粒黄（黑铁荚）	6.25	吉林省中南部半山区地方品种
			一窝蜂	6.25	吉林省中部偏西地区地方品种
			四粒黄	3.13	吉林省东丰地方品种
			金元	3.91	辽宁省开原地方品种
			济宁 71021	3.13	山东省济宁农科所
			鹤之子	1.56	日本品种
			十胜长叶	7.81	日本品种
			MB152	25.00	美国品种

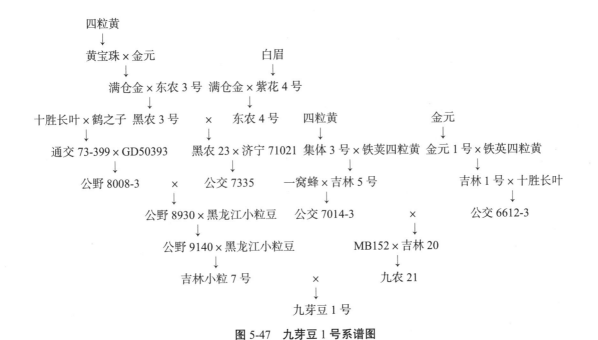

图 5-47 九芽豆 1 号系谱图

48 长农 32

长农 32 品种简介

【品种来源】长农 32 是长春市农业科学院 2006 年以合丰 34 为母本，Sb8699 为父本杂交，经多年选择育成。审定编号：吉审豆 2015009。

【植株性状】紫花，尖叶，灰色茸毛，成熟荚褐色。亚有限结荚习性，株高 77cm，主茎结荚，3、4 粒荚多。

【籽粒特点】籽粒圆形，种皮黄色，有光泽，种脐无色，百粒重 9～11g。籽粒粗蛋白含量 31.03%，粗脂肪含量 22.41%。

【生育日数】在适应区从出苗至成熟生育日数 115～118d，需≥10℃活动积温 2500℃左右，需≥10℃活动积温 2500℃。

【抗病鉴定】人工接种鉴定抗大豆花叶病毒混合株系和 1 号株系，中抗大豆花叶病毒 3 号株系，中抗大豆灰斑病。田间自然诱发鉴定抗大豆花叶病毒病，抗大豆灰斑病，抗大豆褐斑病，抗大豆霜霉病，中抗大豆细菌性斑点病，高抗大豆食心虫。

【产量表现】2012 年试验平均产量 2573.1kg/hm²，较对照品种吉林小粒 6 号平均增产 12.1%，2013 年试验平均产量 2590.9kg/hm²，较对照品种吉林小粒 6 号平均增产 11.6%，2014 年试验平均产量 2071.1kg/hm²，较对照品种吉林小粒 6 号平均增产 9.5%。

【适应区域】吉林省大豆中早熟区。

长农 32 遗传基础

长农 32 细胞质 100% 来源于白眉,历经 6 轮传递与选育,细胞质传递过程为白眉→紫花 4 号→丰收 1 号→黑河 54→合丰 24→合丰 34→长农 32。(详见图 5-48)

长农 32 细胞核来源于白眉、克山四粒荚、蓑衣领、治安小粒豆、小粒豆 9 号、四粒黄、Sb8699(SB8699)、金元等 8 个祖先亲本,分析其核遗传贡献率并注明祖先亲本来源,从而揭示该品种遗传基础,为大豆育种亲本的选择利用提供参考。(详见表 5-48)

表 5-48　长农 32 祖先亲本

品种名称	母本	父本	祖先亲本	祖先亲本核遗传贡献率/%	祖先亲本来源
长农 32	合丰 34	Sb8699	白眉	4.69	黑龙江省克山地方品种
			克山四粒荚	3.13	黑龙江省克山地方品种
			蓑衣领	6.25	黑龙江省西部龙江草原地方品种
			治安小粒豆	25.00	黑龙江省治安地方品种
			小粒豆 9 号	6.25	黑龙江省勃利地方品种
			四粒黄	2.34	吉林省公主岭地方品种
			Sb8699(SB8699)	50.00	吉林省农业科学院大豆所材料
			金元	2.34	辽宁省开原地方品种

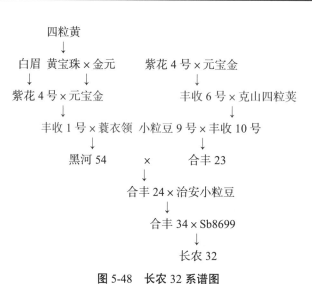

图 5-48　长农 32 系谱图

49 长农75

长农75品种简介

【品种来源】长农75是长春市农业科学院以11CY2为母本，绥农31为父本杂交，经多年选择育成。审定编号：吉审豆20200020。

【植株性状】紫花，尖叶，灰色茸毛，成熟荚褐色。亚有限结荚习性，株高90.8cm，主茎节数18.0个，3、4粒荚多。

【籽粒特点】芽用类型品种。籽粒圆形，种皮黄色，微光泽，种脐褐色，百粒重13.6g。籽粒粗蛋白含量38.59%，粗脂肪含量22.95%。

【生育日数】在适应区从出苗至成熟生育日数127d左右，与对照品种吉育107同熟期。

【抗病鉴定】人工接种鉴定中抗大豆花叶病毒1号株系，感大豆花叶病毒3号株系，高抗大豆灰斑病。

【产量表现】2018—2019年自主区域试验平均产量2804.0kg/hm²，较对照品种吉育107平均增产17.2%，2019年生产试验平均产量3000.5kg/hm²，较对照品种吉育107平均增产14.9%。

【适应区域】适宜吉林省大豆中熟地区种植。

长农75遗传基础

长农75细胞质100%来源于白眉，历经10轮传递与选育，细胞质传递过程为白眉→紫花4号→满仓金→合交13→合丰26→（合丰26×铁丰18）→合丰33→合91342→C0738-5-3→11CY2→长农75。（详见图5-49）

长农75细胞核来源于海伦金元、白眉、克山四粒荚、佳木斯秃荚子、小粒黄、合交80-895、东农20（黄-中-中20）、哈交83-3333、农大05687、永丰豆、洋蜜蜂、四粒黄、铁荚四粒黄（黑铁荚）、嘟噜豆、辉南青皮豆、金元、铁荚子、熊岳小粒黄、大白眉、黑龙江41、suzumaru、十胜长叶、Amsoy（阿姆索、阿姆索依）等23个祖先亲本，分析其核遗传贡献率并注明祖先亲本来源，从而揭示该品种遗传基础，为大豆育种亲本的选择利用提供参考。（详见表5-49）

表 5-49 长农75祖先亲本

品种名称	母本	父本	祖先亲本	祖先亲本核遗传贡献率/%	祖先亲本来源
长农75	11CY2	绥农31	海伦金元	0.39	黑龙江省海伦地方品种
			白眉	3.66	黑龙江省克山地方品种
			克山四粒荚	8.98	黑龙江省克山地方品种
			佳木斯秃荚子	0.10	黑龙江省佳木斯地方品种
			小粒黄	7.03	黑龙江省勃利地方品种
			合交80-895	6.25	黑龙江省农业科学院佳木斯分院材料
			东农20(黄-中-中20)	2.34	东北农业大学材料

续表

品种名称	母本	父本	祖先亲本	祖先亲本核遗传贡献率/%	祖先亲本来源
长农 75	11CY2	绥农 31	哈交 83-3333	6.25	黑龙江省农业科学院大豆研究所材料
			农大 05687	12.50	黑龙江八一农垦大学材料
			永丰豆	9.38	吉林省永吉地方品种
			洋蜜蜂	0.78	吉林省榆树地方品种
			四粒黄	5.15	吉林省公主岭地方品种
			铁荚四粒黄（黑铁荚）	0.78	吉林省中南部半山区地方品种
			嘟噜豆	1.17	吉林省中南部地方品种
			辉南青皮豆	0.39	吉林省辉南地方品种
			金元	4.96	辽宁省开原地方品种
			铁荚子	1.56	辽宁省义县地方品种
			熊岳小粒黄	0.78	辽宁省熊岳地方品种
			大白眉	0.20	辽宁广泛分布的地方品种
			黑龙江 41	0.78	俄罗斯材料
			suzumaru	25.00	日本品种
			十胜长叶	0.78	日本品种
			Amsoy（阿姆索、阿姆索依）	0.78	美国品种

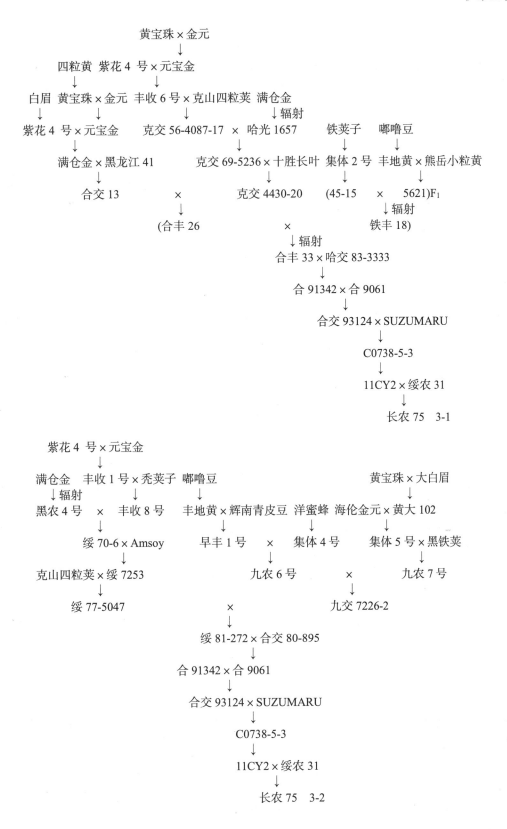

黄宝珠×金元
↓
四粒黄 紫花 4 号×元宝金
↓ ↓
白眉 黄宝珠×金元 丰收 6 号×克山四粒荚 满仓金
↓ ↓辐射
紫花 4 号×元宝金 克交 56-4087-17 × 哈光 1657 铁荚子 嘟噜豆
↓ ↓ ↓
满仓金×黑龙江 41 克交 69-5236×十胜长叶 集体 2 号 丰地黄×熊岳小粒黄
↓ ↓ ↓
合交 13 × 克交 4430-20 (45-15 × 5621)F₁
↓ ↓辐射
(合丰 26 × 铁丰 18)
↓辐射
合丰 33×哈交 83-3333
↓
合 91342×合 9061
↓
合交 93124×SUZUMARU
↓
C0738-5-3
↓
11CY2×绥农 31
↓
长农 75 3-1

紫花 4 号×元宝金
↓
满仓金 丰收 1 号×秃荚子 嘟噜豆 黄宝珠×大白眉
↓辐射 ↓ ↓
黑农 4 号 × 丰收 8 号 丰地黄×辉南青皮豆 洋蜜蜂 海伦金元×黄大 102
↓ ↓ ↓ ↓
绥 70-6×Amsoy 早丰 1 号 × 集体 4 号 集体 5 号×黑铁荚
↓ ↓ ↓
克山四粒荚×绥 7253 九农 6 号 × 九农 7 号
↓ ↓
绥 77-5047 × 九交 7226-2
↓
绥 81-272×合交 80-895
↓
合 91342×合 9061
↓
合交 93124×SUZUMARU
↓
C0738-5-3
↓
11CY2×绥农 31
↓
长农 75 3-2

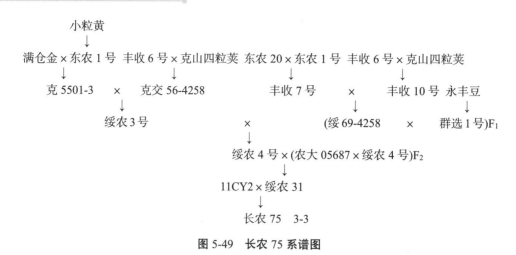

图 5-49　长农 75 系谱图

50　小金黄 2 号

小金黄 2 号品种简介

【品种来源】小金黄 2 号是吉林公主岭农试场（现单位名称：吉林省农业科学院）1928 年以地方品种小金黄为基本种，经系统选种育成。确定推广时间：1941 年。

【植株性状】白花，开花较多，椭圆叶，灰色茸毛。亚有限结荚习性，株高 70~80cm，株型半开张，结荚较密，主茎节数 17~18 个，每节着生 2~3 个荚，2、3 粒荚多，每荚平均 2.3 粒左右。茎较细弱，抗旱，耐瘠性强，耐肥力弱，茎秆细弱，易倒伏。

【籽粒特点】中小粒种。籽粒圆形，种皮黄色，有光泽，种脐黄色，百粒重 13~15g。籽粒粗蛋白含量 40.50%，粗脂肪含量 22.40%。

【抗病鉴定】抗蚜虫，食心虫害重。

【生育日数】在适应区从出苗到成熟 135d 左右。

【抗病鉴定】抗蚜虫，食心虫害重，在公主岭常年平均虫食率早 10% 以上，锦州 1950 年平均达 27.6%。

【产量表现】1951—1952 年区域试验平均产量 1897.5kg/hm²，1950—1954 年在锦州试验平均产量 1852.5kg/hm²。

【适应区域】黑龙江省西部泰来一带、吉林省西部部分地区、辽宁省西部锦州地区。

小金黄 2 号遗传基础

小金黄 2 号细胞质 100% 来源于小金黄，历经 1 轮传递与选育，细胞质传递过程为小金黄→小金黄 2 号。（详见图 5-50）

小金黄 2 号细胞核来源于小金黄 1 个祖先亲本，分析其核遗传贡献率并注明祖先亲本来源，从而揭示该品种遗传基础，为大豆育种亲本的选择利用提供参考。（详见表 5-50）

表 5-50 小金黄 2 号祖先亲本

品种名称	父母本	祖先亲本	祖先亲本核遗传贡献率/%	祖先亲本来源
小金黄 2 号	吉林省九台县地方品种小金黄	小金黄	100.00	吉林省中部平原地区地方品种

小金黄
↓
小金黄 2 号

图 5-50 小金黄 2 号系谱图

51 吉林小粒 1 号

吉林小粒 1 号品种简介

【品种来源】吉林小粒 1 号是吉林省农业科学院大豆研究所 1979 年以平顶四为母本，GD50477 为父本杂交，经多年选择育成。吉林省确定推广时间：1990 年。

【植株性状】白花，椭圆叶，灰色茸毛，成熟荚褐色。亚有限结荚习性，株高 81~85cm，分枝 2.5 个左右，荚较密，3、4 粒荚较多。

【籽粒特点】纳豆品种。籽粒圆形，种皮黄色，有光泽，种脐白色，百粒重 9.5~10g，籽粒直径 5.5mm。籽粒粗蛋白含量 44.89%，粗脂肪含量 16.10%。

【生育日数】在适应区从出苗至成熟生育日数 115~120d。

【抗病鉴定】较抗大豆食心虫和大豆霜霉病，不易生褐斑，无大豆霜霉病粒。

【产量表现】生产试验平均产量 1800.0kg/hm²，较对照品种长白 1 号平均增产 4.0%。

【适应区域】吉林省东部山区、半山区无霜期较短的地区。

吉林小粒 1 号遗传基础

吉林小粒 1 号细胞质 100% 来源于平顶四，历经 1 轮传递与选育，细胞质传递过程为平顶四→吉林小粒 1 号。（详见图 5-51）

吉林小粒 1 号细胞核来源于 GD50477、平顶四等 2 个祖先亲本，分析其核遗传贡献率并注明祖先亲本来源，从而揭示该品种遗传基础，为大豆育种亲本的选择利用提供参考。（详见表 5-51）

表 5-51 吉林小粒 1 号祖先亲本

品种名称	母本	父本	祖先亲本	祖先亲本核遗传贡献率/%	祖先亲本来源
吉林小粒 1 号	平顶四	GD50477	GD50477	50.00	吉林省公主岭半野生大豆
			平顶四	50.00	吉林省中部地方品种

平顶四 × GD50477
↓
吉林小粒 1 号

图 5-51　吉林小粒 1 号系谱图

52　吉林小粒 4 号

吉林小粒 4 号品种简介

【品种来源】吉林小粒 4 号是吉林省农业科学院大豆研究所 1991 年以吉林 18 为母本，（通农 9 号×GD5044-1）F$_1$ 为父本杂交，经多年选择育成。吉林省确定推广时间：2000 年。

【植株性状】白花，披针叶，灰色茸毛，成熟荚淡褐色。亚有限结荚习性，株高 80cm 左右，分枝 1 ～ 2 个，底荚高 12cm 左右，主茎节数 17 ～ 18 个，平均每荚 2.5 粒。

【籽粒特点】籽粒圆形，种皮黄色，有光泽，种脐黄色，百粒重 8.2g。籽粒粗蛋白含量 45.19%，粗脂肪含量 16.75%。

【生育日数】在适应区从出苗至成熟生育日数 110d 左右。

【抗病鉴定】抗大豆花叶病毒混合株系。

【产量表现】1994—1995 年小区域试验平均产量 2023.5kg/hm^2，较对照品种吉林小粒 1 号平均增产 12.7%，1995 年生产示范平均产量 2003.2kg/hm^2，较对照品种吉林小粒 1 号平均增产 10.2%。

【适应区域】吉林省延边早熟区域。

吉林小粒 4 号遗传基础

吉林小粒 4 号细胞质 100% 来源于一窝蜂，历经 3 轮传递与选育，细胞质传递过程为一窝蜂→公交 7014F$_1$→吉林 18→吉林小粒 4 号。（详见图 5-52）

吉林小粒 4 号细胞核来源于 GD5044-1、铁荚四粒黄（黑铁荚）、嘟噜豆、一窝蜂、海龙嘟噜豆、四粒黄、金元、牛尾巴黄、十胜长叶等 9 个祖先亲本，分析其核遗传贡献率并注明祖先亲本来源，从而揭示该品种遗传基础，为大豆育种亲本的选择利用提供参考。（详见表 5-52）

表 5-52　吉林小粒 4 号祖先亲本

品种名称	母本	父本	祖先亲本	祖先亲本核遗传贡献率/%	祖先亲本来源
吉林小粒 4 号	吉林 18	（通农 9 号×GD5044-1)F1	GD5044-1	25.00	吉林省东北地区半野生大豆
			铁荚四粒黄（黑铁荚）	12.50	吉林省中南部半山区地方品种
			嘟噜豆	6.25	吉林省中南部地方品种
			一窝蜂	12.50	吉林省中部偏西地区地方品种
			海龙嘟噜豆	6.25	吉林省梅河口市海龙镇地方品种

续表

品种名称	母本	父本	祖先亲本	祖先亲本核遗传贡献率/%	祖先亲本来源
吉林小粒4号	吉林18	(通农9号×GD5044-1)F1	四粒黄	6.25	吉林省东丰地方品种
			金元	6.25	辽宁省开原地方品种
			牛尾巴黄	6.25	吉林省西部地方品种
			十胜长叶	18.75	日本品种

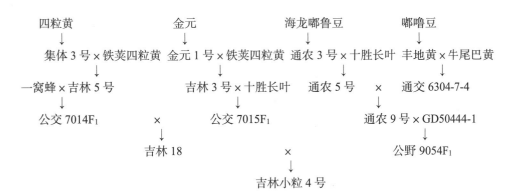

图 5-52　吉林小粒 4 号系谱图

53　吉林小粒 6 号

吉林小粒 6 号品种简介

【品种来源】吉林小粒6号是吉林省农业科学院大豆研究所1993年以公野9140-5为母本，公野8648为父本杂交，经多年选择育成。审定编号：吉审豆2002021（认定）。

【植株性状】白花，披针叶，叶较小，灰色茸毛，成熟荚色淡褐色。亚有限结荚习性，株高90cm左右，分枝2~3个，底荚高12cm左右，主茎节数17~18个，平均每荚2.5粒。

【籽粒特点】适合做纳豆和芽豆。籽粒圆形，种皮黄色，种脐黄色，百粒重9.0g。籽粒粗蛋白含量45.03%，粗脂肪含量17.24%。

【生育日数】在适应区从出苗至成熟生育日数115~120d。

【抗病鉴定】中抗大豆花叶病、中抗大豆灰斑病和大豆食心虫，田间自然鉴定结果：抗大豆花叶病、大豆灰斑病、大豆食心虫。

【产量表现】三年区域试验平均产量2227.5kg/hm²，较对照品种吉林小粒4号平均增产10.9%，生产试验平均产量2214.0kg/hm²，较对照品种吉林小粒4号平均增产12.6%。

【适应区域】吉林省东部山区、半山区以及中西部土壤肥力较低的岗地或山坡地。

吉林小粒 6 号遗传基础

吉林小粒 6 号细胞质 100% 来源于黄客豆，历经 5 轮传递与选育，细胞质传递过程为十胜长叶→通交 73-399→公野 8008-3→公野 8930→公野 9140-5→吉林小粒 6 号。（详见图 5-53）

吉林小粒 6 号细胞核来源于白眉、黑龙江小粒豆、东农 3 号、GD50392、GD50393、四粒黄、金元、济宁 71021、鹤之子、十胜长叶等 10 个祖先亲本，分析其核遗传贡献率并注明祖先亲本来源，从而揭示该品种遗传基础，为大豆育种亲本的选择利用提供参考。（详见表 5-53）

表 5-53　吉林小粒 6 号祖先亲本

品种名称	母本	父本	祖先亲本	祖先亲本核遗传贡献率/%	祖先亲本来源
吉林小粒 6 号	公野 9140-5	公野 8648	白眉	4.69	黑龙江省克山地方品种
			黑龙江小粒豆	25.00	黑龙江省地方品种
			东农 3 号	4.69	东北农业大学材料
			GD50392	12.50	吉林省东北地区半野生大豆
			GD50393	6.25	吉林省东北地区半野生大豆
			四粒黄	4.69	吉林省公主岭地方品种
			金元	4.69	辽宁省开原地方品种
			济宁 71021	18.75	山东省济宁农科所
			鹤之子	9.38	日本品种
			十胜长叶	9.38	日本品种

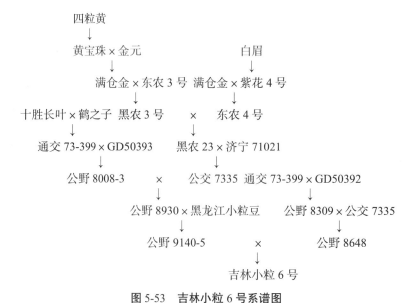

图 5-53　吉林小粒 6 号系谱图

54 吉林小粒 7 号

吉林小粒 7 号品种简介

【品种来源】吉林小粒 7 号是吉林省农业科学院 1995 年以公野 9140 为母本，黑龙江小粒豆为父本杂交，经多年选择育成。审定编号：吉审豆 2004001。

【植株性状】白花，披针叶，叶较小，灰色茸毛，成熟荚褐色。亚有限结荚习性，株高 80cm，分枝 1 ～ 2 个，底荚高 10cm 左右，主茎节数 16 ～ 18 个，平均每荚 2.3 粒。

【籽粒特点】适合做纳豆和芽豆。籽粒圆形，种皮黄色，种脐黄色，百粒重 8.5g。籽粒粗蛋白含量 44.35%，粗脂肪含量 18.36%。

【生育日数】在适应区从出苗至成熟生育日数 115d 左右。

【抗病鉴定】人工接种鉴定抗大豆花叶病毒 1 号株系，大豆花叶病毒中抗 2 号株系和 3 号株系，抗大豆灰斑病，田间自然诱发鉴定：高抗大豆褐斑病、大豆霜霉病，抗大豆细菌性斑点病，抗大豆食心虫。

【产量表现】2001—2002 年区域试验平均产量 2232.0kg/hm²，较对照品种吉林小粒 4 号平均增产 11.3%，2002—2003 年生产试验平均产量 2317.5kg/hm²，较对照品种吉林小粒 4 号平均增产 13.5%。

【适应区域】吉林省延边、通化等早熟区域。

吉林小粒 7 号遗传基础

吉林小粒 7 号细胞质 100% 来源于黄客豆，历经 5 轮传递与选育，细胞质传递过程为十胜长叶→通交 73-399→公野 8008-3→公野 8930→公野 9140-5→吉林小粒 7 号。（详见图 5-54）

吉林小粒 7 号细胞核来源于白眉、黑龙江小粒豆、东农 3 号、GD50393、四粒黄、金元、济宁 71021、鹤之子、十胜长叶等 9 个祖先亲本，分析其核遗传贡献率并注明祖先亲本来源，从而揭示该品种遗传基础，为大豆育种亲本的选择利用提供参考。（详见表 5-54）

表 5-54 吉林小粒 7 号祖先亲本

品种名称	母本	父本	祖先亲本	祖先亲本核遗传贡献率/%	祖先亲本来源
吉林小粒 7 号	公野 9140	黑龙江小粒豆	白眉	1.56	黑龙江省克山地方品种
			黑龙江小粒豆	50.00	黑龙江省地方品种
			东农 3 号	1.56	东北农业大学材料
			GD50393	25.00	吉林省东北地区半野生大豆
			四粒黄	1.56	吉林省公主岭地方品种
			金元	1.56	辽宁省开原地方品种
			济宁 71021	6.25	山东省济宁农科所材料
			鹤之子	3.13	日本品种
			十胜长叶	3.13	日本品种

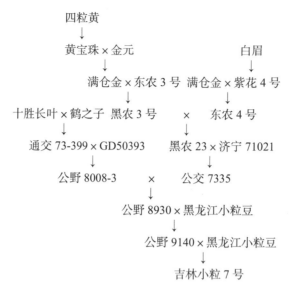

四粒黄
↓
黄宝珠×金元　　　　　　　　　白眉
↓　　　　　　　　　　　　　　　↓
满仓金×东农3号　满仓金×紫花4号
↓
十胜长叶×鹤之子　黑农3号　×　东农4号
↓　　　　　　　　　　　　　　　↓
通交73-399×GD50393　　黑农23×济宁71021
↓
公野8008-3　　×　　公交7335
↓
公野8930×黑龙江小粒豆
↓
公野9140×黑龙江小粒豆
↓
吉林小粒7号

图5-54　吉林小粒7号系谱图

55 吉林小粒8号

吉林小粒8号品种简介

【品种来源】吉林小粒8号是吉林省农业科学院大豆研究中心以公野8748为母本，北海道小粒豆为父本，经有性杂交，采用系谱法与混合法相结合的方法对后代进行选择育成。审定编号：吉审豆2005018。

【植株性状】白花，披针叶，灰色茸毛。亚有限结荚习性，株高100cm，分枝收敛，结荚均匀，3、4粒荚较多。

【籽粒特点】适合做纳豆和芽豆。籽粒圆形，种皮黄色，种脐黄色，百粒重8.8g。籽粒粗蛋白含量45.10%，粗脂肪含量19.27%。无硬石粒，吸水性好。

【生育日数】在适应区从出苗至成熟生育日数130d左右，需≥10℃活动积温2600℃左右。

【抗病鉴定】人工接种鉴定中抗大豆灰斑病，抗大豆花叶病毒混合株系，网室内抗大豆花叶病毒1号株系，中抗大豆花叶病毒2号株系，中感大豆花叶病毒3号株系，田间自然诱发鉴定高抗大豆灰斑病，高抗大豆褐斑病，高抗大豆霜霉病，高抗大豆细菌性斑点病，抗大豆花叶病毒病，中抗大豆食心虫。

【产量表现】2002—2003年区域试验平均产量2422.7kg/hm²，较对照品种吉林小粒4号平均增产14.64%，2003—2004年生产试验平均产量2474.2 kg/hm²，较对照品种吉林小粒4号平均增产16.62%。

【适应区域】吉林省中部土壤肥力较低的岗地或山坡地，有效积温2800℃以上的中下等肥力的山坡地、漫岗地及平地。

吉林小粒8号遗传基础

吉林小粒8号细胞质100%来源于公野8748，历经1轮传递与选育，细胞质传递过程为公野8748→吉林小粒8号。（详见图5-55）

吉林小粒 8 号细胞核来源于公野 8748、北海道小粒豆等 2 个祖先亲本，分析其核遗传贡献率并注明祖先亲本来源，从而揭示该品种遗传基础，为大豆育种亲本的选择利用提供参考。（详见表 5-55）

表 5-55　吉林小粒 8 号祖先亲本

品种名称	母本	父本	祖先亲本	祖先亲本核遗传贡献率/%	祖先亲本来源
吉林小粒 8 号	公野 8748	北海道小粒豆	公野 8748	50.00	吉林省农业科学院大豆所材料
			北海道小粒豆	50.00	日本品种

红野 8748 × 北海道小粒豆
↓
吉林小粒 8 号

图 5-55　吉林小粒 8 号系谱图

56　吉育 101

吉育 101 品种简介

【品种来源】吉育 101 是吉林省农业科学院 1993 年以（公野 8756×吉林 28 号）F₂ 为母本，吉林小粒 4 号为父本杂交，经多年选择育成。审定名称：吉育 101 号，审定编号：吉审豆 2007019。

【植株性状】白花，披针叶，灰色茸毛。亚有限结荚习性，株高 90cm，主茎型，结荚密集，3、4 粒荚多。

【籽粒特点】籽粒圆形，种皮黄色，子叶绿色，有光泽，种脐黄色，百粒重 8.9g。籽粒粗蛋白含量 47.94%，粗脂肪含量 17.30%。

【生育日数】在适应区从出苗至成熟生育日数 127d 左右，需 ≥10℃活动积温 2650℃以上。

【抗病鉴定】人工磨擦接种鉴定抗大豆花叶病混合株系，中抗大豆灰斑病。网室内抗大豆花叶病毒 1 号株系，中抗大豆花叶病毒 2 株系和 3 号株系。田间自然诱发鉴定抗大豆花叶病毒病，抗大豆褐斑病，抗大豆食心虫，高抗大豆灰斑病，高抗大豆霜霉病。

【产量表现】2003—2004 年区域试验平均产量 2532.8kg/hm²，较对照品种吉林小粒 4 号平均增产 13.6%，2005—2006 年生产试验平均产量 2484.0kg/hm²，较对照品种吉林小粒 4 号平均增产 11.8%。

【适应区域】吉林省中东部有效积温 2650℃的山区、半山区。

吉育 101 遗传基础

吉育 101 细胞质 100% 来源于金元，历经 5 轮传递与选育，细胞质传递过程为金元→金元 1 号→吉林 16→公野 8756→（公野 8756×吉林 28）F₂→吉育 101。（详见图 5-56）

吉育 101 细胞核来源于 GD5044-1、GD50432-1、铁荚四粒黄（黑铁荚）、嘟噜豆、一窝蜂、海龙嘟噜豆、四粒黄、金元、牛尾巴黄、十胜长叶等 10 个祖先亲本，分析其核遗传贡献率并注明祖先亲本来源，从而揭示该品种遗传基础，为大豆育种亲本的选择利用提供参考。（详见表 5-56）

表 5-56　吉育 101 祖先亲本

品种名称	母本	父本	祖先亲本	祖先亲本核遗传贡献率/%	祖先亲本来源
吉育 101	(公野 8756×吉林 28)F2	吉林小粒 4 号	GD5044-1	12.50	吉林省东北地区半野生大豆
			GD50432-1	25.00	吉林省半野生大豆
			铁荚四粒黄（黑铁荚）	12.50	吉林省中南部半山区地方品种
			嘟噜豆	3.13	吉林省中南部地方品种
			一窝蜂	6.25	吉林省中部偏西地区地方品种
			海龙嘟噜豆	3.13	吉林省梅河口市海龙镇地方品种
			四粒黄	3.13	吉林省东丰地方品种
			金元	9.38	辽宁省开原地方品种
			牛尾巴黄	3.13	吉林省西部地方品种
			十胜长叶	21.88	日本品种

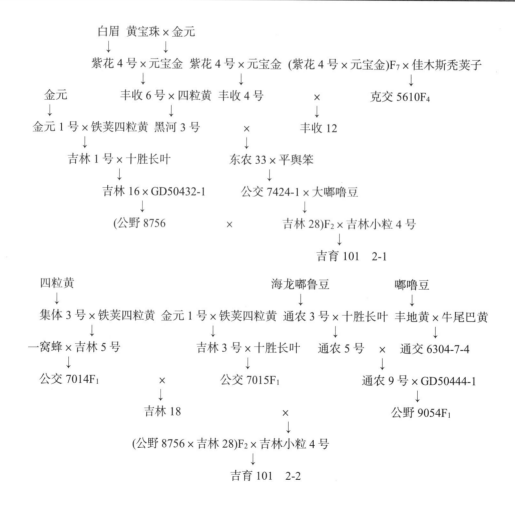

图 5-56　吉育 101 系谱图

57 吉育 104

吉育 104 品种简介

【品种来源】吉育 104 是吉林省农业科学院大豆研究中心 1994 年以公野 9317-15 为母本，吉林小粒 3 号为父本杂交，经多年选择育成。审定编号：吉审豆 2010008。

【植株性状】紫花，尖叶，灰色茸毛，成熟荚褐色。亚有限结荚习性，株高 90cm，主茎型结荚，主茎节数 20 个，3 粒荚多。

【籽粒特点】籽粒圆形，种皮黄色，有光泽，种脐黄色，百粒重 9.2g。籽粒粗蛋白含量 39.97%，粗脂肪含量 19.47%。

【生育日数】在适应区从出苗至成熟生育日数 120d 左右，需 ≥10℃ 活动积温 2500℃ 左右。

【抗病鉴定】人工接种鉴定抗大豆花叶病毒 1 号株系和混合株系，感大豆花叶病毒 3 号株系。人工接菌鉴定中抗大豆灰斑病，田间自然诱发鉴定抗大豆花叶病毒病，高抗大豆灰斑病，中抗大豆褐斑病，高抗大豆霜霉病，抗细菌性斑点病，高感大豆食心虫。

【产量表现】2007—2008 年区域试验平均产量 2476.8kg/hm²，较对照品种吉林小粒 6 号平均增产 12.5%，2008—2009 年生产试验平均产量 2351.4kg/hm²，较对照品种吉林小粒 6 号平均增产 10.2%。

【适应区域】吉林省东部有效积温 2300 ~ 2500℃ 的山区、半山区。

吉育 104 遗传基础

吉育 104 细胞质 100% 来源于公野 9105，历经 3 轮传递与选育，细胞质传递过程为公野 9105→(公野 9105×吉林 28)F₄→公野 9317-15→吉育 104。（详见图 5-57）

吉育 104 细胞核来源于白眉、佳木斯秃荚子、四粒黄、四粒黄、大嘟噜豆、公野交 8537F₂ 公野交 8537F₂、公野 9105、金元、平舆笨等 10 个祖先亲本，分析其核遗传贡献率并注明祖先亲本来源，从而揭示该品种遗传基础，为大豆育种亲本的选择利用提供参考。（详见表 5-57）

表 5-57　吉育 104 祖先亲本

品种名称	母本	父本	祖先亲本	祖先亲本核遗传贡献率/%	祖先亲本来源
吉育 104	公野 9317-15	吉林小粒 3 号	白眉	1.95	黑龙江省克山地方品种
			佳木斯秃荚子	0.78	黑龙江省佳木斯地方品种
			四粒黄	1.56	黑龙江省东部和中部地方品种
			四粒黄	0.98	吉林省公主岭地方品种
			大嘟噜豆	12.50	吉林省伊通地方品种
			公野交 8527F2	25.00	吉林省农业科学院大豆所材料
			公野交 8537F2	25.00	吉林省农业科学院大豆所材料

续表

品种名称	母本	父本	祖先亲本	祖先亲本核遗传贡献率/%	祖先亲本来源
吉育 104	公野 9317-15	吉林小粒 3 号	公野 9105	25.00	吉林省农业科学院大豆所材料
			金元	0.98	辽宁省开原地方品种
			平舆笨	6.25	河南省平舆地方品种

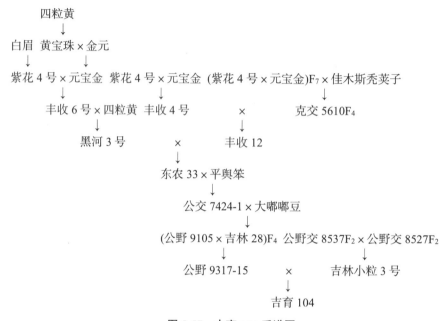

图 5-57　吉育 104 系谱图

58 吉育 105

吉育 105 品种简介

【品种来源】吉育 105 是吉林省农业科学院大豆研究中心 2003 年以公野 0128F₁ 为母本，公野 9930 为父本杂交，经多年选择育成。审定编号：吉审豆 2011019。

【植株性状】紫花，披针叶，灰色茸毛，成熟荚褐色。亚有限结荚习性，株高 90cm，有效分枝 2～3 个，结荚密集，3、4 粒荚多。

【籽粒特点】籽粒圆形，种皮黄色，有光泽，种脐黄色，百粒重 9.2g 左右。籽粒粗蛋白含量 37.43%，粗脂肪含量 19.82%。

【生育日数】在适应区从出苗至成熟生育日数 110d 左右，需≥10℃活动积温 2100℃。

【抗病鉴定】人工接种鉴定中抗大豆花叶病毒 1 号株系，抗大豆花叶病毒 3 号株系，中感大豆花叶病毒混合株系，人工接菌鉴定抗大豆灰斑病。田间自然诱发鉴定高抗大豆花叶病毒病，抗大豆灰斑病，抗大豆褐斑病，高抗大豆霜霉病，高抗大豆细菌性斑点病，抗大豆食心虫。

【产量表现】2009—2010 年区域试验平均产量 2087.0kg/hm²，较对照品种吉林小粒 3 号平均增产 11.7%，2010 年生产试验平均产量 2360.0kg/hm²，较对照品种吉林小粒 3 号平均增产 12.2%。

【适应区域】吉林省东部有效积温 2100℃以上的地区。

吉育 105 遗传基础

吉育 105 细胞质 100%来源于公野 0128F₁，历经 1 轮传递与选育，细胞质传递过程为公野 0128F₁→吉育 105。（详见图 5-58）

吉育 105 细胞核来源于公野 0128F₁、公野 9930 等 2 个祖先亲本，分析其核遗传贡献率并注明祖先亲本来源，从而揭示该品种遗传基础，为大豆育种亲本的选择利用提供参考。（详见表 5-58）

表 5-58　吉育 105 祖先亲本

品种名称	母本	父本	祖先亲本	祖先亲本核遗传贡献率/%	祖先亲本来源
吉育 105	公野 0128F1	公野 9930	公野 0128F1	50.00	吉林省农业科学院大豆所材料
			公野 9930	50.00	吉林省农业科学院大豆所材料

公野 0128F₁ × 公野 9930
↓
吉育 105

图 5-58　吉育 105 系谱图

59　吉育 106

吉育 106 品种简介

【品种来源】吉育 106 是吉林省农业科学院大豆研究中心 2002 年以吉林小粒 4 号为母本，绥农 14 为父本杂交，经多年选择育成。审定编号：吉审豆 2011020。

【植株性状】白花，披针叶，灰色茸毛，成熟荚褐色。亚有限结荚习性，株高 100cm，主茎型，结荚密集，3、4 粒荚多。

【籽粒特点】籽粒圆形，种皮黄色，有光泽，种脐黄色，百粒重 12.0g 左右。籽粒粗蛋白含量 41.20%，粗脂肪含量 20.47%。

【生育日数】在适应区从出苗至成熟生育日数 112d 左右，需≥10℃活动积温 2150℃。

【抗病鉴定】人工接种鉴定感大豆花叶病毒 1 号株系，中感大豆花叶病毒 3 号株系和混合株系，中抗大豆灰斑病。田间自然诱发鉴定高抗大豆花叶病毒病，高抗大豆灰斑病，抗大豆褐斑病，高抗大豆霜霉病，高抗大豆细菌性斑点病，高抗大豆食心虫。

【产量表现】2009—2010 年区域试验平均产量 2637.0kg/hm²，较对照品种吉林小粒 3 号平均增产 16.6%，2010 年生产试验平均产量 2592.0kg/hm²，较对照品种吉林小粒 3 号平均增产 15.3%。

【适应区域】吉林省东部有效积温 2150℃以上的地区。

吉育 106 遗传基础

吉育 106 细胞质 100%来源于一窝蜂,历经 4 轮传递与选育,细胞质传递过程为一窝蜂→公交 7014F$_1$→吉林 18→吉林小粒 4 号→吉育 106。（详见图 5-59）

吉育 106 细胞核来源于白眉、克山四粒荚、佳木斯秃荚子、小粒黄、小粒豆 9 号、东农 20(黄-中-中 20)、GD5044-1、永丰豆、四粒黄、铁荚四粒黄（黑铁荚）、嘟噜豆、一窝蜂、海龙嘟噜豆、四粒黄、金元、牛尾巴黄、十胜长叶、Amsoy（阿姆索、阿姆索依）等 18 个祖先亲本,分析其核遗传贡献率并注明祖先亲本来源,从而揭示该品种遗传基础,为大豆育种亲本的选择利用提供参考。（详见表 5-59）

表 5-59　吉育 106 祖先亲本

品种名称	母本	父本	祖先亲本	祖先亲本核遗传贡献率/%	祖先亲本来源
吉育 106	吉林小粒 4 号	绥农 14	白眉	3.61	黑龙江省克山地方品种
			克山四粒荚	10.55	黑龙江省克山地方品种
			佳木斯秃荚子	0.20	黑龙江省佳木斯地方品种
			小粒黄	2.34	黑龙江省勃利地方品种
			小粒豆 9 号	6.25	黑龙江省勃利地方品种
			东农 20(黄-中-中 20)	0.78	东北农业大学材料
			GD5044-1	12.50	吉林省东北地区半野生大豆
			永丰豆	3.13	吉林省永吉地方品种
			四粒黄	4.54	吉林省公主岭地方品种
			铁荚四粒黄（黑铁荚）	6.25	吉林省中南部半山区地方品种
			嘟噜豆	3.13	吉林省中南部地方品种
			一窝蜂	6.25	吉林省中部偏西地区地方品种
			海龙嘟噜豆	3.13	吉林省梅河口市海龙镇地方品种
			四粒黄	3.13	吉林省东丰地方品种
			金元	7.67	辽宁省开原地方品种
			牛尾巴黄	3.13	吉林省西部地方品种
			十胜长叶	15.63	日本品种
			Amsoy（阿姆索、阿姆索依）	7.81	美国品种

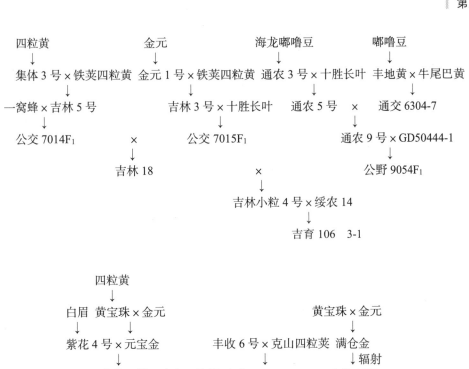

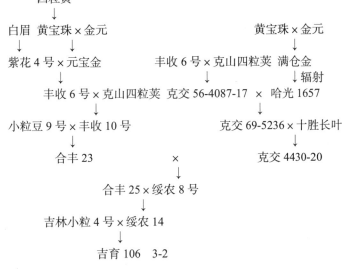

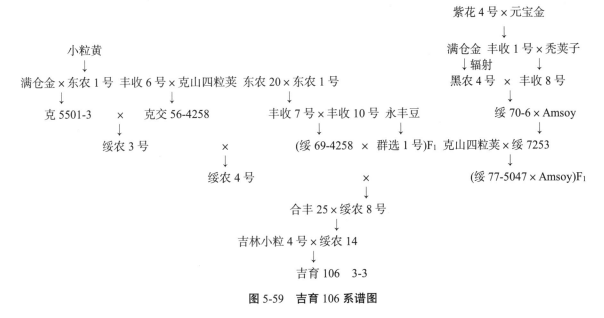

图 5-59　吉育 106 系谱图

60 吉育 107

吉育 107 品种简介

【品种来源】吉育 107 是吉林省农业科学院大豆研究所、吉林兴农大豆科技开发有限公司 2005 年以公野 2031F₃ 为母本，公野 2028F₃ 为父本杂交，经多年选择育成。审定编号：吉审豆 2013010。

【植株性状】白花，圆叶，灰色茸毛，成熟荚褐色。亚有限结荚习性，株高 80cm，主茎型，结荚密集，3、4 粒荚多。

【籽粒特点】籽粒圆形，种皮黄色，有光泽，种脐黄色，百粒重 12.2g。籽粒粗蛋白含量 42.21%，粗脂肪含量 18.42%。

【生育日数】在适应区从出苗至成熟生育日数 115d 左右，需 ≥10℃ 活动积温 2100℃。

【抗病鉴定】人工接种鉴定抗大豆花叶病毒混合株系，中抗大豆灰斑病。网室内抗大豆花叶病毒 1 号株系和 3 号株系。田间自然发病鉴定高抗大豆花叶病毒病，抗大豆灰斑病，抗大豆褐斑病，高抗大豆霜霉病，高抗大豆细菌性斑点病，中抗大豆食心虫。

【产量表现】2011—2012 年区域试验平均产量 2328.0kg/hm²，比对照品种吉林小粒 3 号平均增产 11.7%，2012 年生产试验平均产量 2192.0kg/hm²，比对照品种吉林小粒 3 号平均增产 14.8%。

【适应区域】吉林省早熟区。

吉育 107 遗传基础吉育 104 细胞质 100% 来源于公野 9105，历经 3 轮传递与选育，细胞质传递过程为公野 9105→(公野 9105×吉林 28)F₄→公野 9317-15→吉育 104。（详见图 5-57）

吉育 107 遗传基础

吉育 107 细胞质 100% 来源于来源于公野 9105，历经 5 轮传递与选育，细胞质传递过程为公野 9105→(公野 9105×吉林 28)F₄→公野 9317-15→吉育 104→公野 2031F₃→吉育 107。（详见图 5-60）

吉育 107 细胞核来源于白眉、佳木斯秃荚子、四粒黄、黑龙江小粒豆、东农 3 号、GD50393 、四粒黄、大嘟噜豆、公野交 8537F₂、公野交 8527F₂、公野 9105、公野 2028F₃、金元、济宁 71021、平舆笨、鹤之子、十胜长叶等 17 个祖先亲本，分析其核遗传贡献率并注明祖先亲本来源，从而揭示该品种遗传基础，为大豆育种亲本的选择利用提供参考。（详见表 5-60）

表 5-60　吉育 107 祖先亲本

品种名称	母本	父本	祖先亲本	祖先亲本核遗传贡献率/%	祖先亲本来源
吉育 107	公野 2031F3	公野 2028F3	白眉	0.88	黑龙江省克山地方品种
			佳木斯秃荚子	0.20	黑龙江省佳木斯地方品种
			四粒黄	0.39	黑龙江省东部和中部地方品种
			黑龙江小粒豆	18.75	黑龙江省地方品种

续表

品种名称	母本	父本	祖先亲本	祖先亲本核遗传贡献率/%	祖先亲本来源
吉育107	公野2031F3	公野2028F3	东农3号	0.39	东北农业大学材料
			GD50393	1.56	吉林省东北地区半野生大豆
			四粒黄	0.63	吉林省公主岭地方品种
			大嘟噜豆	3.13	吉林省伊通地方品种
			公野交8537F2	6.25	吉林省农业科学院大豆所材料
			公野交8527F2	6.25	吉林省农业科学院大豆所材料
			公野9105	6.25	吉林省农业科学院大豆所材料
			公野2028F3	50.00	吉林省农业科学院大豆所材料
			金元	0.63	辽宁省开原地方品种
			济宁71021	1.56	山东省济宁农科所材料
			平舆笨	1.56	河南省平舆地方品种
			鹤之子	0.78	日本品种
			十胜长叶	0.78	日本品种

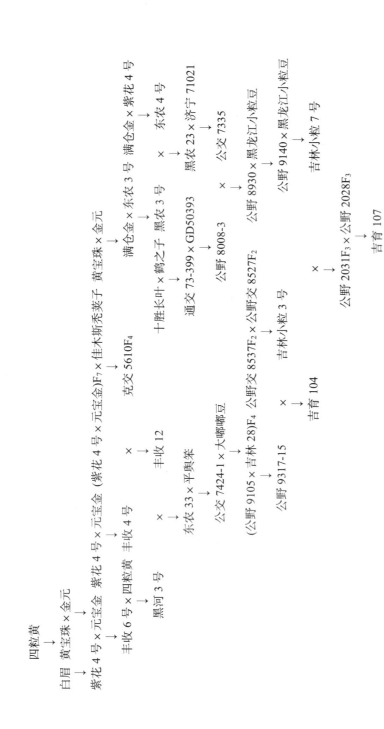

四粒黄
↓
白眉 黄宝珠×金元
↓
紫花 4 号×元宝金 紫花 4 号×元宝金 (紫花 4 号×元宝金)F₇×佳木斯秃荚子 黄宝珠×金元
↓ ↓
丰收 6 号×四粒黄 丰收 4 号 克交 5610F₄
↓ ↓ 满仓金×东农 3 号 满仓金×紫花 4 号
黑河 3 号 丰收 12 ↓ ↓
↓ 十胜长叶×鹤之子 黑农 3 号 东农 4 号
东农 33×平顶笨 ↓ ↓ ×
↓ 通交 73-399×GD50393 黑农 23×济宁 71021
公交 7424-1×大嘟噜豆 ↓ ↓
↓ 公野 8008-3 × 公交 7335
(公野 9105×吉林 28)F₄ 公野交 8537F₂×公野交 8527F₂ ↓
↓ ↓ 公野 8930×黑龙江小粒豆
公野 9317-15 吉林小粒 3 号 ↓
× 公野 9140×黑龙江小粒豆
↓ ↓
吉育 104 吉林小粒 7 号
×
↓
公野 2031F₃×公野 2028F₃
↓
吉育 107

图 5-60 吉育 107 系谱图

290

61　吉育 108

吉育 108 品种简介

【品种来源】吉育 108 是吉林省农业科学院以吉林小粒 7 号为母本，公野 0244F$_3$ 为父本杂交，经多年选择育成。审定编号：吉审豆 2015007。

【植株性状】白花，尖叶，灰色茸毛，成熟荚褐色。亚有限结荚习性，株高 80cm，主茎型，结荚密集，3、4 粒荚多。

【籽粒特点】籽粒圆形，种皮黄色，有光泽，种脐黄色，百粒重 9.2g。籽粒粗蛋白含量 34.34%，粗脂肪含量 20.56%。

【生育日数】在适应区从出苗至成熟生育日数 114d 左右。

【抗病鉴定】2014 年人工接种鉴定高抗大豆花叶病毒混合株系、1 号株系和 3 号株系，高抗大豆灰斑病。田间自然发病鉴定抗大豆花叶病毒病，抗大豆灰斑病，抗大豆褐斑病，抗大豆霜霉病，抗大豆细菌性斑点病，感大豆食心虫。

【产量表现】2013—2014 年区域试验平均产量 2142.1kg/hm^2，较对照品种吉育 105 平均增产 10.3%，2014 年生产试验平均产量 2275.1kg/hm^2，较对照品种吉育 105 平均增产 12.2%。

【适应区域】吉林省大豆早熟区。

吉育 108 遗传基础

吉育 108 细胞质 100% 来源于黄客豆，历经 6 轮传递与选育，细胞质传递过程为历经 5 轮传递与选育，细胞质传递过程为十胜长叶→通交 73-399→公野 8008-3→公野 8930→公野 9140-5→吉林小粒 7 号→吉育 108。（详见图 5-61）

吉育 108 细胞核来源于白眉、黑龙江小粒豆、东农 3 号、GD50393、四粒黄、公野 0244F$_3$、金元、济宁 71021、鹤之子、十胜长叶等 10 个祖先亲本，分析其核遗传贡献率并注明祖先亲本来源，从而揭示该品种遗传基础，为大豆育种亲本的选择利用提供参考。（详见表 5-61）

表 5-61　吉育 108 祖先亲本

品种名称	母本	父本	祖先亲本	祖先亲本核遗传贡献率/%	祖先亲本来源
吉育 108	吉林小粒 7 号	公野 0244F3	白眉	0.78	黑龙江省克山地方品种
			黑龙江小粒豆	37.50	黑龙江省地方品种
			东农 3 号	0.78	东北农业大学材料
			GD50393	3.13	吉林省东北地区半野生大豆
			四粒黄	0.78	吉林省公主岭地方品种
			公野 0244F3	50.00	吉林省农业科学院大豆所材料

续表

品种名称	母本	父本	祖先亲本	祖先亲本核遗传贡献率/%	祖先亲本来源
吉育 108	吉林小粒 7 号	公野 0244F3	金元	0.78	辽宁省开原地方品种
			济宁 71021	3.13	山东省济宁农科所材料
			鹤之子	1.56	日本品种
			十胜长叶	1.56	日本品种

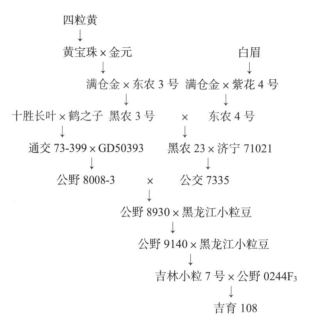

图 5-61 吉育 108 系谱图

62 吉育 109

吉育 109 品种简介

【品种来源】吉育 109 是吉林省农业科学院 2009 年以敦化中粒为母本，公野 0220F3 为父本杂交，经多年选择育成。审定编号：吉审豆 2015008。

【植株性状】白花，尖叶，灰色茸毛，成熟荚褐色。亚有限结荚习性，株高 90cm，主茎型，结荚密集，3 粒荚多。

【籽粒特点】籽粒圆形，种皮黄色，有光泽，种脐黄色，百粒重 12.8g。籽粒粗蛋白含量 32.67%，粗脂肪含量 21.17%。

【生育日数】在适应区从出苗至成熟生育日数 115d 左右。

【抗病鉴定】2014 年人工接种鉴定抗大豆花叶病毒混合株系和 3 号株系，高抗大豆花叶病毒 1 号株系，中抗大豆灰斑病，田间自然发病鉴定抗大豆花叶病毒病，抗大豆灰斑病，抗大豆褐斑病，抗大豆霜霉病，抗大豆细菌性斑点病，高抗大豆食心虫。

【产量表现】2013—2014 年区域试验平均产量 2247.4kg/hm²，较对照品种吉育 105 平均增产 15.8%，2014 年生产试验平均产量 2318.2kg/hm²，较对照品种吉育 105 平均增产 14.3%。

【适应区域】吉林省大豆早熟区。

吉育 109 遗传基础

吉育 109 细胞质 100% 来源于敦化中粒，历经 1 轮传递与选育，细胞质传递过程为敦化中粒→吉育 109。（详见图 5-60）

吉育 109 细胞核来源于敦化中粒、公野 0220F₃ 等 2 个祖先亲本，分析其核遗传贡献率并注明祖先亲本来源，从而揭示该品种遗传基础，为大豆育种亲本的选择利用提供参考。（详见表 5-60）

表 5-62 吉育 109 祖先亲本

品种名称	母本	父本	祖先亲本	祖先亲本核遗传贡献率/%	祖先亲本来源
吉育 109	敦化中粒	公野 0220F₃	敦化中粒	50.00	吉林省材料
			公野 0220F₃	50.00	吉林省农业科学院大豆所材料

敦化中粒 × 公野 0220F₃
↓
吉育 109

图 5-62 吉育 109 系谱图

63 吉育 111

吉育 111 品种简介

【品种来源】吉育 111 是吉林省农业科学院以吉林小粒 6 号为母本，Denny 为父本杂交，经多年选择育成。审定编号：吉审豆 20180009。

【植株性状】白花，尖叶，灰色茸毛，成熟荚淡褐色。亚有限结荚习性，株高 92.5cm，主茎节数 17.7 个，主茎型结荚，3 粒荚多。

【籽粒特点】籽粒圆形，种皮黄色，有光泽，种脐黄色，百粒重 9.5g。籽粒粗蛋白含量 40.10%，粗脂肪含量 18.34%。

【生育日数】在适应区从出苗至成熟生育日数 116d 左右。

【抗病鉴定】人工接种鉴定中抗大豆花叶病毒 1 号株系，感大豆花叶病毒 3 号株系，高抗大豆灰斑病。

【产量表现】2016—2017 年自主区域试验平均产量 2430.1kg/hm²，较对照品种吉育 105 平均增产 7.6%，2017 年生产试验平均产量 2401.4kg/hm²，较对照品种吉育 105 平均增产 9.9%。

【适应区域】适宜吉林省大豆早熟地区种植。

吉育 111 遗传基础

　　吉育 111 细胞质 100% 来源于十胜长叶，历经 6 轮传递与选育，细胞质传递过程为十胜长叶→通交 73-399→公野 8008-3→公野 8930→公野 9140-5→吉林小粒 6 号→吉育 111。（详见图 5-63）

　　吉育 111 细胞核来源于白眉、黑龙江小粒豆、东农 3 号、GD50392、GD50393、四粒黄、金元、济宁 71021、鹤之子、十胜长叶、Denny 等 11 个祖先亲本，分析其核遗传贡献率并注明祖先亲本来源，从而揭示该品种遗传基础，为大豆育种亲本的选择利用提供参考。（详见表 5-63）

表 5-63　吉育 111 祖先亲本

品种名称	母本	父本	祖先亲本	祖先亲本核遗传贡献率/%	祖先亲本来源
吉育 111	吉林小粒 6 号	Denny	白眉	2.34	黑龙江省克山地方品种
			黑龙江小粒豆	12.50	黑龙江省地方品种
			东农 3 号	2.34	东北农业大学材料
			GD50392	6.25	吉林省东北地区半野生大豆
			GD50393	3.13	吉林省东北地区半野生大豆
			四粒黄	2.34	吉林省公主岭地方品种
			金元	2.34	辽宁省开原地方品种
			济宁 71021	9.38	山东省济宁农科所材料
			鹤之子	4.69	日本品种
			十胜长叶	4.69	日本品种
			Denny	50.00	外引材料

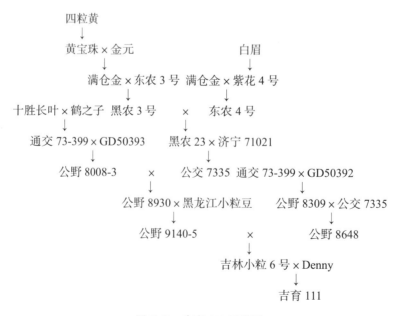

图 5-63　吉育 111 系谱图

64 吉育 112

吉育 112 品种简介

【品种来源】吉育 112 是吉林省农业科学院以公野 0919 为母本，吉林小粒 7 号为父本杂交，经多年选择育成。审定编号：吉审豆 20190019。

【植株性状】白花，披针叶，灰色茸毛，成熟荚褐色。亚有限结荚习性，株高 88.6cm，主茎节数 12.5 个，主茎型结荚，3 粒荚多。

【籽粒特点】籽粒圆形，种皮黄色，有光泽，种脐黄色，百粒重 9.4g。籽粒粗蛋白含量 41.35%，粗脂肪含量 19.21%。

【生育日数】在适应区从出苗至成熟生育日数 116d 左右。

【抗病鉴定】抗大豆花叶病毒 1 号株系，感大豆花叶病毒 3 号株系，中抗大豆灰斑病。

【产量表现】2017—2018 年自主区域试验平均产量 2338.4kg/hm²，较对照品种吉育 105 平均增产 10.4%，2018 年生产试验平均产量 2789.2kg/hm²，较对照品种吉育 105 平均增产 10.4%。

【适应区域】适宜吉林省大豆早熟区种植。

吉育 112 遗传基础

吉育 112 细胞质 100% 来源于十胜长叶，历经 7 轮传递与选育，细胞质传递过程为十胜长叶→通交 73-399→公野 8008-3→公野 8930→公野 9140→吉林小粒 7 号→公野 0919→吉育 112。（详见图 5-64）

吉育 112 细胞核来源于白眉、黑龙江小粒豆、东农 3 号、GD50393、四粒黄、敦化中粒、金元、济宁 71021、鹤之子、十胜长叶等 10 个祖先亲本，分析其核遗传贡献率并注明祖先亲本来源，从而揭示该品种遗传基础，为大豆育种亲本的选择利用提供参考。（详见表 5-64）

表 5-64 吉育 112 祖先亲本

品种名称	母本	父本	祖先亲本	祖先亲本核遗传贡献率/%	祖先亲本来源
吉育 112	公野 0919	吉林小粒 7 号	白眉	1.18	黑龙江省克山地方品种
			黑龙江小粒豆	56.25	黑龙江省地方品种
			东农 3 号	1.17	东北农业大学材料
			GD50393	4.69	吉林省东北地区半野生大豆
			四粒黄（A210）	1.17	吉林省公主岭地方品种
			敦化中粒	25.00	吉林省材料
			金元	1.17	辽宁省开原地方品种
			济宁 71021	4.69	山东省济宁农科所材料
			鹤之子	2.34	日本品种
			十胜长叶	2.34	日本品种

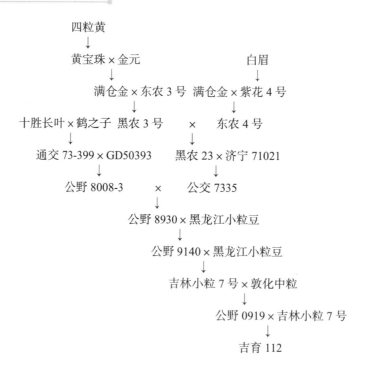

四粒黄
↓
黄宝珠×金元   白眉
↓   ↓
满仓金×东农3号 满仓金×紫花4号
↓
十胜长叶×鹤之子 黑农3号   ×   东农4号
↓   ↓
通交73-399×GD50393   黑农23×济宁71021
↓   ↓
公野8008-3   ×   公交7335
↓
公野8930×黑龙江小粒豆
↓
公野9140×黑龙江小粒豆
↓
吉林小粒7号×敦化中粒
↓
公野0919×吉林小粒7号
↓
吉育112

图 5-64　吉育 112 系谱图

65 吉育 113

吉育 113 品种简介

【品种来源】吉育 113 是吉林省农业科学院以绥农 15 为母本，CUNA 为父本杂交，经多年选择育成。审定编号：吉审豆 20190020。

【植株性状】紫花，尖叶，棕色茸毛，成熟荚深褐色。亚有限结荚习性，株高 105.6cm，分枝 2.1 个，主茎节数 13.8 个，2、3 粒荚多。

【籽粒特点】籽粒圆形，种皮黄色，有光泽，种脐黄色，百粒重 10.7g。籽粒粗蛋白含量 35.71%，粗脂肪含量 20.81%。

【生育日数】在适应区从出苗至成熟生育日数 116d 左右，与对照品种吉育 105 同熟期。

【抗病鉴定】人工接种鉴定中抗大豆花叶病毒 1 号株系和 3 号株系，高抗大豆灰斑病。

【产量表现】2017—2018 年自主区域试验平均产量 2511.5kg/hm²，较对照品种吉育 105 平均增产 18.1%，2018 年生产试验平均产量 2824.8kg/hm²，较对照品种吉育 105 平均增产 18.1%。

【适应区域】适宜吉林省大豆早熟区种植。

吉育 113 遗传基础

吉育 113 细胞质 100% 来源于白眉，历经 7 轮传递与选育，细胞质传递过程为白眉→紫花 4 号→丰收 1 号→黑河 54→（黑河 54×十胜长叶）→黑河 7 号→绥农 15→吉育 113。（详见图 5-65）

吉育 113 细胞核来源于白眉、克山四粒荚、蓑衣领、小粒黄、东农 20（黄-中-中 20）、永丰豆、小金黄、四粒黄、金元、十胜长叶、Amsoy、Ozzie、CUNA 等 13 个祖先亲本，分析其核遗传贡献率并注明祖先亲本来源，从而揭示该品种遗传基础，为大豆育种亲本的选择利用提供参考。（详见表 5-65）

表 5-65　吉育 113 祖先亲本

品种名称	母本	父本	祖先亲本	祖先亲本核遗传贡献率/%	祖先亲本来源
吉育 113	绥农 15	CUNA	白眉	4.20	黑龙江省克山地方品种
			克山四粒荚	1.37	黑龙江省克山地方品种
			蓑衣领	6.25	黑龙江省西部龙江草原地方品种
			小粒黄	1.37	黑龙江省勃利地方品种
			东农 20（黄-中-中 20）	0.39	东北农业大学材料
			永丰豆	1.56	吉林省永吉地方品种
			小金黄	0.78	吉林省中部平原地区地方品种
			四粒黄	2.59	吉林省公主岭地方品种
			金元	2.59	辽宁省开原地方品种
			十胜长叶	7.03	日本品种
			Amsoy（阿姆索、阿姆索依）	9.38	美国品种
			Ozzie	12.50	美国品种
			CUNA	50.00	外引材料

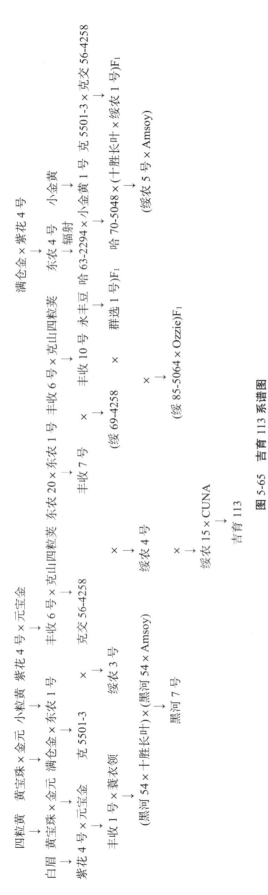

图 5-65　吉育 113 系谱图

66　吉育 114

吉育 114 品种简介

【品种来源】吉育 114 是吉林省农业科学院以公野 0848-1 为母本，公野 0731-23 为父本杂交，经多年选择育成。审定编号：吉审豆 20200014。

【植株性状】紫花，尖叶，灰色茸毛，成熟荚褐色。亚有限结荚习性，株高 77.8cm，主茎节数 17.9 个，主茎型结荚，3 粒荚多。

【籽粒特点】籽粒圆形，种皮黄色，微光泽，种脐黄色，百粒重 8.6g。籽粒粗蛋白含量 41.39%，粗脂肪含量 20.01%。

【生育日数】在适应区从出苗至成熟生育日数 114d 左右，与对照品种吉育 105 相同。

【抗病鉴定】人工接种鉴定高抗大豆花叶病毒 1 号株系和 3 号株系，中抗大豆灰斑病。

【产量表现】2018—2019 年自主区域试验平均产量 2673.3kg/hm²，较对照品种吉育 105 平均增产 13.4%，2019 年生产试验平均产量 2744.3kg/hm²，较对照品种吉育 105 平均增产 11.4%。

【适应区域】适宜吉林省大豆早熟地区种植。

吉育 114 遗传基础

吉育 114 细胞质 100% 来源于公野 0848-1，历经 1 轮传递与选育，细胞质传递过程为公野 0848-1→吉育 114。（详见图 5-66）

吉育 114 细胞核来源于白眉、黑龙江小粒豆、东农 3 号、GD50393 、小金黄、千层塔、四粒黄、公616、铁荚四粒黄（黑铁荚）、嘟噜豆、一窝蜂、四粒黄、公野 0848-1、金元、本溪小黑脐、铁荚子、熊岳小粒黄 、晚小白眉、济宁 71021、鹤之子、十胜长叶、Beeson（比松）、Hobbit、Sprite 等 24 个祖先亲本，分析其核遗传贡献率并注明祖先亲本来源，从而揭示该品种遗传基础，为大豆育种亲本的选择利用提供参考。（详见表 5-66）

表 5-66　吉育 114 祖先亲本

品种名称	母本	父本	祖先亲本	祖先亲本核遗传贡献率/%	祖先亲本来源
吉育 114	公野 0848-1	公野 0731-23	白眉	0.59	黑龙江省克山地方品种
			黑龙江小粒豆	18.75	黑龙江省地方品种
			东农 3 号	0.39	东北农业大学材料
			GD50393	1.56	吉林省东北地区半野生大豆
			小金黄	0.39	吉林省中部平原地区地方品种
			千层塔	0.78	吉林省中北部地方品种
			四粒黄	0.49	吉林省公主岭地方品种

续表

品种名称	母本	父本	祖先亲本	祖先亲本核遗传贡献率/%	祖先亲本来源
吉育114	公野0848-1	公野0731-23	公616	0.20	吉林省公主岭地方品种
			铁荚四粒黄（黑铁荚）	0.49	吉林省中南部半山区地方品种
			嘟噜豆	0.20	吉林省中南部地方品种
			一窝蜂	0.98	吉林省中部偏西地区地方品种
			四粒黄	0.29	吉林省东丰地方品种
			公野0848-1	50.00	吉林省农业科学院大豆所材料
			金元	0.68	辽宁省开原地方品种
			本溪小黑脐	0.20	辽宁省本溪地方品种
			铁荚子	0.59	辽宁省义县地方品种
			熊岳小粒黄	0.20	辽宁省熊岳地方品种
			晚小白眉	0.20	辽宁省地方品种
			济宁71021	1.56	山东省济宁农科所材料
			鹤之子	0.78	日本品种
			十胜长叶	1.56	日本品种
			Beeson（比松）	0.39	美国品种
			Hobbit	12.50	美国品种
			Sprite	6.25	美国品种

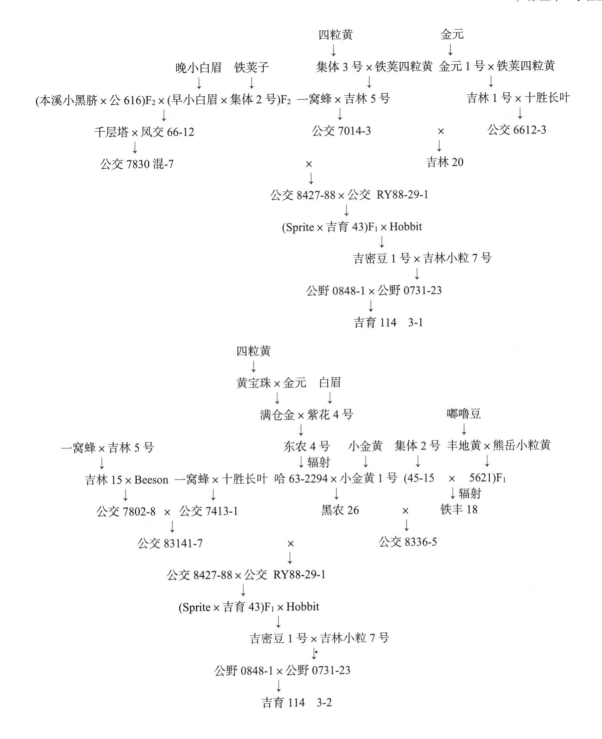

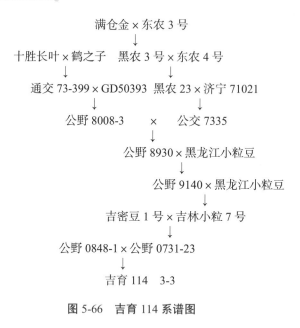

满仓金×东农 3 号
↓
十胜长叶×鹤之子　黑农 3 号×东农 4 号
↓　　　　　　　　↓
通交 73-399×GD50393　黑农 23×济宁 71021
↓　　　　　　　　↓
公野 8008-3　　　×　　　公交 7335
↓
公野 8930×黑龙江小粒豆
↓
公野 9140×黑龙江小粒豆
↓
吉密豆 1 号×吉林小粒 7 号
↓
公野 0848-1×公野 0731-23
↓
吉育 114　　3-3

图 5-66　吉育 114 系谱图

67 吉育 115

吉育 115 品种简介

【品种来源】吉育 115 是吉林省农业科学院以公野 09Ys10 为母本，公野 8146-3 为父本杂交，经多年选择育成。审定编号：吉审豆 20200015。

【植株性状】白花，尖叶，灰色茸毛。亚有限结荚习性，株高 97.1cm，主茎型结荚，主茎节数 19.0个，3 粒荚多，成熟荚褐色。

【籽粒特点】籽粒圆形，种皮黄色，微光泽，种脐黄色，百粒重 8.8g。籽粒粗蛋白含量 36.89%，粗脂肪含量 22.43%。

【生育日数】在适应区从出苗至成熟生育日数 114d 左右，与对照品种吉育 105 同熟期。

【抗病鉴定】人工接种鉴定高抗大豆花叶病毒 1 号株系和 3 号株系，中抗大豆灰斑病。

【产量表现】2018—2019 年自主区域试验平均产量 2568.6kg/hm²，较对照品种吉育 105 平均增产 7.8%，2019 年生产试验平均产量 2703.6kg/hm²，较对照品种吉育 105 平均增产 9.8%。

【适应区域】适宜吉林省大豆早熟地区种植。

吉育 115 遗传基础

吉育 115 细胞质 100% 来源于公野 09Ys10，历经 1 轮传递与选育，细胞质传递过程为公野 09Ys10→吉育 115。（详见图 5-67）

吉育 115 细胞核来源于公野 09Ys10、公野 8146-3 等 2 个祖先亲本，分析其核遗传贡献率并注明祖先亲本来源，从而揭示该品种遗传基础，为大豆育种亲本的选择利用提供参考。（详见表 5-67）

表 5-67 吉育 115 祖先亲本

品种名称	母本	父本	祖先亲本	祖先亲本核遗传贡献率/%	祖先亲本来源
吉育 115	公野 09Ys10	公野 8146-3	公野 09Ys10	50.00	吉林省农业科学院大豆所材料
			公野 8146-3	50.00	吉林省农业科学院大豆所材料

公野 09Ys10 × 公野 8146-3
↓
吉育 115

图 5-67 吉育 115 系谱图

68 吉育 117

吉育 117 品种简介

【品种来源】吉育 117 是吉林省农业科学院以公野 0862-2 为母本、公野 0869-38 为父本杂交，经多年选择育成。审定编号：吉审豆 20210014。

【植株性状】紫花，尖叶，灰色茸毛，成熟荚褐色。亚有限结荚习性，株高 81.6cm，主茎节数 15.9，个，主茎型结荚，3 粒荚多。

【籽粒特点】籽粒圆形，种皮黄色，有光泽，种脐黄色，百粒重 6.9g。籽粒粗蛋白含量 43.70%，粗脂肪含量 16.28%。

【生育日数】在适应区从出苗至成熟生育日数 113d，与对照品种吉育 105 同熟期。

【抗病鉴定】人工接种鉴定中抗大豆花叶病毒 1 号株系，感大豆花叶病毒 3 号株系，中抗大豆灰斑病。

【产量表现】2019—2020 年区域试验平均产量 2643.3kg/hm²，较对照品种吉育 105 平均增产 8.2%，2020 年生产试验平均产量 2704.0kg/hm²，较对照品种吉育 105 平均增产 8.7%。

【适应区域】适宜吉林省大豆早熟地区种植。

吉育 117 遗传基础

吉育 117 细胞质 100% 来源于白眉，历经 11 轮传递与选育，细胞质传递过程为白眉→紫花 4 号→丰收 6 号→黑河 3 号→东农 33→公交 7424-8→吉林 30→(吉林 30 × 铁交 8115-3-2)F₁→公交 9223-1→吉育 69→公野 0862-2→吉育 117。（详见图 5-68）

吉育 117 细胞核来源于白眉、克山四粒荚、蓑衣领、佳木斯秃荚子、四粒黄、立新 9 号、小粒豆 9 号、克 73-辐 52、东农 3 号、小金黄、四粒黄、铁荚四粒黄（黑铁荚）、嘟噜豆、一窝蜂、辉南青皮豆、四粒黄、公野 0869-38、金元、铁荚子、灌水铁荚青、熊岳小粒黄、通州小黄豆、济宁 71021、平舆笨、日本大白眉、十胜长叶、早羽等 27 个祖先亲本，分析其核遗传贡献率并注明祖先亲本来源，从而揭示该品种遗传基础，为大豆育种亲本的选择利用提供参考。（详见表 5-68）

中国东北特种大豆育成品种系谱图解

表 5-68　吉育 117 祖先亲本

品种名称	母本	父本	祖先亲本	祖先亲本核遗传贡献率/%	祖先亲本来源
吉育 117	公野 0862-2	公野 0869-38	白眉	1.95	黑龙江省克山地方品种
			克山四粒荚	0.78	黑龙江省克山地方品种
			蓑衣领	0.78	黑龙江省西部龙江草原地方品种
			佳木斯秃荚子	0.10	黑龙江省佳木斯地方品种
			四粒黄	0.20	黑龙江省东部和中部地方品种
			立新 9 号	0.39	黑龙江省勃利地方品种
			小粒豆 9 号	0.78	黑龙江省勃利地方品种
			克 73-辐 52	12.50	黑龙江省农业科学院克山分院材料
			东农 3 号	0.10	东北农业大学材料
			小金黄	1.56	吉林省中部平原地区地方品种
			四粒黄	1.61	吉林省公主岭地方品种
			铁荚四粒黄（黑铁荚）	0.39	吉林省中南部半山区地方品种
			嘟噜豆	1.07	吉林省中南部地方品种
			一窝蜂	0.39	吉林省中部偏西地区地方品种
			辉南青皮豆	0.20	吉林省辉南地方品种
			四粒黄	0.20	吉林省东丰地方品种
			公野 0869-38	50.00	吉林省农业科学院大豆所材料
			金元	1.81	辽宁省开原地方品种
			铁荚子	0.78	辽宁省义县地方品种
			灌水铁荚青	3.13	辽宁省宽甸地方品种
			熊岳小粒黄	0.68	辽宁省熊岳地方品种
			通州小黄豆	0.39	北京通县地方品种
			济宁 71021	0.39	山东省济宁农科所材料
			平舆笨	0.78	河南省平舆地方品种
			日本大白眉	3.13	日本品种
			十胜长叶	2.54	日本品种
			早羽	12.50	日本品种

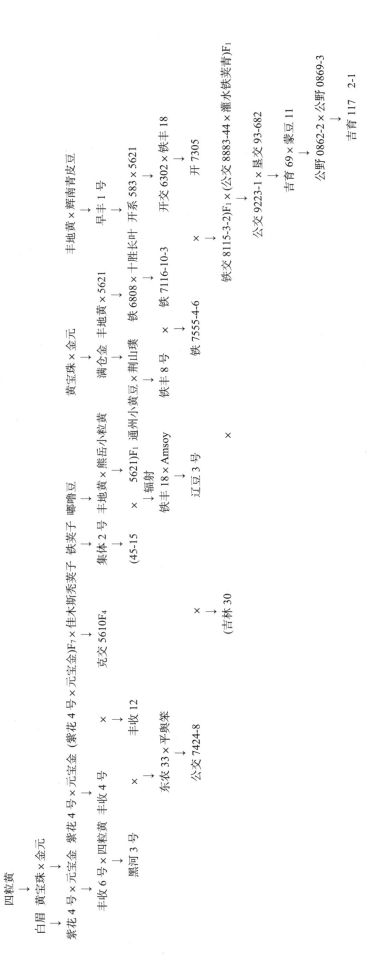

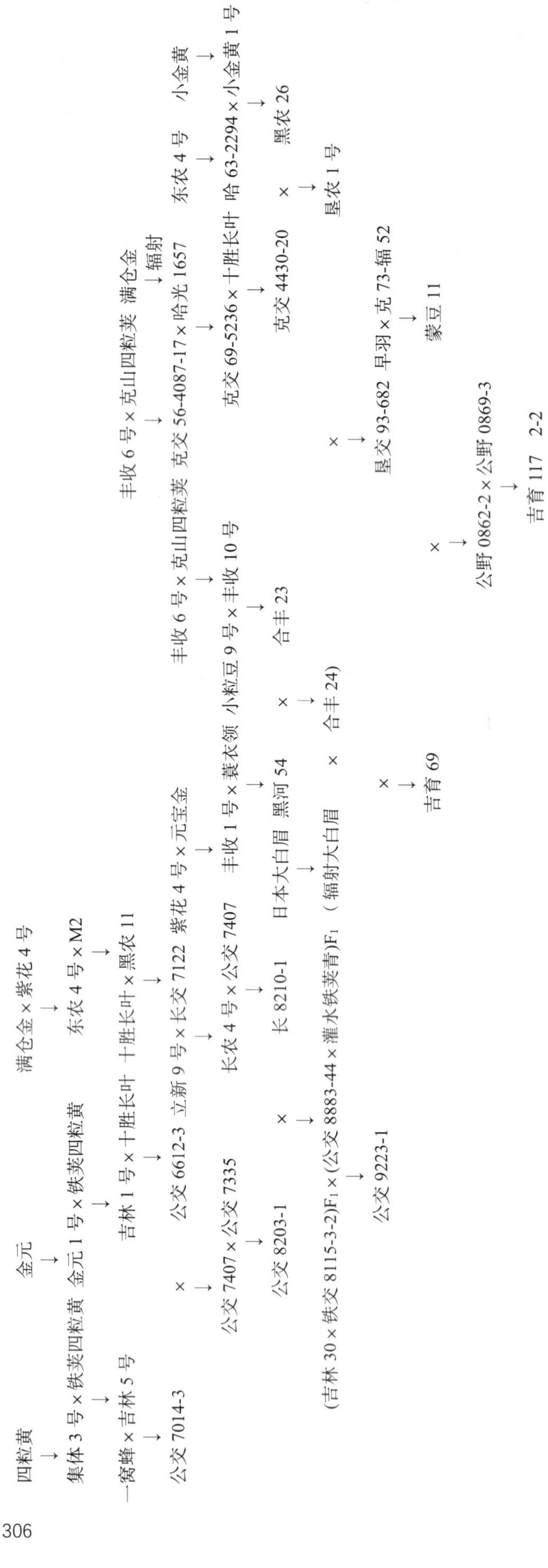

四粒黄

集体 3 号 × 铁荚四粒黄

满仓金 × 紫花 4 号

一窝蜂 × 吉林 5 号　　金元　　金元 1 号 × 铁荚四粒黄　　东农 4 号 × M2

吉林 1 号 × 十胜长叶　十胜长叶 × 黑农 11　　丰收 6 号 × 克山四粒荚　满仓金
↓辐射

公交 7014-3　　　公交 6612-3　立新 9 号 × 长交 7122　紫花 4 号 × 元宝金　　丰收 6 号 × 克山四粒荚　克交 56-4087-17 × 哈光 1657　　东农 4 号　小金黄

公交 7407 × 公交 7335　　　长农 4 号 × 公交 7407　　丰收 6 号 × 克山四粒荚　小粒豆 9 号 × 丰收 10 号　克交 69-5236 × 十胜长叶　哈 63-2294 × 小金黄 1 号

公交 8203-1　　　×　　　长 8210-1　　日本大白眉　黑河 54　　×　襄衣领　　合丰 23　　　克交 4430-20　　黑农 26

(吉林 30 × 铁交 8115-3-2)F₁ × (公交 8883-44 × 灌水铁荚青)F₁　（辐射大白眉　　×　　　合丰 24)　　　　　　　　　　垦农 1 号

公交 9223-1　　　　　　　　　×　　　　　吉育 69　　　　　　　　　　　　　　垦交 93-682　早羽 × 克 73-辐 52

　　　　　　　　　　　　　　　　　　　　　　　　　　　　　　　　　　　　蒙豆 11

　　　　　　　　　　　　　　　　　　　×　　　　　　　　公野 0862-2 × 公野 0869-3

　　　　　　　　　　　　　　　　　　　　　　　　　　　　　吉育 117　2-2

图 5-68　吉育 117 系谱图

69　吉育 119

吉育 119 品种简介

【品种来源】吉育 119 是吉林省农业科学院以公交 09149-3-12 为母本、公交 2004106A-6 为父本杂交，经多年选择育成。审定编号：吉审豆 20210012。

【植株性状】紫花，尖叶，灰色茸毛，成熟荚褐色。亚有限结荚习性，株高 72.1cm，主茎节数 16.4 个，主茎型结荚，3 粒荚多。

【籽粒特点】小粒型品种。籽粒圆形，种皮黄色，有光泽，种脐黄色，百粒重 7.2g。籽粒粗蛋白含量 40.89%，粗脂肪含量 16.48%。

【生育日数】在适应区从出苗至成熟生育日数 113d，与对照品种吉育 105 同熟期。

【抗病鉴定】人工接种鉴定中抗大豆花叶病毒 1 号株系，感大豆花叶病毒 3 号株系，抗大豆灰斑病。

【产量表现】2019—2020 年区域试验平均产量 2592.7kg/hm²，较对照品种吉育 105 平均增产 6.2%，2020 年生产试验平均产量 2679.6kg/hm²，较对照品种吉育 105 平均增产 7.7%。

【适应区域】适宜吉林省大豆早熟地区种植。

吉育 119 遗传基础

吉育 119 细胞质 100% 来源于海交 8403-74，历经 4 轮传递与选育，细胞质传递过程为海交 8403-74→吉育 47→公交 09149-3-12→吉育 119。（详见图 5-69）

吉育 119 细胞核来源于白眉、克山四粒荚、小粒豆 9 号、四粒黄、铁荚四粒黄（黑铁荚）、一窝蜂、四粒黄、公交 2004106A-6、海交 8403-74、金元、小白脐、即墨油豆、益都平顶黄、大滑皮、铁角黄、十胜长叶、Magnolia 等 17 个祖先亲本，分析其核遗传贡献率并注明祖先亲本来源，从而揭示该品种遗传基础，为大豆育种亲本的选择利用提供参考。（详见表 5-69）

表 5-69　吉育 119 祖先亲本

品种名称	母本	父本	祖先亲本	祖先亲本核遗传贡献率/%	祖先亲本来源
吉育 119	公交 09149-3-12	公交 2004106A-6	白眉	0.59	黑龙江省克山地方品种
			克山四粒荚	1.17	黑龙江省克山地方品种
			小粒豆 9 号	1.56	黑龙江省勃利地方品种
			四粒黄	0.68	吉林省公主岭地方品种
			铁荚四粒黄（黑铁荚）	0.78	吉林省中南部半山区地方品种
			一窝蜂	0.78	吉林省中部偏西地区地方品种
			四粒黄	0.39	吉林省东丰地方品种
			公交 2004106A-6	50.00	吉林省农业科学院大豆所材料
			海交 8403-74	12.50	吉林省农业科学院大豆所材料

续表

品种名称	母本	父本	祖先亲本	祖先亲本核遗传贡献率/%	祖先亲本来源
吉育 119	公交 09149-3-12	公交 2004106A-6	金元	1.07	辽宁省开原地方品种
			小白脐	25.00	辽宁省义县地方品种
			即墨油豆	0.78	山东省即墨地方品种
			益都平顶黄	0.39	山东省益都地方品种
			大滑皮	0.78	山东省济宁地方品种
			铁角黄	0.39	山东省西部地方品种
			十胜长叶	2.34	日本品种
			Magnolia	0.78	从韩国引入美国材料

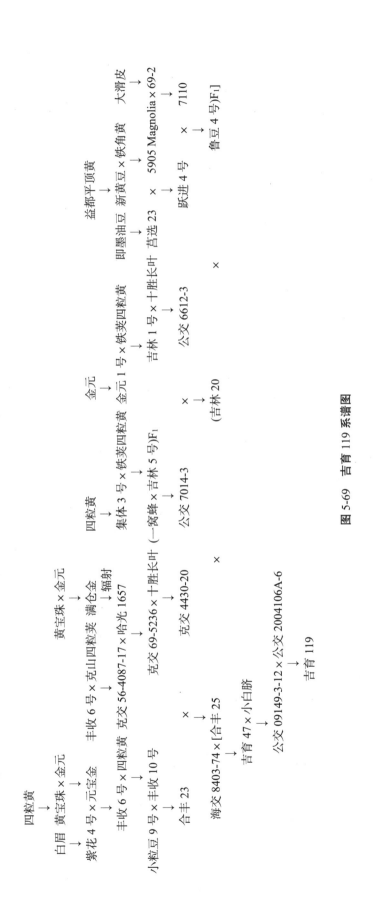

图 5-69　吉育 119 系谱图

70 吉育 121

吉育 121 品种简介

【品种来源】吉育 121 是吉林省农业科学院以通农 14 为母本、吉林小粒 4 号为父本杂交，经多年选择育成。审定编号：吉审豆 20210013。

【植株性状】白花，尖叶，灰色茸毛，成熟荚褐色。亚有限结荚习性，株高 79.4cm，主茎节数 17.4 个，主茎型结荚，2、3 粒荚多。

【籽粒特点】小粒型品种。籽粒圆形，种皮黄色，有光泽，种脐黄色，百粒重 9.0g。籽粒粗蛋白含量 38.86%，粗脂肪含量 17.60%。

【生育日数】出苗至成熟平均 112d，较对照品种吉育 105 早 1d。

【抗病鉴定】人工接种鉴定高抗大豆花叶病毒 1 号株系，抗大豆花叶病毒 3 号株系，抗大豆灰斑病。

【产量表现】2019—2020 年区域试验平均产量 2579.7kg/hm²，较对照品种吉育 105 平均增产 5.7%，2020 年生产试验平均产量 2634.9kg/hm²，较对照品种吉育 105 平均增产 5.9%。

【适应区域】适宜吉林省大豆早熟地区种植。

吉育 121 遗传基础

吉育 121 细胞质 100% 来源于日本大白眉，历经 4 轮传递与选育，细胞质传递过程为日本大白眉→辐射大白眉→通交 84-962→通农 14→吉育 121。（详见图 5-70）

吉育 121 细胞核来源于 GD5044-1、T12、铁荚四粒黄（黑铁荚）、嘟噜豆、一窝蜂、海龙嘟噜豆、四粒黄、金元、牛尾巴黄、日本大白眉、十胜长叶等 11 个祖先亲本，分析其核遗传贡献率并注明祖先亲本来源，从而揭示该品种遗传基础，为大豆育种亲本的选择利用提供参考。（详见表 5-70）

表 5-70 吉育 121 祖先亲本

品种名称	母本	父本	祖先亲本	祖先亲本核遗传贡献率/%	祖先亲本来源
吉育 121	通农 14	吉林小粒 4 号	GD5044-1	12.50	吉林省东北地区半野生大豆
			T12	25.00	吉林省通化市野生大豆
			铁荚四粒黄（黑铁荚）	6.25	吉林省中南部半山区地方品种
			嘟噜豆	3.13	吉林省中南部地方品种
			一窝蜂	6.25	吉林省中部偏西地区地方品种
			海龙嘟噜豆	9.38	吉林省梅河口市海龙镇地方品种
			四粒黄	3.13	吉林省东丰地方品种

续表

品种名称	母本	父本	祖先亲本	祖先亲本核遗传贡献率/%	祖先亲本来源
吉育 121	通农 14	吉林小粒 4 号	金元	3.13	辽宁省开原地方品种
			牛尾巴黄	3.13	吉林省西部地方品种
			日本大白眉	12.50	日本品种
			十胜长叶	15.63	日本品种

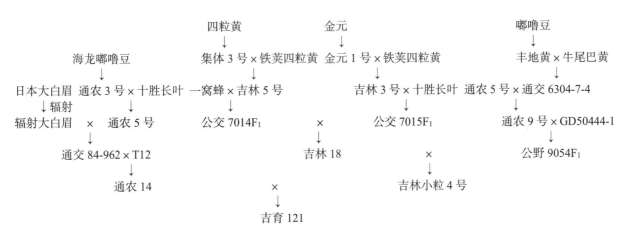

图 5-70 吉育 121 系谱图

71 吉科豆 8 号

吉科豆 8 号品种简介

【品种来源】吉科豆 8 号是吉林省农业科学院生物技术研究中心 1998 年以 Vita 为母本，吉林小粒 3 号为父本杂交，经多年选择育成。审定编号：吉审豆 2011017。

【植株性状】白花，尖叶，灰色茸毛，成熟荚褐色。亚有限结荚习性，株高 100cm，主茎型结荚，主茎节数 15 个，3 粒荚多。

【籽粒特点】籽粒圆形，种皮黄色，有光泽，种脐黄色，百粒重 8.5g 左右。籽粒粗蛋白含量 40.06%，粗脂肪含量 20.02%。

【生育日数】在适应区从出苗至成熟生育日数 115d 左右。

【抗病鉴定】人工接种鉴定抗大豆花叶病毒 1 号株系、3 号株系和混合株系，中感大豆灰斑病。田间自然诱发鉴定：高抗大豆花叶病毒病，中抗大豆灰斑病，中抗大豆褐斑病，高抗大豆霜霉病，高抗细菌性斑点病，高抗大豆食心虫。

【产量表现】2007—2008 年区域试验平均产量 2338.7kg/hm²，较对照品种吉林小粒 3 号平均增产 9.4%，2009—2010 年生产试验平均产量 2211.5kg/hm²，较对照品种吉林小粒 3 号平均增产 9.2%。

【适应区域】吉林省大豆早熟区。

吉科豆 8 号遗传基础

吉科豆 8 号细胞质 100%来源于 Vita，历经 1 轮传递与选育，细胞质传递过程为 Vita→吉科豆 8 号。（详见图 5-71）

吉科豆 8 号细胞核来源于公野交 8537F2、公野交 8527F2、Vita 等 3 个祖先亲本，分析其核遗传贡献率并注明祖先亲本来源，从而揭示该品种遗传基础，为大豆育种亲本的选择利用提供参考。（详见表 5-71）

表 5-71　吉科豆 8 号祖先亲本

品种名称	母本	父本	祖先亲本	祖先亲本核遗传贡献率/%	祖先亲本来源
吉科豆 8 号	Vita	吉林小粒 3 号	公野交 8537F2	25.00	吉林省农业科学院大豆所材料
			公野交 8527F2	25.00	吉林省农业科学院大豆所材料
			Vita	50.00	外引材料

公野交 8537F2 × 公野交 8527F2
↓
Vita × 吉林小粒 3 号
↓
吉科豆 8 号

图 5-71　吉科豆 8 号系谱图

72　吉科豆 9 号

吉科豆 9 号品种简介

【品种来源】吉科豆 9 号是吉林省农业科学院生物技术研究中心 1998 年以 Silea 为母本，吉林小粒 3 号为父本杂交，经多年选择育成。审定编号：吉审豆 2011018。

【植株性状】白花，尖叶，灰色茸毛，成熟荚褐色。亚有限结荚习性，株高 80cm，主茎节数 14 个，主茎型结荚，3 粒荚多。

【籽粒特点】籽粒圆形，种皮黄色，有光泽，种脐黄色，百粒重 9.5g 左右。籽粒粗蛋白含量 40.09%，粗脂肪含量 19.61%。

【生育日数】在适应区从出苗至成熟生育日数 115d 左右，需≥10℃活动积温 2300℃。

【抗病鉴定】人工接种鉴定中感大豆花叶病毒 1 号株系和混合株系，感大豆花叶病毒 3 号株系，中抗大豆灰斑病。田间自然诱发鉴定高抗大豆花叶病毒病，高抗大豆灰斑病，抗大豆褐斑病，高抗大豆霜霉病，高抗细菌性斑点病，高抗大豆食心虫。

【产量表现】2007—2008 年区域试验平均产量 2315.2kg/hm²，较对照品种吉林小粒 3 号平均增产 8.3%，2009—2010 年生产试验平均产量 2186.5kg/hm²，较对照品种吉林小粒 3 号平均增产 8.0%。

【适应区域】吉林省东部有效积温 2300℃以上地区。

吉科豆 9 号遗传基础

吉科豆 9 号细胞质 100% 来源于 Silea，历经 1 轮传递与选育，细胞质传递过程为 Silea→吉科豆 9 号。（详见图 5-72）

吉科豆 9 号细胞核来源于公野交 8537F₂、公野交 8527F₂、Silea 等 3 个祖先亲本，分析其核遗传贡献率并注明祖先亲本来源，从而揭示该品种遗传基础，为大豆育种亲本的选择利用提供参考。（详见表 5-72）

表 5-72 吉科豆 9 号祖先亲本

品种名称	母本	父本	祖先亲本	祖先亲本核遗传贡献率/%	祖先亲本来源
吉科豆 9 号	Silea	吉林小粒 3 号	公野交 8537F₂	25.00	吉林省农业科学院大豆所材料
			公野交 8527F₂	25.00	吉林省农业科学院大豆所材料
			Silea	50.00	外引材料

公野交 8537F₂ × 公野交 8527F₂
↓
Silea × 吉林小粒 3 号
↓
吉科豆 9 号

图 5-72 吉科豆 9 号系谱图

73 吉科豆 10 号

吉科豆 10 号品种简介

【品种来源】吉科豆 10 号是吉林省农业科学院农业生物技术研究所、吉林兴农大豆科技开发有限公司 2002 年以公野 9140 为母本，黑龙江小粒豆为父本杂交，经多年选择育成。审定名称：吉科豆 10，审定编号：吉审豆 2013011。

【植株性状】白花，尖叶，灰色茸毛。亚有限结荚习性，株高 85cm，结荚密集，3、4 粒荚多。

【籽粒特点】籽粒圆形，种皮黄色，有光泽，种脐黄色，百粒重 7.9g。籽粒粗蛋白含量 40.73%，粗脂肪含量 17.73%。

【生育日数】从在适应区从出苗至成熟生育日数 120d 左右，需≥10℃活动积温 2300℃以上。

【抗病鉴定】人工接种鉴定中感大豆花叶病毒混合株系，中感大豆灰斑病。网室内抗大豆花叶病毒 1号株系，感大豆花叶病毒 3 号株系。田间自然诱发鉴定高抗大豆花叶病毒病，抗大豆灰斑病，抗大豆褐斑病，高抗大豆霜霉病，高抗大豆细菌性斑点病，感大豆食心虫。

【产量表现】2010—2011 年区域试验平均产量 2413.3kg/hm²，较对照品种吉林小粒 3 号平均增产 13.55%，2011—2012 年生产试验平均产量 2357.1kg/hm²，较对照品种吉林小粒 3 号平均增产 12.0%。

【适应区域】吉林省中东部有效积温 2300℃的山区和半山区。

吉科豆 10 号遗传基础

吉科豆 10 号细胞质 100%来源于十胜长叶，历经 5 轮传递与选育，细胞质传递过程为历经 5 轮传递与选育，细胞质传递过程为十胜长叶→通交 73-399→公野 8008-3→公野 8930→公野 9140-5→吉科豆 10 号。（详见图 5-73）

吉科豆 10 号细胞核来源于白眉、黑龙江小粒豆、东农 3 号、GD50393、四粒黄、金元、济宁 71021、鹤之子、十胜长叶等 9 个祖先亲本，分析其核遗传贡献率并注明祖先亲本来源，从而揭示该品种遗传基础，为大豆育种亲本的选择利用提供参考。（详见表 5-73）

表 5-73 吉科豆 10 号祖先亲本

品种名称	母本	父本	祖先亲本	祖先亲本核遗传贡献率/%	祖先亲本来源
吉科豆 10 号	公野 9140	黑龙江小粒豆	白眉	1.56	黑龙江省克山地方品种
			黑龙江小粒豆	75.00	黑龙江省地方品种
			东农 3 号	1.56	东北农业大学材料
			GD50393	6.25	吉林省东北地区半野生大豆
			四粒黄	1.56	吉林省公主岭地方品种
			金元	1.56	辽宁省开原地方品种
			济宁 71021	6.25	山东省济宁农科所材料
			鹤之子	3.13	日本品种
			十胜长叶	3.13	日本品种

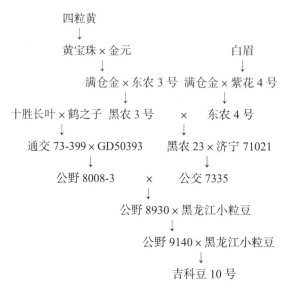

图 5-73　吉科豆 10 号系谱图

74 吉科豆 11

吉科豆 11 品种简介

【品种来源】吉科豆 11 是吉林省农业科学院 2002 年以长农 9 号为母本，Hobbit 为父本杂交，经多年选择育成。审定编号：吉审豆 2015011。

【植株性状】紫花，尖叶，棕色茸毛，成熟荚褐色。无限结荚习性，株高 110cm，分枝型结荚，3 粒荚多。

【籽粒特点】籽粒圆形，种皮黄色，种脐黄色，百粒重 8.5g。籽粒粗蛋白含量 37.58%，粗脂肪含量 20.30%。

【生育日数】在适应区从出苗至成熟生育日数 120d 左右。

【抗病鉴定】人工接种鉴定高抗大豆花叶病毒混合株系和 3 号株系，抗大豆花叶病毒 1 号株系，中抗大豆灰斑病，田间自然诱发鉴定抗大豆花叶病毒病，抗大豆灰斑病，抗大豆褐斑病，抗大豆霜霉病，抗大豆细菌性斑点病，感大豆食心虫。

【产量表现】2012—2013 年区域试验平均产量 2416.6kg/hm²，较对照品种吉育 105 平均增产 16.5%，2013—2014 年生产试验平均产量 2018.4kg/hm²，较对照品种吉育 105 平均增产 16.3%。

【适应区域】吉林省大豆中早熟区。

吉科豆 11 遗传基础

吉科豆 11 细胞质 100% 来源于一窝蜂，历经 4 轮传递与选育，细胞质传递过程为一窝蜂→公交 7014-3→吉林 20→长农 9 号→吉科豆 11。（详见图 5-74）

吉科豆 11 细胞核来源于铁荚四粒黄（黑铁荚）、嘟噜豆、一窝蜂、四粒黄、金元、小金黄、熊岳小粒黄、十胜长叶、Amsoy、Hobbit 等 10 个祖先亲本，分析其核遗传贡献率并注明祖先亲本来源，从而揭示该品种遗传基础，为大豆育种亲本的选择利用提供参考。（详见表 5-74）

表 5-74 吉科豆 11 祖先亲本

品种名称	母本	父本	祖先亲本	祖先亲本核遗传贡献率/%	祖先亲本来源
吉科豆 11	长农 9 号	Hobbit	铁荚四粒黄（黑铁荚）	9.38	吉林省中南部半山区地方品种
			嘟噜豆	3.13	吉林省中南部地方品种
			一窝蜂	6.25	吉林省中部偏西地区地方品种
			四粒黄	3.13	吉林省东丰地方品种
			金元	3.13	辽宁省开原地方品种
			小金黄	3.13	辽宁省沈阳地方品种
			熊岳小粒黄	3.13	辽宁省熊岳地方品种

续表

品种名称	母本	父本	祖先亲本	祖先亲本核遗传贡献率/%	祖先亲本来源
吉科豆 11	长农 9 号	Hobbit	十胜长叶	6.25	日本品种
			Amsoy（阿姆索、阿姆索依）	12.50	美国品种
			Hobbit	50.00	美国品种

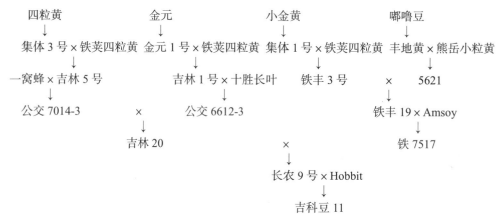

图 5-74　吉科豆 11 系谱图

75　中吉 601

中吉 601 品种简介

【品种来源】中吉 601 是中国农业科学院作物科学研究所、吉林省农业科学院以吉林小粒 4 为基础材料，辐射诱变选系育成。审定编号：吉审豆 20210015。

【植株性状】白花，尖叶，灰色茸毛，成熟荚褐色。亚有限结荚习性，株高 64.6cm，分枝型结荚，主茎节数 16.2 个，3 粒荚多。

【籽粒特点】小粒型品种。籽粒圆形，种皮黄色，有光泽，种脐黄色，百粒重 6.5g。籽粒粗蛋白含量 40.23%，粗脂肪含量 18.02%。

【生育日数】在适应区从出苗至成熟生育日数 112d，较对照品种吉育 105 早 1d。

【抗病鉴定】人工接种鉴定中抗大豆花叶病毒 1 号株系，感大豆花叶病毒 3 号株系，中抗大豆灰斑病。

【产量表现】2019—2020 年区域试验平均产量 2700.7kg/hm²，较对照品种吉育 105 平均增产 10.5%，2020 年生产试验平均产量 2717.4kg/hm²，较对照品种吉育 105 平均增产 9.3%。

【适应区域】适宜吉林省大豆早熟地区种植。

中吉 601 遗传基础

中吉 601 细胞质 100% 来源于一窝蜂,历经 4 轮传递与选育,细胞质传递过程为一窝蜂→公交 7014F$_1$→吉林 18→吉林小粒 4 号→中吉 601。（详见图 5-75）

中吉 601 细胞核来源于 GD5044-1、铁荚四粒黄（黑铁荚）、嘟噜豆、一窝蜂、海龙嘟噜豆、四粒黄、金元、牛尾巴黄、十胜长叶等 9 个祖先亲本,分析其核遗传贡献率并注明祖先亲本来源,从而揭示该品种遗传基础,为大豆育种亲本的选择利用提供参考。（详见表 5-75）

表 5-75　中吉 601 祖先亲本

品种名称	父母本	祖先亲本	祖先亲本核遗传贡献率/%	祖先亲本来源
中吉 601	吉林小粒豆 4 号辐射材料	GD5044-1	25.00	吉林省东北地区半野生大豆
		铁荚四粒黄（黑铁荚）	12.50	吉林省中南部半山区地方品种
		嘟噜豆	6.25	吉林省中南部地方品种
		一窝蜂	12.50	吉林省中部偏西地区地方品种
		海龙嘟噜豆	6.25	吉林省梅河口市海龙镇地方品种
		四粒黄	6.25	吉林省东丰地方品种
		金元	6.25	辽宁省开原地方品种
		牛尾巴黄	6.25	河北省广平地方品种
		十胜长叶	18.75	日本品种

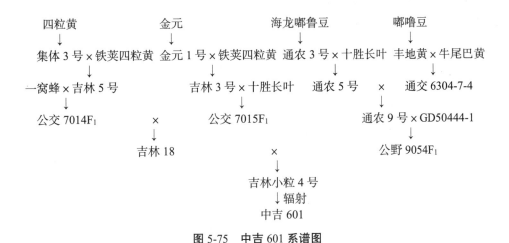

图 5-75　中吉 601 系谱图

76 嘉豆 3 号

嘉豆 3 号品种简介

【品种来源】嘉豆 3 号是吉林省壮亿种业有限公司以吉育 101 为母本，绥农小粒 1 号为父本杂交，经多年选择育成。审定编号：吉审豆 20200017。

【植株性状】白花，尖叶，灰色茸毛，成熟荚褐色。亚有限结荚习性，株高 81.2cm，有效分枝 3.3 个，主茎节数 19.2 个，分枝型结荚，3 粒荚多。

【籽粒特点】小粒大豆类型品种。籽粒圆形，种皮黄色，微光泽，种脐黄色，百粒重 7.8g。籽粒粗蛋白含量 38.03%，粗脂肪含量 20.43%。

【生育日数】在适应区从出苗至成熟生育日数 114d 左右，与对照品种吉育 105 相同。

【抗病鉴定】人工接种鉴定抗大豆花叶病毒 1 号株系和 3 号株系，中抗大豆灰斑病。

【产量表现】2018—2019 年自主区域试验平均产量 2533.3kg/hm²，较对照品种吉育 105 平均增产 6.2%，2019 年生产试验平均产量 2705.7kg/hm²，较对照品种吉育 105 平均增产 9.8%。

【适应区域】适宜吉林省大豆早熟地区种植。

嘉豆 3 号遗传基础

嘉豆 3 号细胞质 100% 来源于金元，历经 7 轮传递与选育，细胞质传递过程为金元→金元 1 号→吉林 1 号→吉林 16→公野 8756→（公野 8756×吉林 28）F₂→吉育 101→嘉豆 3 号。（详见图 5-76）

嘉豆 3 号细胞核来源于半野生大豆、白眉、克山四粒荚、小粒黄、克 67-3256-5F₄、绥 76-5401、东农 20（黄-中-中 20）、GD5044-1、GD50432-1、GD50477、永丰豆、平顶四、四粒黄、铁荚四粒黄（黑铁荚）、嘟噜豆、一窝蜂、海龙嘟噜豆、四粒黄、金元、牛尾巴黄、十胜长叶等 21 个祖先亲本，分析其核遗传贡献率并注明祖先亲本来源，从而揭示该品种遗传基础，为大豆育种亲本的选择利用提供参考。（详见表 5-76）

表 5-76　嘉豆 3 号祖先亲本

品种名称	母本	父本	祖先亲本核遗传贡献率/%	祖先亲本	祖先亲本来源
嘉豆 3 号	吉育 101	绥农小粒 1 号	12.50	半野生大豆	黑龙江省农业科学院资源所材料
			0.59	白眉	黑龙江省克山地方品种
			1.17	克山四粒荚	黑龙江省克山地方品种
			1.17	小粒黄	黑龙江省勃利地方品种
			3.13	克 67-3256-5F4	黑龙江省农业科学院克山分院材料
			3.13	绥 76-5401	黑龙江省农业科学院绥化分院材料
			0.39	东农 20(黄-中-中 20)	东北农业大学材料
			6.25	GD5044-1	吉林省东北地区半野生大豆

续表

品种名称	母本	父本	祖先亲本核遗传贡献率/%	祖先亲本	祖先亲本来源
嘉豆 3 号	吉育 101	绥农小粒 1 号	12.50	GD50432-1	吉林省半野生大豆
			12.50	GD50477	吉林省公主岭半野生大豆
			1.56	永丰豆	吉林省永吉地方品种
			12.50	平顶四	吉林省中部地方品种
			0.68	四粒黄	吉林省公主岭地方品种
			6.25	铁荚四粒黄（黑铁荚）	吉林省中南部半山区地方品种
			1.56	嘟噜豆	吉林省中南部地方品种
			3.13	一窝蜂	吉林省中部偏西地区地方品种
			1.56	海龙嘟噜豆	吉林省梅河口市海龙镇地方品种
			1.56	四粒黄	吉林省东丰地方品种
			5.37	金元	辽宁省开原地方品种
			1.56	牛尾巴黄	吉林省西部地方品种
			10.94	十胜长叶	日本品种

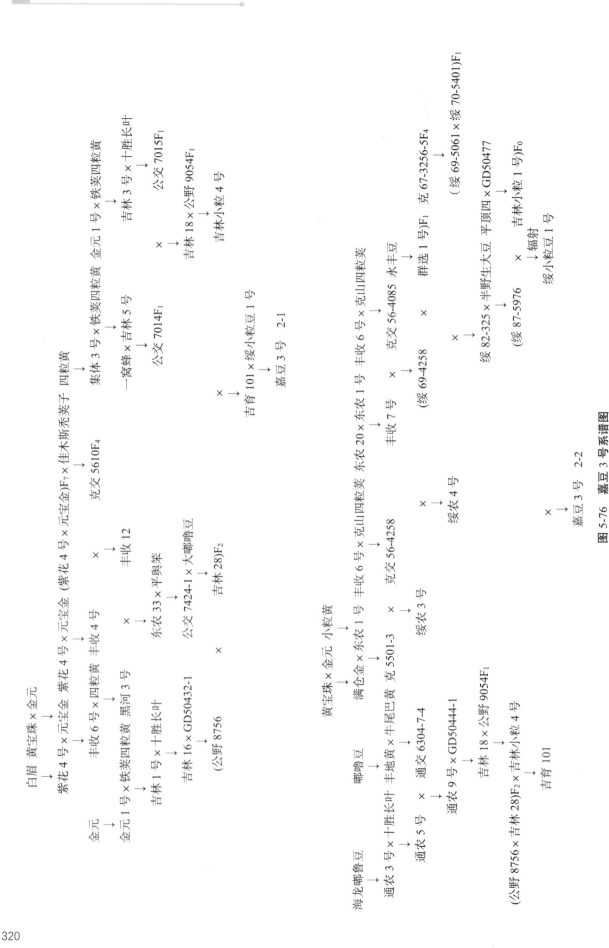

图 5-76 嘉豆 3 号系谱图

77 通农 14

通农 14 品种简介

【品种来源】通农 14 是通化市农业科学研究院 1990 年以通交 84-962 为母本，T12 为父本杂交，经多年选择育成。审定名称：通农 14 号，审定编号：吉审豆 2001013。

【植株性状】白花，披针叶，灰色茸毛，成熟荚深褐色。有限结荚习性，株高 99cm，3 粒荚多。

【籽粒特点】籽粒圆形，种皮黄色，有光泽，种脐无色，百粒重 8～10g。籽粒粗蛋白含量 45.50%，粗脂肪含量 16.63%，胱氨酸 0.67%，蛋氨酸 0.59%。

【生育日数】在适应区从出苗至成熟生育日数 123d 左右，需有效积温 2550℃。

【抗病鉴定】接种鉴定中抗大豆花叶病毒病 1 株系和 3 号株系。田间表现抗大豆花叶病毒病，抗大豆灰斑病，抗大豆霜霉病，抗大豆细菌性斑点病。无斑驳，虫食粒率 1%，无硬石粒。

【产量表现】1998—2000 年区域试验平均产量 2611.5kg/hm²，较对照品种丰交 7607 平均增产 1.1%，2000 年生产试验平均产量 2607.0kg/hm²，较对照品种丰交 7607、吉林小粒 4 号平均增产 10.2%。

【适应区域】吉林省通化、辽源、延边等中熟区域等中晚熟区域。

通农 14 遗传基础

通农 14 细胞质 100% 来源于日本大白眉，历经 3 轮传递与选育，细胞质传递过程为日本大白眉→辐射大白眉→通交 84-962→通农 14。（详见图 5-77）

通农 14 细胞核来源于 T12、海龙嘟噜豆、日本大白眉、十胜长叶等 4 个祖先亲本，分析其核遗传贡献率并注明祖先亲本来源，从而揭示该品种遗传基础，为大豆育种亲本的选择利用提供参考。（详见表 5-77）

表 5-77　通农 14 祖先亲本

品种名称	母本	父本	祖先亲本	祖先亲本核遗传贡献率/%	祖先亲本来源
通农 14	通交 84-962	T12	T12	50.00	吉林省通化市野生大豆
			海龙嘟噜豆	12.50	吉林省梅河口市海龙镇地方品种
			日本大白眉	25.00	日本品种
			十胜长叶	12.50	日本品种

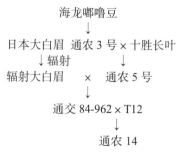

海龙嘟噜豆
↓
日本大白眉 通农 3 号 × 十胜长叶
↓辐射   ↓
辐射大白眉   ×   通农 5 号
↓
通交 84-962 × T12
↓
通农 14

图 5-77　通农 14 系谱图

78 通农 15

通农 15 品种简介

【品种来源】通农 15 是通化市农业科学院 2000 年以通农 11 为母本，通化野生大豆为父本杂交，经多年选择育成。审定编号：吉审豆 2012015。

【植株性状】紫花，长叶，灰色茸毛，成熟荚褐色。亚有限结荚习性，株高 95cm，分枝发达，主茎节数 16 ~ 18 节，结荚密集，3 粒荚多。

【籽粒特点】籽粒圆形，种皮黄色，有光泽，种脐黄色，百粒重 8.5g 左右。籽粒粗蛋白含量 43.52%，粗脂肪含量 16.94%。

【生育日数】在适应区从出苗至成熟生育日数 125d 左右，需≥10℃有效积温 2600℃。

【抗病鉴定】人工接种鉴定中感大豆花叶病毒 1 号株系和 3 号株系，感大豆花叶病毒混合株系，高抗大豆灰斑病。田间自然发病中抗大豆花叶病毒病，高抗大豆灰斑病，抗大豆褐斑病，高抗大豆霜霉病，高抗大豆细菌性斑点病，抗大豆食心虫。

【产量表现】2009—2010 年区域试验平均产量 2570.8kg/hm²，较对照品种通农 14 平均增产 8.7%，2011 年生产试验平均产量 2420.0kg/hm²，较对照品种通农 14 平均增产 9.4%。

【适应区域】吉林省大豆中熟区。

通农 15 遗传基础

通农 15 细胞质 100% 来源于日本大白眉，历经 3 轮传递与选育，细胞质传递过程为日本大白眉→大粒→通农 11→通农 15。（详见图 5-78）

通农 15 细胞核来源于通化野生大豆、海龙嘟噜豆、日本大白眉、十胜长叶等 4 个祖先亲本，分析其核遗传贡献率并注明祖先亲本来源，从而揭示该品种遗传基础，为大豆育种亲本的选择利用提供参考。（详见表 5-78）

表 5-78　通农 15 祖先亲本

品种名称	母本	父本	祖先亲本	祖先亲本核遗传贡献率/%	祖先亲本来源
通农 15	通农 11	通化野生大豆	通化野生大豆	50.00	吉林省通化市野生大豆

续表

品种名称	母本	父本	祖先亲本	祖先亲本核遗传贡献率/%	祖先亲本来源
通农 15	通农 11	通化野生大豆	海龙嘟噜豆	12.50	吉林省梅河口市海龙镇地方品种
			日本大白眉	25.00	日本品种
			十胜长叶	12.50	日本品种

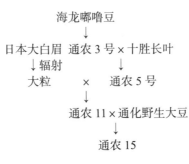

图 5-78　通农 15 系谱图

79　辽小粒豆 1 号

辽小粒豆 1 号品种简介

【品种来源】辽小粒豆 1 号是辽宁省农业科学院作物研究所以龙小粒豆 1 号为母本，辽豆 3 号为父本杂交，经多年选择育成。辽宁省非主要农作物品种备案时间：2013 年。

【籽粒特点】百粒重 10.0g。籽粒粗蛋白含量 43.20%，粗脂肪含量 19.10%。

【适应区域】北方春大豆中晚熟区。

辽小粒豆 1 号遗传基础

辽小粒豆 1 号细胞质 100% 来源于四粒黄，历经 7 轮传递与选育，细胞质传递过程为四粒黄→黄宝珠→满仓金→东农 4 号→哈 63-2294→黑农 26→龙小粒豆 1 号→辽小粒豆 1 号。（详见图 5-79）

辽小粒豆 1 号细胞核来源于龙野 79-3433-1、白眉、小金黄、四粒黄、嘟噜豆、金元、铁荚子、熊岳小粒黄、Amsoy（阿姆索、阿姆索依）等 9 个祖先亲本，分析其核遗传贡献率并注明祖先亲本来源，从而揭示该品种遗传基础，为大豆育种亲本的选择利用提供参考。（详见表 5-79）

表 5-79　辽小粒豆 1 号祖先亲本

品种名称	母本	父本	祖先亲本	祖先亲本核遗传贡献率/%	祖先亲本来源
辽小粒豆 1 号	龙小粒豆 1 号	辽豆 3 号	龙野 79-3433-1	25.00	黑龙江省野生大豆
			白眉	6.25	黑龙江省克山地方品种

续表

品种名称	母本	父本	祖先亲本	祖先亲本核遗传贡献率/%	祖先亲本来源
辽小粒豆1号	龙小粒豆1号	辽豆3号	小金黄	12.50	吉林省中部平原地区地方品种
			四粒黄	3.13	吉林省公主岭地方品种
			嘟噜豆	6.25	吉林省中南部地方品种
			金元	3.13	辽宁省开原地方品种
			铁荚子	12.50	辽宁省义县地方品种
			熊岳小粒黄	6.25	辽宁省熊岳地方品种
			Amsoy（阿姆索、阿姆索依）	25.00	美国品种

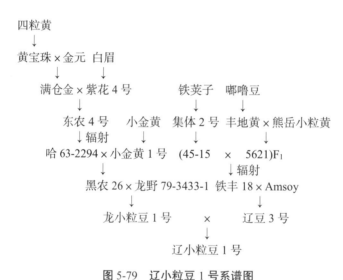

图 5-79　辽小粒豆 1 号系谱图

80　辽小粒豆 2 号

辽小粒豆 2 号品种简介

【品种来源】辽小粒豆 2 号是辽宁省农业科学院作物研究所以龙小粒豆 1 号为母本，辽豆 18 为父本杂交，经多年选择育成。辽宁省非主要农作物品种备案时间：2013 年。

【植株性状】有限结荚习性，株高 67.1cm，分枝 6.2 个，单株荚数 128.3 个，平均每荚 2.8 粒，单株粒重 23.73g。

【籽粒特点】籽粒圆形，种皮黄色，百粒重 10.4g。

【生育日数】在适应区从出苗至成熟生育日数 118d 左右。

【产量表现】2012 年辽宁省非主要农作物品种备案试验平均产量 3056.7kg/hm²。

【适应区域】辽宁省大部分地区。

辽小粒豆 2 号遗传基础

辽小粒豆 2 号细胞质 100% 来源于四粒黄，历经 7 轮传递与选育，细胞质传递过程为四粒黄→黄宝珠→满仓金→东农 4 号→哈 63-2294→黑农 26→龙小粒豆 1 号→辽小粒豆 2 号。（详见图 5-80）

辽小粒豆 2 号细胞核来源于白眉、蓑衣领、小金黄、四粒黄、公 616、铁荚四粒黄（黑铁荚）、嘟噜豆、大粒黄、金元、小金黄、本溪小黑脐、铁荚子、熊岳小粒黄、白扁豆、晚小白眉、辽 83066、通州小黄豆、Amsoy（阿姆索、阿姆索依）等 18 个祖先亲本，分析其核遗传贡献率并注明祖先亲本来源，从而揭示该品种遗传基础，为大豆育种亲本的选择利用提供参考。（详见表 5-80）

表 5-80　辽小粒豆 2 号祖先亲本

品种名称	母本	父本	祖先亲本	祖先亲本核遗传贡献率/%	祖先亲本来源
辽小粒豆 2 号	龙小粒豆 1 号	辽豆 18	白眉	13.28	黑龙江省克山地方品种
			蓑衣领	1.56	黑龙江省西部龙江草原地方品种
			小金黄	25.20	吉林省中部平原地区地方品种
			四粒黄	7.23	吉林省公主岭地方品种
			公 616	0.78	吉林省公主岭地方品种
			铁荚四粒黄（黑铁荚）	1.17	吉林省中南部半山区地方品种
			嘟噜豆	5.86	吉林省中南部地方品种
			大粒黄	0.20	吉林省地方品种
			金元	7.42	辽宁省开原地方品种
			小金黄	0.98	辽宁省沈阳地方品种
			本溪小黑脐	0.78	辽宁省本溪地方品种
			铁荚子	7.03	辽宁省义县地方品种
			熊岳小粒黄	5.08	辽宁省熊岳地方品种
			白扁豆	3.13	辽宁省地方品种
			晚小白眉	0.78	辽宁省地方品种
			辽 83066	12.50	辽宁省农业科学院作物研究所材料
			通州小黄豆	0.78	北京通县地方品种
			Amsoy（阿姆索、阿姆索依）	6.25	美国品种

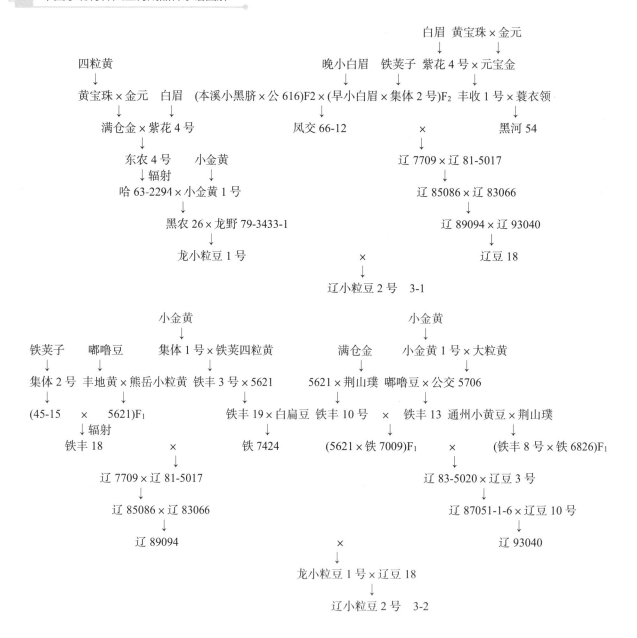

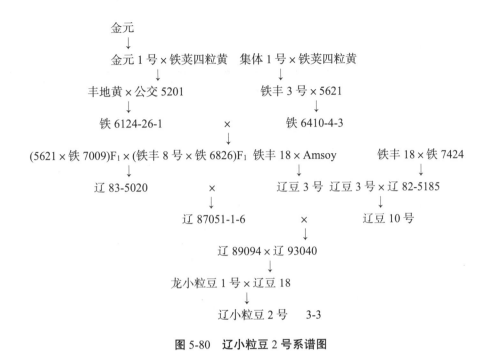

图 5-80　辽小粒豆 2 号系谱图

81 凤系 3 号

凤系 3 号品种简介

【品种来源】凤系 3 号是辽宁省凤城农试站（现单位名称：丹东农业科学院）1954 年以薄地暄为基本种，经系统选种方法育成。辽宁省确定推广时间：1960 年。

【植株性状】白花，椭圆叶，灰色茸毛，成熟荚黑色。有限结荚习性，株高 60~80cm，主茎和分枝均较发达，株型半收敛，主茎节数 15~18 个，节间短，结荚密，1、2 粒荚多，平均每荚 1.7 粒。前期生育较慢，后期生育较快，耐瘠，适应性强。

【籽粒特点】籽粒圆形，种皮黄白色，无光泽，种脐淡褐色，百粒重 13.0g。籽粒粗蛋白含量 43.10%，粗脂肪含量 17.30%。

【生育日数】在适应区从出苗至成熟生育日数 150d 左右。

【抗病鉴定】抗食心虫较强，不易生大豆紫斑病和大豆褐斑。

【产量表现】产量 2250kg/hm² 左右。

【适应区域】辽宁省丹东地区的宽甸、岫岩、凤拄等县中部以南地区。

凤系 3 号遗传基础

凤系 3 号细胞质 100% 来源于薄地暄，历经 1 轮传递与选育，细胞质传递过程为薄地暄→凤系 3 号。（详见图 5-81）

凤系 3 号细胞核来源于薄地暄 1 个祖先亲本，分析其核遗传贡献率并注明祖先亲本来源，从而揭示该

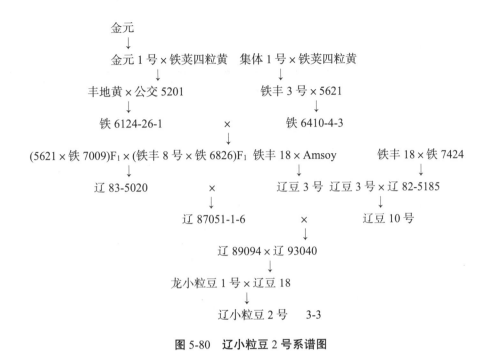

品种遗传基础，为大豆育种亲本的选择利用提供参考。（详见表5-81）

表5-81 凤系3号祖先亲本

品种名称	父母本	祖先亲本	祖先亲本核遗传贡献率/%	祖先亲本来源
凤系3号	辽宁省地方品种薄地穈	薄地穈	100.00	辽宁省地方品种

薄地穈
↓
凤系3号

图5-81 凤系3号系谱图

82 营小粒豆1号

营小粒豆1号品种简介

【品种来源】营小粒豆1号是营口市农业科学研究所、营口经济技术开发区园艺科技示范场以营豆812-04为母本，熊小粒812-06-2为父本杂交，经多年选择育成。辽宁省非主要农作物品种备案时间：2011年。

【植株性状】白花，披针叶，灰色茸毛。有限结荚习性，株高平均100.3cm，分枝4.2个，单株结荚数165个，平均每荚3.1粒，单株粒重28.1g。直立生长。

【籽粒特点】籽粒圆形，种皮黄色，百粒重7.6g。

【生育日数】在适应区从出苗至成熟生育日数119d左右。

【产量表现】平均产量3285.6kg/hm²。

【适应区域】辽宁省各大豆生产区。

营小粒豆1号遗传基础

营小粒豆1号细胞质100%来源于小金黄，历经5轮传递与选育，细胞质传递过程为小金黄→集体1号→铁丰19→81-2→营豆812-04→营小粒豆1号。（详见图5-82）

营小粒豆1号细胞核来源于铁荚四粒黄（黑铁荚）、嘟噜豆、熊岳白花、小金黄、熊岳小粒黄等5个祖先亲本，分析其核遗传贡献率并注明祖先亲本来源，从而揭示该品种遗传基础，为大豆育种亲本的选择利用提供参考。（详见表5-82）

表5-82 营小粒豆1号祖先亲本

品种名称	母本	父本	祖先亲本	祖先亲本核遗传贡献率/%	祖先亲本来源
营小粒豆1号	营豆812-04	熊小粒812-06-2	铁荚四粒黄（黑铁荚）	12.50	吉林省中南部半山区地方品种
			嘟噜豆	12.50	吉林省中南部地方品种

续表

品种名称	母本	父本	祖先亲本	祖先亲本核遗传贡献率/%	祖先亲本来源
营小粒豆 1 号	营豆 812-04	熊小粒 812-06-2	熊岳白花	50.00	辽宁省熊岳地方野生大豆
			小金黄	12.50	辽宁省沈阳地方品种
			熊岳小粒黄	12.50	辽宁省熊岳地方品种

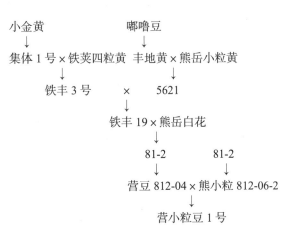

图 5-82　营小粒豆 1 号系谱图

83 蒙豆 6 号

蒙豆 6 号品种简介

【品种来源】蒙豆 6 号是呼盟农科所 1991 年以日本札幌小粒豆为母本，加拿大小粒豆为父本杂交，经多年选择育成。审定编号：蒙审豆 200001。

【植株性状】紫花，小圆叶，灰色茸毛。无限结荚习性，株高 80～110cm，分枝多。3 粒荚较多，结荚密集。

【籽粒特点】种皮鲜黄色，种脐无色，百粒重 9～11.8g。籽粒粗蛋白含量 41.90%，粗脂肪含量 19.26%。用途广泛，适于出口，可作牧草，生豆芽口味好，产量高。

【生育日数】在适应区从出苗至成熟生育日数 110d 左右。

【抗病鉴定】抗大豆蚜虫及大豆花叶病毒病，大豆根腐病、大豆叶斑类病害较轻。

【产量表现】1997—1998 年区域试验平均产量 1972.8kg/hm²，较对照品种北丰 9 号减产 10.2%，较对照品种内豆 4 号平均增产 21.8%，1998—1999 年生产试验平均产量 1514.4kg/hm²，较对照品种北丰 9 号减产 8.0%。

【适应区域】适宜内蒙古呼盟、兴安盟及黑龙江省 2100℃以上积温区种植，在 1600℃以上积温区可作豆科牧草或绿肥。

蒙豆 6 号遗传基础

蒙豆 6 号细胞质 100% 来源于日本札幌小粒豆，历经 1 轮传递与选育，细胞质传递过程为日本札幌小粒豆→蒙豆 6 号。（详见图 5-83）

蒙豆 6 号细胞核来源于日本札幌小粒豆、加拿大小粒豆等 2 个祖先亲本，分析其核遗传贡献率并注明祖先亲本来源，从而揭示该品种遗传基础，为大豆育种亲本的选择利用提供参考。（详见表 5-83）

表 5-83　蒙豆 6 号祖先亲本

品种名称	母本	父本	祖先亲本	祖先亲本核遗传贡献率/%	祖先亲本来源
蒙豆 6 号	日本札幌小粒豆	加拿大小粒豆	日本札幌小粒豆	50.00	日本品种
			加拿大小粒豆	50.00	加拿大材料

日本札幌小粒豆 × 加拿大小粒豆
↓
蒙豆 6 号

图 5-83　蒙豆 6 号系谱图

第六章　大粒豆

1 嫩农豆 1 号

嫩农豆 1 号品种简介

【品种来源】嫩农豆 1 号是嫩江县凤祥种子研究所、哈尔滨明星农业科技开发有限公司（申请者：哈尔滨明星农业科技开发有限公司）以 3308 为母本，当地野生大豆为父本杂交，经多年选择育成。审定编号：黑审豆 20190058。

【植株性状】紫花，圆叶，灰色茸毛，荚弯镰形，成熟荚褐色。亚有限结荚习性，株高 70cm 左右。

【籽粒特点】特种品种（大粒品种）。籽粒圆形，种皮黄色，有光泽，种脐黄色，百粒重 36g 左右。籽粒粗蛋白含量 43.24%，粗脂肪含量 17.3%。

【生育日数】在适应区从出苗至成熟生育日数 110d 左右，需≥10℃活动积温 2150℃左右。

【抗病鉴定】接种鉴定中抗大豆灰斑病。

【产量表现】2017—2018 年区域试验平均产量 2901.2kg/hm²，较对照品种黑河 43 平均增产 7.3%。

【适应区域】适宜在黑龙江省≥10℃活动积温 2250℃区域种植。

嫩农豆 1 号遗传基础

嫩农豆 1 号细胞质 100%来源于 3308，历经 1 轮传递与选育，细胞质传递过程为 3308→嫩农豆 1 号。（详见图 6-1）

嫩农豆 1 号细胞核来源于当地野生大豆、3308 等 2 个祖先亲本，分析其核遗传贡献率并注明祖先亲本来源，从而揭示该品种遗传基础，为大豆育种亲本的选择利用提供参考。（详见表 6-1）

表 6-1　嫩农豆 1 号祖先亲本

品种名称	母本	父本	祖先亲本	祖先亲本核遗传贡献率/%	祖先亲本来源
嫩农豆 1 号	3308	当地野生大豆	当地野生大豆	50.00	黑龙江省嫩江地区野生大豆
			3308	50.00	嫩江县凤祥种子研究所材料

3308×当地野生大豆
↓
嫩农豆 1 号

图 6-1　嫩农豆 1 号系谱图

2 五毛豆 1 号

五毛豆 1 号品种简介

【品种来源】五毛豆 1 号是黑龙江省五大连池市富民种子集团有限公司以东生 5 号为母本，孙毛为父本杂交，经多年选择育成。审定编号：黑审豆 20190046。

【植株性状】紫花，尖叶，灰色茸毛，荚弯镰形，成熟荚黄色。无限结荚习性，株高 90cm 左右，有分枝。

【籽粒特点】特种品种（大粒品种）。籽粒圆形，种皮黄色，有光泽，种脐黄色，百粒重 23.0g 左右。籽粒粗蛋白含量 38.94%，粗脂肪含量 19.43%。

【生育日数】在适应区从出苗至成熟生育日数 115d 左右，需 ≥10℃ 活动积温 2300℃ 左右。

【抗病鉴定】接种鉴定中抗大豆灰斑病。

【产量表现】2016—2017 年区域试验平均产量 2700.0kg/hm²，较对照品种东生 5 号平均增产 5.9%，2018 年生产试验平均产量 2743.0kg/hm²，较对照品种东生 5 号平均增产 5.6%。

【适应区域】适宜在黑龙江省 ≥10℃ 活动积温 2450℃ 区域种植。

五毛豆 1 号遗传基础

五毛豆 1 号细胞质 100% 来源于小粒豆 9 号，历经 6 轮传递与选育，细胞质传递过程为小粒豆 9 号→合丰 23→合丰 25→北丰 9 号→垦 364→东生 5 号→五毛豆 1 号。（详见图 6-2）

五毛豆 1 号细胞核来源于逊克当地种、五顶珠、白眉、克山四粒荚、大白眉、小粒黄、小粒豆 9 号、孙毛、北疆 124、东农 20（黄-中-中 20）、永丰豆、四粒黄、铁荚四粒黄（黑铁荚）、嘟噜豆、金元、小金黄、熊岳小粒黄、黑龙江 41、十胜长叶、花生等 20 个祖先亲本，分析其核遗传贡献率并注明祖先亲本来源，从而揭示该品种遗传基础，为大豆育种亲本的选择利用提供参考。（详见表 6-2）

表 6-2　五毛豆 1 号祖先亲本

品种名称	母本	父本	祖先亲本	祖先亲本核遗传贡献率/%	祖先亲本来源
五毛豆 1 号	东生 5 号	孙毛	逊克当地种	3.13	黑龙江省逊克地方品种
			五顶珠	0.78	黑龙江省绥化地方品种
			白眉	8.69	黑龙江省克山地方品种
			克山四粒荚	2.93	黑龙江省克山地方品种
			大白眉	1.56	黑龙江省克山地方品种
			小粒黄	1.17	黑龙江省勃利地方品种
			小粒豆 9 号	2.34	黑龙江省勃利地方品种
			孙毛	50.00	黑龙江省五大连池市富民种子集团有限公司材料

续表

品种名称	母本	父本	祖先亲本	祖先亲本核遗传贡献率/%	祖先亲本来源
五毛豆 1 号	东生 5 号	孙毛	北疆 124	12.50	北安市昊疆农业科学技术研究所材料
			东农 20(黄-中-中 20)	0.39	东北农业大学材料
			永丰豆	1.56	吉林省永吉地方品种
			四粒黄	2.78	吉林省公主岭地方品种
			铁荚四粒黄（黑铁荚）	0.78	吉林省中南部半山区地方品种
			嘟噜豆	0.78	吉林省中南部地方品种
			金元	2.78	辽宁省开原地方品种
			小金黄	0.78	辽宁省沈阳地方品种
			熊岳小粒黄	0.78	辽宁省熊岳地方品种
			黑龙江 41	0.78	俄罗斯材料
			十胜长叶	2.34	日本品种
			花生	3.13	远缘物种

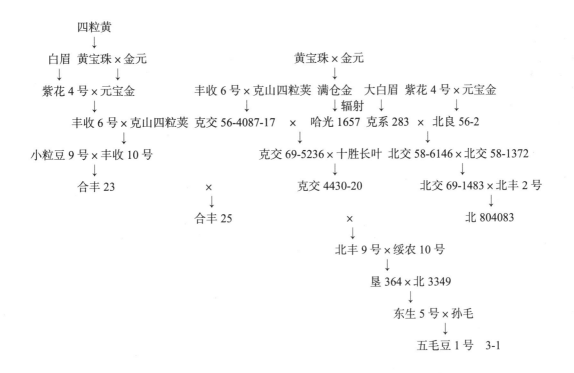

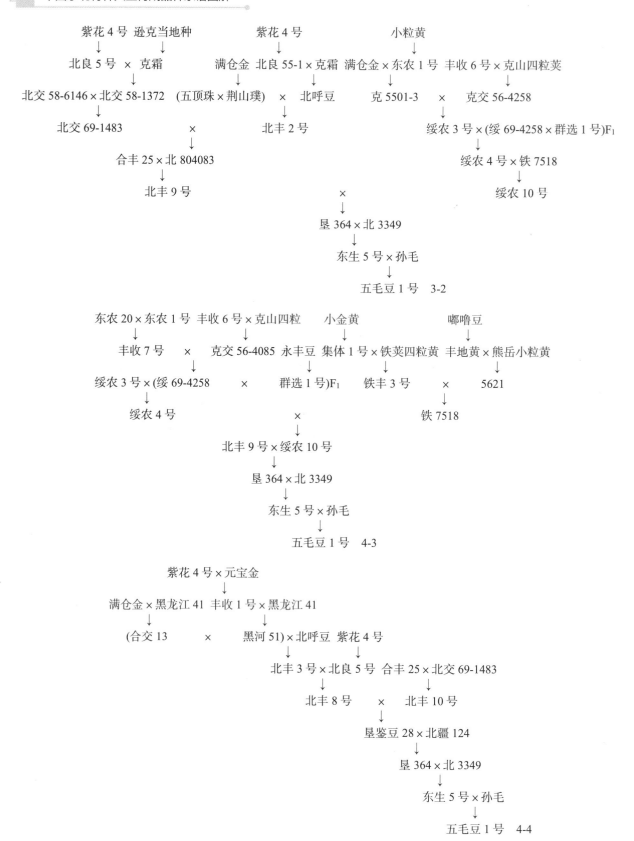

紫花 4 号 逊克当地种　　　　紫花 4 号　　　　　小粒黄
　↓　　　　↓　　　　　↓　　　　　↓
北良 5 号 × 克霜　　满仓金 北良 55-1 × 克霜 满仓金 × 东农 1 号 丰收 6 号 × 克山四粒荚
　　　↓　　　　　　　　↓　　　　　　↓　　　　　↓
北交 58-6146 × 北交 58-1372 (五顶珠 × 荆山璞) × 北呼豆 克 5501-3 × 克交 56-4258
　　↓　　　　　　　　　↓　　　　　　　　　↓
北交 69-1483　　　×　　北丰 2 号　　　绥农 3 号 × (绥 69-4258 × 群选 1 号)F₁
　　　　↓　　　　　　　　　　　　　　↓
　　合丰 25 × 北 804083　　　　　　　绥农 4 号 × 铁 7518
　　　　　↓　　　　　　　　　　　　　↓
　　　北丰 9 号　　　　　　　×　　　绥农 10 号
　　　　　　　　　　　　　　↓
　　　　　　　　　　　垦 364 × 北 3349
　　　　　　　　　　　　↓
　　　　　　　　　东生 5 号 × 孙毛
　　　　　　　　　　↓
　　　　　　　　五毛豆 1 号　 3-2

东农 20 × 东农 1 号 丰收 6 号 × 克山四粒　小金黄　　　　嘟噜豆
　↓　　　　↓　　　↓　　　↓
丰收 7 号　　×　　克交 56-4085 永丰豆 集体 1 号 × 铁荚四粒黄 丰地黄 × 熊岳小粒黄
　↓　　　　　　　　↓　　　　↓　　　　　　↓
绥农 3 号 × (绥 69-4258　×　群选 1 号)F₁ 铁丰 3 号 × 5621
　↓　　　　　　　　　　　　　　↓
绥农 4 号　　　　　　　　　　　铁 7518
　　　　　　　　　　　×
　　　　　　　　　↓
　　　北丰 9 号 × 绥农 10 号
　　　　　↓
　　　垦 364 × 北 3349
　　　　↓
　　东生 5 号 × 孙毛
　　　↓
　　五毛豆 1 号　 4-3

紫花 4 号 × 元宝金
　↓
满仓金 × 黑龙江 41 丰收 1 号 × 黑龙江 41
　↓　　　　　↓
(合交 13　　×　　黑河 51) × 北呼豆 紫花 4 号
　　　　　　↓
　　北丰 3 号 × 北良 5 号 合丰 25 × 北交 69-1483
　　　↓　　　　　　　↓
　　北丰 8 号　　×　　北丰 10 号
　　　　　↓
　　垦鉴豆 28 × 北疆 124
　　　　↓
　　垦 364 × 北 3349
　　　↓
　　东生 5 号 × 孙毛
　　　↓
　　五毛豆 1 号　 4-4

图 6-2　五毛豆 1 号系谱图

3 北疆九1号

北疆九1号品种简介

【品种来源】北疆九1号是黑龙江生物科技职业学院、省农垦总局九三科研所1989年以北702-9为母本，北丰13为父本杂交，经多年选择育成。审定编号：黑审豆2006019。

【植株性状】白花，尖叶，灰色茸毛。亚有限结荚习性，株高80cm左右，主茎结荚型，结荚密，3、4粒荚多。

【籽粒特点】籽粒圆形，百粒重26.0g左右。籽粒粗蛋白含量39.74%，粗脂肪含量20.48%。

【生育日数】在适应区从出苗至成熟生育日数110d左右，需≥10℃活动积温2100℃左右。

【抗病鉴定】接种鉴定中抗大豆灰斑病。

【产量表现】2003—2005年生产试验平均产量2499.6kg/hm²，较对照品种黑河17平均增产13.2%。

【适应区域】黑龙江省第五积温带。

北疆九1号遗传基础

北疆九1号细胞质100%来源于北702-9，历经1轮传递与选育，细胞质传递过程为北702-9→北疆九1号。（详见图6-3）

北疆九1号细胞核来源于逊克当地种、白眉、克山四粒荚、小粒豆9号、北702-9、四粒黄、金元、黑龙江41、十胜长叶等9个祖先亲本，分析其核遗传贡献率并注明祖先亲本来源，从而揭示该品种遗传基础，为大豆育种亲本的选择利用提供参考。（详见表6-3）

表6-3　北疆九1号祖先亲本

品种名称	母本	父本	祖先亲本	祖先亲本核遗传贡献率/%	祖先亲本来源
北疆九1号	北702-9	北丰13	逊克当地种	6.25	黑龙江省逊克地方种
			白眉	10.16	黑龙江省克山地方种
			克山四粒荚	4.69	黑龙江省克山地方种
			小粒豆9号	6.25	黑龙江省勃利地方种
			北702-9	50.00	黑龙江省农垦总局北安科研所材料
			四粒黄	5.08	吉林省公主岭地方种
			金元	5.08	辽宁省开原地方品种
			黑龙江41	6.25	俄罗斯材料
			十胜长叶	6.25	日本品种

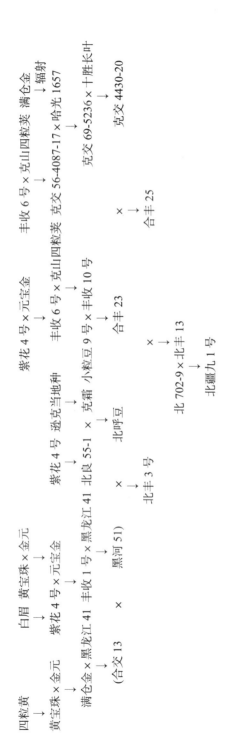

图 6-3 北疆九 1 号系谱图

4　昊疆 21

昊疆 21 品种简介

【品种来源】昊疆 21 是北安市昊疆农业科学技术研究所（申请者：北安市昊疆农业科学技术研究所、孙吴贺丰种业有限公司）以黑河 35 为母本，华菜豆 1 号为父本杂交，经多年选择育成。审定编号：黑审豆 20190038。

【植株性状】白花，尖叶，灰色茸毛，荚弯镰形，成熟荚褐色。亚有限结荚习性，株高 85cm 左右，无分枝。

【籽粒特点】特种品种（大粒品种），籽粒圆形，种皮黄色，有光泽，种脐黄色，百粒重 28.0g 左右。籽粒粗蛋白含量 40.39%，粗脂肪含量 20.24%。

【生育日数】在适应区从出苗至成熟生育日数 115d 左右，需≥10℃活动积温 2300℃左右。

【抗病鉴定】接种鉴定中抗大豆灰斑病。

【产量表现】2016—2017 年区域试验平均产量 2682.9kg/hm²，较对照品种华菜豆 1 号平均增产 14.5%，2018 年生产试验平均产量 2975.3kg/hm²，较对照品种华菜豆 1 号平均增产 12.7%。

【适应区域】适宜在黑龙江省≥10℃活动积温 2450℃区域种植。

昊疆 21 遗传基础

昊疆 21 细胞质 100% 来源于 Wilkin，历经 4 轮传递与选育，细胞质传递过程为 Wilkin→黑交 83-1345→黑河 14→黑河 35→昊疆 21。（详见图 6-4）

昊疆 21 细胞核来源于逊克当地种、四粒黄、白眉、克山四粒荚、大白眉、蓑衣领、小粒豆 9 号、长叶 1 号、黑河 104、边 3014、边 65-4、四粒黄、金元、黑龙江 41、尤比列（黑河 1 号）、日本丰娘、十胜长叶、Wilkin 等 18 个祖先亲本，分析其核遗传贡献率并注明祖先亲本来源，从而揭示该品种遗传基础，为大豆育种亲本的选择利用提供参考。（详见表 6-4）

表 6-4　昊疆 21 祖先亲本

品种名称	母本	父本	祖先亲本	祖先亲本核遗传贡献率/%	祖先亲本来源
昊疆 21	黑河 35	华菜豆 1 号	逊克当地种	3.13	黑龙江省逊克地方品种
			白眉	15.82	黑龙江省克山地方品种
			克山四粒荚	4.30	黑龙江省克山地方品种
			大白眉	1.56	黑龙江省克山地方品种
			蓑衣领	4.69	黑龙江省西部龙江草原地方品种
			四粒黄	1.56	黑龙江省东部和中部地方品种
			小粒豆 9 号	7.81	黑龙江省勃利地方品种

续表

品种名称	母本	父本	祖先亲本	祖先亲本核遗传贡献率/%	祖先亲本来源
昊疆 21	黑河 35	华菜豆 1 号	长叶 1 号	6.25	黑龙江省地方品种
			边 3014	3.13	黑龙江省材料
			边 65-4	6.25	黑龙江省材料
			黑河 104	3.13	黑龙江省农业科学院黑河分院材料
			四粒黄	5.57	吉林省公主岭地方品种
			金元	5.57	辽宁省开原地方品种
			黑龙江 41	1.56	俄罗斯材料
			尤比列（黑河 1 号）	3.13	俄罗斯材料
			日本丰娘	12.50	日本品种
			十胜长叶	7.81	日本品种
			Wilkin	6.25	美国品种

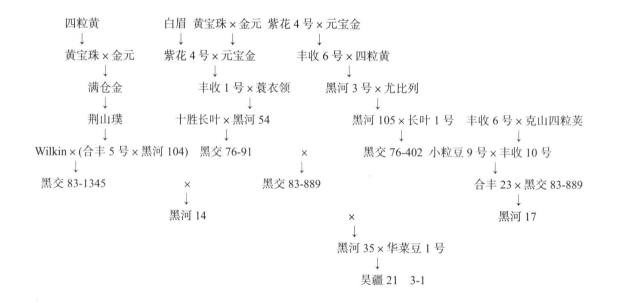

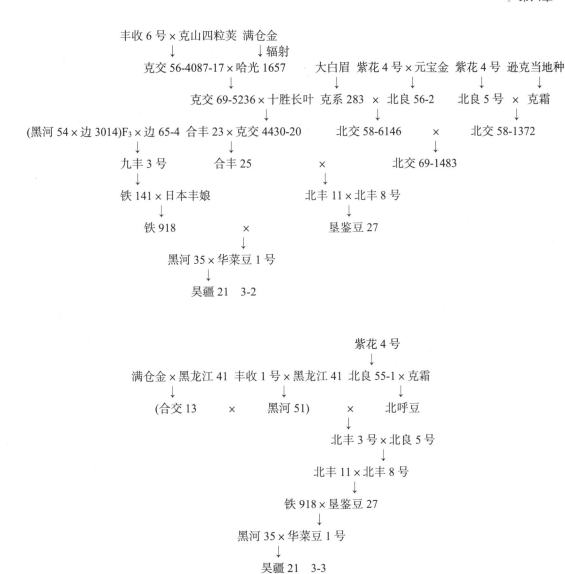

图 6-4　昊疆 21 系谱图

5　宏图大粒 3 号

宏图大粒 3 号品种简介

【品种来源】宏图大粒 3 号是北安市宏图种业有限公司以日本大粒豆为母本、垦农大粒豆 1 为父本，杂交，经多年选择育成。审定编号：黑审豆 20210044。

【植株性状】紫花，圆叶，灰色茸毛。亚有限结荚习性，荚弯镰形，成熟荚褐色，株高 82cm 左右，有分枝。

【籽粒特点】大粒品种。种子圆形，种皮黄色，有光泽，种脐黄色，百粒重 31.0g 左右。籽粒粗蛋白含量 39.56%，粗脂肪含量 20.51%。

【生育日数】在适应区出苗至成熟生育日数 116d 左右，需≥10℃活动积温 2300℃左右。

【抗病鉴定】接种鉴定中抗大豆灰斑病。

【产量表现】2019—2020 年区域试验平均产量 2790.0kg/hm²，较对照品种合丰 51 号平均增产 4.7%。

【适应区域】适宜在黑龙江省第三积温带≥10℃活动积温 2400℃区域种植。

宏图大粒 3 号遗传基础

宏图大粒 3 号细胞质 100% 来源于日本大粒豆，历经 1 轮传递与选育，细胞质传递过程为日本大粒豆 →宏图大粒 3 号。（详见图 6-5）

宏图大粒 3 号细胞核来源于垦农大粒豆 1 号、日本大粒豆等 2 个祖先亲本，分析其核遗传贡献率并注明祖先亲本来源，从而揭示该品种遗传基础，为大豆育种亲本的选择利用提供参考。（详见表 6-5）

表 6-5 宏图大粒 3 号祖先亲本

品种名称	母本	父本	祖先亲本	祖先亲本核遗传贡献率/%	祖先亲本来源
宏图大粒 3 号	日本大粒豆	垦农大粒豆 1 号	垦农大粒豆 1 号	50.00	黑龙江八一农垦大学材料
			日本大粒豆	50.00	日本品种

日本大粒豆×垦农大粒豆 1 号
↓
宏图大粒 3 号

图 6-5 宏图大粒 3 号系谱图

6 华菜豆 2 号

华菜豆 2 号品种简介

【品种来源】华菜豆 2 号是北安市华疆种业有限责任公司以华疆 0116 为母本，华疆 4404 为父本杂交，经多年选择育成。审定编号：黑审豆 2018045。

【植株性状】紫花，尖叶，灰色茸毛，荚弯镰形，成熟荚褐色。亚有限结荚习性，株高 80cm 左右。

【籽粒特点】大粒豆。籽粒圆形，种皮黄色，有光泽，种脐黄色，百粒重 27g 左右。籽粒粗蛋白含量 40.50%，粗脂肪含量 20.10%。

【生育日数】在适应区从出苗至成熟生育日数 110d 左右，需≥10℃活动积温 2150℃左右。

【抗病鉴定】接种鉴定感大豆灰斑病。

【产量表现】2015-2016 年区域试验平均产量 2610.2kg/hm²，较对照品种华菜豆 1 号平均增产 13.8%，2017 年生产试验平均产量 3117.0kg/hm²，较对照品种华菜豆 1 号平均增产 13.1%。

【适应区域】适宜在黑龙江省≥10℃活动积温 2250℃区域种植。

华菜豆 2 号遗传基础

华菜豆 2 号细胞质 100% 来源于白眉，历经 8 轮传递与选育，细胞质传递过程为白眉→紫花 4 号→丰收 1 号→黑河 54→（黑河 54×边 3014）F₃→九丰 3 号→铁 141→华疆 0116→华菜豆 2 号。（详见图 6-6）

华菜豆 2 号细胞核来源于逊克当地种、白眉、克山四粒荚、大白眉、蓑衣领、小粒豆 9 号、边 3014、边 65-4、北 702-9、四粒黄、金元、黑龙江 41、十胜长叶等 13 个祖先亲本，分析其核遗传贡献率并注明祖先亲本来源，从而揭示该品种遗传基础，为大豆育种亲本的选择利用提供参考。（详见表 6-6）

表 6-6　华菜豆 2 号祖先亲本

品种名称	母本	父本	祖先亲本	祖先亲本核遗传贡献率/%	祖先亲本来源
华菜豆 2 号	华疆 0116	华疆 4404	逊克当地种	6.25	黑龙江省逊克地方品种
			白眉	17.77	黑龙江省克山地方品种
			克山四粒荚	3.52	黑龙江省克山地方品种
			大白眉	1.56	黑龙江省克山地方品种
			蓑衣领	3.13	黑龙江省西部龙江草原地方品种
			小粒豆 9 号	4.69	黑龙江省勃利地方品种
			边 3014	6.25	黑龙江省材料
			边 65-4	12.50	黑龙江省材料
			北 702-9	25.00	黑龙江省农垦总局北安科研所材料
			四粒黄	4.98	吉林省公主岭地方品种
			金元	4.98	辽宁省开原地方品种
			黑龙江 41	4.69	俄罗斯材料
			十胜长叶	4.69	日本品种

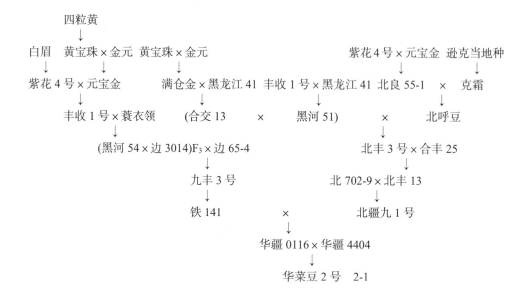

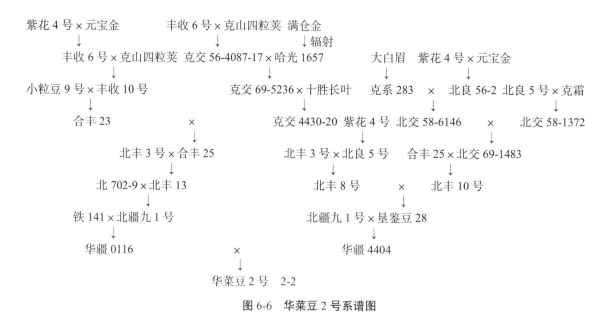

图 6-6 华菜豆 2 号系谱图

7 华菜豆 3 号

华菜豆 3 号品种简介

【品种来源】华菜豆 3 号是北安市华疆种业有限责任公司以华疆 0116 为母本，华疆 4404 为父本杂交，经多年选择育成。审定编号：黑审豆 2018046。

【植株性状】紫花，尖叶，灰色茸毛，荚弯镰形，成熟荚褐色。亚有限结荚习性，株高 80cm 左右。

【籽粒特点】大粒豆。籽粒圆形，种皮黄色，有光泽，种脐黄色，百粒重 26g 左右。籽粒粗蛋白含量 41.56%，粗脂肪含量 19.91%。

【生育日数】在适应区从出苗至成熟生育日数 105d 左右，需≥10℃活动积温 2100℃左右。

【抗病鉴定】接种鉴定中抗大豆灰斑病。

【产量表现】2015—2016 年区域试验平均产量 2540.0kg/hm²，较对照品种黑河 45 平均增产 9.3%，2017 年生产试验平均产量 2704.1kg/hm²，较对照品种黑河 45 平均增产 9.2%。

【适应区域】适宜在黑龙江省≥10℃活动积温 2150℃区域种植。

华菜豆 3 号遗传基础

华菜豆 3 号细胞质 100% 来源于白眉，历经 8 轮传递与选育，细胞质传递过程为白眉→紫花 4 号→丰收 1 号→黑河 54→（黑河 54×边 3014）F₃→九丰 3 号→铁 141→华疆 0116→华菜豆 3 号。（详见图 6-7）

华菜豆 3 号细胞核来源于逊克当地种、白眉、克山四粒荚、大白眉、蓑衣领、小粒豆 9 号、边 3014、边 65-4、北 702-9、四粒黄、金元、黑龙江 41、十胜长叶等 13 个祖先亲本，分析其核遗传贡献率并注明祖先亲本来源，从而揭示该品种遗传基础，为大豆育种亲本的选择利用提供参考。（详见表 6-7）

表 6-7　华菜豆 3 号祖先亲本表

品种名称	母本	父本	祖先亲本	祖先亲本核遗传贡献率/%	祖先亲本来源
华菜豆 3 号	华疆 0116	华疆 4404	逊克当地种	6.25	黑龙江省逊克地方品种
			白眉	17.77	黑龙江省克山地方品种
			克山四粒荚	3.52	黑龙江省克山地方品种
			大白眉	1.56	黑龙江省克山地方品种
			蓑衣领	3.13	黑龙江省西部龙江草原地方品种
			小粒豆 9 号	4.69	黑龙江省勃利地方品种
			边 3014	6.25	黑龙江省材料
			边 65-4	12.50	黑龙江省材料
			北 702-9	25.00	黑龙江省农垦总局北安科研所材料
			四粒黄	4.98	吉林省公主岭地方品种
			金元	4.98	辽宁省开原地方品种
			黑龙江 41	4.69	俄罗斯材料
			十胜长叶	4.69	日本品种

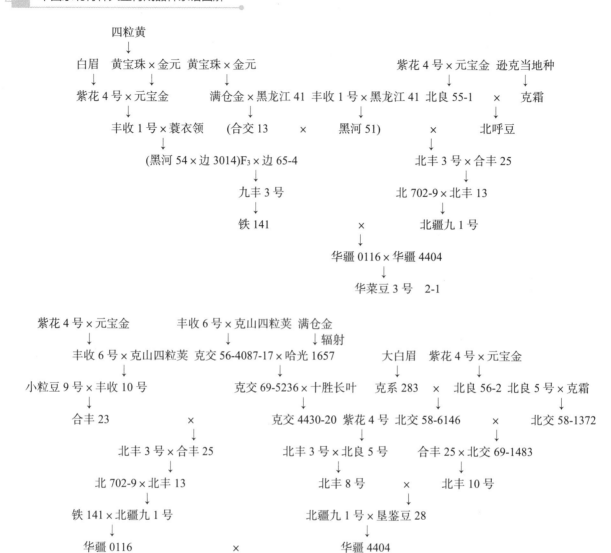

图 6-7　华菜豆 3 号系谱图

8 华菜豆 4 号

华菜豆 4 号品种简介

【品种来源】华菜豆 4 号是北安市华疆种业有限责任公司以哈北 46-1 为母本，华菜豆 1 号为父本杂交，经多年选择育成。审定编号：黑审豆 20190048。

【植株性状】紫花，尖叶，灰色茸毛，荚弯镰形，成熟荚褐色。亚有限结荚习性，株高 77.1cm 左右。

【籽粒特点】特种品种（大粒品种）。籽粒圆形，种皮黄色，有光泽，种脐黄色，百粒重 26.9g 左右。籽粒粗蛋白含量 41.17%，粗脂肪含量 18.74%。

【生育日数】在适应区从出苗至成熟生育日数 105d 左右，需≥10℃活动积温 2050℃左右。

【抗病鉴定】接种鉴定中抗大豆灰斑病。

【产量表现】2016—2017 年区域试验平均产量 2536.5kg/hm²，较对照品种黑河 45 平均增产 11.3%，2018 年生产试验平均产量 2843.9kg/hm²，较对照品种黑河 45 平均增产 9.8%。

【适应区域】适宜在黑龙江省≥10℃活动积温 2150℃区域种植。

华菜豆 4 号遗传基础

华菜豆 4 号细胞质 100%来源于白眉，历经 8 轮传递与选育，细胞质传递过程为白眉→紫花 4 号→丰收 1 号→黑河 54→合丰 24→合交 87-1004→合丰 39→哈北 46-1→华菜豆 4 号。（详见图 6-8）

华菜豆 4 号细胞核来源于逊克当地种、海伦金元、白眉、克山四粒荚、大白眉、蓑衣领、佳木斯秃荚子、四粒黄、治安小粒豆、小粒黄、小粒豆 9 号、边 3014、边 65-4、东农 20(黄-中-中 20)、哈 78-6289-10、永丰豆、四粒黄、铁荚四粒黄(黑铁荚)、金元、大白眉、黑龙江 41、日本丰娘、十胜长叶、Amsoy（阿姆索、阿姆索依）等 24 个祖先亲本，分析其核遗传贡献率并注明祖先亲本来源，从而揭示该品种遗传基础，为大豆育种亲本的选择利用提供参考。（详见表 6-8）

表 6-8 华菜豆 4 号祖先亲本

品种名称	母本	父本	祖先亲本	祖先亲本核遗传贡献率/%	祖先亲本来源
华菜豆 4 号	哈北 46-1	华菜豆 1 号	逊克当地种	3.13	黑龙江省逊克地方品种
			海伦金元	0.78	黑龙江省海伦地方品种
			白眉	16.33	黑龙江省克山地方品种
			克山四粒荚	5.76	黑龙江省克山地方品种
			大白眉	1.56	黑龙江省克山地方品种
			蓑衣领	4.69	黑龙江省西部龙江草原地方品种
			佳木斯秃荚子	0.44	黑龙江省佳木斯地方品种
			四粒黄	0.78	黑龙江省东部和中部地方品种
			治安小粒豆	6.25	黑龙江省治安地方品种
			小粒黄	0.59	黑龙江省勃利地方品种
			小粒豆 9 号	6.25	黑龙江省勃利地方品种
			边 3014	3.13	黑龙江省材料
			边 65-4	6.25	黑龙江省材料
			东农 20(黄-中-中 20)	0.20	东北农业大学材料
			哈 78-6289-10	6.25	黑龙江省农业科学院大豆研究所材料
			永丰豆	0.78	吉林省永吉地方品种
			四粒黄	6.51	吉林省公主岭地方品种

续表

品种名称	母本	父本	祖先亲本	祖先亲本核遗传贡献率/%	祖先亲本来源
华菜豆4号	哈北46-1	华菜豆1号	铁荚四粒黄（黑铁荚）	1.56	吉林省中南部半山区地方品种
			金元	6.12	辽宁省开原地方品种
			大白眉	0.39	辽宁广泛分布的地方品种
			黑龙江41	3.13	俄罗斯材料
			日本丰娘	12.50	日本品种
			十胜长叶	4.69	日本品种
			Amsoy（阿姆索、阿姆索依）	1.95	美国品种

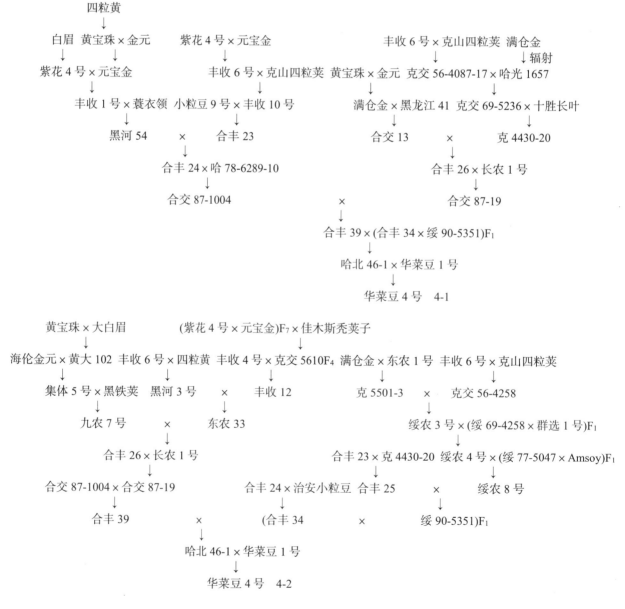

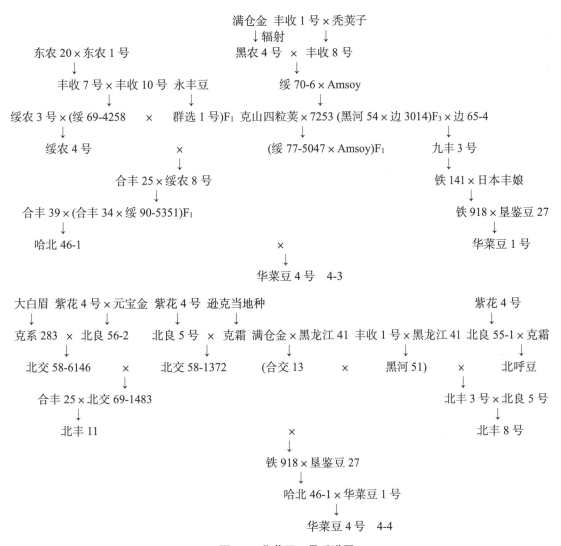

图 6-8 华菜豆 4 号系谱图

9 华菜豆 5 号

华菜豆 5 号品种简介

【品种来源】华菜豆 5 号是北安市华疆种业有限责任公司以哈北 46-1 为母本，华菜豆 1 号为父本杂交，经多年选择育成。审定编号：黑审豆 20190049。

【植株性状】白花，圆叶，灰色茸毛，荚弯镰形，成熟荚褐色。亚有限结荚习性，株高 74cm 左右。

【籽粒特点】特种品种（大粒品种）。籽粒圆形，种皮黄色，有光泽，种脐黄色，百粒重 27.6g 左右。籽粒粗蛋白含量 43.13%，粗脂肪含量 18.62%。

【生育日数】在适应区从出苗至成熟生育日数 110d 左右，需≥10℃活动积温 2150℃左右。

【抗病鉴定】接种鉴定中抗大豆灰斑病。

【产量表现】2016—2017 年区域试验平均产量 2601.0kg/hm²，较对照品种华菜豆 1 号平均增产 9.5%，

2018 年生产试验平均产量 2432.4kg/hm²，较对照品种华菜豆 1 号平均增产 12.6%。

【适应区域】适宜在黑龙江省≥10℃活动积温 2250℃区域种植。

华菜豆 5 号遗传基础

华菜豆 5 号细胞质 100%来源于白眉，历经 8 轮传递与选育，细胞质传递过程为白眉→紫花 4 号→丰收 1 号→黑河 54→合丰 24→合交 87-1004→合丰 39→哈北 46-1→华菜豆 5 号。（详见图 6-9）

华菜豆 5 号细胞核来源于逊克当地种、海伦金元、白眉、克山四粒荚、大白眉、蓑衣领、佳木斯秃荚子、四粒黄、治安小粒豆、小粒黄、小粒豆 9 号、边 3014、边 65-4、东农 20(黄-中-中 20)、哈 78-6289-10、永丰豆、四粒黄、铁荚四粒黄（黑铁荚）、金元、大白眉、黑龙江 41、日本丰娘、十胜长叶、Amsoy（阿姆索、阿姆索依）等 24 个祖先亲本，分析其核遗传贡献率并注明祖先亲本来源，从而揭示该品种遗传基础，为大豆育种亲本的选择利用提供参考。（详见表 6-9）

表 6-9　华菜豆 5 号祖先亲本

品种名称	母本	父本	祖先亲本	祖先亲本核遗传贡献率/%	祖先亲本来源
华菜豆 5 号	哈北 46-1	华菜豆 1 号	逊克当地种	3.13	黑龙江省逊克地方品种
			海伦金元	0.78	黑龙江省海伦地方品种
			白眉	16.33	黑龙江省克山地方品种
			克山四粒荚	5.76	黑龙江省克山地方品种
			大白眉	1.56	黑龙江省克山地方品种
			蓑衣领	4.69	黑龙江省西部龙江草原地方品种
			佳木斯秃荚子	0.44	黑龙江省佳木斯地方品种
			四粒黄	0.78	黑龙江省东部和中部地方品种
			治安小粒豆	6.25	黑龙江省治安地方品种
			小粒黄	0.59	黑龙江省勃利地方品种
			小粒豆 9 号	6.25	黑龙江省勃利地方品种
			边 3014	3.13	黑龙江省材料
			边 65-4	6.25	黑龙江省材料
			东农 20(黄-中-中 20)	0.20	东北农业大学材料
			哈 78-6289-10	6.25	黑龙江省农业科学院大豆研究所材料
			永丰豆	0.78	吉林省永吉地方品种
			四粒黄	6.51	吉林省公主岭地方品种
			铁荚四粒黄（黑铁荚）	1.56	吉林省中南部半山区地方品种

续表

品种名称	母本	父本	祖先亲本	祖先亲本核遗传贡献率/%	祖先亲本来源
华菜豆 5 号	哈北 46-1	华菜豆 1 号	金元	6.12	辽宁省开原地方品种
			大白眉	0.39	辽宁广泛分布的地方品种
			黑龙江 41	3.13	俄罗斯材料
			日本丰娘	12.50	日本品种
			十胜长叶	4.69	日本品种
			Amsoy（阿姆索、阿姆索依）	1.95	美国品种

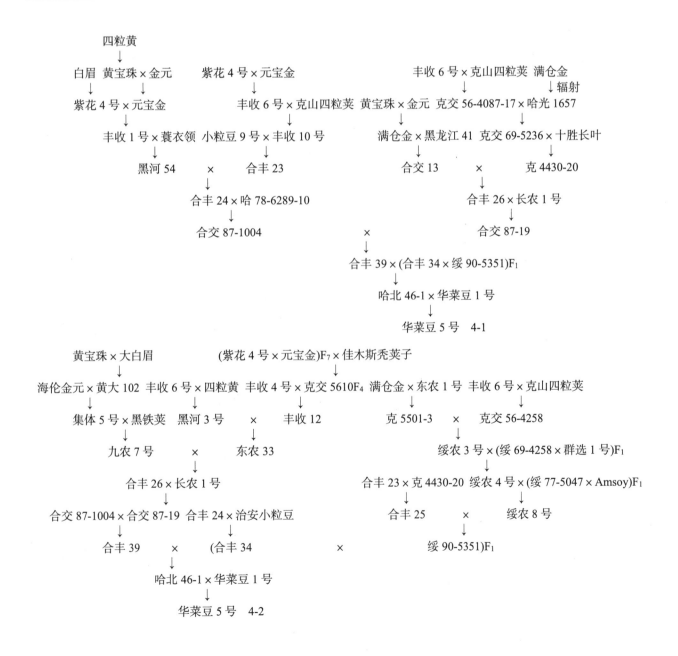

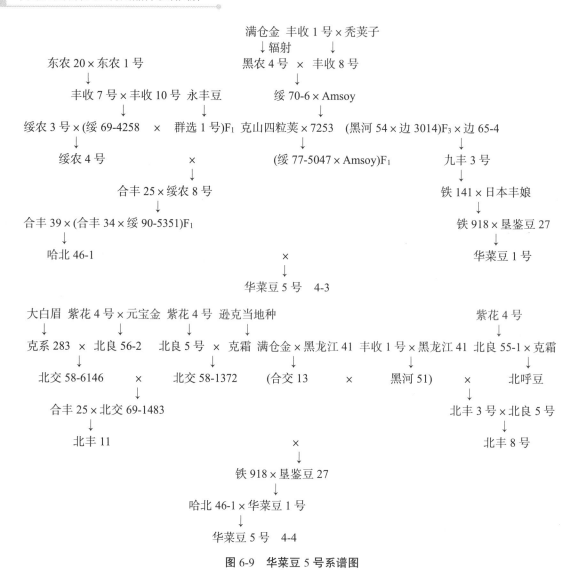

图 6-9 华菜豆 5 号系谱图

10 华菜豆 7 号

华菜豆 7 号品种简介

【品种来源】华菜豆 7 号是北安市华疆种业有限责任公司以华疆 6977 为母本，华疆 7146 为父本杂交，经多年选择育成。审定编号：黑审豆 20190061。

【植株性状】白花，尖叶，灰色茸毛，荚弯镰形，成熟荚褐色。亚有限结荚习性，株高 87cm 左右。

【籽粒特点】特种品种（大粒品种）。籽粒圆形，种皮黄色，有光泽，种脐黄色，百粒重 27.6g 左右。籽粒粗蛋白含量 43.36%，粗脂肪含量 17.77%。

【生育日数】在适应区从出苗至成熟生育日数 105d 左右，需≥10℃活动积温 2050℃左右。

【抗病鉴定】接种鉴定中抗大豆灰斑病。

【产量表现】2017—2018 年区域试验平均产量 2634.0kg/hm²，较对照品种黑河 45 平均增产 7.2%。

【适应区域】适宜在黑龙江省≥10℃活动积温 2150℃区域种植。

华菜豆 7 号遗传基础

华菜豆 7 号细胞质 100%来源于嘟噜豆，历经 11 轮传递与选育，细胞质传递过程为嘟噜豆→丰地黄→5621→铁丰 10 号→铁 7009-22-1→ 铁 8114-7-4→铁丰 29→铁 91118-3→铁 94166-3→铁 9857→华疆 6977→华菜豆 7 号。（详见图 6-10）

华菜豆 7 号细胞核来源于逊克当地种、白眉、克山四粒荚、大白眉、小粒豆 9 号、北 702-9、小金黄、四粒黄、四粒黄、铁荚四粒黄（黑铁荚）、嘟噜豆、辉南青皮豆、大粒黄、金元、嘟噜豆、大粒青、铁荚子、熊岳小粒黄、通州小黄豆、大白脐、济南 1 号、海白花、小平顶、蒙城大白壳、大粒黄、黑龙江 41、日本枝豆、东山 101、十胜长叶、Amsoy（阿姆索、阿姆索依）、SRF400（索夫 400）、USP90-7 等 32 个祖先亲本，分析其核遗传贡献率并注明祖先亲本来源，从而揭示该品种遗传基础，为大豆育种亲本的选择利用提供参考。（详见表 6-10）

表 6-10　华菜豆 7 号祖先亲本

品种名称	母本	父本	祖先亲本	祖先亲本核遗传贡献率/%	祖先亲本来源
华菜豆 7 号	华疆 6977	华疆 7146	逊克当地种	7.81	黑龙江省逊克地方品种
			白眉	19.14	黑龙江省克山地方品种
			克山四粒荚	4.69	黑龙江省克山地方品种
			大白眉	3.13	黑龙江省克山地方品种
			小粒豆 9 号	6.25	黑龙江省勃利地方品种
			北 702-9	12.50	黑龙江省农垦总局北安科研所材料
			小金黄	0.44	吉林省中部平原地区地方品种
			四粒黄	0.05	吉林省中部地方品种
			四粒黄	5.76	吉林省公主岭地方品种
			铁荚四粒黄（黑铁荚）	0.12	吉林省中南部半山区地方品种
			嘟噜豆	2.03	吉林省中南部地方品种
			辉南青皮豆	0.10	吉林省辉南地方品种
			大粒黄	0.29	吉林省地方品种
			金元	5.79	辽宁省开原地方品种
			嘟噜豆	0.59	辽宁省铁岭地方品种
			大粒青	0.20	辽宁省本溪地方品种
			铁荚子	1.17	辽宁省义县地方品种
			熊岳小粒黄	1.25	辽宁省熊岳地方品种

续表

品种名称	母本	父本	祖先亲本	祖先亲本核遗传贡献率/%	祖先亲本来源
华菜豆7号	华疆6977	华疆7146	通州小黄豆	0.39	北京通县地方品种
			大白脐	0.78	河北省平泉地方品种
			济南1号	0.15	山东省材料
			海白花	0.10	江苏省灌云地方品种
			小平顶	0.15	安徽省宿县地方品种
			蒙城大白壳	0.10	安徽省蒙城地方品种
			大粒黄	0.10	湖北省英山地方品种
			黑龙江41	4.69	俄罗斯材料
			日本枝豆	6.25	日本品种
			东山101	1.56	日本品种
			十胜长叶	7.81	日本品种
			Amsoy（阿姆索、阿姆索依）	0.20	美国品种
			SRF400（索夫400）	0.20	美国品种
			USP90-7	6.25	外引材料

续表

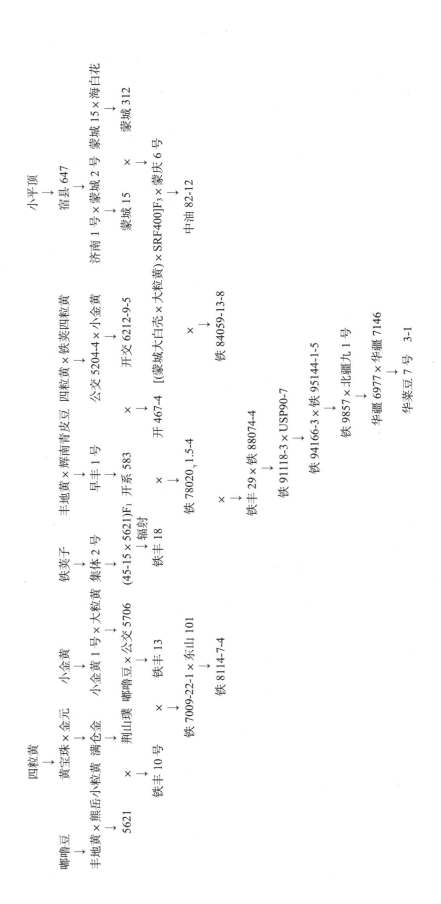

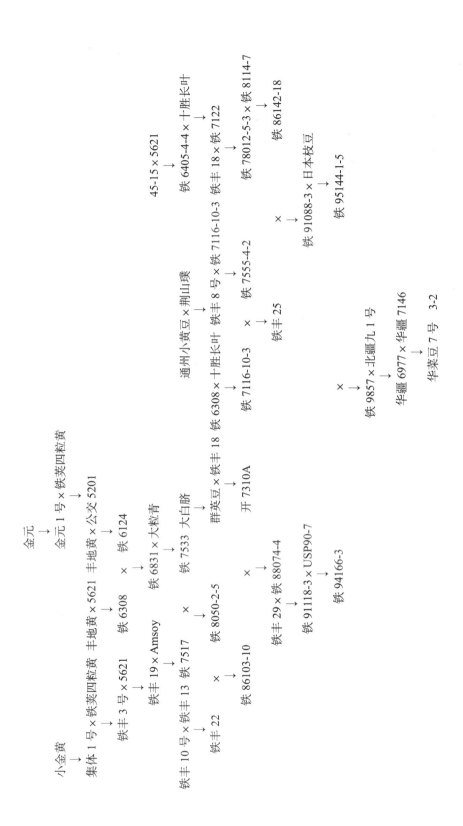

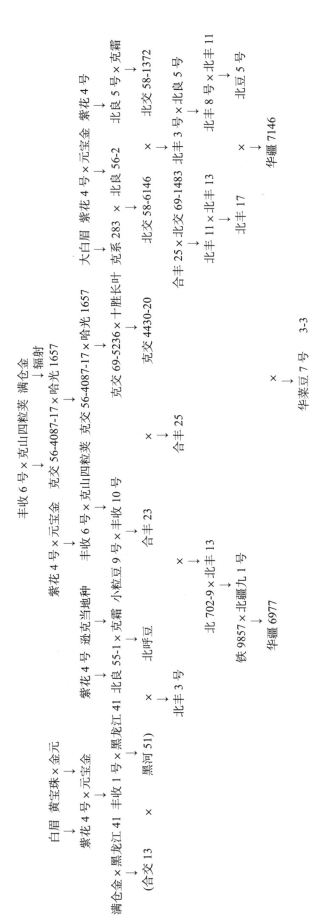

图 6-10　华菜豆 7 号系谱图

11 华疆 73

华疆 73 品种简介

【品种来源】华疆 73 是北安市华疆种业有限责任公司以华疆 8622 为母本、华疆 918 为父本杂交，经多年选择育成。审定编号：黑审豆 20210038。

【植株性状】紫花，尖叶，灰色茸毛，荚弯镰形，成熟荚褐色。亚有限结荚习性，株高 76cm 左右，无分枝。

【籽粒特点】大粒豆品种。籽粒圆形，种皮黄色，有光泽，种脐黄色，百粒重 26.3g 左右。籽粒粗蛋白含量 41.32%，粗脂肪含量 20.60%。

【生育日数】在适应区出苗至成熟生育日数 108d 左右，需 ≥10℃ 活动积温 1900℃ 左右。

【抗病鉴定】接种鉴定中抗大豆灰斑病。

【产量表现】2019—2020 年区域试验平均产量 2604.6kg/hm²，较对照品种黑河 45 平均增产 8.0%。

【适应区域】适宜在黑龙江省第五积温带 ≥10℃ 活动积温 1950℃ 区域种植。

华疆 73 遗传基础

华疆 73 细胞质 100% 来源于四粒黄，历经 10 轮传递与选育，细胞质传递过程为四粒黄→黄宝珠→满仓金→合交 13→（合交 13×黑河 51）→北丰 3 号→北丰 8 号→北疆 94-384→华疆 2 号→华疆 8622→华疆 73。（详见图 6-11）

华疆 73 细胞核来源于逊克当地种、五顶珠、白眉、克山四粒荚、大白眉、小粒豆 9 号、华疆 918、四粒黄、铁荚四粒黄（黑铁荚）、一窝蜂、四粒黄、金元、黑龙江 41、十胜长叶等 14 个祖先亲本，分析其核遗传贡献率并注明祖先亲本来源，从而揭示该品种遗传基础，为大豆育种亲本的选择利用提供参考。（详见表 6-11）

表 6-11　华疆 73 祖先亲本

品种名称	母本	父本	祖先亲本	祖先亲本核遗传贡献率/%	祖先亲本来源
华疆 73	华疆 8622	华疆 918	逊克当地种	4.69	黑龙江省逊克地方品种
			五顶珠	1.17	黑龙江省绥化地方品种
			白眉	10.45	黑龙江省克山地方品种
			克山四粒荚	2.93	黑龙江省克山地方品种
			大白眉	1.17	黑龙江省克山地方品种
			小粒豆 9 号	3.91	黑龙江省勃利地方品种
			华疆 918	50.00	北安市华疆种业有限责任公司材料

续表

品种名称	母本	父本	祖先亲本	祖先亲本核遗传贡献率/%	祖先亲本来源
华疆 73	华疆 8622	华疆 918	四粒黄	3.47	吉林省公主岭地方品种
			铁荚四粒黄（黑铁荚）	3.13	吉林省中南部半山区地方品种
			一窝蜂	3.13	吉林省中部偏西地区地方品种
			四粒黄	1.56	吉林省东丰地方品种
			金元	5.03	辽宁省开原地方品种
			黑龙江 41	2.34	俄罗斯材料
			十胜长叶	7.03	日本品种

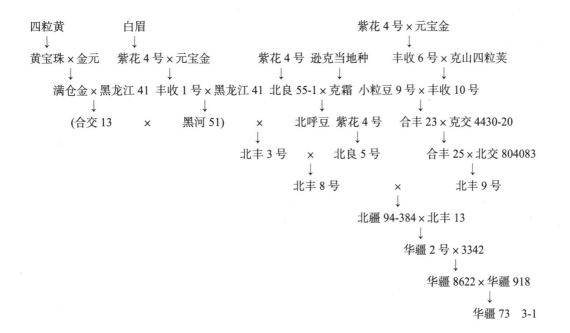

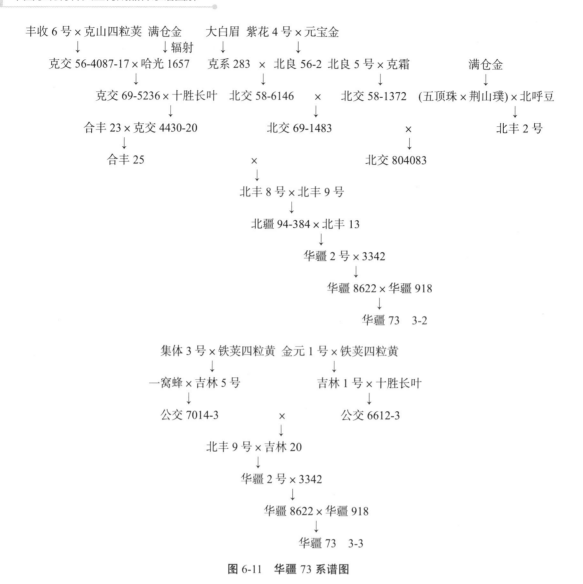

图 6-11　华疆 73 系谱图

12　嫩丰 16

嫩丰 16 品种简介

【品种来源】嫩丰 16 是黑龙江省农科院齐齐哈尔分院 1992 年以嫩 8422-3 为母本、嫩 79705-16 为父本杂交，经多年选择育成。审定编号：黑审豆 2001001。

【植株性状】白花，长叶，灰色茸毛。亚有限结荚习性，株高 80cm 左右，无分枝，主茎型，平均每荚 2.4 粒。

【籽粒特点】籽粒圆形，种皮黄色，有光泽，种脐黄色，百粒重 25.0g 左右。籽粒粗蛋白含量 41.19%，粗脂肪含量 20.11%。

【生育日数】在适应区从出苗至成熟生育日数 120d 左右，需≥10℃活动积温 2400℃。

【抗病鉴定】接种鉴定抗大豆灰斑病病。

【产量表现】1998—1999 年区域试验平均产量 2332.4kg/hm²，较对照品种嫩丰 14 平均增产 12.2%，2000 年生产试验平均产量 2073.2kg/hm²，较对照品种嫩丰 14 平均增产 17.6%。

【适应区域】黑龙江省第一积温带西部地区。

嫩丰 16 遗传基础

嫩丰 16 细胞质 100% 来源于一窝蜂，历经 4 轮传递与选育，细胞质传递过程为一窝蜂→公交 7014-3→公交 7407-5→嫩 8422-3→嫩丰 16。（详见图 6-12）

嫩丰 16 细胞核来源于千斤黄、白眉、佳木斯秃荚子、四粒黄、四粒黄、铁荚四粒黄（黑铁荚）、嘟噜豆、一窝蜂、四粒黄、金元、十胜长叶等 11 个祖先亲本，分析其核遗传贡献率并注明祖先亲本来源，从而揭示该品种遗传基础，为大豆育种亲本的选择利用提供参考。（详见表 6-12）

表 6-12 嫩丰 16 祖先亲本

品种名称	母本	父本	祖先亲本	祖先亲本核遗传贡献率/%	祖先亲本来源
嫩丰 16	嫩 8422-3	嫩 79705-16	千斤黄	6.25	黑龙江省安达地方品种
			白眉	7.03	黑龙江省克山地方品种
			佳木斯秃荚子	1.56	黑龙江省佳木斯地方品种
			四粒黄	3.13	黑龙江省东部和中部地方品种
			四粒黄	1.95	吉林省公主岭地方品种
			铁荚四粒黄（黑铁荚）	18.75	吉林省中南部半山区地方品种
			嘟噜豆	12.50	吉林省中南部地方品种
			一窝蜂	6.25	吉林省中部偏西地区地方品种
			四粒黄	10.94	吉林省东丰地方品种
			金元	25.39	辽宁省开原地方品种
			十胜长叶	6.25	日本品种

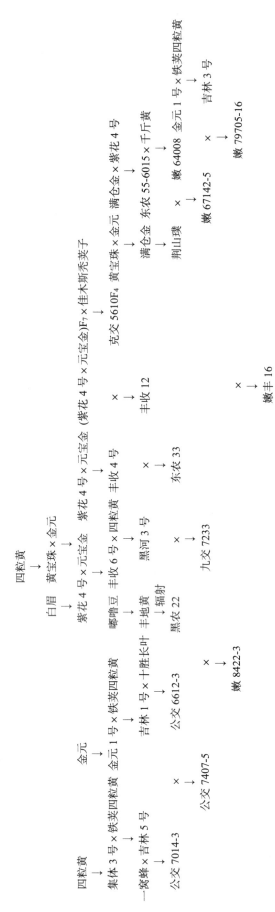

图 6-12　嫩丰 16 系谱图

13 绥农 27

绥农 27 品种简介

【品种来源】绥农 27 是黑龙江省农业科学院绥化分院以绥 97-5525 为母本，绥 98-64-1 为父本杂交，经多年选择育成。审定编号：黑审豆 2008016。

【植株性状】紫花，长叶，灰色茸毛，荚微弯镰形，成熟荚草黄色。无限结荚习性，株高 90cm 左右，底荚高 10~22cm，平均每荚 2.7 粒。

【籽粒特点】籽粒圆球形，种皮黄色，无光泽，种脐浅黄色，百粒重 28.0g 左右。籽粒粗蛋白含量 41.80%，粗脂肪含量 20.69%。

【生育日数】在适应区从出苗至成熟生育日数 115d 左右，需≥10℃活动积温 2300℃左右。

【抗病鉴定】接种鉴定中抗大豆灰斑病。

【产量表现】2005—2006 年区域试验平均产量 2547.9kg/hm²，较对照品种宝丰 7 号平均增产 8.6%，2007 年生产试验平均产量 2596.0kg/hm²，较对照品种宝丰 7 号平均增产 9.1%。

【适应区域】黑龙江省第三积温带。

绥农 27 遗传基础

绥农 27 细胞质 100%来源于四粒黄，历经 7 轮传递与选育，细胞质传递过程为四粒黄→黄宝珠→满仓金→克 5501-3→绥农 3 号→绥农 4 号→绥 97-5525→绥农 27。（详见图 6-13）

绥农 27 细胞核来源于逊克当地种、五顶珠、白眉、克山四粒荚、大白眉、小粒黄、小粒豆 9 号、东农 20（黄-中-中 20）、永丰豆、四粒黄、金元、鹤娘、富引 1 号、十胜长叶等 14 个祖先亲本，分析其核遗传贡献率并注明祖先亲本来源，从而揭示该品种遗传基础，为大豆育种亲本的选择利用提供参考。（详见表 6-13）

表 6-13　绥农 27 祖先亲本

品种名称	母本	父本	祖先亲本	祖先亲本核遗传贡献率/%	祖先亲本来源
绥农 27	绥 97-5525	绥 98-64-1	逊克当地种	2.34	黑龙江省逊克地方品种
			五顶珠	1.17	黑龙江省绥化地方品种
			白眉	7.32	黑龙江省克山地方品种
			克山四粒荚	8.79	黑龙江省克山地方品种
			大白眉	1.17	黑龙江省克山地方品种
			小粒黄	7.03	黑龙江省勃利地方品种
			小粒豆 9 号	2.34	黑龙江省勃利地方品种

续表

品种名称	母本	父本	祖先亲本	祖先亲本核遗传贡献率/%	祖先亲本来源
绥农27	绥97-5525	绥98-64-1	东农20(黄-中-中20)	2.34	东北农业大学材料
			永丰豆	9.38	吉林省永吉地方品种
			四粒黄	6.01	吉林省公主岭地方品种
			金元	6.01	辽宁省开原地方品种
			鹤娘	25.00	日本品种
			富引1号	18.75	日本品种
			十胜长叶	2.34	日本品种

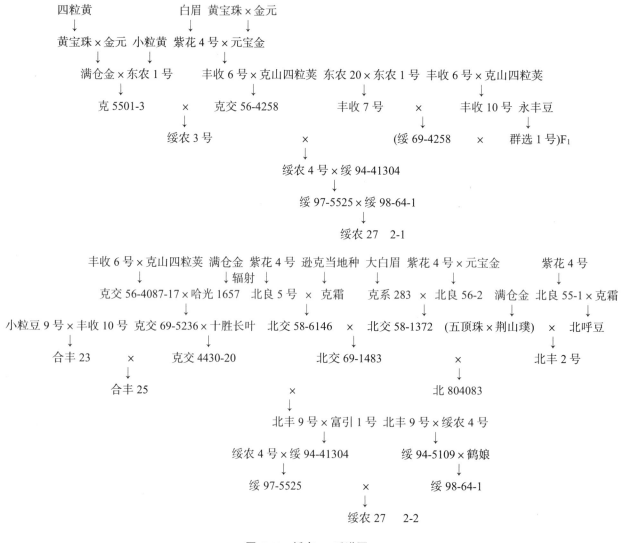

图6-13 绥农27系谱图

14 绥农 49

绥农 49 品种简介

【品种来源】绥农 49 是黑龙江省农业科学院绥化分院以绥 08-5509 为母本，绥 10-7500 为父本杂交，经多年选择育成。审定编号：黑审豆 20190047。

【植株性状】紫花，尖叶，灰色茸毛，荚弯镰形，成熟荚黄褐色。无限结荚习性，株高 90cm 左右，有分枝。

【籽粒特点】特种品种（大粒品种）。籽粒圆形，种皮黄色，无光泽，种脐黄色，百粒重 29.1g 左右。籽粒粗蛋白含量 41.24%，粗脂肪含量 21.57%。

【生育日数】在适应区从出苗至成熟生育日数 120d 左右，需≥10℃活动积温 2450℃左右。

【抗病鉴定】接种鉴定中抗大豆灰斑病。

【产量表现】2016—2017 年区域试验平均产量 3067.4kg/hm²，较对照品种绥农 27 平均增产 12.7%，2018 年生产试验平均产量 3045.8kg/hm²，较对照品种绥农 27 平均增产 12.5%。

【适应区域】适宜在黑龙江省≥10℃活动积温 2600℃区域种植。

绥农 49 遗传基础

绥农 49 细胞质 100%来源于四粒黄，历经 9 轮传递与选育，细胞质传递过程为四粒黄→黄宝珠→满仓金→克 5501-3→绥农 3 号→绥农 4 号→绥 97-5525→绥农 27→绥 08-5509→绥农 49。（详见图 6-14）

绥农 49 细胞核来源于逊克当地种、海伦金元、五顶珠、白眉、克山四粒荚、大白眉、蓑衣领、佳木斯秀荚子、紫花矬子、小粒黄、小粒豆 9 号、东农 20（黄-中-中 20）、东农 27、哈 76-6045、哈 78-6289-10、哈 83-1065、永丰豆、洋蜜蜂、小金黄、四粒黄、铁荚四粒黄（黑铁荚）、嘟噜豆、一窝蜂、辉南青皮豆、四粒黄、金元、小金黄、铁荚子、熊岳小粒黄、大白眉、黄客豆、沈高大豆、鹤娘、富引 1 号、十胜长叶、Amsoy（阿姆索、阿姆索依）、Beeson（比松）、Corsoy（科索）、Ozzie、扁茎大豆、花生等 41 个祖先亲本，分析其核遗传贡献率并注明祖先亲本来源，从而揭示该品种遗传基础，为大豆育种亲本的选择利用提供参考。（详见表 6-14）

表 6-14　绥农 49 祖先亲本

品种名称	母本	父本	祖先亲本	祖先亲本核遗传贡献率/%	祖先亲本来源
绥农 49	绥 08-5509	绥 10-7500	逊克当地种	0.59	黑龙江省逊克地方品种
			海伦金元	0.12	黑龙江省海伦地方品种
			五顶珠	0.29	黑龙江省绥化地方品种
			白眉	7.43	黑龙江省克山地方品种
			克山四粒荚	8.62	黑龙江省克山地方品种

续表

品种名称	母本	父本	祖先亲本	祖先亲本核遗传贡献率/%	祖先亲本来源
绥农 49	绥 08-5509	绥 10-7500	大白眉	0.29	黑龙江省克山地方品种
			蘘衣领	3.32	黑龙江省西部龙江草原地方品种
			佳木斯秃荚子	0.07	黑龙江省佳木斯地方品种
			紫花矬子	0.10	黑龙江省合江地区地方品种
			小粒黄	5.51	黑龙江省勃利地方品种
			小粒豆 9 号	3.13	黑龙江省勃利地方品种
			东农 20(黄-中-中 20)	1.57	东北农业大学材料
			东农 27	0.20	东北农业大学材料
			哈 76-6045	0.39	黑龙江省农业科学院大豆研究所材料
			哈 78-6289-10	1.56	黑龙江省农业科学院大豆研究所材料
			哈 83-1065	4.69	黑龙江省农业科学院大豆研究所材料
			永丰豆	6.30	吉林省永吉地方品种
			洋蜜蜂	0.24	吉林省榆树地方品种
			小金黄	0.88	吉林省中部平原地区地方品种
			四粒黄	6.37	吉林省公主岭地方品种
			铁荚四粒黄（黑铁荚）	0.63	吉林省中南部半山区地方品种
			嘟噜豆	0.56	吉林省中南部地方品种
			一窝蜂	0.20	吉林省中部偏西地区地方品种
			辉南青皮豆	0.12	吉林省辉南地方品种
			四粒黄	0.10	吉林省东丰地方品种
			金元	6.40	辽宁省开原地方品种
			小金黄	0.20	辽宁省沈阳地方品种
			铁荚子	0.49	辽宁省义县地方品种
			熊岳小粒黄	0.44	辽宁省熊岳地方品种
			大白眉	0.06	辽宁广泛分布的地方品种
			黄客豆	0.20	辽宁省地方品种
			沈高大豆	0.20	沈阳农业大学材料

续表

续表

品种名称	母本	父本	祖先亲本	祖先亲本核遗传贡献率/%	祖先亲本来源
绥农 49	绥 08-5509	绥 10-7500	鹤娘	6.25	日本品种
			富引 1 号	4.69	日本品种
			十胜长叶	6.84	日本品种
			Amsoy（阿姆索、阿姆索依）	5.74	美国品种
			Beeson（比松）	0.39	美国品种
			Corsoy（科索）	4.69	美国品种
			Ozzie	4.69	美国品种
			扁茎大豆	4.69	引进材料
			花生	0.78	远缘物种

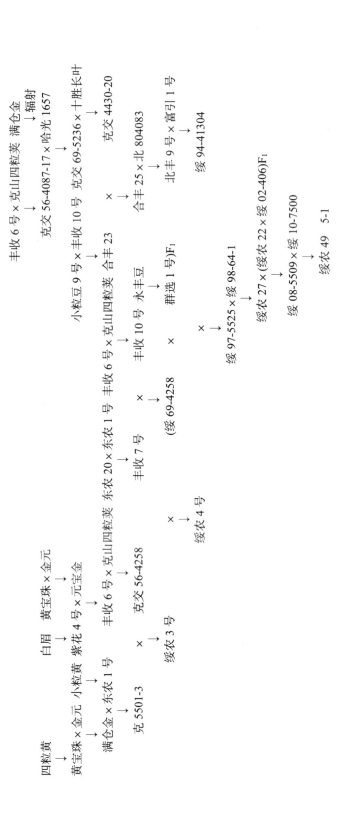

丰收 6 号 × 克山四粒荚 满仓金
↓　　　　　　　↓ 辐射
克交 56-4087-17 × 哈光 1657
↓
克交 69-5236 × 十胜长叶
↓
克交 4430-20

小粒豆 9 号 × 丰收 10 号
↓
丰收 6 号 × 克山四粒荚 合丰 23
↓
× 　合丰 25 × 北 804083
↓
北丰 9 号 × 富引 1 号
↓
绥 94-41304

丰收 6 号 × 克山四粒荚 东农 1 号 丰收 6 号 × 克山四粒荚
↓
东农 20 × 东农 1 号
↓
丰收 10 号 永丰豆
↓
群选 1 号 F₁

丰收 7 号
×
(绥 69-4258)

绥 97-5525 × 绥 98-64-1
↓
绥农 27 × (绥农 22 × 绥 02-406)F₁
↓
绥 08-5509 × 绥 10-7500
↓
绥农 49　5-1

克交 56-4258
×
绥农 3 号

丰收 10 号
×
绥农 4 号

四粒黄

白眉　黄宝珠 × 金元
↓
紫花 4 号 × 元宝金

黄宝珠 × 金元 小粒黄
↓
满仓金 × 东农 1 号
↓
克 5501-3

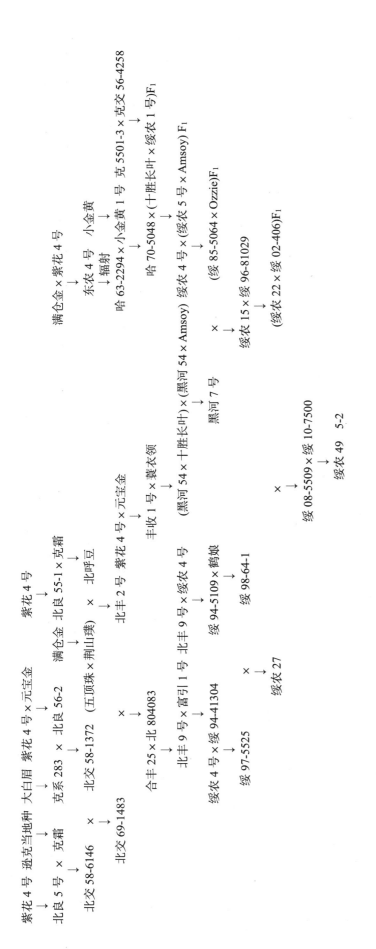

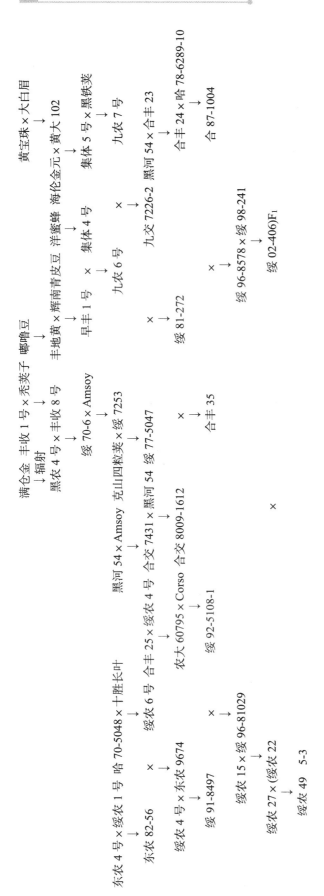

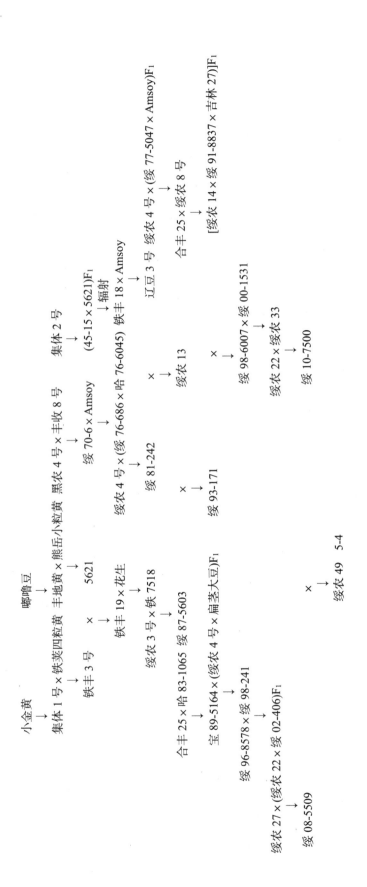

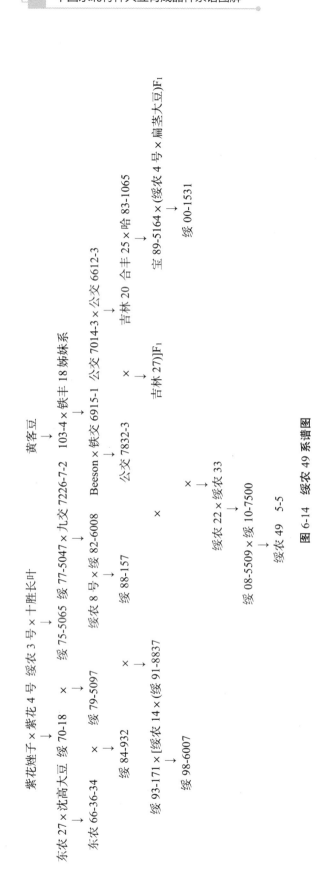

图 6-14 绥农 49 系谱图

15　绥农 50

绥农 50 品种简介

【品种来源】绥农 50 是黑龙江省农业科学院绥化分院以绥农 27 为母本，（绥农 22×绥 02-406）F₁ 为父本杂交，经多年选择育成。审定编号：黑审豆 2017002。

【植株性状】紫花，尖叶，灰色茸毛，荚微弯镰形，成熟荚黄褐色。无限结荚习性，株高 85cm 左右，有分枝。

【籽粒特点】籽粒圆形，种皮黄色，无光泽，种脐黄色，百粒重 29.0g 左右。籽粒粗蛋白含量 41.46%，粗脂肪含量 19.88%。

【生育日数】在适应区从出苗至成熟生育日数 124d 左右，需≥10℃活动积温 2550℃左右。

【抗病鉴定】接种鉴定中抗大豆灰斑病。

【产量表现】2014—2015 年区域试验平均产量 3295.0kg/hm²，较对照品种黑农 53、黑农 61 号平均增产 7.7%，2016 年生产试验平均产量 2768.6kg/hm²，较对照品种黑农 61 平均增产 8.4%。

【适应区域】适宜黑龙江省第一积温带种植。

绥农 50 遗传基础

绥农 50 细胞质 100% 来源于四粒黄，历经 8 轮传递与选育，细胞质传递过程为四粒黄→黄宝珠→满仓金→克 5501-3→绥农 3 号→绥农 4 号→绥 97-5525→绥农 27→绥农 50。（详见图 6-15）

绥农 50 细胞核来源于逊克当地种、海伦金元、五顶珠、白眉、克山四粒荚、大白眉、蓑衣领、佳木斯秃荚子、小粒黄、小粒豆 9 号、东农 20（黄-中-中 20）、哈 78-6289-10、哈 83-1065、永丰豆、洋蜜蜂、小金黄、四粒黄、铁荚四粒黄（黑铁荚）、嘟噜豆、辉南青皮豆、金元、大白眉、鹤娘、富引 1 号、十胜长叶、Amsoy（阿姆索、阿姆索依）、Corsoy（科索）、扁茎大豆等 29 个祖先亲本，分析其核遗传贡献率并注明祖先亲本来源，从而揭示该品种遗传基础，为大豆育种亲本的选择利用提供参考。（详见表 6-15）

表 6-15　绥农 50 祖先亲本

品种名称	母本	父本	祖先亲本	祖先亲本核遗传贡献率/%	祖先亲本来源
绥农 50	绥农 27	(绥农 22×绥 02-406)F1	逊克当地种	1.17	黑龙江省逊克地方品种
			海伦金元	0.20	黑龙江省海伦地方品种
			五顶珠	0.59	黑龙江省绥化地方品种
			白眉	7.76	黑龙江省克山地方品种
			克山四粒荚	8.54	黑龙江省克山地方品种
			大白眉	0.59	黑龙江省克山地方品种
			蓑衣领	3.52	黑龙江省西部龙江草原地方品种
			佳木斯秃荚子	0.05	黑龙江省佳木斯地方品种

续表

品种名称	母本	父本	祖先亲本	祖先亲本核遗传贡献率/%	祖先亲本来源
绥农 50	绥农 27	(绥农 22×绥 02-406)F1	小粒黄	5.52	黑龙江省勃利地方品种
			小粒豆 9 号	3.13	黑龙江省勃利地方品种
			东农 20(黄-中-中 20)	1.76	东北农业大学材料
			哈 78-6289-10	3.13	黑龙江省农业科学院大豆研究所材料
			哈 83-1065	3.13	黑龙江省农业科学院大豆研究所材料
			永丰豆	7.03	吉林省永吉地方品种
			洋蜜蜂	0.39	吉林省榆树地方品种
			小金黄	0.59	吉林省中部平原地区地方品种
			四粒黄	6.25	吉林省公主岭地方品种
			铁荚四粒黄（黑铁荚）	0.39	吉林省中南部半山区地方品种
			嘟噜豆	0.20	吉林省中南部地方品种
			辉南青皮豆	0.20	吉林省辉南地方品种
			金元	6.15	辽宁省开原地方品种
			大白眉	0.10	辽宁广泛分布的地方品种
			鹤娘	12.50	日本品种
			富引 1 号	9.38	日本品种
			十胜长叶	4.88	日本品种
			Amsoy（阿姆索、阿姆索依）	3.52	美国品种
			Corsoy（科索）	3.13	美国品种
			Ozzie	3.13	美国品种
			扁茎大豆	3.13	引进材料

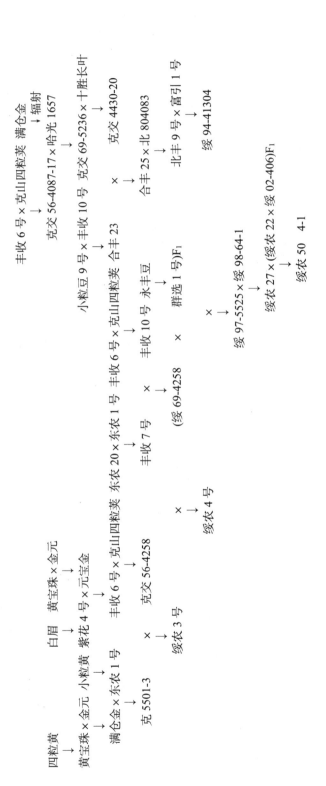

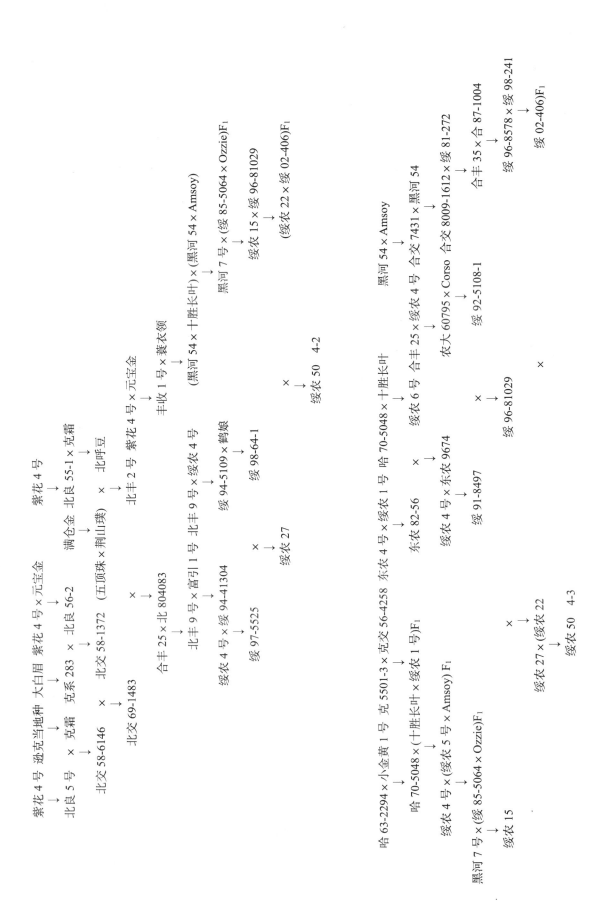

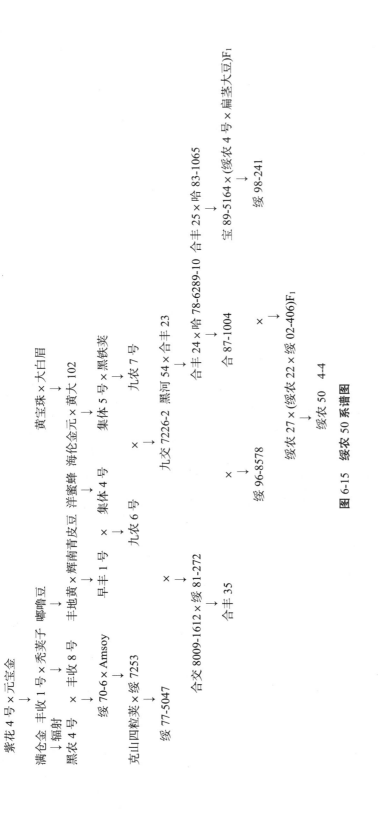

图 6-15 绥农 50 系谱图

16 绥农 52

绥农 52 品种简介

【品种来源】绥农 52 是黑龙江省农业科学院绥化分院以绥农 26 为母本，绥无腥豆 2 号为父本杂交，经多年选择育成。审定编号：黑审豆 2017028。

【植株性状】紫花，尖叶，灰色茸毛，荚微弯镰形，成熟荚黄褐色。无限结荚习性，株高 90cm 左右，有分枝。

【籽粒特点】大粒品种。籽粒圆形，种皮黄色，无光泽，种脐黄色，百粒重 29.0g 左右。籽粒粗蛋白含量 42.09%，粗脂肪含量 19.72%。

【生育日数】在适应区从出苗至成熟生育日数 120d 左右，需≥10℃活动积温 2450℃左右。

【抗病鉴定】接种鉴定中抗大豆灰斑病。

【产量表现】2014—2015 年区域试验平均产量 3309.9kg/hm²，较对照品种绥农 27 平均增产 12.0%，2016 年生产试验平均产量 3282.9kg/hm²，较对照品种绥农 27 平均增产 10.7%。

【适应区域】适宜黑龙江省第二积温带种植。

绥农 52 遗传基础

绥农 52 细胞质 100%来源于白眉，历经 8 轮传递与选育，细胞质传递过程为白眉→紫花 4 号→丰收 1 号→黑河 54→（黑河 54×十胜长叶）→黑河 7 号→绥农 15→绥农 26→绥农 52。（详见图 6-16）

绥农 52 细胞核来源于逊克当地种、五顶珠、白眉、克山四粒荚、大白眉、蓑衣领、小粒黄、小粒豆 9 号、东农 20（黄-中-中 20）、永丰豆、小金黄、四粒黄、铁荚四粒黄（黑铁荚）、嘟噜豆、金元、小金黄、熊岳小粒黄、鹤娘、中育 37、富引 1 号、十胜长叶、Amsoy（阿姆索、阿姆索依）、Corsoy（科索）、Ozzie、花生等 25 个祖先亲本，分析其核遗传贡献率并注明祖先亲本来源，从而揭示该品种遗传基础，为大豆育种亲本的选择利用提供参考。（详见表 6-16）

表 6-16 绥农 52 祖先亲本

品种名称	母本	父本	祖先亲本	祖先亲本核遗传贡献率/%	祖先亲本来源
绥农 52	绥农 26	绥无腥豆 2 号	逊克当地种	0.98	黑龙江省逊克地方品种
			五顶珠	0.49	黑龙江省绥化地方品种
			白眉	7.98	黑龙江省克山地方品种
			克山四粒荚	7.67	黑龙江省克山地方品种
			大白眉	0.49	黑龙江省克山地方品种
			蓑衣领	3.13	黑龙江省西部龙江草原地方品种
			小粒黄	6.35	黑龙江省勃利地方品种

续表

品种名称	母本	父本	祖先亲本	祖先亲本核遗传贡献率/%	祖先亲本来源
绥农 52	绥农 26	绥无腥豆 2 号	小粒豆 9 号	1.76	黑龙江省勃利地方品种
			东农 20(黄-中-中 20)	1.95	东北农业大学材料
			永丰豆	7.81	吉林省永吉地方品种
			小金黄	1.17	吉林省中部平原地区地方品种
			四粒黄	6.38	吉林省公主岭地方品种
			铁荚四粒黄（黑铁荚）	0.39	吉林省中南部半山区地方品种
			嘟噜豆	0.39	吉林省中南部地方品种
			金元	6.38	辽宁省开原地方品种
			小金黄	0.39	辽宁省沈阳地方品种
			熊岳小粒黄	0.39	辽宁省熊岳地方品种
			鹤娘	6.25	日本品种
			中育 37	6.25	日本品种
			富引 1 号	7.81	日本品种
			十胜长叶	6.84	日本品种
			Amsoy（阿姆索、阿姆索依）	4.69	美国品种
			Corsoy（科索）	6.25	美国品种
			Ozzie	6.25	美国品种
			花生	1.56	远缘物种

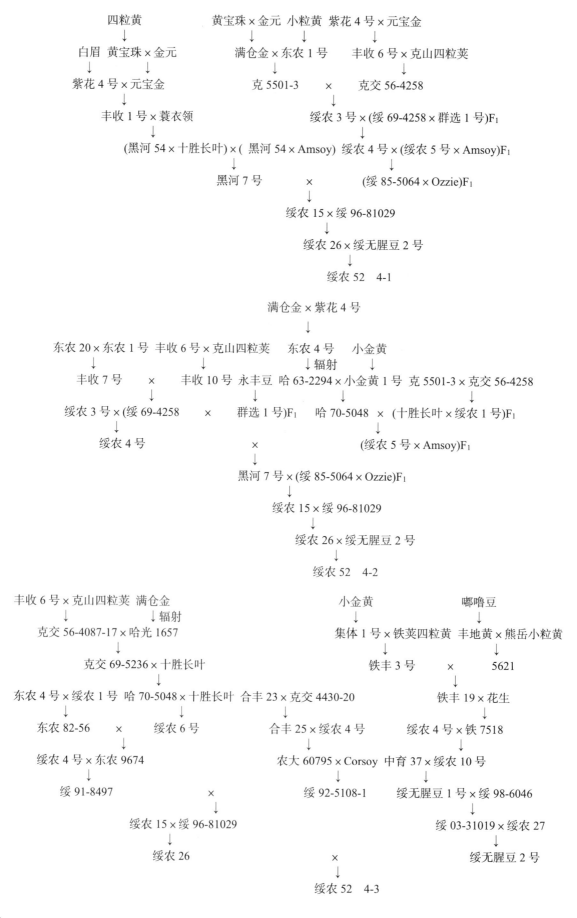

四粒黄

白眉　黄宝珠×金元　　　　　黄宝珠×金元　小粒黄　紫花4号×元宝金

紫花4号×元宝金　　　　　　满仓金×东农1号　　　丰收6号×克山四粒荚

丰收1号×蓑衣领　　　　克5501-3　×　　克交56-4258

(黑河54×十胜长叶)×(黑河54×Amsoy)　绥农3号×(绥69-4258×群选1号)F₁

黑河7号　　　×　　绥农4号×(绥农5号×Amsoy)F₁

绥农15×绥96-81029　　　　(绥85-5064×Ozzie)F₁

绥农26×绥无腥豆2号

绥农52　4-1

满仓金×紫花4号

东农20×东农1号　丰收6号×克山四粒荚　东农4号　小金黄

丰收7号　×　丰收10号　永丰豆　哈63-2294×小金黄1号　克5501-3×克交56-4258

绥农3号×(绥69-4258　×　群选1号)F₁　哈70-5048　×　(十胜长叶×绥农1号)F₁

绥农4号　　　　　　　×　　　(绥农5号×Amsoy)F₁

黑河7号×(绥85-5064×Ozzie)F₁

绥农15×绥96-81029

绥农26×绥无腥豆2号

绥农52　4-2

丰收6号×克山四粒荚　满仓金　　　　　　　小金黄　　　嘟噜豆

克交56-4087-17×哈光1657　　　　集体1号×铁荚四粒黄　丰地黄×熊岳小粒黄

克交69-5236×十胜长叶　　　　　铁丰3号　×　5621

东农4号×绥农1号　哈70-5048×十胜长叶　合丰23×克交4430-20　铁丰19×花生

东农82-56　×　绥农6号　　合丰25×绥农4号　绥农4号×铁7518

绥农4号×东农9674　　　农大60795×Corsoy　中育37×绥农10号

绥91-8497　　　　　×　绥92-5108-1　绥无腥豆1号×绥98-6046

绥农15×绥96-81029　　　　　　绥03-31019×绥农27

绥农26　　　　　　　　×　绥无腥豆2号

绥农52　4-3

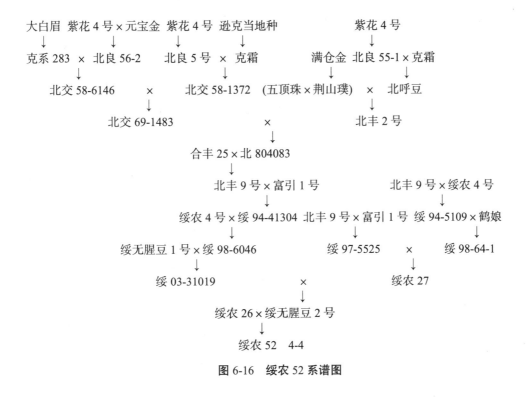

图 6-16 绥农 52 系谱图

17 绥农 88

绥农 88 品种简介

【品种来源】绥农 88 是黑龙江省农业科学院绥化分院以绥 13-5547 为母本、绥农 76 为父本杂交，经多年选择育成。审定编号：黑审豆 20210037。

【植株性状】紫花，尖叶，灰色茸毛，荚弯镰形，成熟荚褐色。无限结荚习性，株高 90cm 左右，有分枝。

【籽粒特点】大粒豆高蛋白品种。籽粒圆形，种皮黄色，无光泽，种脐黄色，百粒重 29.8g 左右。籽粒粗蛋白含量 46.71%，粗脂肪含量 17.88%。

【生育日数】在适应区出苗至成熟生育日数 120d 左右，需≥10℃活动积温 2400℃左右。

【抗病鉴定】接种鉴定中抗大豆灰斑病。

【产量表现】2019—2020 年区域试验平均产量 3105.0kg/hm²，较对照品种绥农 52 平均增产 3.6%。

【适应区域】适宜在黑龙江省第二积温带≥10℃活动积温 2550℃区域种植。

绥农 88 遗传基础

绥农 88 细胞质 100% 来源于白眉，历经 9 轮传递与选育，细胞质传递过程为白眉→紫花 4 号→丰收 1 号→黑河 54→（黑河 54×十胜长叶）→黑河 7 号→绥农 15→绥农 26→绥 13-5547→绥农 88。（详见图 6-17）

绥农 88 细胞核来源于逊克当地种、海伦金元、五顶珠、林甸永安大豆、白眉、克山四粒荚、大白眉、蓑衣领、佳木斯秃荚子、紫花矬子、四粒黄、治安小粒豆、小粒黄、小粒豆 9 号、柳叶齐、东农 3 号、东农 20（黄-中-中 20）、东农 27、哈 76-6045、哈 78-6289-10、永丰豆、小金黄、四粒黄、铁荚四粒黄（黑铁荚）、嘟噜豆、金元、小金黄、铁荚子、熊岳小粒黄、大白眉、白扁豆、沈高大豆、通州小黄豆、黑龙江 41、鹤娘、中育 37、富引 1 号、十胜长叶、Amsoy（阿姆索、阿姆索依）、Anoka、Corsoy（科索）、Ozzie、花生等 43 个祖先亲本，分析其核遗传贡献率并注明祖先亲本来源，从而揭示该品种遗传基础，为大豆育种亲本的选择利用提供参考。（详见表 6-17）

表 6-17　绥农 88 祖先亲本

品种名称	母本	父本	祖先亲本	祖先亲本核遗传贡献率/%	祖先亲本来源
绥农 88	绥 13-5547	以绥农 76	逊克当地种	0.78	黑龙江省逊克地方品种
			海伦金元	0.10	黑龙江省海伦地方品种
			五顶珠	0.39	黑龙江省绥化地方品种
			林甸永安大豆	0.78	黑龙江省林甸地方品种
			白眉	8.05	黑龙江省克山地方品种
			克山四粒荚	6.58	黑龙江省克山地方品种
			大白眉	0.39	黑龙江省克山地方品种
			蓑衣领	2.34	黑龙江省西部龙江草原地方品种
			佳木斯秃荚子	0.25	黑龙江省佳木斯地方品种
			紫花矬子	1.56	黑龙江省合江地区地方品种
			四粒黄	0.10	黑龙江省东部和中部地方品种
			治安小粒豆	0.78	黑龙江省治安地方品种
			小粒黄	5.10	黑龙江省勃利地方品种
			小粒豆 9 号	1.76	黑龙江省勃利地方品种
			柳叶齐	0.20	黑龙江省地方品种
			东农 3 号	0.10	东北农业大学材料
			东农 20(黄-中-中 20)	1.39	东北农业大学材料
			东农 27	3.13	东北农业大学材料
			哈 76-6045	0.78	黑龙江省农业科学院大豆研究所材料
			哈 78-6289-10	0.78	黑龙江省农业科学院大豆研究所材料
			永丰豆	6.35	吉林省永吉地方品种
			小金黄	0.78	吉林省中部平原地区地方品种
			四粒黄	6.67	吉林省公主岭地方品种

续表

品种名称	母本	父本	祖先亲本	祖先亲本核遗传贡献率/%	祖先亲本来源
绥农 88	绥 13-5547	以绥农 76	铁荚四粒黄（黑铁荚）	0.59	吉林省中南部半山区地方品种
			嘟噜豆	2.44	吉林省中南部地方品种
			金元	6.62	辽宁省开原地方品种
			小金黄	0.39	辽宁省沈阳地方品种
			铁荚子	1.56	辽宁省义县地方品种
			熊岳小粒黄	1.07	辽宁省熊岳地方品种
			大白眉	0.05	辽宁广泛分布的地方品种
			白扁豆	0.78	辽宁省地方品种
			沈高大豆	3.13	沈阳农业大学材料
			通州小黄豆	0.39	北京通县地方品种
			黑龙江 41	0.20	俄罗斯材料
			鹤娘	6.25	日本品种
			中育 37	3.13	日本品种
			富引 1 号	6.25	日本品种
			十胜长叶	7.23	日本品种
			Amsoy（阿姆索、阿姆索依）	2.98	美国品种
			Anoka	0.78	美国品种
			Corsoy（科索）	3.13	美国品种
			Ozzie	3.13	美国品种
			花生	0.78	远缘物种

四粒黄　黄宝珠×金元　小粒黄　紫花4号　丰收6号×克山四粒荚　东农20×东农1号　丰收6号×克山四粒荚　东农4号　小金黄

满仓金×紫花4号

白眉　黄宝珠×金元　满仓金　东农1号

紫花4号×元宝金　满仓金×紫花4号×元宝金

克5501-3　克交56-4258

绥农3号

丰收1号×裘衣领

丰收7号　永丰豆　哈63-2294×小金黄1号　克5501-3×(十胜长叶×绥农1号)F₁

哈70-5048×(绥农5号×Amsoy)F₁

辐射

群选1号F₁

(绥69-4258)

(绥85-5064×Ozzie)F₁

绥农4号

(黑河54×十胜长叶)×(黑河54×Amsoy)

黑河7号

绥农15×绥96-81029

绥农26×绥无腥豆2号

绥13-5547×绥农76

绥农88　6-1

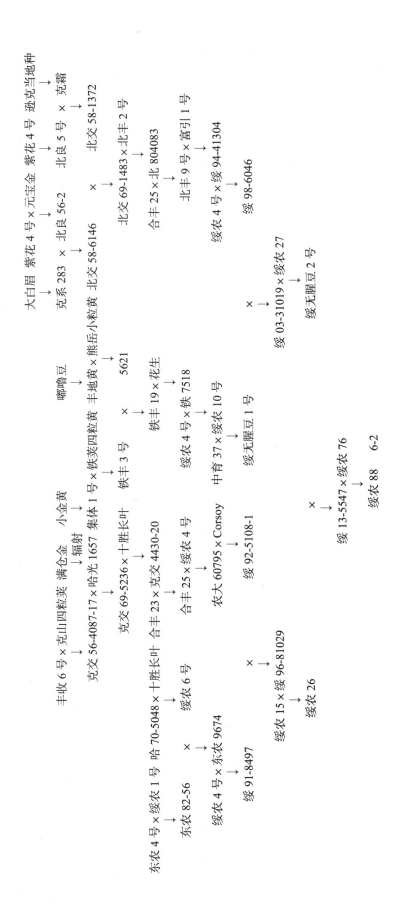

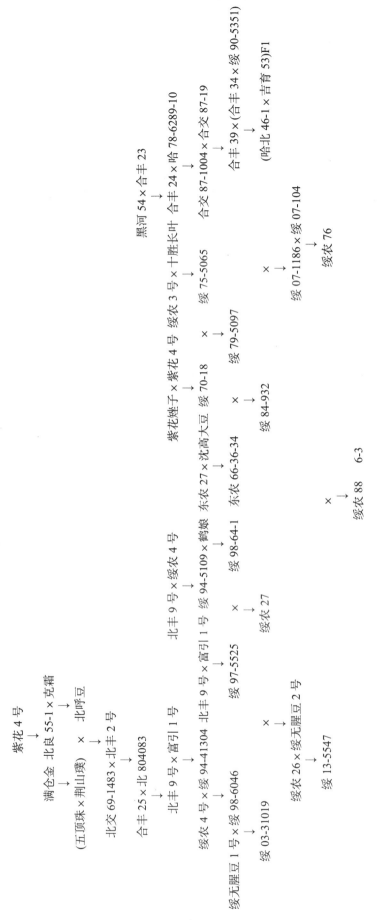

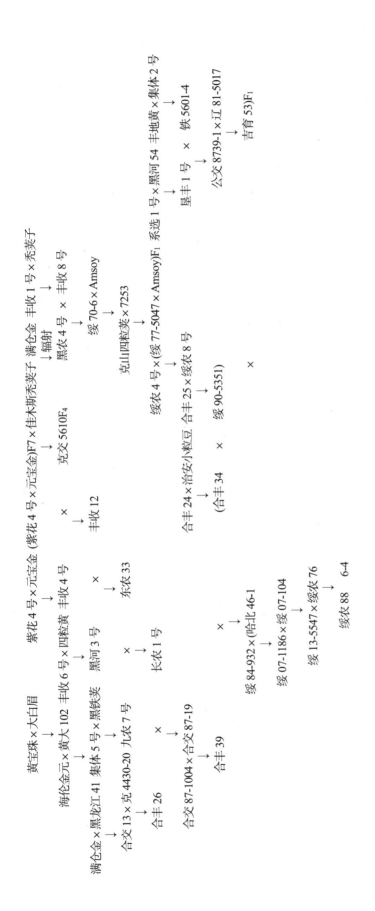

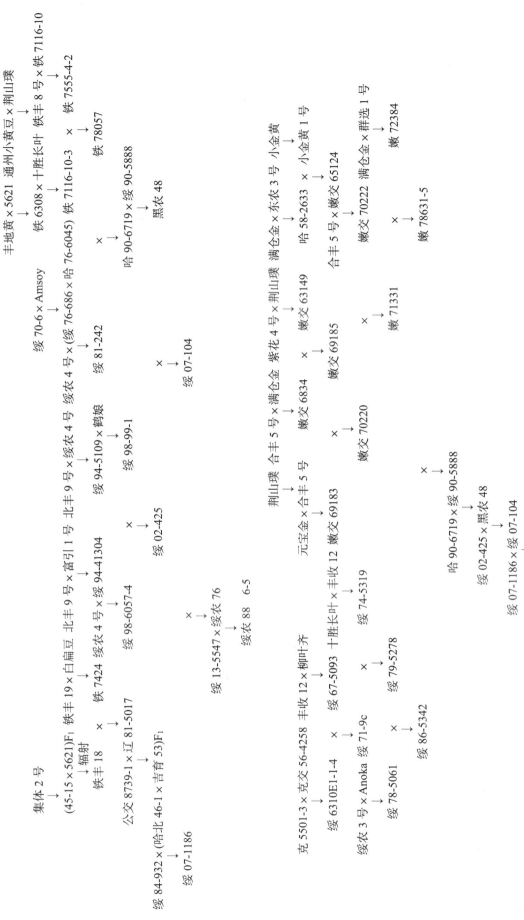

图 6-17　绥农 88 系谱图

18　喜海 1 号

喜海 1 号品种简介

【品种来源】喜海 1 号是刘喜海（申请者：宾县鑫海大豆专业合作社）以（东农 42×益嘉 97-172）F_4 为母本、黑农 48 为父本杂交，经多年选择育成。审定编号：黑审豆 2021Z0001。

【植株性状】紫花，尖叶，灰色茸毛，荚弯镰形，成熟荚深褐色。亚有限结荚习性，株高 90cm 左右，有分枝。

【籽粒特点】稀植高产品种。种子圆形，种皮黄色，有光泽，种脐无色，百粒重 25.0g 左右。籽粒粗蛋白含量 42.32%，粗脂肪含量 19.49%。

【生育日数】在适应区出苗至成熟生育日数 120d 左右，需≥10℃活动积温 2400℃左右。

【抗病鉴定】接种鉴定中抗大豆灰斑病。

【产量表现】2019—2020 年自主生产试验平均产量 3725.8kg/hm²，较对照品种合丰 55 平均增产 15.0%。

【适应区域】适宜在黑龙江省第二积温带≥10℃活动积温 2550℃区域种植。

喜海 1 号遗传基础

喜海 1 号细胞质 100%来源于白眉，历经 8 轮传递与选育，细胞质传递过程为白眉→紫花 4 号→丰收 6 号→黑河 3 号→东农 76-287→东农 79-5→东农 42→（东农 42×益嘉 97-172）F_4→喜海 1 号。（详见图 6-18）

喜海 1 号细胞核来源于白眉、克山四粒荚、佳木斯秃荚子、四粒黄、小粒黄、柳叶齐、东农 3 号、东农 20（黄-中-中 20）、哈 76-6045、永丰豆、小金黄、四粒黄、铁荚四粒黄（黑铁荚）、嘟噜豆、一窝蜂、四粒黄、金元、熊岳小粒黄、通州小黄豆、益嘉 97-172、十胜长叶、Amsoy（阿姆索、阿姆索依）、Anoka 等 23 个祖先亲本，分析其核遗传贡献率并注明祖先亲本来源，从而揭示该品种遗传基础，为大豆育种亲本的选择利用提供参考。（详见表 6-18）

表 6-18　喜海 1 号祖先亲本

品种名称	母本	父本	祖先亲本	祖先亲本核遗传贡献率/%	祖先亲本来源
喜海 1 号	（东农 42×益嘉 97-172）F_4	黑农 48	白眉	5.66	黑龙江省克山地方品种
			克山四粒荚	5.08	黑龙江省克山地方品种
			佳木斯秃荚子	1.56	黑龙江省佳木斯地方品种
			四粒黄	1.56	黑龙江省东部和中部地方品种
			小粒黄	4.69	黑龙江省勃利地方品种
			柳叶齐	0.78	黑龙江省地方品种
			东农 3 号	0.39	东北农业大学材料

续表

品种名称	母本	父本	祖先亲本	祖先亲本核遗传贡献率/%	祖先亲本来源
喜海1号	（东农42×益嘉97-172）F₄	黑农48	东农20(黄-中-中20)	1.17	东北农业大学材料
			哈76-6045	3.13	黑龙江省农业科学院大豆研究所材料
			永丰豆	7.81	吉林省永吉地方品种
			小金黄	0.78	吉林省中部平原地区地方品种
			四粒黄	9.47	吉林省公主岭地方品种
			铁荚四粒黄（黑铁荚）	1.56	吉林省中南部半山区地方品种
			嘟噜豆	3.52	吉林省中南部地方品种
			一窝蜂	1.56	吉林省中部偏西地区地方品种
			四粒黄	0.78	吉林省东丰地方品种
			金元	10.25	辽宁省开原地方品种
			熊岳小粒黄	1.17	辽宁省熊岳地方品种
			通州小黄豆	1.56	北京通县地方品种
			益嘉97-172	25.00	益海嘉里(北京)种业科技有限公司材料
			十胜长叶	7.81	日本品种
			Amsoy（阿姆索、阿姆索依）	1.56	美国品种
			Anoka	3.13	美国品种

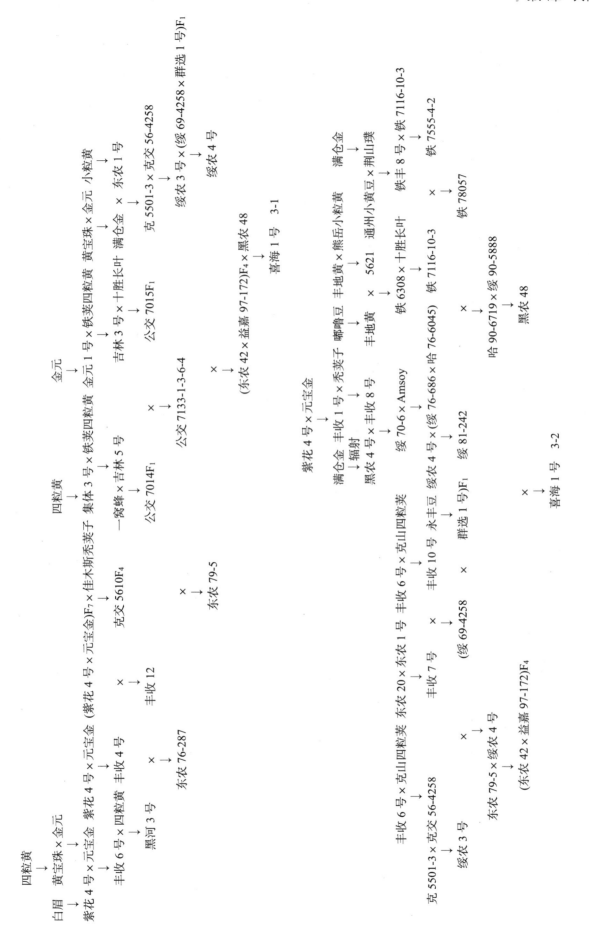

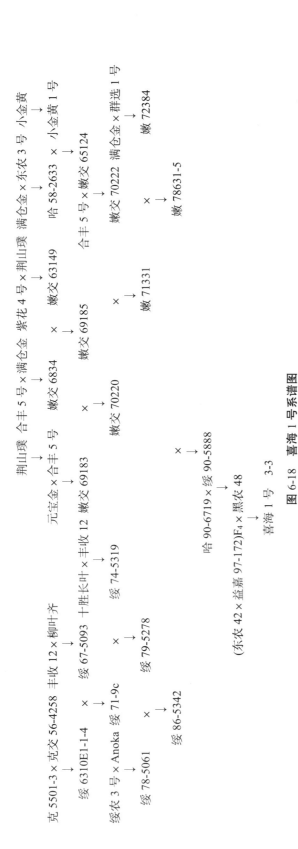

图 6-18 喜海 1 号系谱图

19 喜海 3 号

喜海 3 号品种简介

【品种来源】喜海 3 号是刘喜海（申请者：宾县鑫海大豆专业合作社）以佳豆 1 号为母本、黑农 48 为父本杂交，经多年选择育成。审定编号：黑审豆 2021Z0002。

【植株性状】紫花，尖叶，灰色茸毛，荚弯镰形，成熟荚褐色。亚有限结荚习性，株高 80cm 左右，有分枝。

【籽粒特点】稀植高产品种。种子圆形，种皮黄色，有光泽，种脐无色，百粒重 25g 左右。籽粒粗蛋白含量 41.48%，粗脂肪含量 20.51%。

【生育日数】在适应区出苗至成熟生育日数 120d 左右，需≥10℃活动积温 2400℃左右。

【抗病鉴定】接种鉴定中抗大豆灰斑病。

【产量表现】2019—2020 年自主生产试验平均产量 3689.6kg/hm²，较对照品种合丰 55 平均增产 14.9%。

【适应区域】适宜在黑龙江省第二积温带，≥10℃活动积温 2550℃区域种植。

喜海 3 号遗传基础

喜海 3 号细胞质 100%来源于佳豆 1 号，历经 1 轮传递与选育，细胞质传递过程为佳豆 1 号→喜海 3 号。（详见图 6-19）

喜海 3 号细胞核来源于白眉、克山四粒荚、佳木斯秃荚子、小粒黄、柳叶齐、佳豆 1 号、东农 3 号、东农 20（黄-中-中 20）、哈 76-6045、永丰豆、小金黄、四粒黄、嘟噜豆、金元、熊岳小粒黄、通州小黄豆、十胜长叶、Amsoy（阿姆索、阿姆索依）、Anoka 等 19 个祖先亲本，分析其核遗传贡献率并注明祖先亲本来源，从而揭示该品种遗传基础，为大豆育种亲本的选择利用提供参考。（详见表 6-19）

表 6-19　喜海 3 号祖先亲本

品种名称	母本	父本	祖先亲本	核遗传贡献率/%	祖先亲本来源
喜海 3 号	佳豆 1 号	黑农 48	白眉	2.54	黑龙江省克山地方品种
			克山四粒荚	2.73	黑龙江省克山地方品种
			佳木斯秃荚子	0.78	黑龙江省佳木斯地方品种
			小粒黄	2.34	黑龙江省勃利地方品种
			柳叶齐	0.78	黑龙江省地方品种
			佳豆 1 号	50.00	黑龙江省农业科学院佳木斯分院材料
			东农 3 号	0.39	东北农业大学材料
			东农 20(黄-中-中 20)	0.39	东北农业大学材料
			哈 76-6045	3.13	黑龙江省农业科学院大豆研究所材料
			永丰豆	4.69	吉林省永吉地方品种
			小金黄	0.78	吉林省中部平原地区地方品种

续表

品种名称	母本	父本	祖先亲本	核遗传贡献率/%	祖先亲本来源
喜海 3 号	佳豆 1 号	黑农 48	四粒黄	7.13	吉林省公主岭地方品种
			嘟噜豆	3.52	吉林省中南部地方品种
			金元	7.13	辽宁省开原地方品种
			熊岳小粒黄	1.17	辽宁省熊岳地方品种
			通州小黄豆	1.56	北京通县地方品种
			十胜长叶	6.25	日本品种
			Amsoy（阿姆索、阿姆索依）	1.56	美国品种
			Anoka	3.13	美国品种

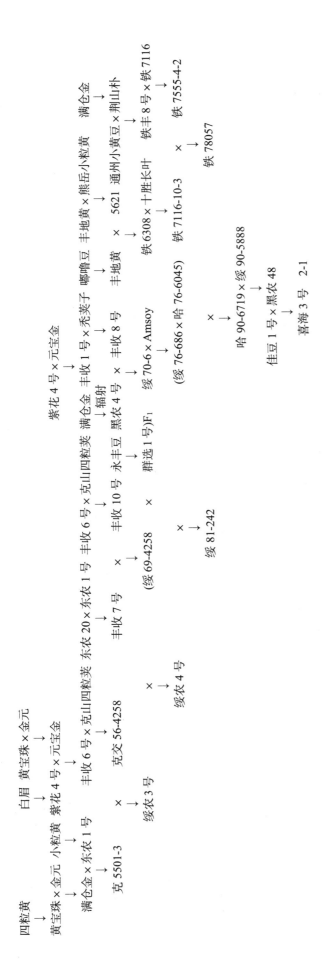

393

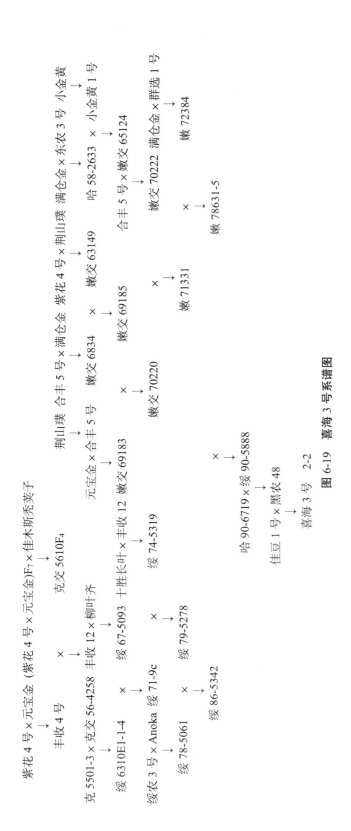

图 6-19 喜海 3 号系谱图

20　建丰 1 号

建丰 1 号品种简介

【品种来源】建丰 1 号是黑龙江省建三江农管局农业科学研究所 1976 年以大粒黄为母本、丰收 11 为父本杂交，经多年选择育成。黑龙江省确定推广时间：1987 年。

【植株性状】白花，椭圆叶，灰色茸毛，成熟荚灰褐色。亚有限结荚习性，株高 66.3cm 左右，分枝 1.5 个，主茎节数 15 个，2、3 粒荚多。茎秆粗壮。

【籽粒特点】特大粒豆。籽粒圆形，种皮黄色，微光泽，种脐黄色，百粒重 30.0g。籽粒粗蛋白含量 42.75%，粗脂肪含量 20.02%。

【生育日数】在适应区从出苗至成熟生育日数 120d 左右。

【抗病鉴定】中抗大豆灰斑病，其他病害亦较轻。

【产量表现】1984—1985 年区域试验平均产量 2062.5kg/hm²，较对照品种丰收 10 号平均增产 14.1%，1986 年生产试验平均产量 2040.0kg/hm²，较对照品种丰收 10 号平均增产 13.1%。

【适应区域】黑龙江省第三积温带。

建丰 1 号遗传基础

建丰 1 号细胞质 100% 来源于大粒黄，历经 1 轮传递与选育，细胞质传递过程为大粒黄→建丰 1 号。（详见图 6-20）

建丰 1 号细胞核来源于大粒黄、白眉、克山四粒荚、四粒黄、金元等 5 个祖先亲本，分析其核遗传贡献率并注明祖先亲本来源，从而揭示该品种遗传基础，为大豆育种亲本的选择利用提供参考。（详见表 6-20）

表 6-20 建丰 1 号祖先亲本

品种名称	母本	父本	祖先亲本	祖先亲本核遗传贡献率/%	祖先亲本来源
建丰 1 号	大粒黄	丰收 11	大粒黄	50.00	黑龙江省东部和中部地方品种
			白眉	12.50	黑龙江省克山地方品种
			克山四粒荚	25.00	黑龙江省克山地方品种
			四粒黄	6.25	吉林省公主岭地方品种
			金元	6.25	辽宁省开原地方品种

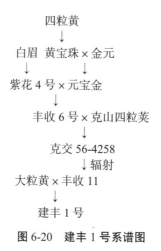

四粒黄

白眉 黄宝珠×金元

紫花4号×元宝金

丰收6号×克山四粒荚

克交56-4258

↓辐射

大粒黄×丰收11

建丰1号

图6-20 建丰1号系谱图

21 宝丰8号

宝丰8号品种简介

【品种来源】宝丰8号是黑龙江省国营农场总局宝泉岭分局科研所以（合丰24×合丰29）F₁为母本，合丰24为父本杂交，经多年选择育成。审定编号：黑审豆1995005。

【植株性状】紫花，披针叶，灰色茸毛，成熟荚褐色。无限结荚习性，株高70~80cm，分枝0~1个，底荚高4~10cm，平均每荚2.5粒。植株繁茂，秆强抗倒伏，喜肥水，抗逆性较好。

【籽粒特点】籽粒圆形，种皮淡黄色，光泽强，种脐色淡，百粒重25.0g左右。籽粒粗蛋白含量42.34%，粗脂肪含量17.92%。

【生育日数】在适应区从出苗至成熟生育日数115d左右，需≥10℃活动积温2375.3℃。

【抗病鉴定】接种鉴定中抗大豆灰斑病。

【产量表现】1991—1992年区域试验平均产量2337.4kg/hm²，较对照品种垦农1号平均增产10.5%，1993—1994年生产试验平均产量2419.8kg/hm²，较对照品种垦农1号平均增产11.9%。

【适应区域】黑龙江省第三积温带。

宝丰8号遗传基础

宝丰8号细胞质100%来源于白眉，历经6轮传递与选育，细胞质传递过程为白眉→紫花4号→丰收1号→黑河54→合丰24→（合丰24×合丰29）F₁→宝丰8号。（详见图6-21）

宝丰8号细胞核来源于白眉、克山四粒荚、蓑衣领、小粒豆9号、四粒黄、金元、Ohio（俄亥俄）等7个祖先亲本，分析其核遗传贡献率并注明祖先亲本来源，从而揭示该品种遗传基础，为大豆育种亲本的选择利用提供参考。（详见表6-21）

表 6-21 宝丰 8 号祖先亲本

品种名称	母本	父本	祖先亲本	祖先亲本核遗传贡献率/%	祖先亲本来源
宝丰 8 号	（合丰 24×合丰 29）F₁	合丰 24	白眉	18.75	黑龙江省克山地方品种
			克山四粒荚	12.50	黑龙江省克山地方品种
			蓑衣领	18.75	黑龙江省西部龙江草原地方品种
			小粒豆 9 号	18.75	黑龙江省勃利地方品种
			四粒黄	9.38	吉林省公主岭地方品种
			金元	9.38	辽宁省开原地方品种
			Ohio（俄亥俄）	12.50	美国材料

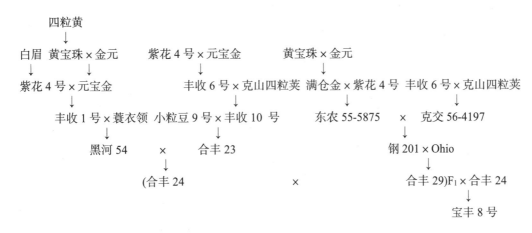

图 6-21 宝丰 8 号系谱图

22 龙垦 310

龙垦 310 品种简介

【品种来源】龙垦 310 是北大荒垦丰种业股份有限公司以北 680 为母本，绥农 27 为父本杂交，经多年选择育成。审定编号：黑审豆 2016016。

【植株性状】白花，尖叶，灰色茸毛，荚弯镰形，成熟荚褐色。无限结荚习性，株高 92cm 左右。

【籽粒特点】大粒豆品种。籽粒圆形，种皮黄色，有光泽，种脐黄色，百粒重 26.8g 左右。籽粒粗蛋白含量 41.93%，粗脂肪含量 18.58%。

【生育日数】在适应区从出苗至成熟生育日数 110d 左右，需≥10℃活动积温 2200℃左右。

【抗病鉴定】接种鉴定中抗至高抗大豆灰斑病。

【产量表现】2013—2014 年区域试验平均产量 2281.5kg/hm²，较对照品种华菜豆 1 号平均增产 16.7%，2015 年生产试验平均产量 2544.8kg/hm²，较对照品种华菜豆 1 号平均增产 15.6%。

【适应区域】适宜黑龙江省第四积温带种植。

龙垦 310 遗传基础

龙垦 310 细胞质 100%来源于小粒豆 9 号，历经 6 轮传递与选育，细胞质传递过程为小粒豆 9 号→合丰 23→合丰 25→北丰 11→北 92-14→北 680→龙垦 310。（详见图 6-22）

龙垦 310 细胞核来源于野 3-A、逊克当地种、五顶珠、白眉、克山四粒荚、大白眉、蓑衣领、四粒黄、小粒黄、小粒豆 9 号、北交 68-1438、克交 228、东农 20(黄-中-中 20)、永丰豆、四粒黄、金元、尤比列（黑河 1 号）、鹤娘、富引 1 号、十胜长叶、Amsoy（阿姆索、阿姆索依）等 21 个祖先亲本，分析其核遗传贡献率并注明祖先亲本来源，从而揭示该品种遗传基础，为大豆育种亲本的选择利用提供参考。（详见表 6-22）

表 6-22　龙垦 310 祖先亲本

品种名称	母本	父本	祖先亲本	祖先亲本核遗传贡献率/%	祖先亲本来源
龙垦 310	北 680	绥农 27	野 3-A	3.13	黑龙江省黑河野生豆
			逊克当地种	2.73	黑龙江省逊克地方品种
			五顶珠	0.59	黑龙江省绥化地方品种
			白眉	10.89	黑龙江省克山地方品种
			克山四粒荚	6.74	黑龙江省克山地方品种
			大白眉	2.15	黑龙江省克山地方品种
			蓑衣领	2.34	黑龙江省西部龙江草原地方品种
			四粒黄	1.95	黑龙江省东部和中部地方品种
			小粒黄	3.52	黑龙江省勃利地方品种
			小粒豆 9 号	4.30	黑龙江省勃利地方品种
			北交 68-1438	3.13	黑龙江省农垦总局北安科研所材料
			克交 228	0.78	黑龙江省农业科学院克山分院材料
			东农 20(黄-中-中 20)	1.17	东北农业大学材料
			永丰豆	4.69	吉林省永吉地方品种
			四粒黄	6.23	吉林省公主岭地方品种
			金元	6.23	辽宁省开原地方品种
			尤比列（黑河 1 号）	3.91	俄罗斯材料
			鹤娘	12.50	日本品种
			富引 1 号	9.38	日本品种
			十胜长叶	10.55	日本品种
			Amsoy（阿姆索、阿姆索依）	3.13	美国品种

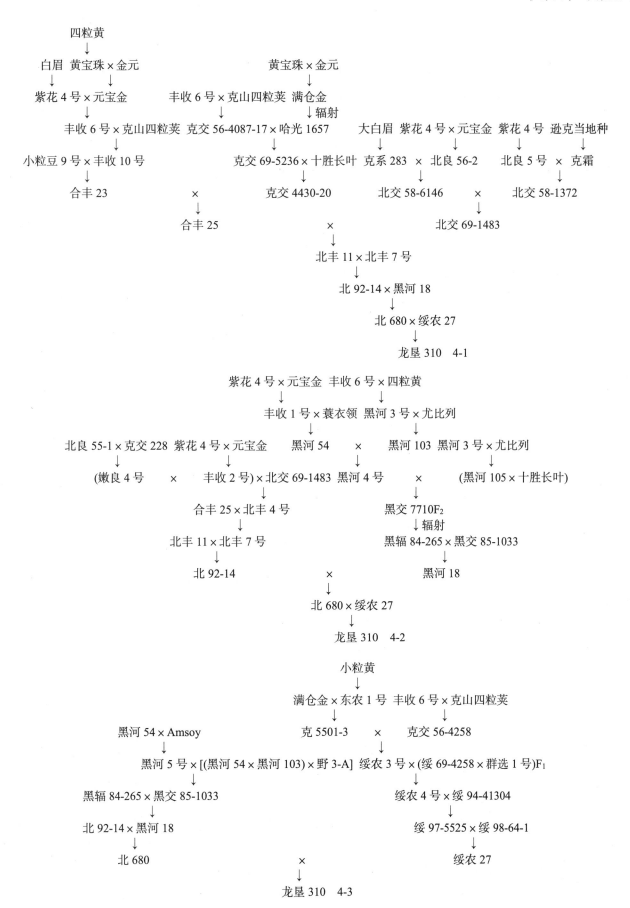

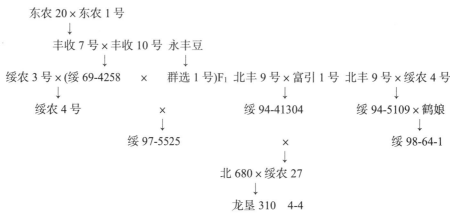

图 6-22　龙垦 310 系谱图

23　龙垦 316

龙垦 316 品种简介

【品种来源】龙垦 316 是北大荒垦丰种业股份有限公司以北豆 22 为母本，黑农 48 为父本杂交，经多年选择育成。审定编号：黑审豆 20190050。

【植株性状】紫花，尖叶，灰色茸毛，荚弯镰形，成熟荚浅褐色。无限结荚习性，株高 90cm 左右。

【籽粒特点】特种品种（大粒品种）。籽粒圆形，种皮黄色，有光泽，种脐黄色，百粒重 25.0g 左右。籽粒粗蛋白含量 39.81%，粗脂肪含量 20.15%。

【生育日数】在适应区从出苗至成熟生育日数 115d 左右，需 ≥10℃活动积温 2300℃左右。

【抗病鉴定】接种鉴定中抗大豆灰斑病。

【产量表现】2015—2016 年区域试验平均产量 2525.6kg/hm²，较对照品种华菜豆 1 号平均增产 11.4%，2017 年生产试验平均产量 2936.7kg/hm²，较对照品种华菜豆 1 号平均增产 10.3%。

【适应区域】适宜在黑龙江省 ≥10℃活动积温 2450℃区域种植。

龙垦 316 遗传基础

龙垦 316 细胞质 100% 来源于小粒豆 9 号，历经 7 轮传递与选育，细胞质传递过程为小粒豆 9 号→合丰 23→合丰 25→北丰 11→北 93-407→9619-4F₂→北豆 22→龙垦 316。（详见图 6-23）

龙垦 316 细胞核来源于逊克当地种、白眉、克山四粒荚、大白眉、佳木斯秃荚子、小粒黄、小粒豆 9 号、柳叶齐、北交 68-1438、克交 8619(克 86-19)、克交 228、东农 3 号、东农 20(黄-中-中 20)、哈 76-6045、永丰豆、小金黄、四粒黄、嘟噜豆、金元、熊岳小粒黄、通州小黄豆、黑龙江 41、十胜长叶、Amsoy（阿姆索、阿姆索依）、Anoka、巴西自优豆等 26 个祖先亲本，分析其核遗传贡献率并注明祖先亲本来源，从而揭示该品种遗传基础，为大豆育种亲本的选择利用提供参考。（详见表 6-23）

表 6-23　龙垦 316 祖先亲本

品种名称	母本	父本	祖先亲本	祖先亲本核遗传贡献率/%	祖先亲本来源
龙垦 316	北豆 22	黑农 48	逊克当地种	3.91	黑龙江省逊克地方品种
			白眉	16.21	黑龙江省克山地方品种
			克山四粒荚	5.08	黑龙江省克山地方品种
			大白眉	2.34	黑龙江省克山地方品种
			佳木斯秃荚子	0.78	黑龙江省佳木斯地方品种
			小粒黄	2.34	黑龙江省勃利地方品种
			小粒豆 9 号	3.13	黑龙江省勃利地方品种
			柳叶齐	0.78	黑龙江省地方品种
			北交 68-1438	1.56	黑龙江省农垦总局北安科研所材料
			克交 228	0.39	黑龙江省农业科学院克山分院材料
			克交 8619(克 86-19)	6.25	黑龙江省农业科学院克山分院材料
			东农 3 号	0.39	东北农业大学材料
			东农 20(黄-中-中 20)	0.39	东北农业大学材料
			哈 76-6045	3.13	黑龙江省农业科学院大豆研究所材料
			永丰豆	4.69	吉林省永吉地方品种
			小金黄	0.78	吉林省中部平原地区地方品种
			四粒黄	9.86	吉林省公主岭地方品种
			嘟噜豆	3.52	吉林省中南部地方品种
			金元	9.86	辽宁省开原地方品种
			熊岳小粒黄	1.17	辽宁省熊岳地方品种
			通州小黄豆	1.56	北京通县地方品种
			黑龙江 41	1.56	俄罗斯材料
			十胜长叶	9.38	日本品种
			Amsoy（阿姆索、阿姆索依）	1.56	美国品种
			Anoka	3.13	美国品种
			巴西自优豆	6.25	巴西品种

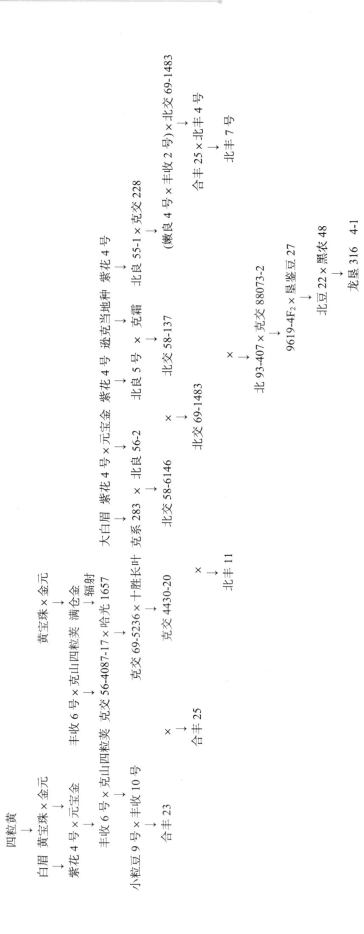

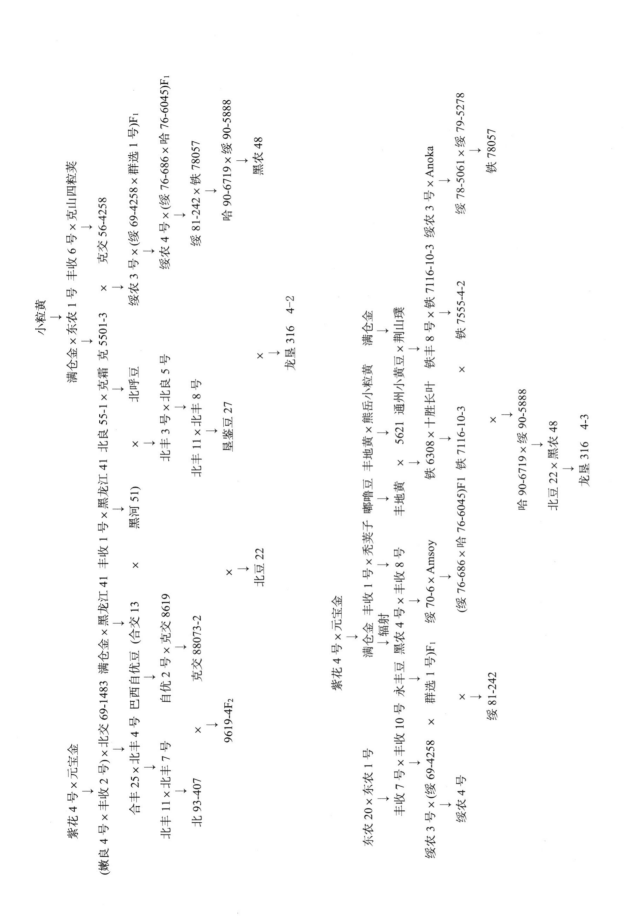

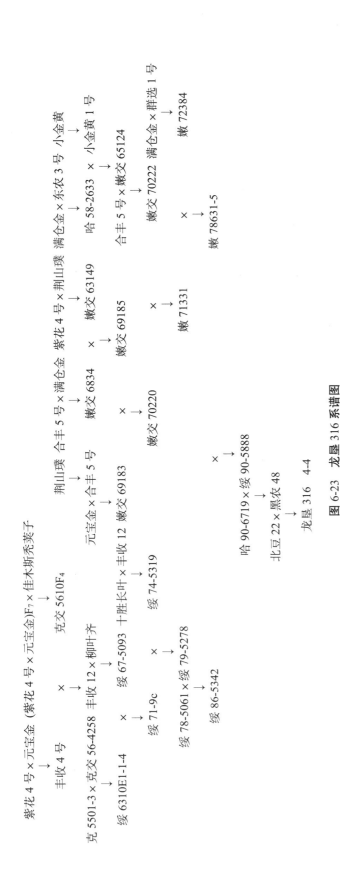

图 6-23　龙垦 316 系谱图

24 龙垦3002

龙垦3002品种简介

【品种来源】龙垦3002是北大荒垦丰种业股份有限公司以东农58为母本，绥农27为父本杂交，经多年选择育成。审定编号：黑审豆20190063。

【植株性状】紫花，尖叶，灰色茸毛，荚弯镰形，成熟荚浅褐色。亚有限结荚习性，株高80cm左右。

【籽粒特点】特种品种（大粒品种）。籽粒圆形，种皮黄色，有光泽，种脐黄色，百粒重25.0g左右。籽粒粗蛋白含量39.16%，粗脂肪含量20.02%。

【生育日数】在适应区从出苗至成熟生育日数110d左右，需≥10℃活动积温2150℃左右。

【抗病鉴定】接种鉴定中抗大豆灰斑病。

【产量表现】2017—2018年区域试验平均产量2848.0kg/hm²，较对照品种华菜豆1号平均增产12.1%。

【适应区域】适宜在黑龙江省≥10℃活动积温2250℃区域种植。

龙垦3002遗传基础

龙垦3002细胞质100%来源于四粒黄，历经9轮传递与选育，细胞质传递过程为四粒黄→黄宝珠→满仓金→合交13→（合交13×黑河51）→北丰3号→北丰8号→北豆5号→北豆5号→龙垦3002。（详见图6-24）

龙垦3002细胞核来源于野3-A、逊克当地种、五顶珠、白眉、克山四粒荚、大白眉、蓑衣领、四粒黄、小粒黄、小粒豆9号、东农20（黄-中-中20）、永丰豆、四粒黄、金元、黑龙江41、尤比列（黑河1号）、鹤娘、富引1号、十胜长叶、Amsoy（阿姆索、阿姆索依）等20个祖先亲本，分析其核遗传贡献率并注明祖先亲本来源，从而揭示该品种遗传基础，为大豆育种亲本的选择利用提供参考。（详见表6-24）

表6-24 龙垦3002祖先亲本

品种名称	母本	父本	祖先亲本	祖先亲本核遗传贡献率/%	祖先亲本来源
龙垦3002	东农58	绥农27	野3-A	1.56	黑龙江省黑河野生豆
			逊克当地种	5.86	黑龙江省逊克地方品种
			五顶珠	0.59	黑龙江省绥化地方品种
			白眉	18.41	黑龙江省克山地方品种
			克山四粒荚	6.74	黑龙江省克山地方品种
			大白眉	2.15	黑龙江省克山地方品种
			蓑衣领	1.17	黑龙江省西部龙江草原地方品种
			四粒黄	0.98	黑龙江省东部和中部地方品种

续表

品种名称	母本	父本	祖先亲本	祖先亲本核遗传贡献率/%	祖先亲本来源
龙垦 3002	东农 58	绥农 27			
			小粒黄	3.52	黑龙江省勃利地方品种
			小粒豆 9 号	4.30	黑龙江省勃利地方品种
			东农 20(黄-中-中 20)	1.17	东北农业大学材料
			永丰豆	4.69	吉林省永吉地方品种
			四粒黄	6.47	吉林省公主岭地方品种
			金元	6.47	辽宁省开原地方品种
			黑龙江 41	3.13	俄罗斯材料
			尤比列（黑河 1 号）	1.95	俄罗斯材料
			鹤娘	12.50	日本品种
			富引 1 号	9.38	日本品种
			十胜长叶	7.42	日本品种
			Amsoy（阿姆索、阿姆索依）	1.56	美国品种

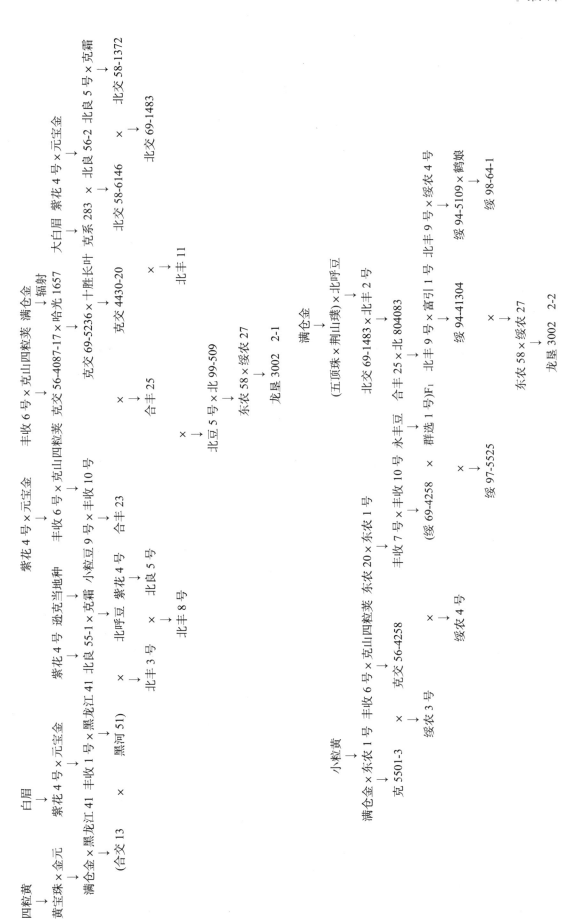

图 6-24　龙垦 3002 系谱图

25 东农豆252

东农豆252品种简介

【品种来源】东农豆252是东北农业大学大豆科学研究所（申请者：东北农业大学）以东农05-189为母本，黑农48为父本杂交，经多年选择育成。审定编号：黑审豆2017031。

【植株性状】紫花，圆叶，灰色茸毛，荚弯镰形，成熟荚黄色。亚有限结荚习性，株高94cm左右，有分枝。

【籽粒特点】特用大豆。籽粒近圆形，种皮黄色，有光泽，种脐无色，百粒重25.0g左右。籽粒粗蛋白含量42.47%，粗脂肪含量20.37%。

【生育日数】在适应区从出苗至成熟生育日数118d左右，需≥10℃活动积温2450℃左右。

【抗病鉴定】接种鉴定抗大豆灰斑病。

【产量表现】2015—2016年区域试验平均产量3300.5kg/hm²，较对照品种合丰55平均增产10.9%，2016年生产试验平均产量3690.4kg/hm²，较对照品种合丰55平均增产11.6%。

【适应区域】适宜黑龙江省第二积温带种植。

东农豆252遗传基础

东农豆252细胞质100%来源于白眉，历经8轮传递与选育，细胞质传递过程为白眉→紫花4号→丰收6号→黑河3号→东农76-287→东农79-5→东农42→东农05-189→东农豆252。（详见图6-25）

东农豆252细胞核来源于白眉、克山四粒荚、佳木斯秃荚子、四粒黄、小粒黄、柳叶齐、东农3号、东农20（黄-中-中20）、东农97-712、哈76-6045、永丰豆、小金黄、四粒黄、铁荚四粒黄（黑铁荚）、嘟噜豆、一窝蜂、四粒黄、金元、熊岳小粒黄、通州小黄豆、十胜长叶、Amsoy（阿姆索、阿姆索依）、Anoka等23个祖先亲本，分析其核遗传贡献率并注明祖先亲本来源，从而揭示该品种遗传基础，为大豆育种亲本的选择利用提供参考。（详见表6-25）

表6-25 东农豆252祖先亲本

品种名称	母本	父本	祖先亲本	祖先亲本核遗传贡献率/%	祖先亲本来源
东农豆252	东农05-189	黑农48	白眉	5.66	黑龙江省克山地方品种
			克山四粒荚	5.08	黑龙江省克山地方品种
			佳木斯秃荚子	1.56	黑龙江省佳木斯地方品种
			四粒黄	1.56	黑龙江省东部和中部地方品种
			小粒黄	4.69	黑龙江省勃利地方品种
			柳叶齐	0.78	黑龙江省地方品种

续表

品种名称	母本	父本	祖先亲本	祖先亲本核遗传贡献率/%	祖先亲本来源
东农豆 252	东农 05-189	黑农 48	东农 3 号	0.39	东北农业大学材料
			东农 20(黄-中-中 20)	1.17	东北农业大学材料
			东农 97-712	25.00	东北农业大学材料
			哈 76-6045	3.13	黑龙江省农业科学院大豆研究所材料
			永丰豆	7.81	吉林省永吉地方品种
			小金黄	0.78	吉林省中部平原地区地方品种
			四粒黄	9.47	吉林省公主岭地方品种
			铁荚四粒黄（黑铁荚）	1.56	吉林省中南部半山区地方品种
			嘟噜豆	3.52	吉林省中南部地方品种
			一窝蜂	1.56	吉林省中部偏西地区地方品种
			四粒黄	0.78	吉林省东丰地方品种
			金元	10.25	辽宁省开原地方品种
			熊岳小粒黄	1.17	辽宁省熊岳地方品种
			通州小黄豆	1.56	北京通县地方品种
			十胜长叶	7.81	日本品种
			Amsoy（阿姆索、阿姆索依）	1.56	美国品种
			Anoka	3.13	美国品种

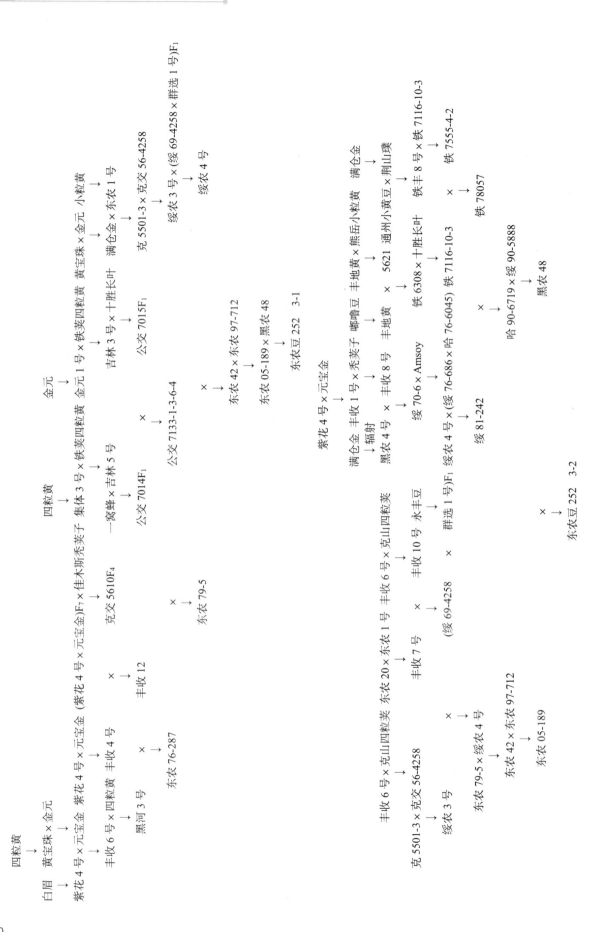

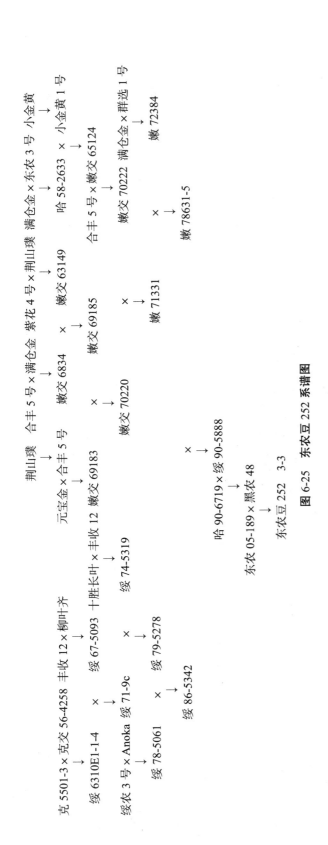

图 6-25 东农豆 252 系谱图

26 东农豆 253

东农豆 253 品种简介

【品种来源】东农豆 253 是东北农业大学、黑龙江普兰种业有限公司以东农 05-189 为母本，黑农 48 为父本杂交，经多年选择育成。审定编号：黑审豆 2018Z001。

【植株性状】紫花，圆叶，灰色茸毛，荚弯镰形，成熟荚黄色。亚有限结荚习性，株高 95cm 左右，有分枝。

【籽粒特点】稀植特用大豆品种。籽粒圆形，种皮黄色，有光泽，种脐无色，百粒重 25.0g 左右。籽粒粗蛋白含量 42.07%，粗脂肪含量 20.14%。

【生育日数】在适应区从出苗至成熟生育日数 115d 左右，需 ≥10℃ 活动积温 2350℃ 左右。

【抗病鉴定】接种鉴定中抗大豆灰斑病。

【产量表现】015 年自主区域试验平均产量 2965.1kg/hm²，较对照品种合丰 51 平均增产 9.4%，2016—2017 年生产试验平均产量 3003.8kg/hm²，较对照品种合丰 51 平均增产 8.9%。

【适应区域】适宜在黑龙江省 ≥10℃ 活动积温 2450℃ 区域种植。

东农豆 253 遗传基础

东农豆 253 细胞质 100% 来源于白眉，历经 8 轮传递与选育，细胞质传递过程为白眉→紫花 4 号→丰收 6 号→黑河 3 号→东农 76-287→东农 79-5→东农 42→东农 05-189→东农豆 253。（详见图 6-26）

东农豆 253 细胞核来源于白眉、克山四粒荚、佳木斯秃荚子、四粒黄、小粒黄、柳叶齐、东农 3 号、东农 20（黄-中-中 20）、东农 97-712、哈 76-6045、永丰豆、小金黄、四粒黄、铁荚四粒黄（黑铁荚）、嘟噜豆、一窝蜂、四粒黄、金元、熊岳小粒黄、通州小黄豆、十胜长叶、Amsoy（阿姆索、阿姆索依）、Anoka 等 23 个祖先亲本，分析其核遗传贡献率并注明祖先亲本来源，从而揭示该品种遗传基础，为大豆育种亲本的选择利用提供参考。（详见表 6-26）

表 6-25　东农豆 252 祖先亲本

品种名称	母本	父本	祖先亲本	祖先亲本核遗传贡献率/%	祖先亲本来源
东农豆 253	东农 05-189	黑农 48	白眉	5.66	黑龙江省克山地方品种
			克山四粒荚	5.08	黑龙江省克山地方品种
			佳木斯秃荚子	1.56	黑龙江省佳木斯地方品种
			四粒黄	1.56	黑龙江省东部和中部地方品种
			小粒黄	4.69	黑龙江省勃利地方品种
			柳叶齐	0.78	黑龙江省地方品种
			东农 3 号	0.39	东北农业大学材料

续表

品种名称	母本	父本	祖先亲本	祖先亲本核遗传贡献率/%	祖先亲本来源
东农豆253	东农05-189	黑农48	东农20(黄-中-中20)	1.17	东北农业大学材料
			东农97-712	25.00	东北农业大学材料
			哈76-6045	3.13	黑龙江省农业科学院大豆研究所材料
			永丰豆	7.81	吉林省永吉地方品种
			小金黄	0.78	吉林省中部平原地区地方品种
			四粒黄	9.47	吉林省公主岭地方品种
			铁荚四粒黄（黑铁荚）	1.56	吉林省中南部半山区地方品种
			嘟噜豆	3.52	吉林省中南部地方品种
			一窝蜂	1.56	吉林省中部偏西地区地方品种
			四粒黄	0.78	吉林省东丰地方品种
			金元	10.25	辽宁省开原地方品种
			熊岳小粒黄	1.17	辽宁省熊岳地方品种
			通州小黄豆	1.56	北京通县地方品种
			十胜长叶	7.81	日本品种
			Amsoy（阿姆索、阿姆索依）	1.56	美国品种
			Anoka	3.13	美国品种

四粒黄

白眉 → 黄宝珠 × 金元

紫花 4 号 × 元宝金　紫花 4 号 × 元宝金　(紫花 4 号 × 元宝金)F₇ × 佳木斯秃荚子　集体 3 号 × 铁荚四粒黄　金元 1 号 × 铁荚四粒黄　黄宝珠 × 金元　小粒黄

丰收 6 号 × 元宝金　丰收 6 号 × 四粒黄　丰收 4 号　　一窝蜂 × 吉林 5 号　吉林 3 号 × 十胜长叶　满仓金 × 东农 1 号

黑河 3 号　丰收 12　克交 5610F4　公交 7014F₁　公交 7015F₁　克 5501-3 × 克交 56-4258

东农 76-287　东农 79-5　公交 7133-1-3-6-4　农 3 号 × 克交 56-4258

东农 42 × 东农 97-712

东农 05-189 × 黑农 48　　绥农 4 号

东农豆 253　3-1

四粒黄
金元

满仓金　丰收 1 号 × 秃荚子　嘟噜豆　丰地黄 × 熊岳小粒黄　满仓金
紫花 4 号 × 元宝金　丰地黄　铁 6308 × 十胜长叶　铁丰 8 号 × 铁 7116-10-3　铁山璞

黑农 4 号　丰收 8 号　× 　5621　通州小黄豆　铁 7116-10-3

绥 70-6 × Amsoy　　铁 7555-4-2

黑农 4 号 × 　(绥 76-686 × 哈 76-6045)　铁 78057

绥 81-242　哈 90-6719 × 绥 90-5888

黑农 48

东农豆 253　3-2

克山四粒荚　东农 20 × 东农 1 号　丰收 6 号 × 克山四粒荚

丰收 6 号 × 克山四粒荚　丰收 7 号　×　丰收 10 号　永丰豆

克 5501-3 × 克交 56-4258　(绥 69-4258)　群选 1 号 F₁　绥农 4 号 × (绥 69-4258 × 群选 1 号) F₁

绥农 3 号

东农 79-5 × 绥农 4 号　　绥农 4 号

东农 42 × 东农 97-712

东农 05-189

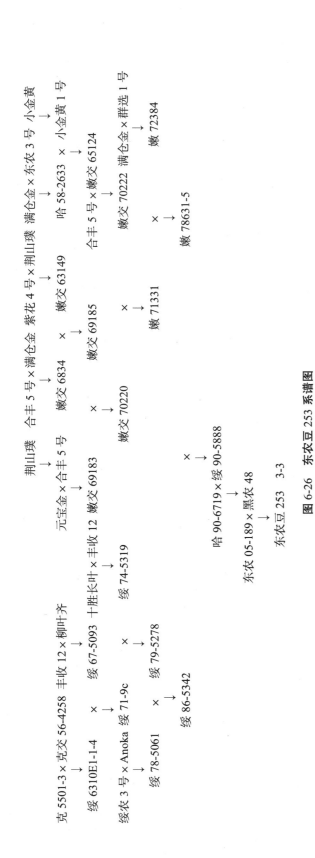

图 6-26 东农豆 253 系谱图

27 九农14

九农14品种简介

【品种来源】九农14是吉林省吉林市农业科学研究所1972年以黑农22为母本、东农33为父本杂交，经多年选择育成。吉林省确定推广时间：1985年。

【植株性状】白花，椭圆叶，灰色茸毛，成熟荚褐色。无限结荚习性，株高71～80cm，分枝1～2个，株型收敛，单株结荚较多。茎秆韧性，抗倒伏。

【籽粒特点】籽粒椭圆形，种皮淡黄色，种脐无色，百粒重28.0g左右。籽粒粗蛋白含量42.20%，粗脂肪含量20.80%。

【生育日数】在适应区从出苗至成熟生育日数115～120d。

【抗病鉴定】接种鉴定抗大豆霜霉病，中抗细菌性斑点病，轻感大豆花叶病毒病。田间高抗食心虫，虫食粒率和大豆褐斑粒率较低。

【产量表现】1981—1983年区域试验较对照品种平均增产10%以上，1984年生产试验平均产量较对照品种平均增产11.4%。

【适应区域】吉林省东部半山区的舒兰、安图、敦化县等地的中早熟地区。

九农14遗传基础

九农14细胞质100%来源于嘟噜豆，历经3轮传递与选育，细胞质传递过程为嘟噜豆→丰地黄→黑农22→九农14。（详见图6-27）

九农14细胞核来源于白眉、佳木斯秃荚子、四粒黄、四粒黄、嘟噜豆、金元等6个祖先亲本，分析其核遗传贡献率并注明祖先亲本来源，从而揭示该品种遗传基础，为大豆育种亲本的选择利用提供参考。（详见表6-27）

表6-27 九农14祖先亲本

品种名称	母本	父本	祖先亲本	祖先亲本核遗传贡献率/%	祖先亲本来源
九农14	黑农22	东农33	白眉	15.63	黑龙江省克山地方种
			佳木斯秃荚子	6.25	黑龙江省佳木斯地方种
			四粒黄	12.50	黑龙江省东部和中部地方种
			四粒黄	7.81	吉林省公主岭地方种
			嘟噜豆	50.00	吉林省中南部地方种
			金元	7.81	辽宁省开原地方种

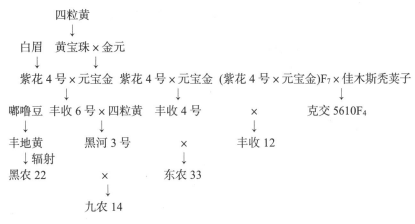

图 6-27 九农 14 系谱图

28 九农 33

九农 33 品种简介

【品种来源】九农 33 是吉林市农科院大豆所以九交 92108-15-1 为母本,九农 20 为父本杂交,经多年选择育成。审定名称:九农 33 号,审定编号:吉审豆 2005016。

【植株性状】紫花,圆叶,灰色茸毛。无限结荚习性,株高 115cm,2 个分枝,株型收敛,主茎节数 18 个左右。

【籽粒特点】籽粒圆形,种皮黄色,有光泽,种脐黄色,百粒重 27.0g。籽粒粗蛋白含量 40.97%,粗脂肪含量 19.40%。

【生育日数】在适应区从出苗至成熟生育日数 132d 左右,需 ≥10℃ 活动积温 2700℃。

【抗病鉴定】接种鉴定中抗大豆花叶病毒混合株系,中抗大豆灰斑病,田间自然诱发鉴定高抗大豆褐斑病,高抗大豆细菌性斑点病,高抗大豆霜霉病,中抗大豆花叶病毒病,抗大豆灰斑病,感大豆食心虫。

【产量表现】2003—2004 年区域试验平均产量 3067.2kg/hm²,较对照品种吉林 30 平均增产 7.0%,2004 年生产试验平均产量 3178.3kg/hm²,较对照品种吉林 30 平均增产 6.8%。

【适应区域】吉林省中晚熟区。

九农 33 遗传基础

九农 33 细胞质 100% 来源于黄客豆,历经 6 轮传递与选育,细胞质传递过程为黄客豆→103-4→铁交 6915-5→公交 7622→公交 8604-121→九交 92108-15-1→九农 33。（详见图 6-28）

九农 33 细胞核来源于白眉、克山四粒荚、小粒黄、立新 9 号、M2、东农 3 号、洋蜜蜂、四粒黄、铁荚四粒黄（黑铁荚）、嘟噜豆、一窝蜂、辉南青皮豆、四粒黄、金元、铁荚子、熊岳小粒黄、黄客豆、济宁 71021、十胜长叶等 19 个祖先亲本,分析其核遗传贡献率并注明祖先亲本来源,从而揭示该品种遗传基础,为大豆育种亲本的选择利用提供参考。（详见表 6-28）

表 6-28　九农 33 祖先亲本

品种名称	母本	父本	祖先亲本	祖先亲本核遗传贡献率/%	祖先亲本来源
九农 33	九交 92108-15-1	九农 20	白眉	3.13	黑龙江省克山地方品种
			克山四粒荚	3.13	黑龙江省克山地方品种
			小粒黄	3.13	黑龙江省勃利地方品种
			立新 9 号	6.25	黑龙江省勃利地方品种
			M2	1.56	(荆山璞+紫花 4 号+东农 10 号)混合花粉
			东农 3 号	0.78	东北农业大学材料
			洋蜜蜂	6.25	吉林省榆树地方品种
			四粒黄	3.52	吉林省公主岭地方品种
			铁荚四粒黄（黑铁荚）	12.89	吉林省中南部半山区地方品种
			嘟噜豆	5.86	吉林省中南部地方品种
			一窝蜂	9.38	吉林省中部偏西地区地方品种
			辉南青皮豆	1.56	吉林省辉南地方品种
			四粒黄	4.69	吉林省东丰地方品种
			金元	11.72	辽宁省开原地方品种
			铁荚子	2.34	辽宁省义县地方品种
			熊岳小粒黄	1.17	辽宁省熊岳地方品种
			黄客豆	4.69	辽宁省地方品种
			济宁 71021	3.13	山东省济宁农科所材料
			十胜长叶	14.84	日本品种

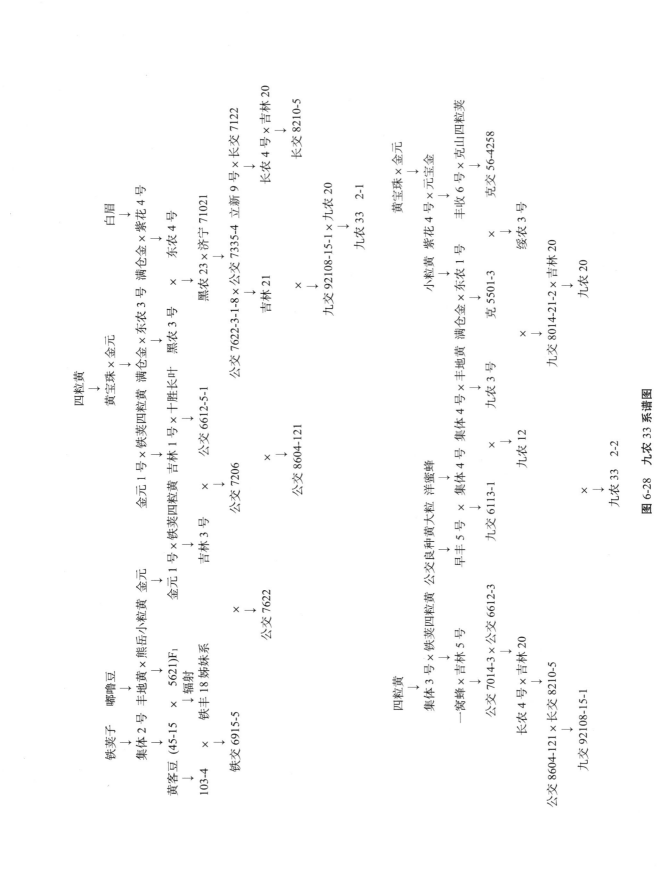

图 6-28　九农 33 系谱图

29 集 1005

集 1005 品种简介

【品种来源】集 1005 是吉林省集安市种子公司 1983 年以通农 73-149 为母本，丹豆 5 号为父本杂交，经多年选择育成。审定编号：吉审豆 2001019。

【植株性状】紫花，圆叶，灰色茸毛，成熟荚褐色。有限结荚习性，株高 90～100cm，分枝少，底荚高 13cm 左右，主茎节数 16～18 个，平均每荚 2.3 粒。喜肥水，较抗倒伏。

【籽粒特点】籽粒近圆形，种皮淡黄色，种脐黄色，百粒重 30.0g。籽粒粗蛋白含量 43.16%，粗脂肪含量 20.73%。

【生育日数】在适应区从出苗至成熟生育日数 135d 左右，需 ≥10℃ 活动积温 2900℃。

【抗病鉴定】田间表现抗大豆霜霉病，轻感大豆花叶病毒病，抗大豆食心虫。

【产量表现】1992—1993 年北方组区域试验平均产量 3798.9kg/hm²，较对照品种开育 10 号平均增产 30.6%。

【适应区域】吉林省集安岭南晚熟区域。

集 1005 遗传基础

集 1005 细胞质 100% 来源于海龙嘟噜豆，历经 3 轮传递与选育，细胞质传递过程为海龙嘟噜豆→通农 3 号→通交 73-149→集 1005。（详见图 6-29）

集 1005 细胞核来源于公 616、嘟噜豆、辉南青皮豆、海龙嘟噜豆、本溪小黑脐、铁荚子、熊岳小粒黄、晚小白眉、十胜长叶等 9 个祖先亲本，分析其核遗传贡献率并注明祖先亲本来源，从而揭示该品种遗传基础，为大豆育种亲本的选择利用提供参考。（详见表 6-29）

表 6-29　集 1005 祖先亲本

品种名称	母本	父本	祖先亲本	祖先亲本核遗传贡献率/%	祖先亲本来源
集 1005	通农 73-149	丹豆 5 号	公 616	6.25	吉林省公主岭地方品种
			嘟噜豆	12.50	吉林省中南部地方品种
			辉南青皮豆	6.25	吉林省辉南地方品种
			海龙嘟噜豆	25.00	吉林省梅河口市海龙镇地方品种
			本溪小黑脐	6.25	辽宁省本溪地方品种
			铁荚子	6.25	辽宁省义县地方品种
			熊岳小粒黄	6.25	辽宁省熊岳地方品种
			晚小白眉	6.25	辽宁省地方品种
			十胜长叶	25.00	日本品种

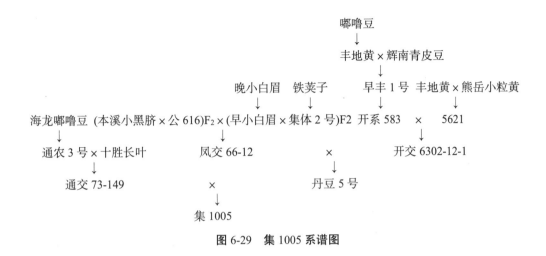

图 6-29 集 1005 系谱图

30 通农 13

通农 13 品种简介

【品种来源】通农 13 是通化市农业科学研究院 1987 年以通交 86-959 为母本，长农 4 号为父本杂交，经多年选择育成。审定名称：通农 13 号，审定编号：吉审豆 2001010。

【植株性状】白花，圆叶，灰色茸毛，成熟荚褐色。亚有限结荚习性，株高 100cm 左右，植株塔型，3 粒荚多。

【籽粒特点】籽粒圆形，种皮黄色，微光泽，种脐黄色，百粒重 28.2g。籽粒粗蛋白含量 45.47%，粗脂肪含量 19.36%。

【生育日数】在适应区从出苗至成熟生育日数 126～130d，需需≥10℃活动积温 2650℃。

【抗病鉴定】接种鉴定中抗大豆花叶病毒 1 号株系和 3 号株系。田间表现抗大豆花叶病毒病，抗大豆灰斑病，抗大豆霜霉病，抗大豆细菌性斑点病。虫食粒率 4.6%，大豆褐斑粒率 0.3%。

【产量表现】1998—2000 年区域试验平均产量 2861.0kg/hm²，比对照品种长农 5 号增产 7.1%，2000 年生产试验平均产量 2804.7kg/hm²，比对照品种长农 5 号增产 18.1%。

【适应区域】吉林省通化、吉林、辽源等中熟区域。

通农 13 遗传基础

通农 13 细胞质 100%来源于日本大白眉，历经 3 轮传递与选育，细胞质传递过程为日本大白眉→辐射大白眉→通交 86-959→通农 13。（详见图 6-30）

通农 13 细胞核来源于白眉、立新 9 号、M2、四粒黄、金元、日本大白眉、十胜长叶等 7 个祖先亲本，分析其核遗传贡献率并注明祖先亲本来源，从而揭示该品种遗传基础，为大豆育种亲本的选择利用提供参考。（详见表 6-30）

表 6-30　通农 13 祖先亲本

品种名称	母本	父本	祖先亲本	祖先亲本核遗传贡献率/%	祖先亲本来源
通农 13	通交 86-959	长农 4 号	白眉	3.13	黑龙江省克山地方品种
			立新 9 号	25.00	黑龙江省勃利地方品种
			M2	6.25	(荆山璞+紫花 4 号+东农 10 号)混合花粉
			四粒黄	1.56	吉林省公主岭地方品种
			金元	1.56	辽宁省开原地方品种
			日本大白眉	50.00	日本品种
			十胜长叶	12.50	日本品种

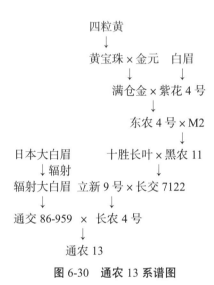

图 6-30　通农 13 系谱图

31　开育 12

开育 12 品种简介

【品种来源】开育 12 是开原市农业科学研究所 1989 年以开系 8525-26 为母本，开交 8157-3-3-1 为父本杂交，经多年选择育成。辽宁省审定名称：开育 12 号，审定编号：辽审豆[2000]46 号。内蒙古自治区认定名称：开育 12，审定编号：蒙认豆 2004003 号。

【植株性状】紫花，圆叶，灰色茸毛，成熟荚暗褐色。有限结荚习性。辽宁省试验表现：株高 70~85cm，分枝 3~4 个，株型收敛，主茎节数 16~18 个。根系发达，茎秆韧性强，抗倒伏。内蒙古自治区域试验表现：株高 70~85cm，分枝 3~4 个，株型收敛，主茎节数 16~18 个。根系发达，植株生长繁茂健壮，茎秆韧性强，抗倒伏，较对照品种平均增产潜力较大。

【籽粒特点】籽粒圆形，种皮淡黄色，有光泽，种脐黄色。辽宁省试验表现：百粒重 25~27g。籽粒粗蛋白含量 39.93%，粗脂肪含量 21.4%，软脂酸 11.42%，硬脂酸 4.36%，油酸 24.00%，亚油酸 51.8%，亚麻酸 8.05%。内蒙古自治区域试验表现：百粒重 25～27g。籽粒粗蛋白含量 40.02%，粗脂肪含量 20.40%。

【生育日数】辽宁省试验表现：在适应区从出苗至成熟生育日数 128～130d，需≥10℃活动积温 2900℃。内蒙古自治区域试验表现：在适应区从出苗至成熟生育日数 128～130d。

【抗病鉴定】辽宁省试验表现：人工接种鉴定中抗大豆花叶病毒 1 号株系，抗大豆灰斑病。大豆褐斑粒率 1.7%，大豆紫斑粒率 0.6%，大豆霜霉粒率 0.1%。内蒙古自治区域试验表现：较抗大豆花叶病毒病，较抗大豆霜霉病，较抗大豆灰斑病。

【产量表现】辽宁省试验表现：1997—1998 年区域试验平均产量 2709kg/hm²，较对照品种铁丰 27 平均增产 13.9%，1998—1999 生产试验平均产量 2700kg/hm²，比当地对照品种铁丰 27 平均增产 16.9%。内蒙古自治区域试验表现：生产试验平均产量 2425.5kg/hm²，较对照品种开育 10 平均增产 17.3%。

【适应区域】辽宁省试验表现：辽宁省大部分地区。内蒙古自治区域试验表现：赤峰市、通辽市≥10℃活动积温 3000～3200℃以上地区种植。

开育 12 遗传基础

开育 12 细胞质 100% 来源于群英豆，历经 3 轮传递与选育，细胞质传递过程为群英豆→开育 10 号→开系 8525-26→开育 12。（详见图 6-31）

开育 12 细胞核来源于小金黄、嘟噜豆、辉南青皮豆、大粒黄、铁荚子、熊岳小粒黄、开 6708、大白脐、白千鸣、日本白眉等 10 个祖先亲本，分析其核遗传贡献率并注明祖先亲本来源，从而揭示该品种遗传基础，为大豆育种亲本的选择利用提供参考。（详见表 6-31）

表 6-31 开育 12 祖先亲本

品种名称	母本	父本	祖先亲本	祖先亲本核遗传贡献率/%	祖先亲本来源
开育 12	开系 8525-26	开交 8157-3-3-1	小金黄	2.34	吉林省中部平原地区地方品种
			嘟噜豆	14.06	吉林省中南部地方品种
			辉南青皮豆	3.13	吉林省辉南地方品种
			大粒黄	0.78	吉林省地方品种
			铁荚子	14.06	辽宁省义县地方品种
			熊岳小粒黄	9.38	辽宁省熊岳地方品种
			开 6708	6.25	辽宁省开原市农业科学研究所材料
			大白脐	12.50	河北省平泉地方品种
			白千鸣	12.50	日本品种
			日本大白眉	25.00	日本品种

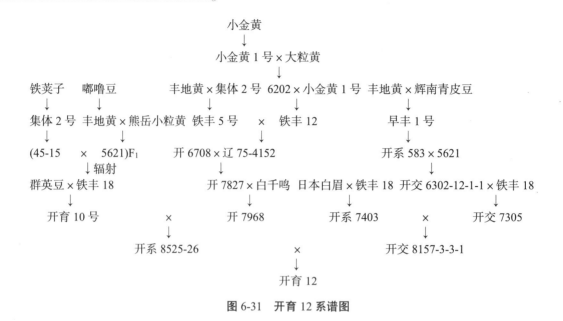

图 6-31　开育 12 系谱图

32　开创豆 14

开创豆 14 品种简介

【品种来源】开创豆 14 是辽宁省开原市农业科学研究所以开 9075 为母本，开 8532-11 为父本杂交，经多年选择育成。审定编号：辽审豆[2007]90 号。

【植株性状】紫花，椭圆叶，叶色深绿，灰色茸毛，成熟荚褐色。有限结荚习性，株高 80.0cm，分枝 2.9 个，主茎节数 16.1 个，3 粒荚居多，单株荚数 57.7 个。茎秆坚韧。

【籽粒特点】籽粒圆形，种皮黄色，有光泽，种脐黄色，百粒重 25.6g。籽粒粗蛋白含量 40.83%，粗脂肪含量 20.38%。

【生育日数】在适应区从出苗至成熟生育日数 128d。

【抗病鉴定】人工接种鉴定中抗大豆花叶病毒病。室内考种鉴定虫食粒率 5.2%，大豆褐斑粒率 0.9%，大豆紫斑粒率 1.1%，大豆霜霉粒率 1.6%。

【产量表现】2005—2006 年区域试验平均产量 2758.2kg/hm²，比对照品种开育 11 增产 10.0%，2006 年生产试验平均产量 2570.6kg/hm²，比对照品种开育 11 增产 12.4%。

【适应区域】辽宁省除昌图、开原、铁岭、抚顺、恒仁等活动积温 2800℃ 以上的早熟大豆区。

开创豆 14 遗传基础

开创豆 14 细胞质 100% 来源于开 9075，历经 1 轮传递与选育，细胞质传递过程为开 9075→开创豆 14。（详见图 6-32）

开创豆 14 细胞核来源于开 8532-11、开 9075 等 2 个祖先亲本，分析其核遗传贡献率并注明祖先亲本来源，从而揭示该品种遗传基础，为大豆育种亲本的选择利用提供参考。（详见表 6-32）

表 6-32 开创豆 14 祖先亲本

品种名称	母本	父本	祖先亲本	祖先亲本核遗传贡献率/%	祖先亲本来源
开创豆 14	开 9075	开 8532-11	开 8532-11	50.00	辽宁省开原市农业科学研究所材料
			开 9075	50.00	辽宁省开原市农业科学研究所材料

开 9075 × 开 8532-11
↓
开创豆 14

图 6-32 开创豆 14 系谱图

33 开豆 17

开豆 17 品种简介

【品种来源】开豆 17 是李子升 2003 年以开 92028 为母本，开选 292 为父本杂交，经多年选择育成。审定编号：辽审豆 2015004。

【植株性状】紫花，椭圆叶，灰色茸毛。有限结荚习性，株高 84.2cm，分枝 3.2 个，主茎节数 16.0 个，单株荚数 59.8 个，3 粒荚居多。

【籽粒特点】籽粒椭圆形，种皮黄色，有光泽，种脐黄色，百粒重 30.6g。籽粒粗蛋白含量 42.29%，粗脂肪含量 19.64%。

【生育日数】在适应区从出苗至成熟生育日数 123d 左右，与对照品种铁豆 43 同熟期。

【抗病鉴定】人工接种鉴定抗大豆花叶病毒 1 号株系。田间鉴定虫食粒率 2.6%，大豆褐斑粒率 0.1%，大豆紫斑粒率 0.6%，大豆霜霉粒率 0.1%。

【产量表现】2013—2014 年区域试验平均产量 3025.5kg/hm²，较对照品种铁豆 43 平均增产 12.2%，2014 年生产试验平均产量 2902.5kg/hm²，较对照品种铁豆 43 平均增产 13.3%。

【适应区域】辽宁省开原、昌图以南，东部无霜期较短的东部山区均能种植。

开豆 17 遗传基础

开豆 17 细胞质 100%来源于开 92028，历经 1 轮传递与选育，细胞质传递过程为开 92028→开豆 17。（详见图 6-33）

开豆 17 细胞核来源于开 92028、开选 292 等 2 个祖先亲本，分析其核遗传贡献率并注明祖先亲本来源，从而揭示该品种遗传基础，为大豆育种亲本的选择利用提供参考。（详见表 6-33）

表 6-33 开豆 17 祖先亲本

品种名称	母本	父本	祖先亲本	祖先亲本核遗传贡献率/%	祖先亲本来源
开豆 17	开 92028	开选 292	开 92028	50.00	辽宁省开原市农业科学研究所材料
			开选 292	50.00	开原市郁丰种业有限公司材料

开 92028 × 开选 292
↓
开豆 17

图 6-33　开豆 17 系谱图

34　开豆 18

开豆 18 品种简介

【品种来源】开豆 18 是李子升以开选 8510-1 为母本，开选 9519-2 为父本杂交，经多年选择育成。审定编号：辽审豆 2017001。

【植株性状】紫花，椭圆叶，灰色茸毛。有限结荚习性，株高 92.3cm，分枝 3.8 个，主茎节数 17.1 个，单株荚数 67.5 个，3 粒荚居多。茎秆坚韧，较抗倒伏。

【籽粒特点】籽粒圆形，种皮黄色，有光泽，种脐黄色，百粒重 26.3g。籽粒粗蛋白含量 41.05%，粗脂肪含量 21.33%。

【生育日数】在适应区从出苗至成熟生育日数 125d。

【抗病鉴定】人工接种鉴定中抗大豆花叶病毒 1 号株系和 3 号株系。考种鉴定虫食粒率 2.9%，大豆褐斑粒率 0.1%，大豆紫斑粒率 0.2%，大豆霜霉粒率 0.2%。

【产量表现】2014—2015 年区域试验平均产量 3025.5kg/hm²，较对照品种铁豆 43 平均增产 10.8%，2016 年生产试验平均产量 3162.0kg/hm²，较对照品种铁豆 43 平均增产 13.9%。

【适应区域】辽宁省铁岭、抚顺、本溪等无霜期 125d 以上，有效积温 2700℃以上的早熟大豆区种植。

开豆 18 遗传基础

开豆 18 细胞质 100% 来源于开选 8510-1，历经 1 轮传递与选育，细胞质传递过程为开选 8510-1→开豆 18。（详见图 6-34）

开豆 18 细胞核来源于开选 8510-1、开选 9519-2 等 2 个祖先亲本，分析其核遗传贡献率并注明祖先亲本来源，从而揭示该品种遗传基础，为大豆育种亲本的选择利用提供参考。（详见表 6-34）

表 6-34　开豆 18 祖先亲本

品种名称	母本	父本	祖先亲本	祖先亲本核遗传贡献率/%	祖先亲本来源
开豆 18	开选 8510-1	开选 9519-2	开选 8510-1	50.00	开原市郁丰种业有限公司材料
			开选 9519-2	50.00	开原市郁丰种业有限公司材料

开选 8510-1 × 开 9519-2
↓
开豆 18

图 6-34　开豆 18 系谱图

35 福豆6号

福豆6号品种简介

【品种来源】福豆6号是李子升（申请者：沈阳市大丰种业开发有限公司）以开选大粒为母本，开97061为父本杂交，经多年选择育成。审定编号：辽审豆20180004。

【植株性状】白花，椭圆叶，灰色茸毛。有限结荚习性，株高80.8cm，分枝3.6个，主茎节数16.7个，单株荚数70.9个，3粒荚居多。

【籽粒特点】籽粒圆形，种皮黄色，有光泽，种脐黄色，百粒重30.6g。籽粒粗蛋白含量43.19%，粗脂肪含量19.43%。

【产量表现】2015—2016年区域试验平均产量3057.0kg/hm²，较对照品种铁豆43平均增产11.8%，2017年生产试验平均产量2965.5kg/hm²，较对照品种铁豆43平均增产15.0%。

【适应区域】适宜在辽宁省新宾、抚顺、开原、本溪、西丰等大豆早熟大豆区种植。

福豆6号遗传基础

福豆6号细胞质100%来源于开选大粒，历经1轮传递与选育，细胞质传递过程为开选大粒→福豆6号。（详见图6-35）

福豆6号细胞核来源于开97061、开选大粒等2个祖先亲本，分析其核遗传贡献率并注明祖先亲本来源，从而揭示该品种遗传基础，为大豆育种亲本的选择利用提供参考。（详见表6-35）

表6-35　福豆6号祖先亲本

品种名称	母本	父本	祖先亲本	祖先亲本核遗传贡献率/%	祖先亲本来源
福豆6号	开选大粒	开97061	开97061	50.00	辽宁省开原市农业科学研究所材料
			开选大粒	50.00	开原市郁丰种业有限公司材料

开选大粒×开97061
↓
福豆6号

图6-35　福豆6号系谱图

36 福豆7号

福豆7号品种简介

【品种来源】福豆7号是李子升（申请者：沈阳市大丰种业开发有限公司）以开92107为母本，开育

11 为父本杂交，经多年选择育成。审定编号：辽审豆 20190004。

【植株性状】紫花，椭圆叶，灰色茸毛。有限结荚习性，株高 80.7cm，分枝 3.6 个，主茎节数 15.9 个，单株荚数 70.0 个。

【籽粒特点】籽粒圆形，种皮黄色，种脐黄色，百粒重 25.5g。籽粒粗蛋白含量 41.86%，粗脂肪含量 19.86%。

【生育日数】在适应区从出苗至成熟生育日数 129d，与对照品种铁豆 43 同熟期。

【抗病鉴定】接种鉴定中抗大豆花叶病毒 1 号株系，中感大豆花叶病毒 3 号株系。虫食粒率 1.4%，大豆褐斑粒率 0.3%，大豆紫斑粒率 0.1%，大豆霜霉粒率 0.2%。

【产量表现】2016—2017 年区域试验平均产量 2977.5kg/hm²，较对照品种铁豆 43 平均增产 14.5%，2018 年生产试验平均产量 2784.0kg/hm²，较对照品种铁豆 43 平均增产 13.6%。

【适应区域】适宜在辽宁省铁岭、开原、西丰、昌图、新宾、抚顺等早熟大豆区种植，凡种植开育 12、铁豆 43 等大豆的地区均可种植。

福豆 7 号遗传基础

福豆 7 号细胞质 100% 来源于铁荚子，历经 8 轮传递与选育，细胞质传递过程为铁荚子→集体 2 号→45-15→（45-15×5621）F₁→铁丰 18→辽豆 3 号→新 3511→开 92107→福豆 7 号。（详见图 6-36）

福豆 7 号细胞核来源于小金黄、四粒黄、铁荚四粒黄（黑铁荚）、嘟噜豆、辉南青皮豆、铁荚子、熊岳小粒黄、干枝密、K10-93、Amsoy（阿姆索、阿姆索依）等 10 个祖先亲本，分析其核遗传贡献率并注明祖先亲本来源，从而揭示该品种遗传基础，为大豆育种亲本的选择利用提供参考。（详见表 6-36）

表 6-36　福豆 7 号祖先亲本

品种名称	母本	父本	祖先亲本	祖先亲本核遗传贡献率/%	祖先亲本来源
福豆 7 号	开 92107	开育 11	小金黄	3.13	吉林省中部平原地区地方品种
			四粒黄	1.56	吉林省中部地方品种
			铁荚四粒黄（黑铁荚）	1.56	吉林省中南部半山区地方品种
			嘟噜豆	9.38	吉林省中南部地方品种
			辉南青皮豆	3.13	吉林省辉南地方品种
			铁荚子	12.50	辽宁省义县地方品种
			熊岳小粒黄	6.25	辽宁省熊岳地方品种
			干枝密	25.00	辽宁省地方品种
			K10-93	25.00	辽宁省开原市农业科学研究所材料
			Amsoy（阿姆索、阿姆索依）	12.50	美国品种

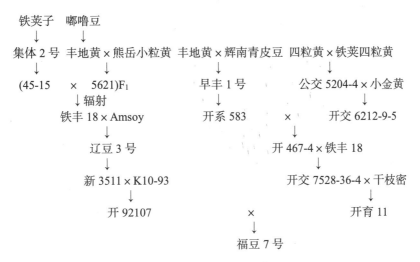

图 6-36 福豆 7 号系谱图

37 福豆 8 号

福豆 8 号品种简介

【品种来源】福豆 8 号是李子升（申请者：沈阳市大丰种业开发有限公司）以开 94105 为母本，开选 11-3 为父本杂交，经多年选择育成。审定编号：辽审豆 20190005。

【植株性状】紫花，椭圆叶，灰色茸毛。有限结荚习性，株高 77.0cm，分枝 3.6 个，主茎节数 16.3 个，单株荚数 68.8 个。

【籽粒特点】籽粒圆形，种皮黄色，种脐黄色，百粒重 29.6g。籽粒粗蛋白含量 39.7%，粗脂肪含量 20.51%。

【生育日数】在适应区从出苗至成熟生育日数 129d，较对照品种铁豆 43 生育期晚 1d。

【抗病鉴定】接种鉴定抗大豆花叶病毒 1 号株系和 3 号株系。虫食粒率 2.4%，大豆褐斑粒率 0.1%，大豆紫斑粒率 0.1%，大豆霜霉粒率 0.2%。

【产量表现】2017—2018 年区域试验平均产量 3030kg/hm²，较对照品种铁豆 43 平均增产 14.3%，2018 年生产试验平均产量 2730.0kg/hm²，较对照品种铁豆 43 平均增产 11.4%。

【适应区域】适宜在辽宁省铁岭、开原、西丰、昌图、新宾、抚顺等早熟大豆区种植，凡种植开育 12、铁豆 43 等大豆的地区均可种植。

福豆 8 号遗传基础

福豆 8 号细胞质 100% 来源于开 94105，历经 1 轮传递与选育，细胞质传递过程为开 94105→福豆 8 号。（详见图 6-37）

福豆 8 号细胞核来源于开 94105、开选 11-3 等 2 个祖先亲本，分析其核遗传贡献率并注明祖先亲本来源，从而揭示该品种遗传基础，为大豆育种亲本的选择利用提供参考。（详见表 6-37）

表 6-37　福豆 8 号祖先亲本

品种名称	母本	父本	祖先亲本	祖先亲本核遗传贡献率/%	祖先亲本来源
福豆 8 号	开 94105	开选 11-3	开 94105	50.00	辽宁省开原市农业科学研究所材料
			开选 11-3	50.00	开原市郁丰种业有限公司材料

开 94105 × 开选 11-3
↓
福豆 8 号

图 6-37　福豆 8 号系谱图

38 宏豆 1 号

宏豆 1 号品种简介

【品种来源】宏豆 1 号是开原市宏大农业科技发展有限公司 1998 年以开交 8157 为母本，台湾 292 为父本杂交，经多年选择育成。审定编号：辽审豆[2011]135 号。

【植株性状】紫花，椭圆叶，灰色茸毛，成熟荚暗褐色。有限结荚习性，株高 78.3cm，分枝 3.0 个，主茎节数 17.1 个，单株荚数 59.1 个。

【籽粒特点】籽粒圆形，种皮淡黄色，微光泽，种脐黄色，百粒重 29.4g。籽粒粗蛋白含量 42.10%，粗脂肪含量 18.70%。

【生育日数】在适应区从出苗至成熟生育日数 121d，较对照品种开育 11 早熟 7d 左右。

【抗病鉴定】接种鉴定抗大豆花叶病毒 1 号株系，病情指数 17.42%，中抗大豆花叶病毒 3 号株系，病情指数 25.09%。室内考种鉴定虫食粒率 4.1%，大豆褐斑粒率 0.4%，大豆紫斑粒率 1.2%，大豆霜霉粒率 0.2%。

【产量表现】2000—2010 年区域试验平均产量 2655.0kg/hm²，较对照品种开育 11 平均增产 10.1%，2010 年生产试验平均产量 2502.0kg/hm²，较对照品种开育 11 平均增产 8.9%。

【适应区域】辽宁省铁岭、抚顺、本溪等东、北部早熟大豆区。

宏豆 1 号遗传基础

宏豆 1 号细胞质 100% 来源于日本白眉，历经 3 轮传递与选育，细胞质传递过程为日本白眉→开系 7403→开交 8157→宏豆 1 号。（详见图 6-38）

宏豆 1 号细胞核来源于嘟噜豆、辉南青皮豆、铁荚子、熊岳小粒黄、台湾 292、日本白眉等 6 个祖先亲本，分析其核遗传贡献率并注明祖先亲本来源，从而揭示该品种遗传基础，为大豆育种亲本的选择利用提供参考。（详见表 6-38）

表 6-38 宏豆 1 号祖先亲本

品种名称	母本	父本	祖先亲本	祖先亲本核遗传贡献率/%	祖先亲本来源
宏豆 1 号	开交 8157	台湾 292	嘟噜豆	12.50	吉林省中南部地方品种
			辉南青皮豆	3.13	吉林省辉南地方品种
			铁荚子	12.50	辽宁省义县地方品种
			熊岳小粒黄	9.38	辽宁省熊岳地方品种
			台湾 292	50.00	中国台湾材料
			日本白眉	12.50	日本品种

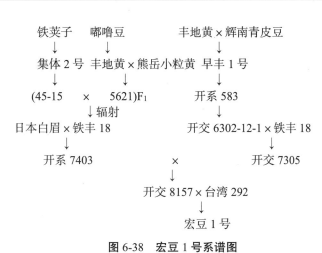

图 6-38 宏豆 1 号系谱图

39 永伟 6 号

永伟 6 号品种简介

【品种来源】永伟 6 号是辽宁省铁岭市正大农业科学研究所 1997 年从铁丰 31 中选出的变异株，经多年系统选育而成。审定编号：辽审豆[2008]106 号。

【植株性状】紫花，椭圆叶，棕色茸毛。亚有限结荚习性，株高 109.4cm，分枝 1.4 个，主茎节数 21.5 个，单株荚数 40.2 个，平均每荚 3 粒左右。

【籽粒特点】籽粒椭圆形，种皮黄色，有光泽，种脐黄色，百粒重 26.9g。籽粒粗蛋白含量 44.93%，粗脂肪含量 20.41%。

【生育日数】在适应区从出苗至成熟生育日数 133d 左右，较对照品种铁丰 33 晚 1d。

【抗病鉴定】人工接种鉴定中抗大豆花叶病毒病。室内考种鉴定大豆褐斑粒率 0.8%，大豆紫斑粒率 0.6%。

【产量表现】2006—2007 年区域试验平均产量 2960.9kg/hm²，较对照品种铁丰 33 平均增产 6.5%，2007 年生产试验平均产量 3030.8kg/hm²，较对照品种铁丰 33 平均增产 6.3%。

【适应区域】辽宁省铁岭、沈阳、辽阳、锦州及海城等活动积温在3000℃以上的中熟大豆区。

永伟6号遗传基础

永伟6号细胞质100%来源于铁荚子，历经8轮传递与选育，细胞质传递过程为铁荚子→集体2号→45-15→（45-15×5621）F₁→铁丰18→辽豆3号→新3511→铁丰31→永伟6号。（详见图6-39）

永伟6号细胞核来源于嘟噜豆、铁荚子、熊岳小粒黄、Amsoy（阿姆索、阿姆索依）、Resnic等5个祖先亲本，分析其核遗传贡献率并注明祖先亲本来源，从而揭示该品种遗传基础，为大豆育种亲本的选择利用提供参考。（详见表6-39）

表6-39　永伟6号祖先亲本

品种名称	父母本	祖先亲本	祖先亲本核遗传贡献率/%	祖先亲本来源
永伟6号	铁丰31变异株	嘟噜豆	6.25	吉林省中南部地方品种
		铁荚子	12.50	辽宁省义县地方品种
		熊岳小粒黄	6.25	辽宁省熊岳地方品种
		Amsoy（阿姆索、阿姆索依）	25.00	美国品种
		Resnic	50.00	美国品种

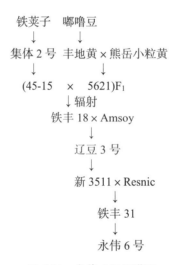

图6-39　永伟6号系谱图

40 永伟9号

永伟9号品种简介

【品种来源】永伟9号是铁岭市正大农业科学研究所1997年从铁丰31中选出的变异株，经多年系统选育而成。审定编号：辽审豆[2007]100号。

【植株性状】紫花，椭圆叶，棕色茸毛，成熟荚褐色。亚有限结荚习性，株高104.9cm，分枝2.9个，主茎节数20.3个，单株荚数45.7个，平均每荚3粒。

【籽粒特点】籽粒椭圆形，种皮黄色，有光泽，种脐黄色，百粒重25g。籽粒粗蛋白含量44.5%，粗脂肪含量20.49%。

【生育日数】在适应区从出苗至成熟生育日数128d左右，较对照品种丹豆11早5d。

【抗病鉴定】人工接种鉴定中抗大豆花叶病毒病。室内考种鉴定虫食粒率2.5%，大豆褐斑粒率2.2%，大豆紫斑粒率1.7%，大豆霜霉粒率0.5%。

【产量表现】2005—2006年区域试验平均产量2604.3kg/hm²，较对照品种丹豆11平均增产9.2%，2006年生产试验平均产量2727.3kg/hm²，较对照品种丹豆11平均增产12.5%。

【适应区域】辽宁省海城、锦州、岫岩、庄河、瓦房店、丹东等活动积温在3300℃以上的中晚熟大豆区。

永伟9号遗传基础

永伟9号细胞质100%来源于铁荚子，历经8轮传递与选育，细胞质传递过程为铁荚子→集体2号→45-15→（45-15×5621）F₁→铁丰18→辽豆3号→新3511→铁丰31→永伟9号。（详见图6-40）

永伟9号细胞核来源于嘟噜豆、铁荚子、熊岳小粒黄、Amsoy（阿姆索、阿姆索依）、Resnic等5个祖先亲本，分析其核遗传贡献率并注明祖先亲本来源，从而揭示该品种遗传基础，为大豆育种亲本的选择利用提供参考。（详见表6-40）

表6-40 永伟9号祖先亲本

品种名称	父母本	祖先亲本	祖先亲本核遗传贡献率/%	祖先亲本来源
永伟9号	铁丰31变异株	嘟噜豆	6.25	吉林省中南部地方品种
		铁荚子	12.50	辽宁省义县地方品种
		熊岳小粒黄	6.25	辽宁省熊岳地方品种
		Amsoy（阿姆索、阿姆索依）	25.00	美国品种
		Resnic	50.00	美国品种

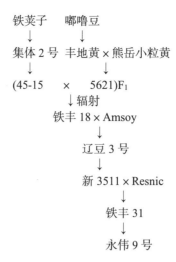

铁荚子　　嘟噜豆
↓　　　　↓
集体 2 号　丰地黄×熊岳小粒黄
↓　　　　↓
(45-15　　×　　5621)F₁
↓辐射
铁丰 18×Amsoy
↓
辽豆 3 号
↓
新 3511×Resnic
↓
铁丰 31
↓
永伟 9 号

图 6-40　永伟 9 号系谱图

41 铁豆 36

铁豆 36 品种简介

【品种来源】铁豆 36 是辽宁铁研种业科技有限公司、辽宁省铁岭大豆科学研究所 1994 年以铁 90009-4 为母本，铁 89078-10 为父本杂交，经多年选择育成。审定编号：辽审豆[2005]77 号。

【植株性状】紫花，椭圆叶，灰色茸毛，成熟荚褐色。有限结荚习性，株高 78.4cm，分枝 4.0 个，主茎节数 15.1 个。

【籽粒特点】籽粒椭圆形，种皮黄色，有光泽，种脐黄色，百粒重 25.8g。籽粒粗蛋白含量 40.42%，粗脂肪含量 21.65%。

【生育日数】在适应区从出苗至成熟生育日数 130d 左右。

【抗病鉴定】抗大豆花叶病毒强株系。虫食粒率 4.1%，大豆褐斑粒率 0.2%，大豆紫斑粒率 0.4%，大豆霜霉粒率 0.2%。

【产量表现】2003—2004 年区域试验平均产量 3031.7kg/hm²，较对照品种铁丰 27 平均增产 14.6%，2004 年省生产试验平均产量 3113.7kg/hm²，较对照品种铁丰 27 平均增产 17.6%。

【适应区域】辽宁省开原以南、海城以北、锦州、朝阳地区。

铁豆 36 遗传基础

铁豆 36 细胞质 100%来源于铁荚子，历经 8 轮传递与选育，细胞质传递过程为铁荚子→集体 2 号→45-15→（45-15×5621）F₁→铁丰 18→铁 78012-5-3→铁 84018-13→铁 90009-4→铁豆 36（详见图 6-41）

铁豆 36 细胞核来源于小金黄、四粒黄、四粒黄、铁荚四粒黄（黑铁荚）、嘟噜豆、辉南青皮豆、大粒黄、金元、嘟噜豆、大粒青、铁荚子、熊岳小粒黄、通州小黄豆、东山 101、十胜长叶等 15 个祖先亲本，分析其核遗传贡献率并注明祖先亲本来源，从而揭示该品种遗传基础，为大豆育种亲本的选择利用提供参考。（详见表 6-41）

表 6-41　铁豆 36 祖先亲本

品种名称	母本	父本	祖先亲本	祖先亲本核遗传贡献率/%	祖先亲本来源
铁豆 36	铁 90009-4	铁 89078-10	小金黄	3.13	吉林省中部平原地区地方品种
			四粒黄	0.78	吉林省中部地方品种
			四粒黄	4.30	吉林省公主岭地方品种
			铁荚四粒黄（黑铁荚）	1.17	吉林省中南部半山区地方品种
			嘟噜豆	20.90	吉林省中南部地方品种
			辉南青皮豆	2.34	吉林省辉南地方品种
			大粒黄	1.56	吉林省地方品种
			金元	4.69	辽宁省开原地方品种
			嘟噜豆	3.13	辽宁省铁岭地方品种
			大粒青	3.13	辽宁省本溪地方品种
			铁荚子	10.94	辽宁省义县地方品种
			熊岳小粒黄	11.13	辽宁省熊岳地方品种
			通州小黄豆	5.47	北京通县地方品种
			东山 101	12.50	日本品种
			十胜长叶	14.84	日本品种

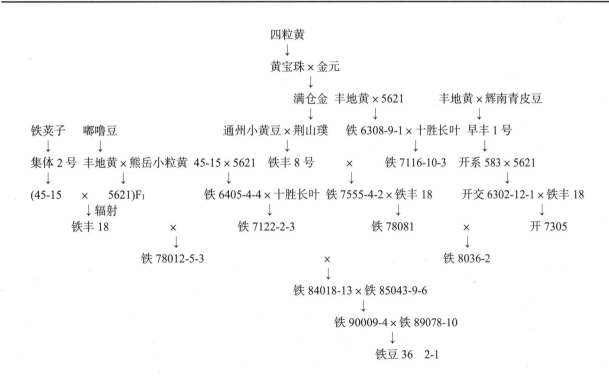

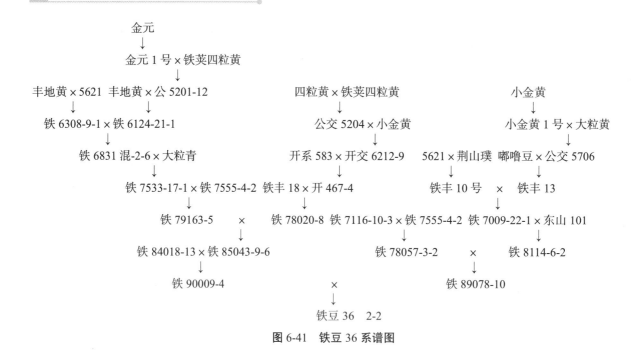

图 6-41　铁豆 36 系谱图

42　铁豆 37

铁豆 37 品种简介

【品种来源】铁豆 37 是辽宁铁研种业科技有限公司、辽宁省铁岭大豆科学研究所 1995 年以铁 89034-10 为母本，铁 87107-6 为父本杂交，经多年选择育成。审定名称：铁豆 37 号，审定编号：辽审豆 [2005]78 号，京审豆 2007005。

【植株性状】白花，椭圆叶，灰色茸毛，成熟荚褐色。有限结荚习性。辽宁省试验表现：株高 73.2cm，分枝 3.3 个，主茎节数 16.0 个。北京试验表现：株高 68.5cm，分枝 3.7 个，结荚高度 16.8cm，主茎节数 15.8 个，单株有效荚 61.6 个，单株粒数 118.3 个，单株粒重 29.4g。秆强抗倒。

【籽粒特点】籽粒椭圆形，种皮黄色，有光泽，种脐黄色。辽宁省试验表现：百粒重 27.5g。籽粒粗蛋白含量 40.64%，粗脂肪含量 21.06%。北京试验表现：百粒重 27.0g，籽粒粗蛋白含量为 44.15%，粗脂肪含量为 20.67%。

【生育日数】辽宁省试验表现：在适应区从出苗至成熟生育日数 130d 左右。北京试验表现：在适应区从出苗至成熟生育日数 133d。

【抗病鉴定】辽宁省试验表现：中抗大豆花叶病毒强株系。虫食粒率 5.9%，大豆褐斑粒率 0.2%，大豆紫斑粒率 1.5%，大豆霜霉粒率 0.4%。北京试验表现：接种鉴定高抗大豆花叶病毒 3 号株系，病情指数 0%，中抗大豆花叶病毒 7 号株系，病情指数 22%。虫食粒率 2.1%，大豆紫斑粒率 2.2%，大豆褐斑粒率 1.2%，

【产量表现】辽宁省试验表现：2003—2004 年区域试验平均产量 2925.9kg/hm²，较对照品种铁丰 27 平均增产 17.9%，2004 年生产试验平均产量 3533.4kg/hm²，较对照品种铁丰 27 平均增产 25.0%。北京试验表现：区域试验平均产量 2943.0kg/hm²，较对照品种中黄 13 平均增产 28.7%。生产试验平均 2614.5kg/hm²，较对照品种中黄 13 平均增产 19.1%。

【适应区域】辽宁省试验表现：辽宁省铁岭以南、锦州、朝阳地区。

铁豆 37 遗传基础

铁豆 37 细胞质 100%来源于嘟噜豆，历经 8 轮传递与选育，细胞质传递过程为嘟噜豆→丰地黄→铁 6308→铁 6831→铁 7533-17-1-1→铁 79163-5→铁 85043-9-6→铁 89034-10→铁豆 37。（详见图 6-42）

铁豆 37 细胞核来源于小金黄、四粒黄、四粒黄、铁荚四粒黄（黑铁荚）、嘟噜豆、辉南青皮豆、大粒黄、金元、嘟噜豆、大粒青、铁荚子、熊岳小粒黄、通州小黄豆、济南 1 号、海白花、小平顶、蒙城大白壳、大粒黄、东山 101、十胜长叶、SRF400（索夫 400）等 21 个祖先亲本，分析其核遗传贡献率并注明祖先亲本来源，从而揭示该品种遗传基础，为大豆育种亲本的选择利用提供参考。（详见表 6-42）

表 6-42　铁豆 37 祖先亲本

品种名称	母本	父本	祖先亲本	祖先亲本核遗传贡献率/%	祖先亲本来源
铁豆 37	铁 89034-10	铁 87107-6	小金黄	4.69	吉林省中部平原地区地方品种
			四粒黄	1.56	吉林省中部地方品种
			四粒黄	3.91	吉林省公主岭地方品种
			铁荚四粒黄（黑铁荚）	1.95	吉林省中南部半山区地方品种
			嘟噜豆	17.97	吉林省中南部地方品种
			辉南青皮豆	3.13	吉林省辉南地方品种
			大粒黄	1.56	吉林省地方品种
			金元	4.30	辽宁省开原地方品种
			嘟噜豆	3.13	辽宁省铁岭地方品种
			大粒青	3.13	辽宁省本溪地方品种
			铁荚子	6.25	辽宁省义县地方品种
			熊岳小粒黄	7.81	辽宁省熊岳地方品种
			通州小黄豆	4.69	北京通县地方品种
			济南 1 号	2.34	山东省材料
			海白花	1.56	江苏省灌云地方品种
			小平顶	2.34	安徽省宿县地方品种
			蒙城大白壳	1.56	安徽省蒙城地方品种
			大粒黄	1.56	湖北省英山地方品种
			东山 101	12.50	日本品种

续表

品种名称	母本	父本	祖先亲本	祖先亲本核遗传贡献率/%	祖先亲本来源
铁豆 37	铁 89034-10	铁 87107-6			
			十胜长叶	10.94	日本品种
		SRF400（索夫 400）		3.13	美国品种

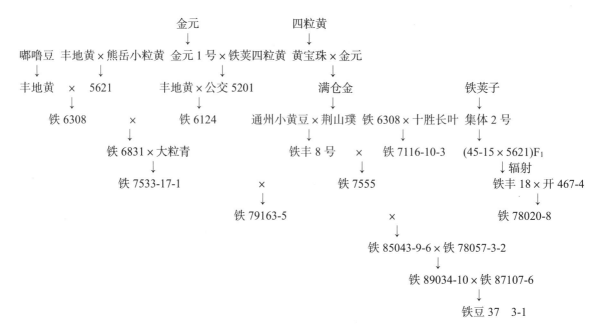

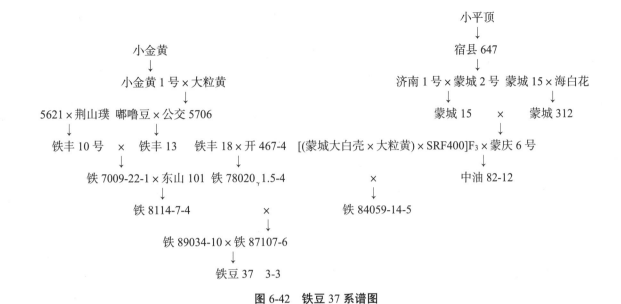

图 6-42　铁豆 37 系谱图

43　铁豆 42

铁豆 42 品种简介

【品种来源】铁豆 42 是辽宁省铁岭大豆科学研究所 1996 年以铁 89012-3-4 为母本，铁 89078-7 为父本杂交，经多年选择育成。审定名称：铁豆 42 号，审定编号：辽审豆[2007]94 号。

【植株性状】紫花，椭圆叶，灰色茸毛，成熟荚淡褐色。有限结荚习性，株高 84.9cm，分枝 3.4 个，株型收敛，主茎节数 15.3 个，单株荚数 59.8 个，平均每荚 2 ~ 3 粒。

【籽粒特点】籽粒圆形，种皮黄色，有光泽，种脐黄色，百粒重 25.4g。籽粒粗蛋白含量 43.02%，粗脂肪含量 19.65%。

【生育日数】在适应区从出苗至成熟生育日数 129d 左右，较对照品种铁丰 31、铁丰 33 早 3d。

【抗病鉴定】人工接种鉴定抗大豆花叶病毒病。考种鉴定大豆褐斑粒率 0.1%，大豆紫斑粒率 0.7%，大豆霜霉粒率。

【产量表现】2005-2006 年区域试验平均产量 2936.3kg/hm²，较对照品种铁丰 31、铁丰 33 平均增产 8.1%，2006 年生产试验平均产量 3210.2kg/hm²，较对照品种铁丰 33 平均增产 18.1%。

【适应区域】辽宁省除昌图、开原、铁岭、抚顺、恒仁等活动积温 2800℃以上的早熟大豆区。

铁豆 42 遗传基础

铁豆 42 细胞质 100% 来源于嘟噜豆，历经 6 轮传递与选育，细胞质传递过程为嘟噜豆→丰地黄→铁 6308→铁 7116-10-3→铁 78057-3-2→铁 89012-3→铁豆 42。（详见图 6-43）

铁豆 42 细胞核来源于小金黄、四粒黄、嘟噜豆、辉南青皮豆、大粒黄、金元、嘟噜豆、铁荚子、熊岳小粒黄、通州小黄豆、东山 101、十胜长叶等 12 个祖先亲本，分析其核遗传贡献率并注明祖先亲本来源，

从而揭示该品种遗传基础，为大豆育种亲本的选择利用提供参考。（详见表6-43）

表6-43　铁豆42祖先亲本

品种名称	母本	父本	祖先亲本	祖先亲本核遗传贡献率/%	祖先亲本来源
铁豆42	铁89012-3-4	铁89078-7	小金黄	1.56	吉林省中部平原地区地方品种
			四粒黄	5.08	吉林省公主岭地方品种
			嘟噜豆	21.68	吉林省中南部地方品种
			辉南青皮豆	0.78	吉林省辉南地方品种
			大粒黄	1.56	吉林省地方品种
			金元	5.08	辽宁省开原地方品种
			嘟噜豆	3.13	辽宁省铁岭地方品种
			铁荚子	7.81	辽宁省义县地方品种
			熊岳小粒黄	11.13	辽宁省熊岳地方品种
			通州小黄豆	7.03	北京通县地方品种
			东山101	12.50	日本品种
			十胜长叶	22.66	日本品种

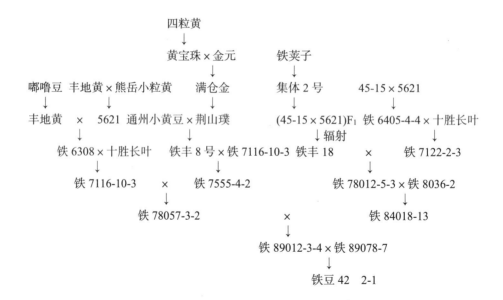

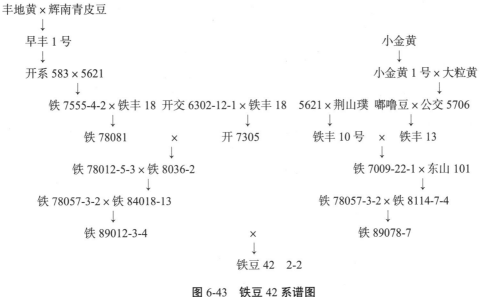

图 6-43　铁豆 42 系谱图

44 铁豆 59

铁豆 59 品种简介

【品种来源】铁豆 59 是铁岭市农业科学院 2001 年以铁 94026-4 为母本，俄罗斯大粒为父本杂交，经多年选择育成。审定名称：铁豆 59 号，审定编号：辽审豆[2011]136 号。

【植株性状】白花，椭圆叶，棕色茸毛，荚熟淡褐色。有限结荚习性，株高 96.0cm，分枝 4.7 个，株型收敛，主茎节数 15.7 个，单株荚数 53.0 个。

【籽粒特点】籽粒椭圆形，种皮黄色，有光泽，种脐黄色，百粒重 25.7g。籽粒粗蛋白含量 41.76%，粗脂肪含量 21.57%。

【生育日数】在适应区从出苗至成熟生育日数 131d 左右，较对照品种铁丰 33 早 1d。

【抗病鉴定】人工接种鉴定抗大豆花叶病毒 1 号株系。室内考种鉴定虫食粒率 1.5%，大豆褐斑粒率 0.7%，大豆紫斑粒率 1.0%，大豆霜霉粒率 0.8%。

【产量表现】2009—2010 年区域试验平均产量 2752.5kg/hm²，较对照品种铁丰 33 平均增产 10.2%，2010 年生产试验平均产量 2766.0kg/hm²，较对照品种铁丰 33 平均增产 10.4%。

【适应区域】辽宁省铁岭、沈阳、辽阳、鞍山、阜新、朝阳、锦州及葫芦岛等中熟大豆区。

铁豆 59 遗传基础

铁豆 59 细胞质 100%来源于嘟噜豆，历经 7 轮传递与选育，细胞质传递过程为嘟噜豆→丰地黄→铁 6308→铁 7116-10-3→铁 78057-3-2→铁 89012-3→铁 94026-4→铁豆 59。（详见图 6-44）

铁豆 59 细胞核来源于小金黄、四粒黄、四粒黄、铁荚四粒黄（黑铁荚）、嘟噜豆、辉南青皮豆、金元、大粒青、铁荚子、熊岳小粒黄、通州小黄豆、俄罗斯大粒、十胜长叶等 13 个祖先亲本，分析其核遗

传贡献率并注明祖先亲本来源，从而揭示该品种遗传基础，为大豆育种亲本的选择利用提供参考。（详见表 6-44）

表 6-44　铁豆 59 祖先亲本

品种名称	母本	父本	祖先亲本	祖先亲本核遗传贡献率/%	祖先亲本来源
铁豆 59	94026-4	俄罗斯大粒	小金黄	1.56	吉林省中部平原地区地方品种
			四粒黄	0.78	吉林省中部地方品种
			四粒黄	1.76	吉林省公主岭地方品种
			铁荚四粒黄（黑铁荚）	1.17	吉林省中南部半山区地方品种
			嘟噜豆	12.79	吉林省中南部地方品种
			辉南青皮豆	1.95	吉林省辉南地方品种
			金元	2.15	辽宁省开原地方品种
			大粒青	3.13	辽宁省本溪地方品种
			铁荚子	7.03	辽宁省义县地方品种
			熊岳小粒黄	5.96	辽宁省熊岳地方品种
			通州小黄豆	3.52	北京通县地方品种
			俄罗斯大粒	50.00	俄罗斯材料
			十胜长叶	8.20	日本品种

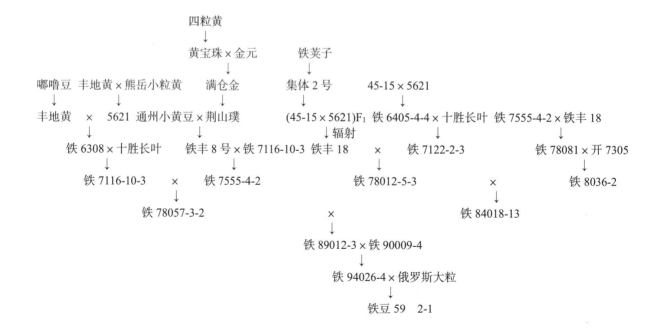

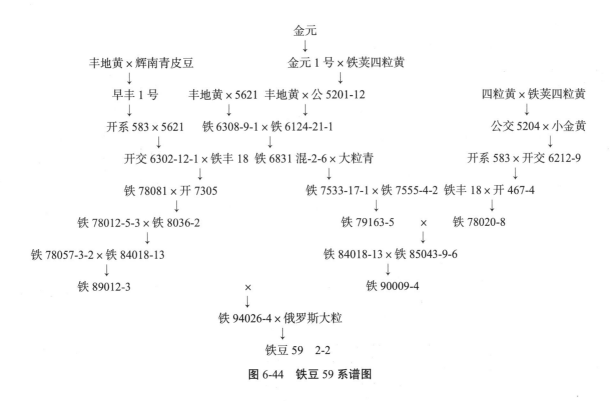

图 6-44 铁豆 59 系谱图

45 铁豆 64

铁豆 64 品种简介

【品种来源】铁豆 64 是铁岭市农业科学院 2001 年以 94026-4 为母本，辽 99-27 为父本杂交，经多年选择育成。审定编号：辽审豆[2012]149 号。

【植株性状】白花，椭圆叶，灰色茸毛，成熟荚淡褐色。有限结荚习性，株高 87.1cm，分枝 4.3 个，主茎节数 15.3 个，单株荚数 44.0 个。

【籽粒特点】籽粒椭圆形，种皮黄色，有光泽，种脐黄色，百粒重 25.2g。籽粒粗蛋白含量 41.92%，粗脂肪含量 21.07%。

【生育日数】在适应区从出苗至成熟生育日数 130d 左右。

【抗病鉴定】中抗大豆花叶病毒 1 号株系。

【产量表现】2010—2011 年区域试验平均产量 2718.0kg/hm²，较对照品种丹豆 11 平均增产 21.1%，2010 年生产试验平均产量 3211.5kg/hm²，较对照品种丹豆 11 平均增产 25.4%。

【适应区域】辽宁省铁岭以南的晚熟大豆区。

铁豆 64 遗传基础

铁豆 64 细胞质 100% 来源于嘟噜豆，历经 7 轮传递与选育，细胞质传递过程为嘟噜豆→丰地黄→铁6308→铁 7116-10-3→铁 78057-3-2→铁 89012-3→铁 94026-4→铁豆 64。（详见图 6-45）

铁豆 64 细胞核来源于小金黄、四粒黄、四粒黄、铁荚四粒黄（黑铁荚）、嘟噜豆、辉南青皮豆、金元、大粒青、铁荚子、熊岳小粒黄、辽 89-2375M、通州小黄豆、十胜长叶、Amsoy（阿姆索、阿姆索依）等 14 个祖先亲本，分析其核遗传贡献率并注明祖先亲本来源，从而揭示该品种遗传基础，为大豆育种亲本的选择利用提供参考。（详见表 6-45）

表 6-45　铁豆 64 祖先亲本

品种名称	母本	父本	祖先亲本	祖先亲本核遗传贡献率/%	祖先亲本来源
铁豆 64	94026-4	辽 99-27	小金黄	1.56	吉林省中部平原地区地方品种
			四粒黄	0.78	吉林省中部地方品种
			四粒黄	2.54	吉林省公主岭地方品种
			铁荚四粒黄（黑铁荚）	1.17	吉林省中南部半山区地方品种
			嘟噜豆	19.43	吉林省中南部地方品种
			辉南青皮豆	2.73	吉林省辉南地方品种
			金元	2.93	辽宁省开原地方品种
			大粒青	3.13	辽宁省本溪地方品种
			铁荚子	14.84	辽宁省义县地方品种
			熊岳小粒黄	11.04	辽宁省熊岳地方品种
			辽 89-2375M	12.50	辽宁省农业科学院作物研究所材料
			通州小黄豆	5.08	北京通县地方品种
			十胜长叶	9.77	日本品种
			Amsoy（阿姆索、阿姆索依）	12.50	美国品种

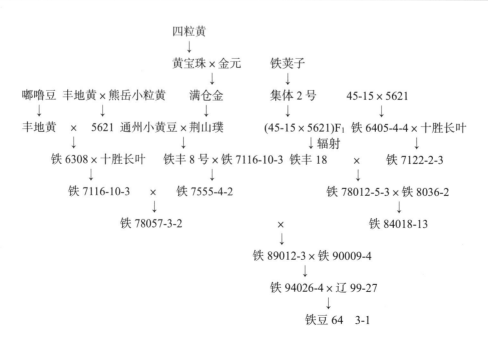

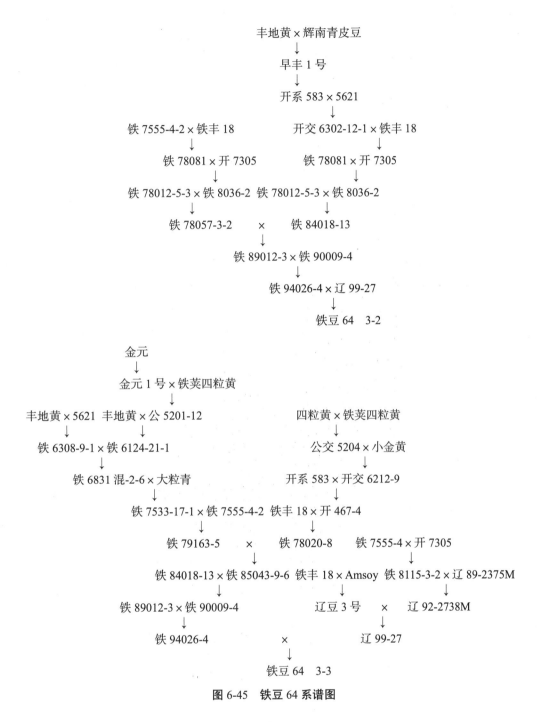

图 6-45　铁豆 64 系谱图

46　铁豆 65

铁豆 65 品种简介

【品种来源】铁豆 65 是铁岭市农业科学院 2001 年以铁 94026-4 为母本、美国大粒黄为父本杂交，经多年选择育成。审定编号：辽审豆[2012]147 号。

【植株性状】白花，椭圆叶，棕色茸毛，成熟荚淡褐色。有限结荚习性，株高 87.7cm，分枝 4.2 个，株型收敛，主茎节数 15.4 个，单株荚数 60.9 个，平均每荚 2 ~ 3 粒。

【籽粒特点】籽粒椭圆形，种皮黄色，有光泽，种脐黄色，百粒重 26.2g。籽粒粗蛋白含量 41.82%，粗脂肪含量 21.25%。

【生育日数】在适应区从出苗至成熟生育日数 129d 左右，较对照品种铁丰 33 早 1d。

【抗病鉴定】人工接种鉴定中抗大豆花叶病毒 1 号株系。室内考种鉴定虫食粒率 0.9%，大豆褐斑粒率 0.8%，大豆紫斑粒率 0.7%，大豆霜霉粒率 1.1%。

【产量表现】2010—2011 年区域试验平均产量 3027.0kg/hm²，较对照品种铁丰 33 平均增产 12.5%，2011 年生产试验平均产量 3169.5kg/hm²，较对照品种铁丰 33 平均增产 8.5%。

【适应区域】辽宁省铁岭、沈阳、辽阳、鞍山、阜新、朝阳、锦州及葫芦岛等中熟大豆区。

铁豆 65 遗传基础

铁豆 65 细胞质 100% 来源于嘟噜豆，历经 7 轮传递与选育，细胞质传递过程为嘟噜豆→丰地黄→铁6308→铁 7116-10-3→铁 78057-3-2→铁 89012-3→铁 94026-4→铁豆 65。（详见图 6-46）

铁豆 65 细胞核来源于小金黄、四粒黄、四粒黄、铁荚四粒黄（黑铁荚）、嘟噜豆、辉南青皮豆、金元、大粒青、铁荚子、熊岳小粒黄、通州小黄豆、十胜长叶、美国大粒黄等 13 个祖先亲本，分析其核遗传贡献率并注明祖先亲本来源，从而揭示该品种遗传基础，为大豆育种亲本的选择利用提供参考。（详见表 6-46）

表 6-46　铁豆 65 祖先亲本

品种名称	母本	父本	祖先亲本	祖先亲本核遗传贡献率/%	祖先亲本来源
铁豆 65	94026-4	美国大粒黄	小金黄	1.56	吉林省中部平原地区地方品种
			四粒黄	0.78	吉林省中部地方品种
			四粒黄	1.76	吉林省公主岭地方品种
			铁荚四粒黄（黑铁荚）	1.17	吉林省中南部半山区地方品种
			嘟噜豆	12.79	吉林省中南部地方品种
			辉南青皮豆	1.95	吉林省辉南地方品种
			金元	2.15	辽宁省开原地方品种
			大粒青	3.13	辽宁省本溪地方品种
			铁荚子	7.03	辽宁省义县地方品种
			熊岳小粒黄	5.96	辽宁省熊岳地方品种
			通州小黄豆	3.52	北京通县地方品种
			十胜长叶	8.20	日本品种
			美国大粒黄	50.00	美国材料

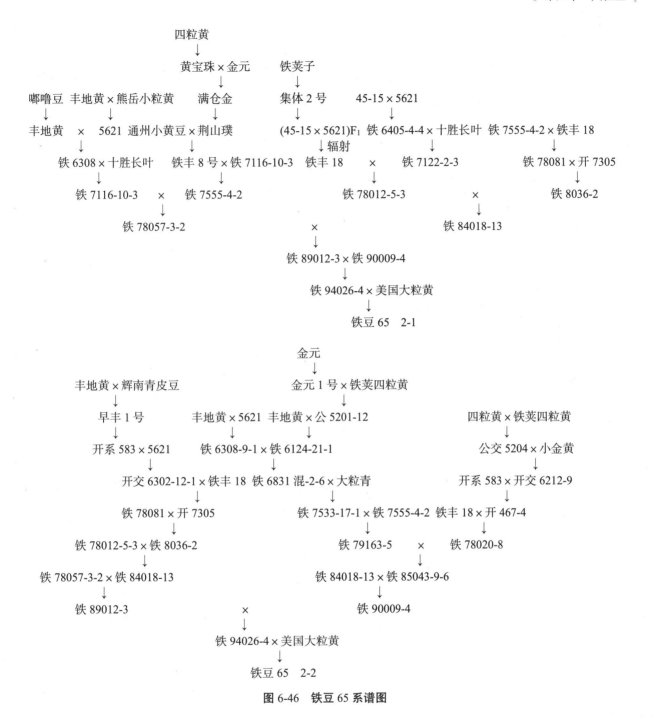

图 6-46　铁豆 65 系谱图

47　铁豆 68

铁豆 68 品种简介

【品种来源】铁豆 68 是铁岭市农业科学院 2000 年以铁 93172-11 为母本，开 8930-1 为父本杂交，经多年选择育成。审定编号：辽审豆 2013005。

【植株性状】紫花，椭圆叶，灰色茸毛，荚熟淡褐色。有限结荚习性，株高 86.1cm，分枝 2.8 个，株型收敛，主茎节数 16.5 个，单株荚数 54.8 个，平均每荚 2~3 粒。

【籽粒特点】籽粒椭圆形，种皮黄色，有光泽，种脐黄色，百粒重 26.7g。籽粒粗蛋白含量 38.77%，粗脂肪含量 22.13%。

【生育日数】在适应区从出苗至成熟生育日数 130d 左右，较对照品种铁丰 33 早 4d。

【抗病鉴定】人工接种鉴定中抗大豆花叶病毒 1 号株系。田间鉴定虫食粒率 0.8%，大豆褐斑粒率 0.4%，大豆紫斑粒率 0.3%，大豆霜霉粒率 0.3%。

【产量表现】2011—2012 年区域试验平均产量 3249kg/hm²，较对照品种铁丰 33 平均增产 9.6%，2012 年生产试验平均产量 3736.5kg/hm²，较对照品种铁丰 33 平均增产 13.6%。

【适应区域】辽宁省铁岭、沈阳、辽阳、鞍山、阜新、朝阳、锦州、葫芦岛等中熟大豆区。

铁豆 68 遗传基础

铁豆 68 细胞质 100% 来源于嘟噜豆，历经 8 轮传递与选育，细胞质传递过程为嘟噜豆→丰地黄→5621→铁丰 10 号→铁 7009-22-1→铁 8114-7-4→铁丰 29→铁 93172-11→铁豆 68。（详见图 6-47）

铁豆 68 细胞核来源于小金黄、四粒黄、四粒黄、铁荚四粒黄（黑铁荚）、嘟噜豆、辉南青皮豆、大粒黄、金元、嘟噜豆、小金黄、铁荚子、熊岳小粒黄、白扁豆、开 6708、大白脐、济南 1 号、海白花、小平顶、蒙城大白壳、大粒黄、白千鸣、东山 101、日本白眉、Amsoy（阿姆索、阿姆索依）、SRF400（索夫 400）等 25 个祖先亲本，分析其核遗传贡献率并注明祖先亲本来源，从而揭示该品种遗传基础，为大豆育种亲本的选择利用提供参考。（详见表 6-47）

表 6-47　铁豆 68 祖先亲本

品种名称	母本	父本	祖先亲本	祖先亲本核遗传贡献率/%	祖先亲本来源
铁豆 68	铁 93172-11	开 8930-1	小金黄	2.73	吉林省中部平原地区地方品种
			四粒黄	0.39	吉林省中部地方品种
			四粒黄	0.78	吉林省公主岭地方品种
			铁荚四粒黄（黑铁荚）	1.17	吉林省中南部半山区地方品种
			嘟噜豆	14.84	吉林省中南部地方品种
			辉南青皮豆	2.34	吉林省辉南地方品种
			大粒黄	1.17	吉林省地方品种
			金元	0.78	辽宁省开原地方品种
			嘟噜豆	1.56	辽宁省铁岭地方品种
			小金黄	0.78	辽宁省沈阳地方品种
			铁荚子	17.97	辽宁省义县地方品种
			熊岳小粒黄	11.72	辽宁省熊岳地方品种
			白扁豆	3.13	辽宁省地方品种
			开 6708	3.13	辽宁省开原市农业科学研究所材料
			大白脐	6.25	河北省平泉地方品种

续表

品种名称	母本	父本	祖先亲本	祖先亲本核遗传贡献率/%	祖先亲本来源
铁豆 68	铁 93172-11	开 8930-1	济南 1 号	1.17	山东省材料
			海白花	0.78	江苏省灌云地方品种
			小平顶	1.17	安徽省宿县地方品种
			蒙城大白壳	0.78	安徽省蒙城地方品种
			大粒黄	0.78	湖北省英山地方品种
			白千鸣	6.25	日本品种
			东山 101	6.25	日本品种
			日本白眉	6.25	日本品种
			Amsoy（阿姆索、阿姆索依）	6.25	美国品种
			SRF400（索夫 400）	1.56	美国品种

小平顶
↓
宿县 647
↓
济南 1 号 × 蒙城 2 号　蒙城 15 × 海白花
↓　　　　　　　　↓
蒙城 15　　　　　蒙城 312
×
[(蒙城大白壳 × 大粒黄) × SRF400]F₃ × 蒙庆 6 号
↓
中油 82-12

丰地黄 × 辉南青皮豆　四粒黄 × 铁荚四粒黄
↓　　　　　　　　　↓
早丰 1 号　　　公交 5204-4 × 小金黄
↓　　　　　　　　↓
开交 6212-9-5
×
开 467-4
×
铁 84059-13-8

四粒黄
↓
黄宝珠 × 金元　小金黄
↓　　　　　↓
丰地黄 × 熊岳小粒黄　满仓金　小金黄 1 号 × 大粒黄　四粒黄
↓　　　　　　　　　↓　　　　　　　　　↓
5621　　　　铁荚子　集体 2 号　嘟噜豆 × 公交 5706
×　　　　　↓　　　↓　　　　　　↓
铁丰 10 号　(45-15 × 5621)F₁　开系 583　荆山璞　铁丰 13
×　　　　　　　　　辐射
铁 7009-22-1 × 东山 101　铁丰 18
↓
铁 8114-7-4
铁 78020ᵧ 1.5-4
铁丰 29 × 辽豆 10 号
铁 93172-11 × 开 8930-1
↓
铁豆 68　2-1

嘟噜豆
↓

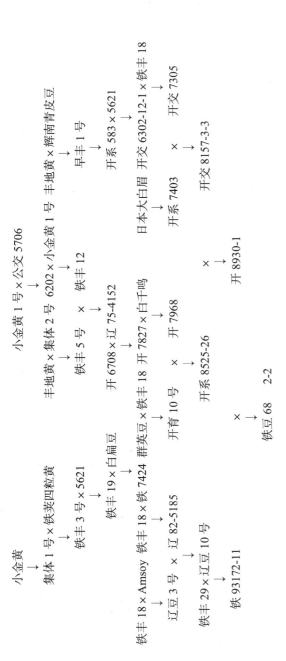

图 6-47 铁豆 68 系谱图

48 铁豆70

铁豆70品种简介

【品种来源】铁豆70是铁岭市农业科学院2003年以铁95091-5-1为母本，K新D115A为父本杂交，经多年选择育成。审定编号：辽审豆2013012。

【植株性状】白花，椭圆叶，灰色茸毛，成熟荚淡褐色。有限结荚习性，株高83.9cm，分枝3.7个，株型收敛，主茎节数17.1个，单株荚数55.0个，平均每荚2~3粒。

【籽粒特点】籽粒椭圆形，种皮黄色，有光泽，种脐黄色，百粒重25.1g。籽粒粗蛋白含量40.02%，粗脂肪含量20.78%。

【生育日数】在适应区从出苗至成熟生育日数125d左右，较对照品种丹豆11早8d。

【抗病鉴定】人工接种鉴定抗大豆花叶病毒1号株系。田间鉴定虫食粒率2.2%，大豆褐斑粒率0.4%，大豆紫斑粒率0.7%，大豆霜霉粒率0.2%。

【产量表现】2011—2012年区域试验平均产量2913kg/hm²，较对照品种丹豆11平均增产14.4%，2012年生产试验平均产量2980.5kg/hm²，较对照品种丹豆11平均增产10.8%。

【适应区域】辽宁省沈阳、鞍山、丹东、锦州及大连等晚熟大豆区。

铁豆70遗传基础

铁豆70细胞质100%来源于嘟噜豆，历经9轮传递与选育，细胞质传递过程为嘟噜豆→丰地黄→铁6308→铁6831→铁7533-17-1-1→铁79163-5→铁85043-9-6→铁89034-10→铁95091-5-1→铁豆70。（详见图6-48）

铁豆70细胞核来源于四粒黄、小金黄、四粒黄、铁荚四粒黄（黑铁荚）、嘟噜豆、辉南青皮豆、大粒黄、金元、嘟噜豆、大粒青、铁荚子、熊岳小粒黄、通州小黄豆、济南1号、海白花、小平顶、蒙城大白壳、大粒黄、东山101、十胜长叶、日本白眉、SRF400（索夫400）等22个祖先亲本，分析其核遗传贡献率并注明祖先亲本来源，从而揭示该品种遗传基础，为大豆育种亲本的选择利用提供参考。（详见表6-48）

表6-48　铁豆70祖先亲本

品种名称	母本	父本	祖先亲本	祖先亲本核遗传贡献率/%	祖先亲本来源
铁豆70	铁95091-5-1	K新D115A	小金黄	2.34	吉林省中部平原地区地方品种
			四粒黄	0.78	吉林省中部地方品种
			四粒黄	1.95	吉林省公主岭地方品种
			铁荚四粒黄（黑铁荚）	0.98	吉林省中南部半山区地方品种
			嘟噜豆	18.36	吉林省中南部地方品种
			辉南青皮豆	3.13	吉林省辉南地方品种
			大粒黄	0.78	吉林省地方品种

续表

品种名称	母本	父本	祖先亲本	祖先亲本核遗传贡献率/%	祖先亲本来源
铁豆 70	铁 95091-5-1	K 新 D115A			
			金元	2.15	辽宁省开原地方品种
			嘟噜豆	1.56	辽宁省铁岭地方品种
			大粒青	1.56	辽宁省本溪地方品种
			铁荚子	15.63	辽宁省义县地方品种
			熊岳小粒黄	11.72	辽宁省熊岳地方品种
			通州小黄豆	2.34	北京通县地方品种
			济南 1 号	1.17	山东省材料
			海白花	0.78	江苏省灌云地方品种
			小平顶	1.17	安徽省宿县地方品种
			蒙城大白壳	0.78	安徽省蒙城地方品种
			大粒黄	0.78	湖北省英山地方品种
			东山 101	6.25	日本品种
			日本白眉	18.75	日本品种
			十胜长叶	5.47	日本品种
			SRF400（索夫 400）	1.56	美国品种

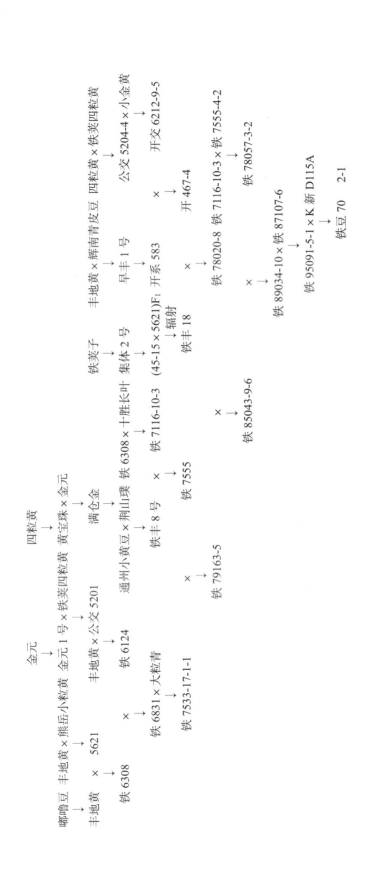

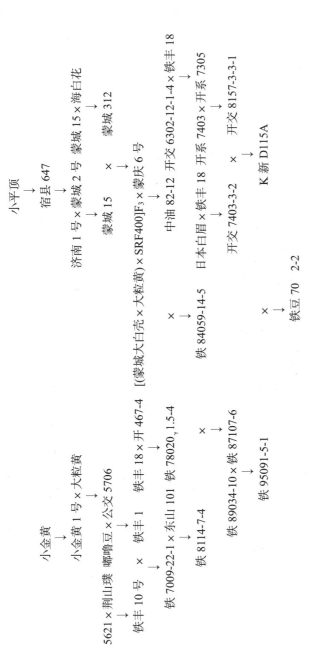

图 6-48 铁豆 70 系谱图

49 铁豆 103

铁豆 103 品种简介

【品种来源】铁豆 103 是铁岭市农业科学院以铁豆 37 为母本，铁 08030 为父本杂交，经多年选择育成。审定编号：辽审豆 20190011。

【植株性状】白花，椭圆叶，灰色茸毛。有限结荚习性，株高 79.2cm，分枝 2.4 个，主茎节数 15.8 个，单株荚数 56.0 个。

【籽粒特点】籽粒椭圆形，种皮黄色，有光泽，种脐黄色，百粒重 25.1g。籽粒粗蛋白含量 41.55%，粗脂肪含量 20.12%。

【生育日数】在适应区从出苗至成熟生育日数 124d，较对照品种丹豆 11 早 10d。

【抗病鉴定】接种鉴定抗大豆花叶病毒 1 号株系和 3 号株系，病情指数分别为 1.72% 和 0.93%。虫食粒率 0.9%，大豆褐斑粒率 0.4%，大豆紫斑粒率 2.4%，大豆霜霉粒率 0.8%。

【产量表现】2017—2018 年区域试验平均产量 2907.0kg/hm²，较对照品种丹豆 11 平均增产 12.6%，2018 年生产试验平均产量 2955.0kg/hm²，较对照品种丹豆 11 平均增产 12.6%。

【适应区域】适宜在辽宁省铁岭以南的晚熟大豆区种植。

铁豆 103 遗传基础

铁豆 103 细胞质 100% 来源于嘟噜豆，历经 9 轮传递与选育，细胞质传递过程为嘟噜豆→丰地黄→铁 6308→铁 6831→铁 7533-17-1→铁 79163-5→铁 85043-9-6→铁 89034-10→铁 37→铁豆 103。(详见图 6-49)

铁豆 103 细胞核来源于小金黄、四粒黄、四粒黄、铁荚四粒黄（黑铁荚）、嘟噜豆、辉南青皮豆、大粒黄、金元、嘟噜豆、大粒青、铁荚子、熊岳小粒黄、通州小黄豆、济南 1 号、海白花、小平顶、蒙城大白壳、大粒黄、东山 101、十胜长叶、SRF400（索夫 400）、Atlantic 等 22 个祖先亲本，分析其核遗传贡献率并注明祖先亲本来源，从而揭示该品种遗传基础，为大豆育种亲本的选择利用提供参考。(详见表 6-49)

表 6-49　铁豆 103 祖先亲本

品种名称	母本	父本	祖先亲本	祖先亲本核遗传贡献率/%	祖先亲本来源
铁豆 103	铁豆 37	铁 08030	小金黄	3.52	吉林省中部平原地区地方品种
			四粒黄	1.17	吉林省中部地方品种
			四粒黄	2.93	吉林省公主岭地方品种
			铁荚四粒黄（黑铁荚）	1.46	吉林省中南部半山区地方品种
			嘟噜豆	13.48	吉林省中南部地方品种
			辉南青皮豆	2.34	吉林省辉南地方品种
			大粒黄	1.17	吉林省地方品种

续表

品种名称	母本	父本	祖先亲本	祖先亲本核遗传贡献率/%	祖先亲本来源
铁豆103	铁豆37	铁08030	金元	3.22	辽宁省开原地方品种
			嘟噜豆	2.34	辽宁省铁岭地方品种
			大粒青	2.34	辽宁省本溪地方品种
			铁荚子	4.69	辽宁省义县地方品种
			熊岳小粒黄	5.86	辽宁省熊岳地方品种
			通州小黄豆	3.52	北京通县地方品种
			济南1号	1.76	山东省材料
			海白花	1.17	江苏省灌云地方品种
			小平顶	1.76	安徽省宿县地方品种
			蒙城大白壳	1.17	安徽省蒙城地方品种
			大粒黄	1.17	湖北省英山地方品种
			东山101	9.38	日本品种
			十胜长叶	8.20	日本品种
			SRF400（索夫400）	2.34	美国品种
			Atlantic	25.00	外引材料

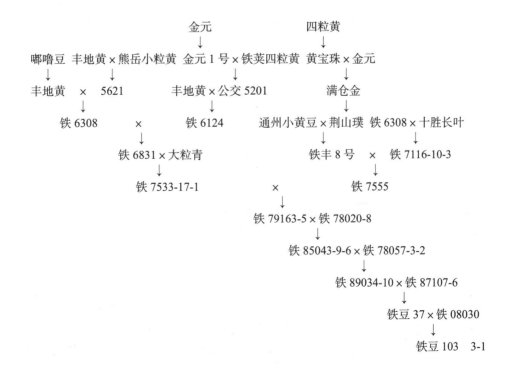

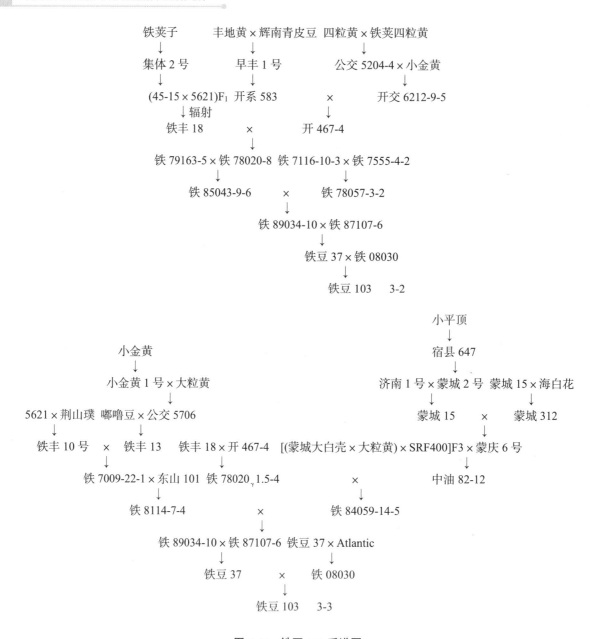

图 6-49 铁豆 103 系谱图

50 铁豆 117

铁豆 117 品种简介

【品种来源】铁豆 117 是铁岭市农业科学院以铁丰 31 为母本、铁 9863-4 为父本杂交，经多年选择育成。审定编号：辽审豆 20210007。

【植株性状】紫花，圆叶，棕色茸毛。亚有限结荚习性，株高 88.1cm，有效分枝 2.7 个，株型收敛，结荚高度 11.6cm，主茎节数 19.0 个，单株有效荚数 66.9 个。

【籽粒特点】种皮黄色，种脐黑色，百粒重 28.2g。籽粒粗蛋白含量 41.74%，粗脂肪含量 20.84%。

【生育日数】在适应区从出苗至成熟生育日数 128d。

【抗病鉴定】接种鉴定抗大豆花叶病毒 1 号株系。

【产量表现】2019—2020 年区域试验平均产量 3496.5kg/hm²，较对照品种铁豆 53 平均增产 16.3%，2020 年生产试验平均产量 3474.0kg/hm²，较对照品种铁豆 53 平均增产 13.7%。

【适应区域】适宜在辽宁省晚熟大豆生态类型区种植。

铁豆 117 遗传基础

铁豆 117 细胞质 100%来源于铁荚子，历经 8 轮传递与选育，细胞质传递过程为铁荚子→集体 2 号→45-15→（45-15×5621）F₁→铁丰 18→辽豆 3 号→新 3511→铁丰 31→铁豆 117。（详见图 6-50）

铁豆 117 细胞核来源于白眉、克山四粒荚、佳木斯秃荚子、小粒黄、东农 20(黄-中-中 20)、永丰豆、四粒黄、嘟噜豆、金元、铁荚子、熊岳小粒黄、Amsoy（阿姆索、阿姆索依）、Resnic、邓恩斯.查普曼等 14 个祖先亲本，分析其核遗传贡献率并注明祖先亲本来源，从而揭示该品种遗传基础，为大豆育种亲本的选择利用提供参考。（详见表 6-50）

表 6-50　铁豆 117 祖先亲本

品种名称	母本	父本	祖先亲本	祖先亲本核遗传贡献率/%	祖先亲本来源
铁豆 117	铁丰 31	铁 9863-4	白眉	0.63	黑龙江省克山地方品种
			克山四粒荚	2.93	黑龙江省克山地方品种
			佳木斯秃荚子	0.10	黑龙江省佳木斯地方品种
			小粒黄	1.17	黑龙江省勃利地方品种
			东农 20(黄-中-中 20)	0.39	东北农业大学材料
			永丰豆	1.56	吉林省永吉地方品种
			四粒黄	0.90	吉林省公主岭地方品种
			嘟噜豆	4.69	吉林省中南部地方品种
			金元	0.90	辽宁省开原地方品种
			铁荚子	9.38	辽宁省义县地方品种
			熊岳小粒黄	4.69	辽宁省熊岳地方品种
			Amsoy（阿姆索、阿姆索依）	22.66	美国品种
			Resnic	25.00	美国品种
			邓恩斯.查普曼	25.00	外引材料

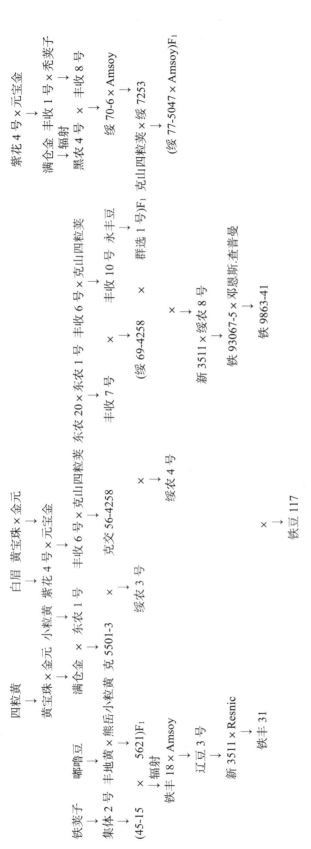

图 6-50　铁豆 117 系谱图

51　抚豆21

抚豆21品种简介

【品种来源】抚豆21是抚顺市农业科学研究院2001年以抚97-16早为母本，抚8412为父本杂交，经多年选择育成。审定名称：抚豆21号，审定编号：辽审豆[2010]116号。

【植株性状】紫花，椭圆叶，灰色茸毛，成熟荚深褐色。有限结荚习性，株高78.4cm，分枝2.6个，主茎节数16.9个，单株荚数67.4个，平均每荚2.4粒。

【籽粒特点】籽粒圆形，种皮黄色，有光泽，种脐黄色，百粒重25.1g。籽粒粗蛋白含量39.41%，粗脂肪含量21.38%。

【生育日数】在适应区从出苗至成熟生育日数127d左右，较对照品种开育11早6d。

【抗病鉴定】人工接种鉴定中感大豆花叶病毒1号株系。田间鉴定大豆褐斑粒率0.4%，大豆紫斑粒率0，大豆霜霉粒率0.2%，虫食粒率4.7%。

【产量表现】2008—2009年区域试验平均产量3010.5kg/hm²，较对照品种开育11平均增产11.9%，2009年生产试验平均产量2559.0kg/hm²，较对照品种开育11平均增产9.8%。

【适应区域】辽宁省东部、北部早熟大豆区。

抚豆21遗传基础

抚豆21细胞质100%来源于抚83210，历经2轮传递与选育，细胞质传递过程为抚83210→抚97-16早→抚豆21。（详见图6-51）

抚豆21细胞核来源于铁荚四粒黄（黑铁荚）、嘟噜豆、一窝蜂、四粒黄、金元、铁荚子、熊岳小粒黄、抚8412、抚83210、十胜长叶、Amsoy（阿姆索、阿姆索依）等11个祖先亲本，分析其核遗传贡献率并注明祖先亲本来源，从而揭示该品种遗传基础，为大豆育种亲本的选择利用提供参考。（详见表6-51）

表6-51　抚豆21祖先亲本

品种名称	母本	父本	祖先亲本	祖先亲本核遗传贡献率/%	祖先亲本来源
抚豆21	抚97-16早	抚8412	铁荚四粒黄（黑铁荚）	3.13	吉林省中南部半山区地方品种
			嘟噜豆	1.56	吉林省中南部地方品种
			一窝蜂	3.13	吉林省中部偏西地区地方品种
			四粒黄	1.56	吉林省东丰地方品种
			金元	1.56	辽宁省开原地方品种
			铁荚子	3.13	辽宁省义县地方品种
			熊岳小粒黄	1.56	辽宁省熊岳地方品种

续表

品种名称	母本	父本	祖先亲本	祖先亲本核遗传贡献率/%	祖先亲本来源
抚豆 21	抚 97-16 早	抚 8412	抚 8412	50.00	抚顺市农业科学研究院材料
			抚 83210	25.00	抚顺市农业科学研究院材料
			十胜长叶	3.13	日本品种
			Amsoy（阿姆索、阿姆索依）	6.25	美国品种

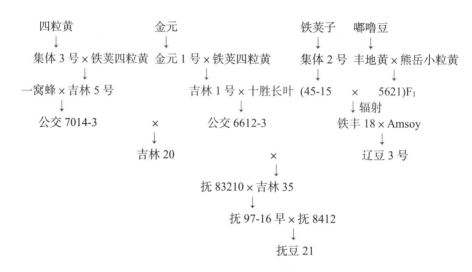

图 6-51 抚豆 21 系谱图

52 抚豆 22

抚豆 22 品种简介

【品种来源】抚豆 22 是抚顺市农业科学研究院 2002 年以抚 210-3 为母本，长农 043 为父本杂交，经多年选择育成。审定名称：抚豆 22 号，审定编号：辽审豆[2011]132 号。

【植株性状】紫花，椭圆叶，灰色茸毛，成熟荚褐色。有限结荚习性，株高 75.0cm，分枝 1.4 个，株型收敛，主茎节数 16.7 个，单株荚数 49.5 个，平均每荚 2.4 粒。

【籽粒特点】籽粒圆形，种皮黄色，有光泽，种脐黄色，百粒重 27.6g。籽粒粗蛋白含量 39.93%，粗脂肪含量 21.94%。

【生育日数】在适应区从出苗至成熟生育日数 125d 左右，较对照品种开育 11 早 4d。

【抗病鉴定】人工接种鉴定抗大豆花叶病毒病。室内考种鉴定虫食粒率 3.3%，大豆褐斑粒率 0.2%，大豆紫斑粒率 0.4%，大豆霜霉粒率 0.1%。

【产量表现】2009—2010 年区域试验平均产量 2632.5kg/hm²，较对照品种开育 11 平均增产 9.2%，2010 年生产试验平均产量 2680.5kg/hm²，较对照品种开育 11 平均增产 16.7%。

【适应区域】辽宁省铁岭、抚顺、本溪等东、北部早熟大豆区。

抚豆 22 遗传基础

抚豆 22 细胞质 100% 来源于东农 93-86，历经 3 轮传递与选育，细胞质传递过程为东农 93-86→长农 20→抚 210-3→抚豆 22。（详见图 6-52）

抚豆 22 细胞核来源于白眉、克山四粒荚、小粒黄、东农 93-86、四粒黄、嘟噜豆、长农 043、金元、铁荚子、熊岳小粒黄、十胜长叶、Clark63（克拉克 63）等 12 个祖先亲本，分析其核遗传贡献率并注明祖先亲本来源，从而揭示该品种遗传基础，为大豆育种亲本的选择利用提供参考。（详见表 6-52）

表 6-52　抚豆 22 祖先亲本

品种名称	母本	父本	祖先亲本	祖先亲本核遗传贡献率/%	祖先亲本来源
抚豆 22	抚 210-3	长农 043	白眉	0.78	黑龙江省克山地方品种
			克山四粒荚	1.56	黑龙江省克山地方品种
			小粒黄	1.56	黑龙江省勃利地方品种
			东农 93-86	12.50	东北农业大学材料
			四粒黄	1.17	吉林省公主岭地方品种
			嘟噜豆	3.13	吉林省中南部地方品种
			长农 043	50.00	长春市农业科学院材料
			金元	1.17	辽宁省开原地方品种
			铁荚子	6.25	辽宁省义县地方品种
			熊岳小粒黄	3.13	辽宁省熊岳地方品种
			十胜长叶	12.50	日本品种
			Clark63（克拉克 63）	6.25	美国品种

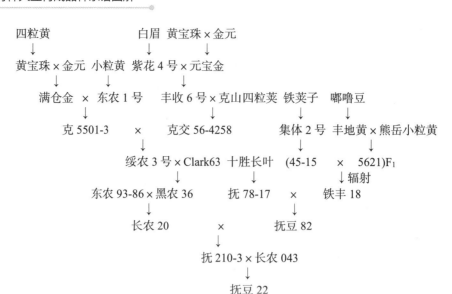

图 6-52　抚豆 22 系谱图

53　沈科豆 88

沈科豆 88 品种简介

【品种来源】沈科豆 88 是辽宁建华种业有限公司以熊豆 2 号为母本，SML-33 为父本，经有性杂交，系谱法选育而成。审定编号：辽审豆 20180021。

【植株性状】紫花，椭圆叶，灰色茸毛，成熟荚淡褐色。亚有限结荚习性，株高 82.8cm，分枝 3.9 个，株型收敛，主茎节数 16.6 个，单株荚数 80.2 个，单荚粒数 2～3 个。

【籽粒特点】籽粒椭圆形，种皮黄色，有光泽，种脐黄色，百粒重 26.0g。籽粒粗含量 39.72%，粗脂肪含量 21.26%。

【抗病鉴定】人工接种鉴定抗大豆花叶病毒 1 号株系。田间鉴定大豆虫食粒率 1.4%，大豆褐斑粒率 0.4%，大豆紫斑粒率 1.1%，大豆霜霉粒率 0.2%。

【生育日数】在适应区从出苗到成熟生育日数 124d 左右，较对照品种丹豆 11 早 12d。

【产量表现】2015—2016 年区域试验平均产量 3078.0kg/hm²，比对照品种丹豆 11 平均增产 12.3%，2017 年生产试验平均产量 3112.5kg/hm²，比对照品种丹豆 11 平均增产 15.2%。

【适应区域】适宜在辽宁省铁岭以南的中晚熟大豆区种植。

沈科豆 88 遗传基础

沈科豆 88 细胞质 100% 来源于小金黄，历经 6 轮传递与选育，细胞质传递过程为小金黄→集体 1 号→铁丰 3 号→铁丰 19→92-36→熊豆 2 号→沈科豆 88。（详见图 6-53）

沈科豆 88 细胞核来源于公 616、铁荚四粒黄（黑铁荚）、嘟噜豆、熊岳白花、小金黄、本溪小黑脐、铁荚子、熊岳小粒黄、晚小白眉、SML-33、MC25 等 11 个祖先亲本，分析其核遗传贡献率并注明祖先亲本来源，从而揭示该品种遗传基础，为大豆育种亲本的选择利用提供参考。（详见表 6-53）

表 6-53 沈科豆 88 祖先亲本

品种名称	母本	父本	祖先亲本	祖先亲本核遗传贡献率/%	祖先亲本来源
沈科豆 88	熊豆 2 号	SML-33	公 616	3.13	吉林省公主岭地方品种
			铁荚四粒黄（黑铁荚）	3.13	吉林省中南部半山区地方品种
			嘟噜豆	3.13	吉林省中南部地方品种
			熊岳白花	12.50	辽宁省熊岳地方野生大豆
			小金黄	3.13	辽宁省沈阳地方品种
			本溪小黑脐	3.13	辽宁省本溪地方品种
			铁荚子	3.13	辽宁省义县地方品种
			熊岳小粒黄	3.13	辽宁省熊岳地方品种
			晚小白眉	3.13	辽宁省地方品种
			SML-33	50.00	辽宁建华种业有限公司材料
			MC25	12.50	美国材料

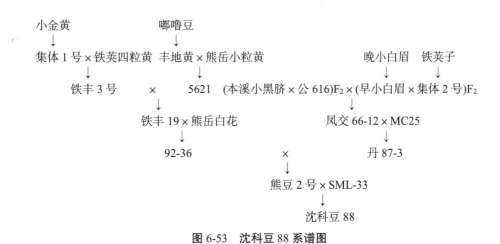

图 6-53 沈科豆 88 系谱图

54 东豆 1 号

东豆 1 号品种简介

【品种来源】东豆 1 号是辽宁东亚种业有限公司 1994 年以开交 7403-3-2 为母本，开交 8157-3-3-1 为父本杂交，经多年选择育成。审定编号：辽审豆[2005]72 号。

【植株性状】紫花，圆叶，灰白色茸毛，成熟荚暗褐色。有限结荚习性，株高 75~80cm，分枝 3~4个，株型较收敛，主茎节数 10~15 个，每节结荚 2.2~2.4 个，单株荚数 53.4 个。植株生长繁茂健壮，喜肥水，根系发达，抗倒伏。

【籽粒特点】种皮淡黄色，种脐黄色，百粒重 26g。籽粒粗蛋白含量 40.24%，粗脂肪含量 20.23%。

【生育日数】在适应区从出苗至成熟生育日数 130d 左右。

【抗病鉴定】人工接种鉴定中抗大豆花叶病毒病。大豆褐斑粒率、大豆紫斑粒率低。

【产量表现】2002—2003 年区域试验平均产量 2902.2kg/hm²，较对照品种铁丰 27、辽豆 11 平均增产 10.82%，2003—2004 年生产试验平均产量 2962.5kg/hm²，较对照品种铁丰 27 平均增产 12%。

【适应区域】辽宁省内凡无霜期 130d 以上的地区，4-9 月有效活动积温 2900℃以上的自然区域。

东豆 1 号遗传基础

东豆 1 号细胞质 100% 来源于日本白眉，历经 2 轮传递与选育，细胞质传递过程为日本白眉→开系 7403-3-2→东豆 1 号。（详见图 6-54）

东豆 1 号细胞核来源于嘟噜豆、辉南青皮豆、铁荚子、熊岳小粒黄、日本白眉等 5 个祖先亲本，分析其核遗传贡献率并注明祖先亲本来源，从而揭示该品种遗传基础，为大豆育种亲本的选择利用提供参考。（详见表 6-54）

表 6-54　东豆 1 号祖先亲本

品种名称	母本	父本	祖先亲本	祖先亲本核遗传贡献率/%	祖先亲本来源
东豆 1 号	开交 7403-3-2	开交 8157-3-3-1	嘟噜豆	18.75	吉林省中南部地方品种
			辉南青皮豆	3.13	吉林省辉南地方品种
			铁荚子	25.00	辽宁省义县地方品种
			熊岳小粒黄	15.63	辽宁省熊岳地方品种
			日本白眉	37.50	日本品种

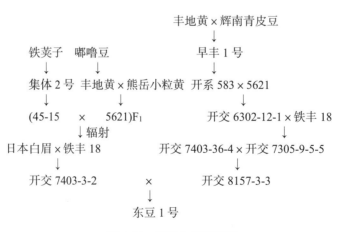

图 6-54　东豆 1 号系谱图

55 东豆 17

东豆 17 品种简介

【品种来源】东豆 17 是辽宁东亚种业有限公司 2006 年以东 05018 为母本，东 02071 为父本杂交，经多年选择育成。审定编号：辽审豆 2017008。

【植株性状】紫花，椭圆叶，灰色茸毛，成熟荚褐色。有限结荚习性，株高 85.9cm，有 3.3 个分枝，株型较收敛，主茎节数 16.1 个，单株荚数 56.7 个，每荚粒数 2～3 个。

【籽粒特点】籽粒圆形，种皮黄色，有光泽，种脐黄色，百粒重 26.5g。籽粒粗蛋白含量 42.74%，粗脂肪含量 20.17%。

【生育日数】在适应区从出苗至成熟生育日数 125d 左右。

【抗病鉴定】人工接种的鉴定中抗大豆花叶病毒 1 号株系和 3 号株系，病情指数分别为 30.00% 和 4.84%。田间鉴定虫食粒率为 2.0%，大豆褐斑粒率为 0.1%，大豆紫斑粒率为 0.2%，无大豆霜霉粒。

【产量表现】2014—2015 年区域试验平均产量 3118.5kg/hm²，较对照品种铁豆 43 平均增产 14.2%，2016 年生产试验平均产量 3202.5kg/hm²，较对照品种铁豆 43 平均增产 15.3%。

【适应区域】适宜在辽宁省铁岭、抚顺、本溪等无霜期 125d 以上的早熟大豆区种植。

东豆 17 遗传基础

东豆 17 细胞质 100% 来源于嘟噜豆，历经 7 轮传递与选育，细胞质传递过程为嘟噜豆→丰地黄→铁6308→铁 7116-10-3→铁丰 25→铁丰 30→东 05018→东豆 17。（详见图 6-55）

东豆 17 细胞核来源于小金黄、四粒黄、四粒黄、铁荚四粒黄（黑铁荚）、嘟噜豆、辉南青皮豆、大粒黄、金元、嘟噜豆、大粒青、铁荚子、熊岳小粒黄、开 9805、开 9815、通州小黄豆、济南 1 号、海白花、小平顶、蒙城大白壳、大粒黄、东山 101、十胜长叶、SRF400（索夫 400）等 23 个祖先亲本，分析其核遗传贡献率并注明祖先亲本来源，从而揭示该品种遗传基础，为大豆育种亲本的选择利用提供参考。（详见表 6-55）

表 6-55　东豆 17 祖先亲本

品种名称	母本	父本	祖先亲本	祖先亲本核遗传贡献率/%	祖先亲本来源
东豆 17	东 05018	东 02071	小金黄	1.17	吉林省中部平原地区地方品种
			四粒黄	0.39	吉林省中部地方品种
			四粒黄	1.95	吉林省公主岭地方品种
			铁荚四粒黄（黑铁荚）	0.49	吉林省中南部半山区地方品种
			嘟噜豆	11.04	吉林省中南部地方品种
			辉南青皮豆	1.17	吉林省辉南地方品种
			大粒黄	0.39	吉林省地方品种
			金元	2.05	辽宁省开原地方品种
			嘟噜豆	0.78	辽宁省铁岭地方品种

续表

品种名称	母本	父本	祖先亲本	祖先亲本核遗传贡献率/%	祖先亲本来源
东豆17	东05018	东02071	大粒青	0.78	辽宁省本溪地方品种
			铁荚子	5.47	辽宁省义县地方品种
			熊岳小粒黄	5.57	辽宁省熊岳地方品种
			开9805	25.00	辽宁省开原市农业科学研究所材料
			开9815	25.00	辽宁省开原市农业科学研究所材料
			通州小黄豆	3.13	北京通县地方品种
			济南1号	0.59	山东省材料
			海白花	0.39	江苏省灌云地方品种
			小平顶	0.59	安徽省宿县地方品种
			蒙城大白壳	0.39	安徽省蒙城地方品种
			大粒黄	0.39	湖北省英山地方品种
			东山101	3.13	日本品种
			十胜长叶	9.38	日本品种
			SRF400（索夫400）	0.78	美国品种

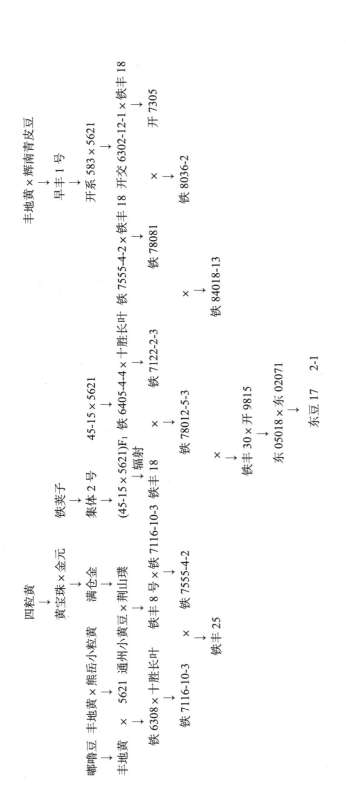

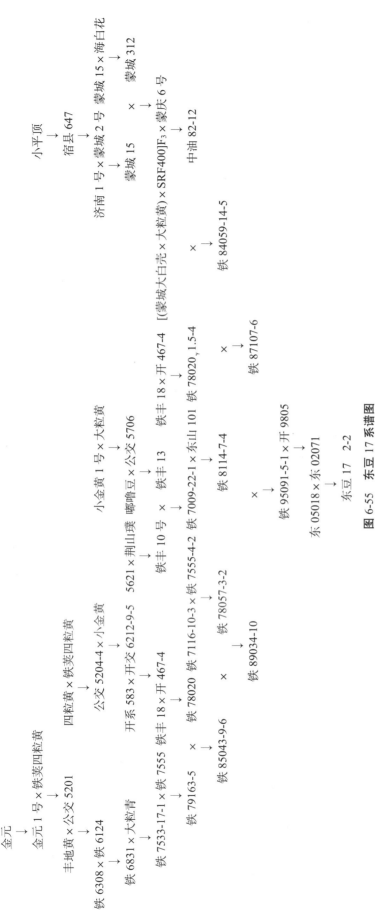

图 6-55　东豆 17 系谱图

56 东豆 37

东豆 37 品种简介

【品种来源】东豆 37 是辽宁东亚种业有限公司以铁 95091-5-2 为母本，铁 95068-5-1 为父本杂交，经多年选择育成。审定编号：辽审豆 20180005。

【植株性状】紫花，椭圆叶，灰色茸毛，成熟荚褐色。有限结荚习性，株高 85.5cm，分枝 3.4 个，株型收敛，主茎节数 17.2 个，单株荚数 64.0 个，平均每荚 2～3 粒。

【籽粒特点】籽粒圆形，种皮黄色，有光泽，种脐黄色，百粒重 26.9g。籽粒粗蛋白含量 41.58%，粗脂肪含量 19.85%。

【生育日数】在适应区从出苗至成熟生育日数 129d，与对照品种铁豆 43 同熟期。

【抗病鉴定】人工接种鉴定中抗大豆花叶病毒 1 号株系，病情指数 22.50%，中抗大豆花叶病毒 3 号株系，病情指数 24.55%。田间鉴定虫食粒率 1.8%，大豆褐斑粒率 0.1%，大豆紫斑粒率 0.3%，大豆霜霉粒率 0.2%。

【产量表现】2016—2017 年区域试验平均产量 3004.5kg/hm²，较对照品种铁豆 43 平均增产 15.5%，2017 年生产试验平均产量 2761.5kg/hm²，较对照品种铁豆 43 平均增产 15.5%。

【适应区域】适宜在辽宁省新宾、抚顺、开原、本溪、西丰等大豆早熟大豆区种植。

东豆 37 遗传基础

东豆 37 细胞质 100%来源于嘟噜豆，历经 9 轮传递与选育，细胞质传递过程为嘟噜豆→丰地黄→铁 6308→铁 6831→铁 7533-17-1-1→铁 79163-5→铁 85043-9-6→铁 89034-10→铁 95091-5-2→东豆 37。（详见图 6-56）

东豆 37 细胞核来源于海伦金元、小金黄、四粒黄、口前豆、四粒黄、铁荚四粒黄（黑铁荚）、嘟噜豆、大金黄、辉南青皮豆、大粒黄、金元、嘟噜豆、大粒青、铁荚子、熊岳小粒黄、大白眉、通州小黄豆、大白脐、即墨油豆、益都平顶黄、大滑皮、齐黄 1 号、铁角黄、济南 1 号、海白花、淮阴大四粒、小平顶、蒙城大白壳、大粒黄、东山 101、十胜长叶、Magnolia、SRF400（索夫 400）等 33 个祖先亲本，分析其核遗传贡献率并注明祖先亲本来源，从而揭示该品种遗传基础，为大豆育种亲本的选择利用提供参考。（详见表 6-56）

表 6-56　东豆 37 祖先亲本

品种名称	母本	父本	祖先亲本	祖先亲本核遗传贡献率/%	祖先亲本来源
东豆 37	铁 95091-5-2	铁 95068-5-1	海伦金元	0.39	黑龙江省海伦地方品种
			小金黄	2.73	吉林省中部平原地区地方品种
			四粒黄	0.78	吉林省中部地方品种

续表

品种名称	母本	父本	祖先亲本	祖先亲本核遗传贡献率/%	祖先亲本来源
东豆 37	铁 95091-5-2	铁 95068-5-1	口前豆	0.39	吉林省中北部地方品种
			四粒黄	3.91	吉林省公主岭地方品种
			铁荚四粒黄（黑铁荚）	0.98	吉林省中南部半山区地方品种
			嘟噜豆	18.36	吉林省中南部地方品种
			大金黄	0.39	吉林省东南部山区半山区地方品种
			辉南青皮豆	1.56	吉林省辉南地方品种
			大粒黄	0.78	吉林省地方品种
			金元	3.91	辽宁省开原地方品种
			嘟噜豆	1.56	辽宁省铁岭地方品种
			大粒青	1.56	辽宁省本溪地方品种
			铁荚子	15.63	辽宁省义县地方品种
			熊岳小粒黄	10.16	辽宁省熊岳地方品种
			大白眉	0.20	辽宁广泛分布的地方品种
			通州小黄豆	2.34	北京通县地方品种
			大白脐	6.25	河北省平泉地方品种
			即墨油豆	1.56	山东省即墨地方品种
			益都平顶黄	0.78	山东省益都地方品种
			大滑皮	1.56	山东省济宁地方品种
			齐黄 1 号	0.78	山东省寿张地方品种
			铁角黄	0.78	山东省西部地方品种
			济南 1 号	1.17	山东省材料
			海白花	0.78	江苏省灌云地方品种
			淮阴大四粒	3.13	江苏省淮阴地方品种
			小平顶	1.17	安徽省宿县地方品种
			蒙城大白壳	0.78	安徽省蒙城地方品种
			大粒黄	0.78	湖北省英山地方品种
			东山 101	6.25	日本品种

续表

品种名称	母本	父本	祖先亲本	祖先亲本核遗传贡献率/%	祖先亲本来源
东豆 37	铁 95091-5-2	铁 95068-5-1	十胜长叶	5.47	日本品种
			Magnolia	1.56	从韩国引入美国材料
			SRF400（索夫 400）	1.56	美国品种

```
              金元                四粒黄
               ↓                   ↓
嘟噜豆  丰地黄×熊岳小粒黄  金元 1 号×铁荚四粒黄  黄宝珠×金元
 ↓                                            
丰地黄  ×  5621    丰地黄×公交 5201      满仓金            铁荚子
    ↓              ↓                                       ↓
   铁 6308    ×    铁 6124    通州小黄豆×荆山璞  铁 6308×十胜长叶  集体 2 号
           ↓                      ↓              ↓              ↓
      铁 6831×大粒青            铁丰 8 号  ×  铁 7116-10-3   (45-15×5621)F₁
           ↓                           ↓                    ↓辐射
     铁 7533-17-1-1          ×        铁 7555          铁丰 18×开 467-4
                     ↓                        ↓              ↓
                铁 79163-5                          铁 78020-8
                                       铁 85043-9-6×铁 78057-3-2
                                                ↓
                                      铁 89034-10×铁 87107-6
                                                ↓
                                      铁 95091-5-1×铁 95068-5-1
                                                ↓
                                           东豆 37   4-1
```

```
丰地黄×辉南青皮豆  四粒黄×铁荚四粒黄                小金黄
       ↓               ↓                             ↓
     早丰 1 号     公交 5204-4×小金黄          小金黄 1 号×大粒黄
       ↓               ↓                             ↓
     开系 583    ×    开交 6212-9-5   5621×荆山璞  嘟噜豆×公交 5706
              ↓                          ↓          ↓
       铁丰 18×开 467-4              铁丰 10 号  ×  铁丰 13
              ↓                               ↓
 铁 79163-5×铁 78020-8  铁 7116-10-3×铁 7555-4-2   铁 7009-22-1×东山 101
       ↓                        ↓                      ↓
   铁 85043-9-6    ×    铁 78057-3-2          铁 8114-7-4×铁 84059-14-5
              ↓                                        ↓
         铁 89034-10                                铁 87107-6
                        ×
              铁 95091-5-1×铁 95068-5-1
                        ↓
                   东豆 37   4-2
```

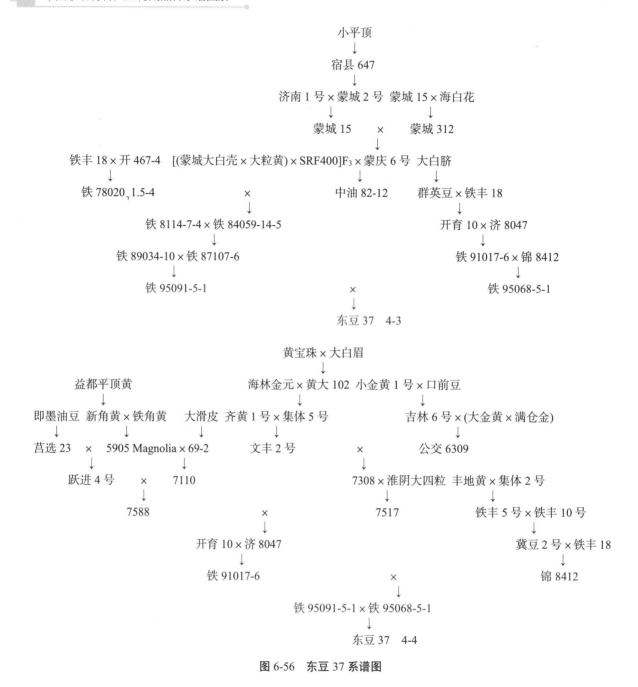

图 6-56　东豆 37 系谱图

57　东豆 88

东豆 88 品种简介

【品种来源】东豆 88 是辽宁东亚种业有限公司以东 05018 为母本，东 02071 为父本杂交，经多年选择育成。审定编号：辽审豆 2017020。

【植株性状】紫花，椭圆叶，灰色茸毛，成熟荚褐色。有限结荚习性，株高 68.4cm，分枝 4.1 个，株型收敛，主茎节数 15.5 个，单株荚数 65.4 个，平均每荚 2～3 粒。

【籽粒特点】籽粒圆形，种皮黄色，有光泽，种脐黄色，百粒重 33.2g。籽粒粗蛋白含量 43.65%，粗脂肪含量 19.25%。

【生育日数】在适应区从出苗至成熟生育日数 124d，较对照品种丹豆 11 早 10d。

【抗病鉴定】人工接种鉴定中抗大豆花叶病毒 1 号株系，病情指数 26.90%。田间鉴定大豆虫食粒率 3.4%，大豆褐斑粒率 0.2%，大豆紫斑粒率 0.1%，无大豆霜霉粒。

【产量表现】2014—2015 年区域试验平均产量 3252kg/hm²，较对照品种丹豆 11 平均增产 13.1%，2016 年生产试验平均产量 3033.0kg/hm²，较对照品种丹豆 11 平均增产 13.7%。

【适应区域】适宜在辽宁省中部、南部等无霜期 124d 以上，活动积温在 2800℃左右的中晚熟大豆区种植。

东豆 88 遗传基础

东豆 88 细胞质 100% 来源于嘟噜豆，历经 7 轮传递与选育，细胞质传递过程为嘟噜豆→丰地黄→铁 6308→铁 7116-10-3→铁丰 25→铁丰 30→东 05018→东豆 88。（详见图 6-57）

东豆 88 细胞核来源于小金黄、四粒黄、四粒黄、铁荚四粒黄（黑铁荚）、嘟噜豆、辉南青皮豆、大粒黄、金元、嘟噜豆、大粒青、铁荚子、熊岳小粒黄、开 9805、开 9815、通州小黄豆、济南 1 号、海白花、小平顶、蒙城大白壳、大粒黄、东山 101、十胜长叶、SRF400（索夫 400）等 23 个祖先亲本，分析其核遗传贡献率并注明祖先亲本来源，从而揭示该品种遗传基础，为大豆育种亲本的选择利用提供参考。（详见表 6-57）

表 6-57　东豆 88 祖先亲本

品种名称	母本	父本	祖先亲本	祖先亲本核遗传贡献率/%	祖先亲本来源
东豆 88	东 05018	东 02071	小金黄	1.17	吉林省中部平原地区地方品种
			四粒黄	0.39	吉林省中部地方品种
			四粒黄	1.95	吉林省公主岭地方品种
			铁荚四粒黄（黑铁荚）	0.49	吉林省中南部半山区地方品种
			嘟噜豆	11.04	吉林省中南部地方品种
			辉南青皮豆	1.17	吉林省辉南地方品种
			大粒黄	0.39	吉林省地方品种
			金元	2.05	辽宁省开原地方品种
			嘟噜豆	0.78	辽宁省铁岭地方品种
			大粒青	0.78	辽宁省本溪地方品种
			铁荚子	5.47	辽宁省义县地方品种
			熊岳小粒黄	5.57	辽宁省熊岳地方品种
			开 9805	25.00	辽宁省开原市农业科学研究所材料

续表

品种名称	母本	父本	祖先亲本	祖先亲本核遗传贡献率/%	祖先亲本来源
东豆 88	东 05018	东 02071	开 9815	25.00	辽宁省开原市农业科学研究所材料
			通州小黄豆	3.13	北京通县地方品种
			济南 1 号	0.59	山东省材料
			海白花	0.39	江苏省灌云地方品种
			小平顶	0.59	安徽省宿县地方品种
			蒙城大白壳	0.39	安徽省蒙城地方品种
			大粒黄	0.39	湖北省英山地方品种
			东山 101	3.13	日本品种
			十胜长叶	9.38	日本品种
			SRF400（索夫 400）	0.78	美国品种

续表

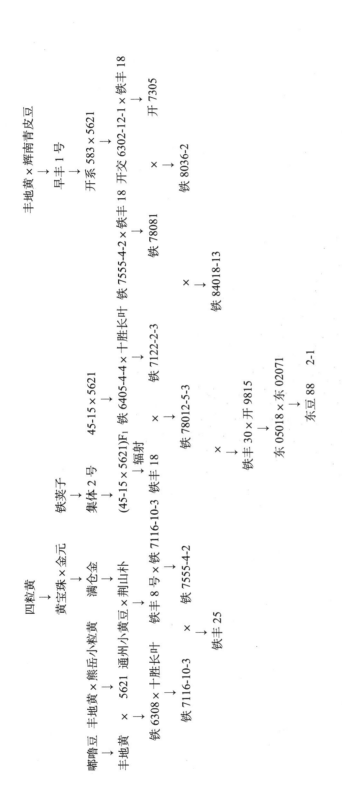

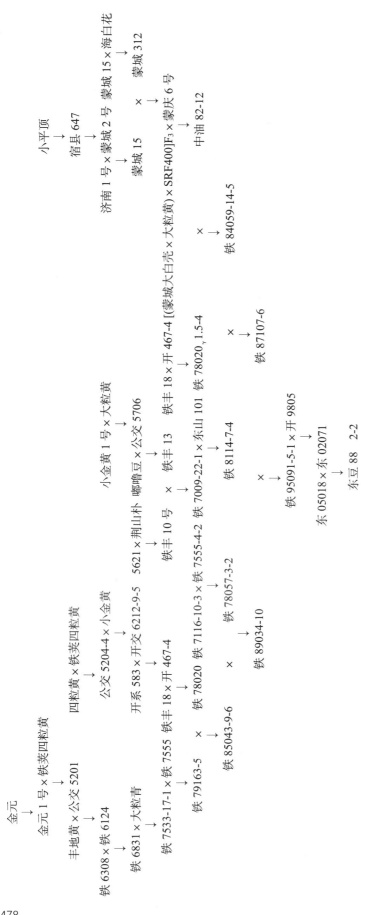

图 6-57 东豆 88 系谱图

58 东豆606

东豆606品种简介

【品种来源】东豆606是辽宁东亚种业有限公司以铁丰31为母本，东农47为父本杂交，经多年选择育成。审定编号：辽审豆20200002。

【植株性状】紫花，圆叶，棕色茸毛。亚有限结荚习性，株高97.1cm，有效分枝2.3个，主茎节数19.8个，单株有效荚数70.9个。

【籽粒特点】籽粒椭圆形，种皮黄色，微光泽，种脐黄色，百粒重25.2g。籽粒粗蛋白含量42.65%，粗脂肪含量18.40%。

【生育日数】在适应区从出苗至成熟生育日数128d左右。

【抗病鉴定】接种鉴定抗大豆花叶病毒1号株系和3号株系。

【产量表现】2018—2019年区域试验平均产量3225.0kg/hm²，较对照品种铁豆43平均增产11.8%，2019年生产试验平均产量3064.5kg/hm²，较对照品种铁豆43平均增产13.3%。

【适应区域】适宜在辽宁省北部及东部山区早熟大豆生态类型区种植。

东豆606遗传基础

东豆606细胞质100%来源于铁荚子，历经8轮传递与选育，细胞质传递过程为铁荚子→集体2号→45-15→（45-15×5621）F₁→铁丰18→辽豆3号→新3511→铁丰31→东豆606。（详见图6-58）

东豆606细胞核来源于东农6636-69、东农80-277、嘟噜豆、铁荚子、熊岳小粒黄、Amsoy（阿姆索、阿姆索依）、Resnic等7个祖先亲本，分析其核遗传贡献率并注明祖先亲本来源，从而揭示该品种遗传基础，为大豆育种亲本的选择利用提供参考。（详见表6-58）

表6-58　东豆606祖先亲本

品种名称	母本	父本	祖先亲本	祖先亲本核遗传贡献率/%	祖先亲本来源
东豆606	铁丰31	东农47	东农6636-69	25.00	东北农业大学材料
			东农80-277	25.00	东北农业大学材料
			嘟噜豆	3.13	吉林省中南部地方品种
			铁荚子	6.25	辽宁省义县地方品种
			熊岳小粒黄	3.13	辽宁省熊岳地方品种
			Amsoy（阿姆索、阿姆索依）	12.50	美国品种
			Resnic	25.00	美国品种

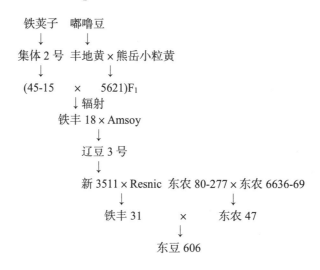

图 6-58　东豆 606 系谱图

59 东豆 1133

东豆 1133 品种简介

【品种来源】东豆 1133 是辽宁东亚种业有限公司以东 05018 为母本，东 02071-5-8 为父本杂交，经多年选择育成。审定编号：辽审豆 20180013。

【植株性状】紫花，椭圆叶，灰色茸毛，成熟荚褐色。有限结荚习性，株高 67.9cm，分枝 3.3 个，株型收敛，主茎节数 15.2 个，单株荚数 52.7 个，平均每荚 2~3 粒。

【籽粒特点】籽粒圆形，种皮黄色，有光泽，种脐黄色，百粒重 29.0g。籽粒粗蛋白含量 43.28%，粗脂肪含量 18.95%。

【生育日数】在适应区从出苗至成熟生育日数 132d 左右，与对照品种铁丰 33 同熟期。

【抗病鉴定】人工接种鉴定抗大豆花叶病毒 1 号株系，病情指数 20.00%，中抗大豆花叶病毒 3 号株系，病情指数 31.54%。田间鉴定虫食粒率 0.3%，大豆褐斑粒率 0.1%，大豆紫斑粒率 0.9%，大豆霜霉粒率 0.3%。

【产量表现】2015—2016 年区域试验平均产量 2763.0kg/hm²，较对照品种铁丰 33 平均增产 9.1%，2017 年生产试验平均产量 3175.5kg/hm²，较对照品种铁丰 33 平均增产 9.4%。

【适应区域】适宜在辽宁省铁岭、沈阳、辽阳、锦州、阜新等中熟大豆地区种植。

东豆 1133 遗传基础

东豆 1133 细胞质 100%来源于嘟噜豆，历经 7 轮传递与选育，细胞质传递过程为嘟噜豆→丰地黄→铁 6308→铁 7116-10-3→铁丰 25→铁丰 30→东 05018→东豆 1133。（详见图 6-59）

东豆 1133 细胞核来源于小金黄、四粒黄、四粒黄、铁荚四粒黄（黑铁荚）、嘟噜豆、辉南青皮豆、大粒黄、金元、嘟噜豆、大粒青、铁荚子、熊岳小粒黄、开 9805、开 9815、通州小黄豆、济南 1 号、海白花、小平顶、蒙城大白壳、大粒黄、东山 101、十胜长叶、SRF400（索夫 400）等 23 个祖先亲本，分析其核遗传贡献率并注明祖先亲本来源，从而揭示该品种遗传基础，为大豆育种亲本的选择利用提供参考。（详见表 6-59）

表 6-59　东豆 1133 祖先亲本

品种名称	母本	父本	祖先亲本	祖先亲本核遗传贡献率/%	祖先亲本来源
东豆 1133	东 05018	东 02071-5-8	小金黄	1.17	吉林省中部平原地区地方品种
			四粒黄	0.39	吉林省中部地方品种
			四粒黄	1.95	吉林省公主岭地方品种
			铁荚四粒黄（黑铁荚）	0.49	吉林省中南部半山区地方品种
			嘟噜豆	11.04	吉林省中南部地方品种
			辉南青皮豆	1.17	吉林省辉南地方品种
			大粒黄	0.39	吉林省地方品种
			金元	2.05	辽宁省开原地方品种
			嘟噜豆	0.78	辽宁省铁岭地方品种
			大粒青	0.78	辽宁省本溪地方品种
			铁荚子	5.47	辽宁省义县地方品种
			熊岳小粒黄	5.57	辽宁省熊岳地方品种
			开 9805	25.00	辽宁省开原市农业科学研究所材料
			开 9815	25.00	辽宁省开原市农业科学研究所材料
			通州小黄豆	3.13	北京通县地方品种
			济南 1 号	0.59	山东省材料
			海白花	0.39	江苏省灌云地方品种
			小平顶	0.59	安徽省宿县地方品种
			蒙城大白壳	0.39	安徽省蒙城地方品种
			大粒黄	0.39	湖北省英山地方品种
			东山 101	3.13	日本品种
			十胜长叶	9.38	日本品种
			SRF400（索夫 400）	0.78	美国品种

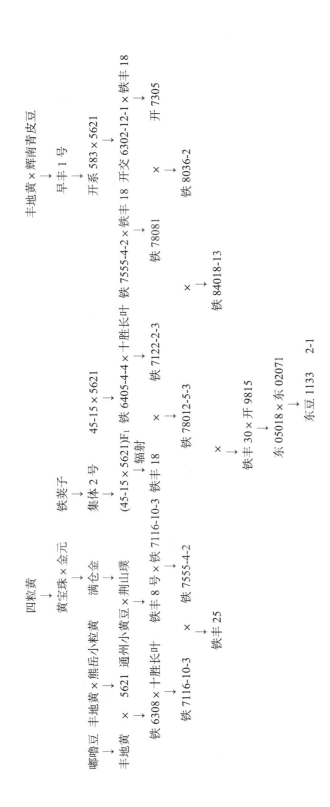

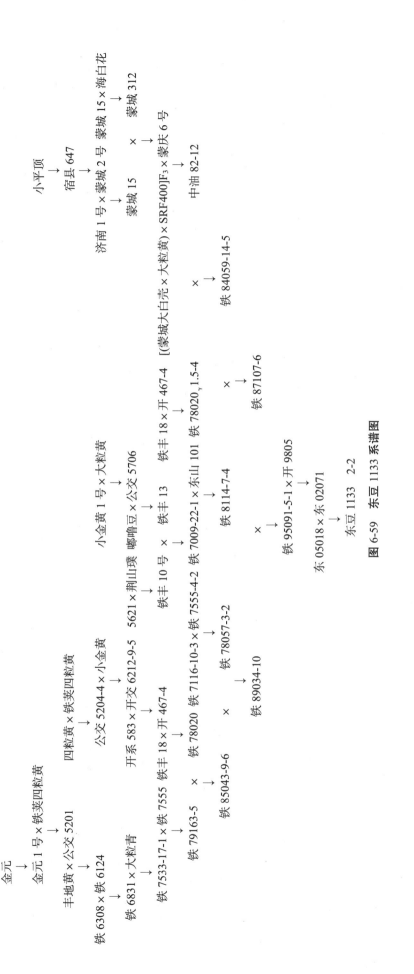

图 6-59 东豆 1133 系谱图

60 东豆 1201

东豆 1201 品种简介

【品种来源】东豆 1201 是辽宁东亚种业有限公司 2002 年以开育 11 为母本，铁 94037-6 为父本杂交，经多年选择育成。审定编号：辽审豆[2012]152 号。

【植株性状】白花，椭圆叶，灰色茸毛，成熟荚褐色。有限结荚习性，株高 96.0cm，分枝 3.6 个，主茎节数 16.8 个，单株荚数 53.7 个。

【籽粒特点】籽粒圆形，种皮淡黄色，有光泽，种脐黄色，百粒重 25.4g。籽粒粗蛋白含量 42.35%，粗脂肪含量 20.20%。

【生育日数】在适应区从出苗至成熟生育日数 136d，较对照品种丹豆 11 晚熟 3d。

【抗病鉴定】人工接种鉴定中抗大豆花叶病毒 1 号株系和 3 号株系，病情指数分别为 21.67% 和 25.45%。室内考种鉴定虫食粒率 2.0%，大豆褐斑粒率 0.9%，大豆紫斑粒率 0.4%，大豆霜霉粒率 0.2%。

【产量表现】2010—2011 年区域试验平均产量 2836.5kg/hm²，较对照品种丹豆 11 平均增产 18.3%，2011 年生产试验平均产量 3117.0kg/hm²，较对照品种丹豆 11 平均增产 21.7%。

【适应区域】辽宁省鞍山、大连、锦州、丹东等无霜期 136d 以上的晚熟大豆区。

东豆 1201 遗传基础

东豆 1201 细胞质 100% 来源于铁荚子，历经 10 轮传递与选育，细胞质传递过程为铁荚子→集体 2 号→45-15→（45-15×5621）F₁→铁丰 18→辽豆 3 号→新 3511→开 467-4→开交 7528-36-4→开育 11→东豆 1201。（详见图 6-60）

东豆 1201 细胞核来源于小金黄、四粒黄、四粒黄、铁荚四粒黄（黑铁荚）、嘟噜豆、辉南青皮豆、金元、小金黄、铁荚子、熊岳小粒黄、白扁豆、干枝密、通州小黄豆、Amsoy（阿姆索、阿姆索依）、花生等 15 个祖先亲本，分析其核遗传贡献率并注明祖先亲本来源，从而揭示该品种遗传基础，为大豆育种亲本的选择利用提供参考。（详见表 6-60）

表 6-60　东豆 1201 祖先亲本

品种名称	母本	父本	祖先亲本	祖先亲本核遗传贡献率/%	祖先亲本来源
东豆 1201	开育 11	铁 94037-6	小金黄	3.13	吉林省中部平原地区地方品种
			四粒黄	1.56	吉林省中部地方品种
			四粒黄	0.78	吉林省公主岭地方品种
			铁荚四粒黄（黑铁荚）	1.95	吉林省中南部半山区地方品种
			嘟噜豆	13.67	吉林省中南部地方品种
			辉南青皮豆	3.91	吉林省辉南地方品种

续表

品种名称	母本	父本	祖先亲本	祖先亲本核遗传贡献率/%	祖先亲本来源
东豆1201	开育11	铁94037-6	金元	0.78	辽宁省开原地方品种
			小金黄	0.39	辽宁省沈阳地方品种
			铁荚子	17.19	辽宁省义县地方品种
			熊岳小粒黄	9.77	辽宁省熊岳地方品种
			白扁豆	1.56	辽宁省地方品种
			干枝密	25.00	辽宁省地方品种
			通州小黄豆	1.56	北京通县地方品种
			Amsoy（阿姆索、阿姆索依）	15.63	美国品种
			花生	3.13	远缘物种

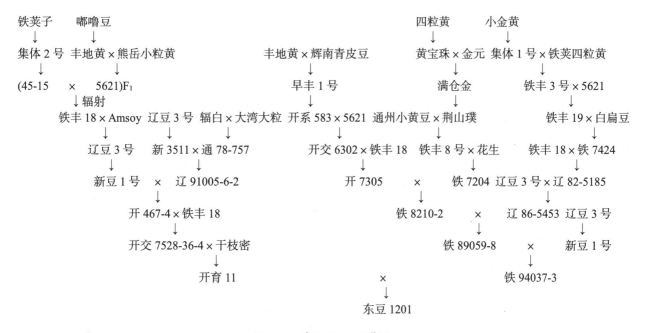

图 6-60 东豆 1201 系谱图

61 辽豆 26

辽豆 26 品种简介

【品种来源】辽豆 26 是辽宁省农业科学院作物研究所 1998 年以辽 8880 为母本，IOA22 为父本杂交，经多年选择育成。审定名称：辽豆 26 号，审定编号：辽审豆[2008]107 号。

【植株性状】紫花，椭圆叶，灰色茸毛，成熟荚褐色。有限结荚习性，株高 92.5cm，分枝 3.2 个，株型收敛，主茎节数 18.5 个，单株荚数 49.1 个。

【籽粒特点】籽粒圆形，种皮黄色，有光泽，种脐黄色，百粒重 25.3g。籽粒粗蛋白含量 42.68%，粗脂肪含量 20.49%。

【生育日数】在适应区从出苗至成熟生育日数 129d 左右。

【抗病鉴定】人工接种鉴定抗大豆花叶病毒病。室内考种鉴定虫食粒率 1.7%，大豆褐斑粒率 2.5%，大豆紫斑粒率 0.4%，大豆霜霉粒率 0.2%。

【产量表现】2006—2007 年区域试验平均产量 2695.5kg/hm²，较对照品种丹豆 11 平均增产 10.7%，2007 年生产试验平均产量 2782.4kg/hm²，较对照品种丹豆 11 平均增产 12.5%。

【适应区域】辽宁省鞍山、锦州、丹东、大连等活动积温 3300℃以上的晚熟大豆区。

辽豆 26 遗传基础

辽豆 26 细胞质 100%来源于本溪小黑脐，历经 7 轮传递与选育，细胞质传递过程为本溪小黑脐→（本溪小黑脐×公 616）F₃→凤交 66-12→辽 7709→辽 82-5266→辽 85094-1B-4→辽 8880→辽豆 26。（详见图 6-61）

辽豆 26 细胞核来源于白眉、蓑衣领、四粒黄、公 616、铁荚四粒黄（黑铁荚）、嘟噜豆、金元、小金黄、本溪小黑脐、铁荚子、熊岳小粒黄、白扁豆、晚小白眉、Amsoy（阿姆索、阿姆索依）、IOA22 等 15 个祖先亲本，分析其核遗传贡献率并注明祖先亲本来源，从而揭示该品种遗传基础，为大豆育种亲本的选择利用提供参考。（详见表 6-61）

表 6-61　辽豆 26 祖先亲本

品种名称	母本	父本	祖先亲本	祖先亲本核遗传贡献率/%	祖先亲本来源
辽豆 26	辽 8880	IOA22	白眉	1.56	黑龙江省克山地方品种
			蓑衣领	3.13	黑龙江省西部龙江草原地方品种
			四粒黄	0.78	吉林省公主岭地方品种
			公 616	1.56	吉林省公主岭地方品种
			铁荚四粒黄（黑铁荚）	1.56	吉林省中南部半山区地方品种
			嘟噜豆	6.25	吉林省中南部地方品种

续表

品种名称	母本	父本	祖先亲本	祖先亲本核遗传贡献率/%	祖先亲本来源
辽豆26	辽8880	IOA22	金元	0.78	辽宁省开原地方品种
			小金黄	1.56	辽宁省沈阳地方品种
			本溪小黑脐	1.56	辽宁省本溪地方品种
			铁荚子	10.94	辽宁省义县地方品种
			熊岳小粒黄	6.25	辽宁省熊岳地方品种
			白扁豆	6.25	辽宁省地方品种
			晚小白眉	1.56	辽宁省地方品种
			Amsoy（阿姆索、阿姆索依）	6.25	美国品种
			IOA22	50.00	美国品种

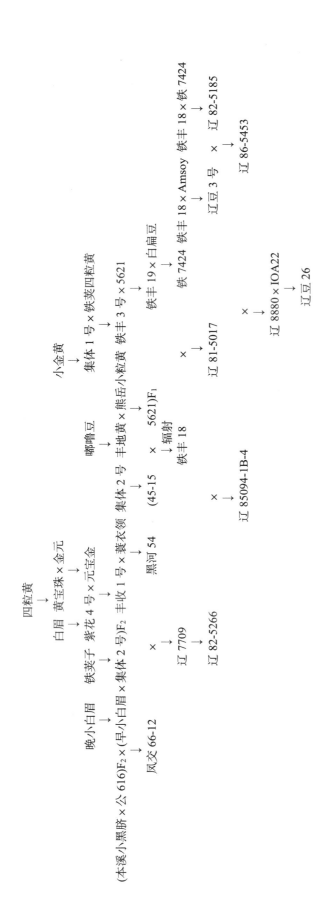

图 6-61　辽豆 26 系谱图

62 辽豆 34

辽豆 34 品种简介

【品种来源】辽豆 34 是辽宁省农业科学院作物研究所 2002 年以辽 93042 为母本，辽 95273 为父本杂交，经多年选择育成。审定编号：辽审豆[2011]139 号，国审豆 2015003。

【植株性状】紫花，圆叶，灰色茸毛，成熟荚褐色。有限结荚习性。辽宁省试验表现：株高 96.5cm，分枝 2.6 个，株型收敛，主茎节数 17.3 个，单株荚数 39.9 个，国家试验表现：株高 81.8cm，有效分枝 2.0 个，株型收敛，底荚高度 11.7cm，主茎节数 16.1 个，单株有效荚数 47.5 个，单株粒数 99.1 粒，单株粒重 21.6g。

【籽粒特点】籽粒圆形，种皮黄色，有光泽，种脐黄色。辽宁省试验表现：百粒重 25.5g。籽粒粗蛋白含量 42.66%，粗脂肪含量 20.24%。国家试验表现：百粒重 21.6g。籽粒粗蛋白含量 41.42%，粗脂肪含量 20.24%。

【生育日数】辽宁省试验表现：在适应区从出苗至成熟生育日数 129d 左右。国家试验表现：在适应区从出苗至成熟生育日数 127d 左右。

【抗病鉴定】辽宁省试验表现：人工接种鉴定该品系对抗大豆花叶病毒 1 号株系，病情指数 19.35%，中抗大豆花叶病毒 3 号株系，病情指数 29.20%。室内考种鉴定：虫食粒率 2.2%，大豆褐斑粒率 0.1%，大豆紫斑粒率 0.6%，大豆霜霉粒率 0.2%。国家试验表现：接种鉴定抗大豆花叶病毒 1 号株系，中抗大豆花叶病毒 3 号株系，中感胞囊线虫病 3 号生理小种。

【产量表现】辽宁省试验表现：2009—2010 年区域试验平均产量 2671.5kg/hm²，较对照品种丹豆 11 平均增产 11.3%，2010 年生产试验平均产量 2536.5kg/hm²，较对照品种丹豆 11 平均增产 14.3%。国家试验表现：2012—2013 年北方春大豆晚熟组品种区域试验平均产量 3358.5kg/hm²，较对照品种铁丰 31 平均增产 5.3%，2014 年生产试验平均产量 3543kg/hm²，比铁丰 31 平均增产 6.4%。

【适应区域】辽宁省试验表现：辽宁省沈阳、鞍山、辽阳、阜新、锦州、葫芦岛等晚熟大豆区。国家试验表现：适宜辽宁中南部，山西中部，陕西北部，甘肃中部、东部，宁夏中北部春播种植。

辽豆 34 遗传基础

辽豆 34 细胞质 100% 来源于铁荚子，历经 8 轮传递与选育，细胞质传递过程为铁荚子→集体 2 号→45-15→（45-15×5621）F₁→铁丰 18→辽豆 3 号→辽 87005→辽 93042→辽豆 34。（详见图 6-62）

辽豆 34 细胞核来源于白眉、蓑衣领、四粒黄、公 616、铁荚四粒黄（黑铁荚）、嘟噜豆、金元、小金黄、大粒青、本溪小黑脐、铁荚子、熊岳小粒黄、白扁豆、晚小白眉、异品种、通州小黄豆、十胜长叶、Amsoy（阿姆索、阿姆索依）等 18 个祖先亲本，分析其核遗传贡献率并注明祖先亲本来源，从而揭示该品种遗传基础，为大豆育种亲本的选择利用提供参考。（详见表 6-62）

表 6-62　辽豆 34 祖先亲本

品种名称	母本	父本	祖先亲本	祖先亲本核遗传贡献率/%	祖先亲本来源
辽豆 34	辽 93042	辽 95273	白眉	1.56	黑龙江省克山地方品种
			蓑衣领	3.13	黑龙江省西部龙江草原地方品种
			四粒黄	1.17	吉林省公主岭地方品种
			公 616	1.56	吉林省公主岭地方品种
			铁荚四粒黄（黑铁荚）	0.39	吉林省中南部半山区地方品种
			嘟噜豆	9.57	吉林省中南部地方品种
			金元	1.17	辽宁省开原地方品种
			小金黄	0.39	辽宁省沈阳地方品种
			大粒青	3.13	辽宁省本溪地方品种
			本溪小黑脐	1.56	辽宁省本溪地方品种
			铁荚子	18.75	辽宁省义县地方品种
			熊岳小粒黄	9.18	辽宁省熊岳地方品种
			白扁豆	1.56	辽宁省地方品种
			晚小白眉	1.56	辽宁省地方品种
			异品种	12.50	辽宁省地方品种
			通州小黄豆	0.78	北京通县地方品种
			十胜长叶	0.78	日本品种
			Amsoy（阿姆索、阿姆索依）	31.25	美国品种

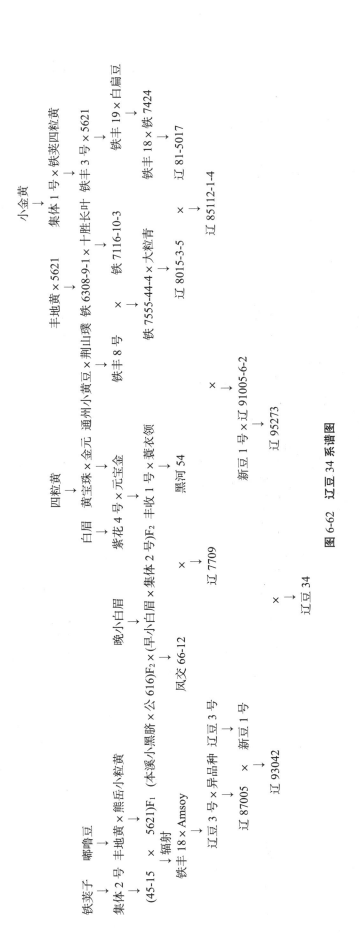

图 6-62 辽豆 34 系谱图

63 辽豆 35

辽豆 35 品种简介

【品种来源】辽豆 35 是辽宁省农业科学院作物研究所 2002 年以辽 91111 为母本，94026-4 为父本杂交，经多年选择育成。审定编号：辽审豆[2012]153 号。

【植株性状】紫花，椭圆叶，灰色茸毛。有限结荚习性，株高 85.2cm，分枝 4.2 个，主茎节数 14.4 个，单株荚数 41.2 个。

【籽粒特点】籽粒圆形，种脐黄色，百粒重 25.3g。籽粒粗蛋白含量 40.52%，粗脂肪含量 21.12%。

【生育日数】在适应区从出苗至成熟生育日数 124d 左右。

【抗病鉴定】人工接种鉴定抗大豆花叶病毒 1 号株系，病情指数 15.00%，中感大豆花叶病毒 3 号株系，病情指数 38.95%。室内考种鉴定虫食粒率 1.3%，大豆褐斑粒率 0.2%，大豆紫斑粒率 1.6%，大豆霜霉粒率 0.2%。

【产量表现】2010—2011 年区域试验平均产量 2637.0kg/hm²，较对照品种丹豆 11 平均增产 17.4%，2011 年生产试验平均产量 2913.0kg/hm²，较对照品种丹豆 11 平均增产 13.7%。

【适应区域】辽宁省沈阳、鞍山、辽阳、锦州、丹东及大连等晚熟大豆区。

辽豆 35 遗传基础

辽豆 35 细胞质 100%来源于铁荚子，历经 8 轮传递与选育，细胞质传递过程为铁荚子→集体 2 号→45-15→（45-15×5621）F₁→铁丰 18→辽豆 3 号→新豆 1 号→辽 91111→辽豆 35。（详见图 6-63）

辽豆 35 细胞核来源于小金黄、四粒黄、四粒黄、铁荚四粒黄（黑铁荚）、嘟噜豆、辉南青皮豆、金元、小金黄、大粒青、铁荚子、熊岳小粒黄、白扁豆、通州小黄豆、十胜长叶、Amsoy（阿姆索、阿姆索依）等 15 个祖先亲本，分析其核遗传贡献率并注明祖先亲本来源，从而揭示该品种遗传基础，为大豆育种亲本的选择利用提供参考。（详见表 6-63）

表 6-63 辽豆 35 祖先亲本

品种名称	母本	父本	祖先亲本	祖先亲本核遗传贡献率/%	祖先亲本来源
辽豆 35	辽 91111	94026-4	小金黄	1.56	吉林省中部平原地区地方品种
			四粒黄	0.78	吉林省中部地方品种
			四粒黄	5.27	吉林省公主岭地方品种
			铁荚四粒黄（黑铁荚）	1.56	吉林省中南部半山区地方品种
			嘟噜豆	20.41	吉林省中南部地方品种
			辉南青皮豆	2.34	吉林省辉南地方品种
			金元	4.10	辽宁省开原地方品种

续表

品种名称	母本	父本	祖先亲本	祖先亲本核遗传贡献率/%	祖先亲本来源
辽豆35	辽91111	94026-4	小金黄	0.39	辽宁省沈阳地方品种
			大粒青	3.13	辽宁省本溪地方品种
			铁荚子	17.19	辽宁省义县地方品种
			熊岳小粒黄	12.79	辽宁省熊岳地方品种
			白扁豆	1.56	辽宁省地方品种
			通州小黄豆	4.30	北京通县地方品种
			十胜长叶	8.98	日本品种
			Amsoy（阿姆索、阿姆索依）	15.63	美国品种

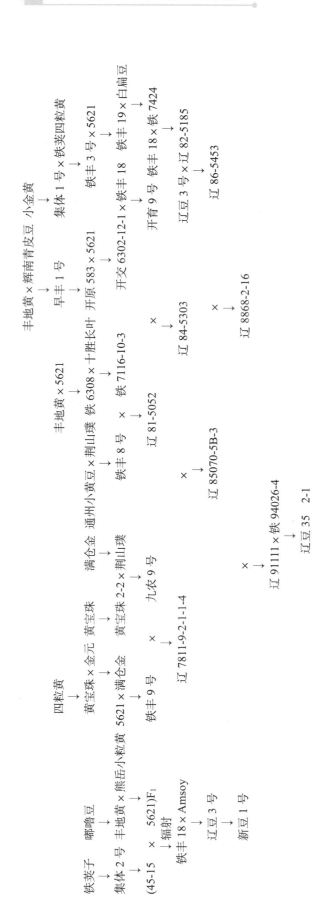

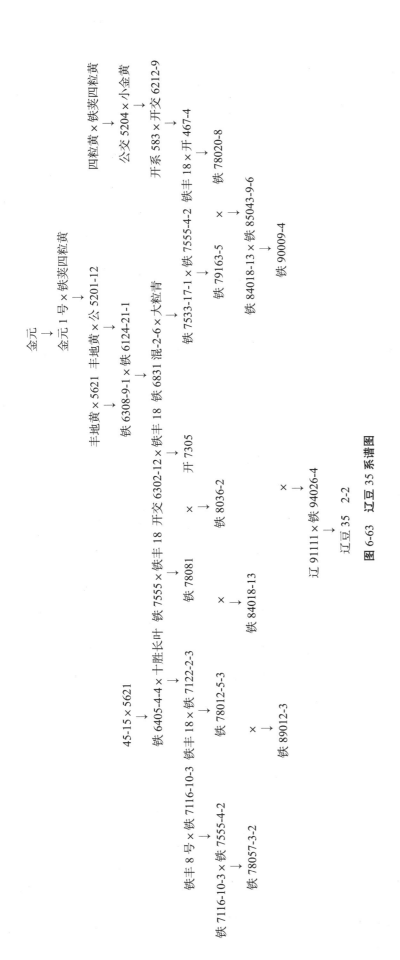

图6-63　辽豆35系谱图

64 辽豆36

辽豆36品种简介

【品种来源】辽豆36是辽宁省农业科学院作物研究所2003年以辽豆16为母本，绥农20为父本杂交，经多年选择育成。审定编号：辽审豆[2012]154号。

【植株性状】紫花，椭圆叶，灰色茸毛，成熟荚褐色。有限结荚习性，株高84.8cm，分枝2.9个，株型收敛，主茎节数14.0个，单株荚数38.7个。

【籽粒特点】籽粒圆形，种皮黄色，有光泽，种脐黄色，百粒重26.9g。籽粒粗蛋白含量42.94%，粗脂肪含量20.23%。

【生育日数】在适应区从出苗至成熟生育日数125d左右。

【抗病鉴定】人工接种鉴定抗大豆花叶病毒1号株系和3号株系，病情指数分别为9.47%和15.00%。室内考种鉴定虫食粒率2.7%，大豆褐斑粒率0.2%，大豆紫斑粒率1.8%，大豆霜霉粒率0.3%。

【产量表现】2010—2011年区域试验平均产量2628kg/hm²，较对照品种丹豆11平均增产17.1%，2011年生产试验平均产量3160.5kg/hm²，较对照品种丹豆11平均增产23.4%。

【适应区域】辽宁省沈阳、辽阳、鞍山、锦州、丹东及大连等晚熟大豆区。

辽豆36遗传基础

辽豆36细胞质100%来源于铁荚子，历经8轮传递与选育，细胞质传递过程为铁荚子→集体2号→45-15→（45-15×5621）F$_1$→铁丰18→辽豆3号→新豆1号→辽豆16→辽豆36。（详见图6-64）

辽豆36细胞核来源于白眉、克山四粒荚、小粒黄、四粒黄、铁荚四粒黄（黑铁荚）、嘟噜豆、辉南青皮豆、金元、小金黄、铁荚子、熊岳小粒黄、白扁豆、通州小黄豆、十胜长叶、Amsoy（阿姆索、阿姆索依）、Anoka等16个祖先亲本，分析其核遗传贡献率并注明祖先亲本来源，从而揭示该品种遗传基础，为大豆育种亲本的选择利用提供参考。（详见表6-64）

表6-64　辽豆36祖先亲本

品种名称	母本	父本	祖先亲本	祖先亲本核遗传贡献率/%	祖先亲本来源
辽豆36	辽豆16	绥农20	白眉	3.13	黑龙江省克山地方品种
			克山四粒荚	6.25	黑龙江省克山地方品种
			小粒黄	6.25	黑龙江省勃利地方品种
			四粒黄	8.20	吉林省公主岭地方品种
			铁荚四粒黄（黑铁荚）	0.39	吉林省中南部半山区地方品种
			嘟噜豆	7.62	吉林省中南部地方品种
			辉南青皮豆	0.39	吉林省辉南地方品种

续表

品种名称	母本	父本	祖先亲本	祖先亲本核遗传贡献率/%	祖先亲本来源
辽豆36	辽豆16	绥农20	金元	6.64	辽宁省开原地方品种
			小金黄	0.39	辽宁省沈阳地方品种
			铁荚子	10.16	辽宁省义县地方品种
			熊岳小粒黄	6.84	辽宁省熊岳地方品种
			白扁豆	1.56	辽宁省地方品种
			通州小黄豆	0.78	北京通县地方品种
			十胜长叶	0.78	日本品种
			Amsoy（阿姆索、阿姆索依）	15.63	美国品种
			Anoka	25.00	美国品种

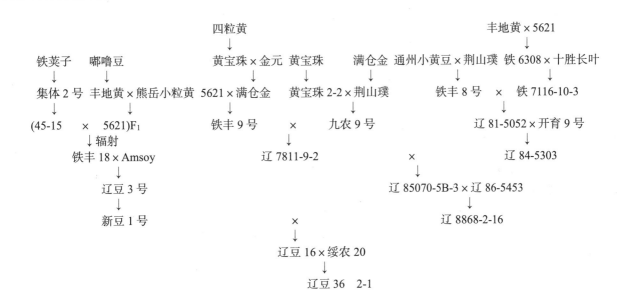

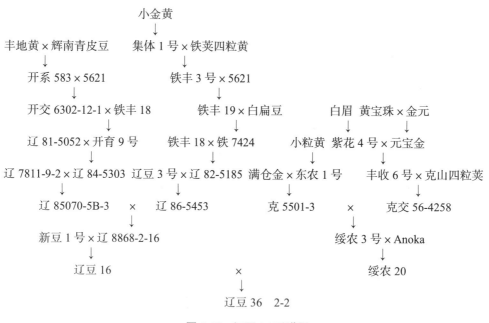

图 6-64 辽豆 36 系谱图

65 辽豆 41

辽豆 41 品种简介

【品种来源】辽豆 41 是辽宁省农业科学院作物研究所 2004 年以辽豆 17 为母本，航天 2 号为父本杂交，经多年选择育成。审定编号：辽审豆 2013010。

【植株性状】紫花，椭圆叶，灰色茸毛。有限结荚习性，株高 81.6cm，分枝 2.8 个，主茎节数 16.9 个，单株荚数 53.2 个。

【籽粒特点】籽粒圆形，种脐黄色，百粒重 25.3g。籽粒粗蛋白含量 41.75%，粗脂肪含量 20.21%。

【生育日数】在适应区从出苗至成熟生育日数 127d。

【抗病鉴定】接种鉴定抗大豆花叶病毒 1 号株系，病情指数 16.67%，中感大豆花叶病毒 3 号株，病情指数 16.67%。室内考种鉴定虫食粒率 2.1%，大豆褐斑粒率 0.1%，大豆紫斑粒率 0.6%，大豆霜霉粒率 0.3%。

【产量表现】2011—2012 年区域试验平均产量 2850.0kg/hm²，较对照品种丹豆 11 平均增产 11.9%，2012 年生产试验平均产量 3019.5kg/hm²，较对照品种丹豆 11 平均增产 12.3%。

【适应区域】辽宁省沈阳、辽阳、鞍山、锦州、丹东及大连等晚熟大豆区。

辽豆 41 遗传基础

辽豆 41 细胞质 100%来源于铁荚子，历经 7 轮传递与选育，细胞质传递过程为铁荚子→集体 2 号→45-15→（45-15×5621）F₁→铁丰 18→辽豆 3 号→辽豆 17→辽豆 41。（详见图 6-65）

辽豆 41 细胞核来源于四粒黄、嘟噜豆、辉南青皮豆、金元、铁荚子、熊岳小粒黄、辽 89-2375M、航天 2 号、通州小黄豆、十胜长叶、Amsoy（阿姆索、阿姆索依）等 11 个祖先亲本，分析其核遗传贡献率并

注明祖先亲本来源，从而揭示该品种遗传基础，为大豆育种亲本的选择利用提供参考。（详见表6-65）

表6-65　辽豆41祖先亲本

品种名称	母本	父本	祖先亲本	祖先亲本核遗传贡献率/%	祖先亲本来源
辽豆41	辽豆17	航天2号	四粒黄	0.78	吉林省公主岭地方品种
			嘟噜豆	6.64	吉林省中南部地方品种
			辉南青皮豆	0.78	吉林省辉南地方品种
			金元	0.78	辽宁省开原地方品种
			铁荚子	7.81	辽宁省义县地方品种
			熊岳小粒黄	5.08	辽宁省熊岳地方品种
			辽89-2375M	12.50	辽宁省农业科学院作物研究所材料
			航天2号	50.00	辽宁省农业科学院引入材料
			通州小黄豆	1.56	北京通县地方品种
			十胜长叶	1.56	日本品种
			Amsoy（阿姆索、阿姆索依）	12.50	美国品种

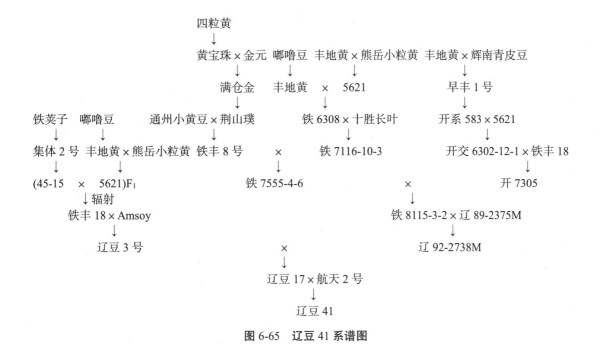

图6-65　辽豆41系谱图

66 辽豆 42

辽豆 42 品种简介

【品种来源】辽豆 42 是辽宁省农业科学院作物研究所 2006 年以铁 95091-5-1 为母本，铁 9868-10 为父本杂交，经多年选择育成。审定编号：辽审豆 2014013。

【植株性状】白花，椭圆叶，棕色茸毛。有限结荚习性，株高 84.8cm，分枝 3.7 个，主茎节数 16.7 个。

【籽粒特点】籽粒圆形，种皮黄色，种脐黄色，百粒重 25.1g。籽粒粗蛋白含量 43.41%，粗脂肪含量 19.19%。

【生育日数】在适应区从出苗至成熟生育日数 128d 左右，较对照品种丹豆 11 早 5d。

【抗病鉴定】人工接种鉴定抗大豆花叶病毒 1 号株系，病情指数 16.67%。室内考种鉴定虫食粒率 3.9%，褐斑粒 0.4%，大豆紫斑粒率 0.6%。

【产量表现】2012—2013 年区域试验平均产量 3036.0kg/hm²，较对照品种丹豆 11 平均增产 13.6%，2013 年生产试验平均产量 3067.5kg/hm²，较对照品种丹豆 11 平均增产 11.0%。

【适应区域】辽宁省沈阳、锦州、丹东及大连等晚熟大豆区。

辽豆 42 遗传基础

辽豆 42 细胞质 100% 来源于嘟噜豆，历经 9 轮传递与选育，细胞质传递过程为嘟噜豆→丰地黄→铁 6308→铁 6831→铁 7533-17-1-1→铁 79163-5→铁 85043-9-6→铁 89034-10→铁 95091-5-1→辽豆 42。（详见图 6-66）

辽豆 42 细胞核来源于小金黄、四粒黄、四粒黄、铁荚四粒黄（黑铁荚）、嘟噜豆、辉南青皮豆、大粒黄、金元、嘟噜豆、小金黄、大粒青、铁荚子、熊岳小粒黄、白扁豆、干枝密、通州小黄豆、济南 1 号、海白花、小平顶、蒙城大白壳、大粒黄、东山 101、十胜长叶、Amsoy（阿姆索、阿姆索依）、SRF400（索夫 400）、花生等 26 个祖先亲本，分析其核遗传贡献率并注明祖先亲本来源，从而揭示该品种遗传基础，为大豆育种亲本的选择利用提供参考。（详见表 6-66）

表 6-66 辽豆 42 祖先亲本

品种名称	母本	父本	祖先亲本	祖先亲本核遗传贡献率/%	祖先亲本来源
辽豆 42	铁 95091-5-1	铁 9868-10	小金黄	3.91	吉林省中部平原地区地方品种
			四粒黄	1.76	吉林省中部地方品种
			四粒黄	2.73	吉林省公主岭地方品种
			铁荚四粒黄（黑铁荚）	2.15	吉林省中南部半山区地方品种
			嘟噜豆	15.43	吉林省中南部地方品种
			辉南青皮豆	3.91	吉林省辉南地方品种

续表

品种名称	母本	父本	祖先亲本	祖先亲本核遗传贡献率/%	祖先亲本来源
辽豆42	铁95091-5-1	铁9868-10	大粒黄	1.17	吉林省地方品种
			金元	2.93	辽宁省开原地方品种
			嘟噜豆	2.34	辽宁省铁岭地方品种
			小金黄	0.20	辽宁省沈阳地方品种
			大粒青	1.56	辽宁省本溪地方品种
			铁荚子	9.38	辽宁省义县地方品种
			熊岳小粒黄	8.01	辽宁省熊岳地方品种
			白扁豆	0.78	辽宁省地方品种
			干枝密	12.50	辽宁省地方品种
			通州小黄豆	3.91	北京通县地方品种
			济南1号	1.76	山东省材料
			海白花	1.17	江苏省灌云地方品种
			小平顶	1.76	安徽省宿县地方品种
			蒙城大白壳	1.17	安徽省蒙城地方品种
			大粒黄	1.17	湖北省英山地方品种
			东山101	9.38	日本品种
			十胜长叶	5.47	日本品种
			Amsoy（阿姆索、阿姆索依）	1.56	美国品种
			SRF400（索夫400）	2.34	美国品种
			花生	1.56	远缘物种

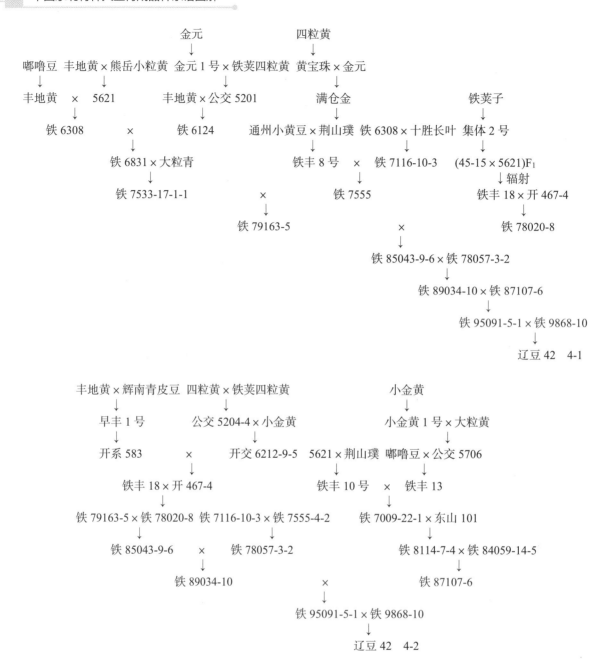

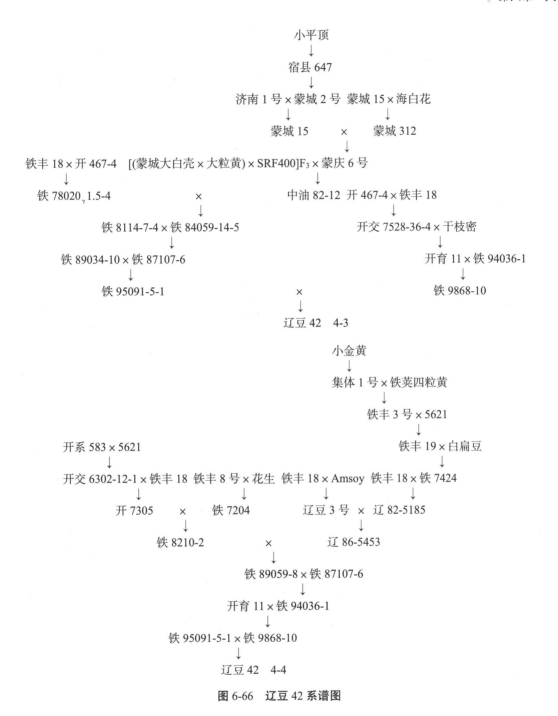

图 6-66　辽豆 42 系谱图

67　东豆 027

东豆 027 品种简介

【品种来源】东豆 027 是辽宁富友种业有限公司 2003 年以开交 9821-1 为母本，东豆 02028 为父本杂交，经多年选择育成。审定编号：辽审豆 2013003。

【植株性状】白花，椭圆叶，灰色茸毛，成熟荚暗褐色。有限结荚习性，株高 72.0cm，分枝 2.7 个，主茎节数 15.8 个，单株荚数 60.6 个，平均每荚 2 ~ 3 粒。

【籽粒特点】籽粒圆形，种皮黄色，有光泽，种脐黄色，百粒重25.4g。籽粒粗蛋白含量41.13%，粗脂肪含量20.40%。

【生育日数】在适应区从出苗至成熟生育日数127d左右，与对照品种铁豆43同熟期。

【抗病鉴定】接种鉴定中感大豆花叶病毒1号株系，病情指数41.90%。田间鉴定大豆褐斑粒率0.1%，大豆紫斑粒率0.1%，大豆霜霉粒率0.2%，虫食粒率1.8%。

【产量表现】2011—2012年区域试验平均产量2865kg/hm²，较对照品种开育11、铁豆43平均增产13.9%，2012年生产试验平均产量3100.5kg/hm²，较对照品种铁豆43平均增产10.8%。

【适应区域】辽宁省铁岭、抚顺、本溪等东、北部早熟大豆区。

东豆027遗传基础

东豆027细胞质100%来源于开交9821-1，历经1轮传递与选育，细胞质传递过程为开交9821-1→东豆027。（详见图6-67）

东豆027细胞核来源于小金黄、四粒黄、四粒黄、铁荚四粒黄（黑铁荚）、嘟噜豆、辉南青皮豆、金元、小金黄、铁荚子、熊岳小粒黄、白扁豆、干枝密、开交9821-1、通州小黄豆、Amsoy（阿姆索、阿姆索依）、花生等16个祖先亲本，分析其核遗传贡献率并注明祖先亲本来源，从而揭示该品种遗传基础，为大豆育种亲本的选择利用提供参考。（详见表6-67）

表6-67　东豆027祖先亲本

品种名称	母本	父本	祖先亲本	祖先亲本核遗传贡献率/%	祖先亲本来源
东豆027	开交9821-1	东豆02028	小金黄	1.56	吉林省中部平原地区地方品种
			四粒黄	0.78	吉林省中部地方品种
			四粒黄	0.39	吉林省公主岭地方品种
			铁荚四粒黄（黑铁荚）	0.98	吉林省中南部半山区地方品种
			嘟噜豆	6.84	吉林省中南部地方品种
			辉南青皮豆	1.95	吉林省辉南地方品种
			金元	0.39	辽宁省开原地方品种
			小金黄	0.20	辽宁省沈阳地方品种
			铁荚子	8.59	辽宁省义县地方品种
			熊岳小粒黄	4.88	辽宁省熊岳地方品种
			白扁豆	0.78	辽宁省地方品种
			干枝密	12.50	辽宁省地方品种
			开交9821-1	50.00	辽宁省开原市农业科学研究所材料
			通州小黄豆	0.78	北京通县地方品种
			Amsoy（阿姆索、阿姆索依）	7.81	美国品种
			花生	1.56	远缘物种

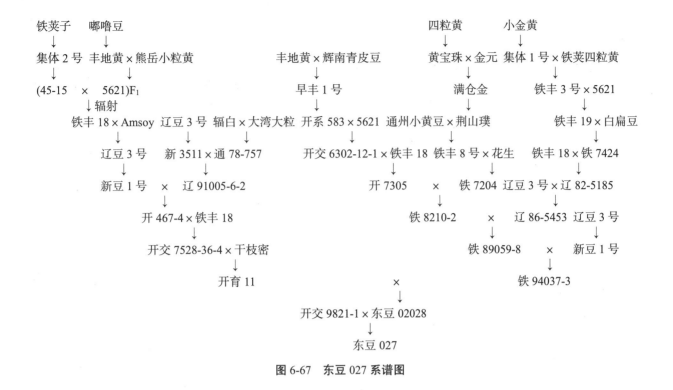

图 6-67 东豆 027 系谱图

68 灯豆 1 号

灯豆 1 号品种简介

【品种来源】灯豆 1 号是灯塔市明辉良种研发中心 2002 年以嫩丰 16 为母本，黑农 38 为父本杂交，经多年选择育成。审定编号：辽审豆 2014003。

【植株性状】白花，披针叶，灰色茸毛，成熟荚灰色。亚有限结荚习性，株高 70cm，分枝 1~2 个，株型呈塔形，主茎节数 16 个，单株荚数 50 个，平均每荚 3 粒。茎秆粗壮，韧性强。

【籽粒特点】籽粒圆形，种皮黄色，有光泽，种脐黄色，百粒重 25.5g。籽粒粗蛋白含量 38.15%，粗脂肪含量 21.92%。

【生育日数】在适应区从出苗至成熟生育日数 116d 左右，较对照品种铁豆 43 早熟 9d。

【抗病鉴定】人工接种鉴定抗大豆花叶病毒 1 号株系。室内考种鉴定虫食粒率 1.9%，大豆褐斑粒率 0.3%，大豆紫斑粒率 1.9%，大豆霜霉粒率 0.5%。

【产量表现】2012—2013 年区域试验平均产量 2805.0kg/hm²，较对照品种铁豆 43 平均增产 4.9%，2013 年生产试验平均产量 2952.0kg/hm²，较对照品种铁豆 43 平均增产 9.7%。

【适应区域】辽宁省西丰、昌图、开原、铁岭、抚顺、新宾、本溪等早熟大豆区。

灯豆 1 号遗传基础

灯豆 1 号细胞质 100% 来源于一窝蜂，历经 5 轮传递与选育，细胞质传递过程为一窝蜂→公交 7014-3→

公交 7407-5→嫩 8422-3→嫩丰 16→灯豆 1 号。（详见图 6-68）

灯豆 1 号细胞核来源于五顶珠、千斤黄、白眉、佳木斯秃荚子、四粒黄、小粒黄、秃荚子、长叶大豆、东农 3 号、哈 49-2158、哈 61-8134、四粒黄、铁荚四粒黄（黑铁荚）、嘟噜豆、一窝蜂、四粒黄、金元、十胜长叶等 18 个祖先亲本，分析其核遗传贡献率并注明祖先亲本来源，从而揭示该品种遗传基础，为大豆育种亲本的选择利用提供参考。（详见表 6-68）

表 6-68　灯豆 1 号祖先亲本

品种名称	母本	父本	祖先亲本	祖先亲本核遗传贡献率/%	祖先亲本来源
灯豆 1 号	嫩丰 16	黑农 38	五顶珠	6.25	黑龙江省绥化地方品种
			千斤黄	3.13	黑龙江省安达地方品种
			白眉	3.52	黑龙江省克山地方品种
			佳木斯秃荚子	0.78	黑龙江省佳木斯地方品种
			四粒黄	1.56	黑龙江省东部和中部地方品种
			小粒黄	3.13	黑龙江省勃利地方品种
			秃荚子	3.13	黑龙江省木兰地方品种
			长叶大豆	3.13	黑龙江省地方品种
			东农 3 号	1.56	东北农业大学材料
			哈 49-2158	3.13	黑龙江省农业科学院大豆研究所材料
			哈 61-8134	3.13	黑龙江省农业科学院大豆研究所材料
			四粒黄	8.01	吉林省公主岭地方品种
			铁荚四粒黄（黑铁荚）	9.38	吉林省中南部半山区地方品种
			嘟噜豆	6.25	吉林省中南部地方品种
			一窝蜂	3.13	吉林省中部偏西地区地方品种
			四粒黄	5.47	吉林省东丰地方品种
			金元	19.73	辽宁省开原地方品种
			十胜长叶	15.63	日本品种

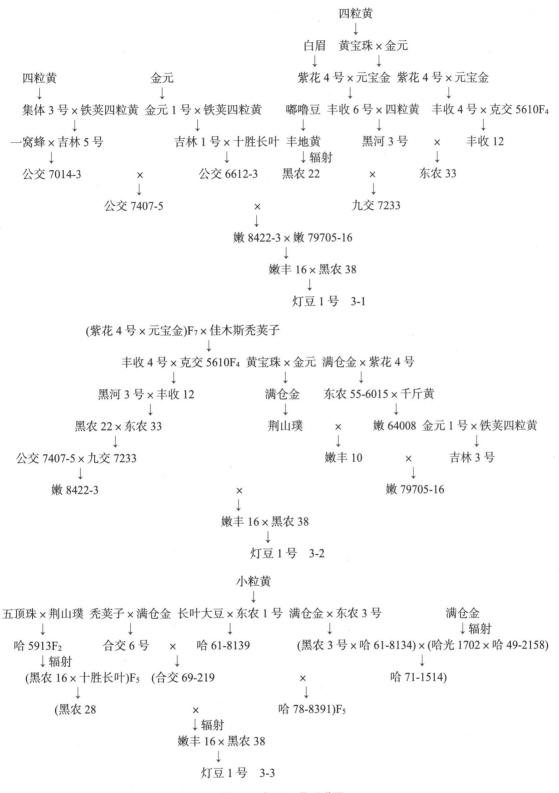

图 6-68 灯豆 1 号系谱图

69 辽首2号

辽首2号品种简介

【品种来源】辽首2号是辽宁省辽阳县旱田良种研发中心1995年以90A为母本，90-3为父本杂交，经多年选择育成。审定编号：国审豆2005018。

【植株性状】紫花，椭圆叶，叶片深绿色，灰色茸毛，成熟荚褐色。有限结荚习性，株高91～95cm，分枝2个，主茎节数21个，平均单株荚数40.8个。根系发达，茎秆强韧，抗倒伏，耐旱耐涝，适应性强。

【籽粒特点】籽粒椭圆形，种皮黄色，种脐浅黄色，百粒重25.1g。籽粒粗蛋白含量42.4%，粗脂肪含量19.55%。

【生育日数】在适应区从出苗至成熟生育日数138d左右。

【抗病鉴定】田间表现比较抗病和抗倒伏，接种鉴定抗大豆花叶病毒1号株系，感3号株系。高感大豆灰斑病。

【产量表现】2003年区域试验平均2832.8kg/hm²，较对照品种开育10号平均增产7.5%，2004年生产试验平均产量3234.0kg/hm²较对照品种开育10号平均增产6.6%。

【适应区域】适宜在河北北部、陕西关中平原、宁夏中南部，以及辽宁省丹东、锦州、沈阳地区春播种植。

辽首2号遗传基础

辽首2号细胞质100%来源于90A，历经1轮传递与选育，细胞质传递过程为90A→辽首2号。（详见图6-69）

辽首2号细胞核来源于90A、90-3等2个祖先亲本，分析其核遗传贡献率并注明祖先亲本来源，从而揭示该品种遗传基础，为大豆育种亲本的选择利用提供参考。（详见表6-69）

表6-69 辽首2号祖先亲本

品种名称	母本	父本	祖先亲本	祖先亲本核遗传贡献率/%	祖先亲本来源
辽首2号	90A	90-3	90A	50.00	辽宁省辽阳旱田良种研发中心材料
			90-3	50.00	辽宁省辽阳旱田良种研发中心材料

90A × 90-3
↓
辽首2号

图6-69 辽首2号系谱图

70　首豆33

首豆33品种简介

【品种来源】首豆33是辽宁省辽阳县元田种子研发中心杨宏宝1997年以LS•8738A-9为母本，野驯 F25-1为父本杂交，经多年选择育成。审定名称：首豆33号，审定编号：辽审豆[2011]143号。

【植株性状】紫花，椭圆叶，灰色茸毛，成熟荚浅褐色。有限结荚习性，株高88.4cm，分枝3.1个，株型呈扇形，主茎节数17.1个，单株结荚40.3个。

【籽粒特点】籽粒椭圆形，种皮卵黄色，有光泽，种脐黄色，百粒重27.2g。籽粒粗蛋白含量43.67%，粗脂肪含量20.09%。

【生育日数】在适应区从出苗至成熟生育日数124d左右，较对照品种丹豆11早熟11d。

【抗病鉴定】人工接种鉴定中抗大豆花叶病毒病。室内考种鉴定虫食粒率1.4%，大豆褐斑粒率0.1%，大豆紫斑粒率0.2%，大豆霜霉粒率0.1%。

【产量表现】2009—2010年区域试验平均产量2683.5kg/hm²，较对照品种丹豆11平均增产11.9%，2010年生产试验平均产量2446.5kg/hm²，较对照品种丹豆11平均增产10.2%。

【适应区域】辽宁省沈阳、鞍山、辽阳、阜新、锦州、葫芦岛等晚熟大豆区。

首豆33遗传基础

首豆33细胞质100%来源于LS•8738A-9，历经1轮传递与选育，细胞质传递过程为LS•8738A-9→首豆33。（详见图6-70）

首豆33细胞核来源于野驯 F25-1、LS•8738A-9等2个祖先亲本，分析其核遗传贡献率并注明祖先亲本来源，从而揭示该品种遗传基础，为大豆育种亲本的选择利用提供参考。（详见表6-70）

表6-70　首豆33祖先亲本

品种名称	母本	父本	祖先亲本	祖先亲本核遗传贡献率/%	祖先亲本来源
首豆33	LS•8738A-9	野驯 F25-1	野驯 F25-1	50.00	辽宁省辽阳旱田良种研发中心多年驯化野生大豆
			LS•8738A-9	50.00	辽宁省辽阳县元田种子研发中心材料

LS8738A-9 × 野驯 F25-1

↓

首豆33

图6-70　首豆33系谱图

71 首豆 34

首豆 34 品种简介

【品种来源】首豆 34 是杨凌舒辽阳县元田种子研发中心 1997 年以 LS•8738A-9 为母本，元田 23 为父本杂交，经多年选择育成。审定编号：辽审豆 2013014。

【植株性状】紫花，椭圆叶，灰色茸毛，成熟荚浅褐色。有限结荚习性，株高 90.0cm，分枝 2.6 个，株型呈扇形，主茎节数 17.7 个，单株结荚 44.2 个，平均每荚 2.8 粒。

【籽粒特点】籽粒椭圆形，种皮黄色，有光泽，种脐黄色，百粒重 27.2g。籽粒粗蛋白含量 40.81%，粗脂肪含量 20.49%。

【生育日数】在适应区从出苗至成熟生育日数 124d 左右。

【抗病鉴定】人工接种鉴定抗大豆花叶病毒 1 号株系。田间鉴定大豆褐斑粒率 0.1%，大豆紫斑粒率 0.3%，大豆霜霉粒率 0.1%，虫食粒 1.4%。

【产量表现】2011—2012 年区域试验平均产量 2946.0kg/hm²，较对照品种丹豆 11 平均增产 15.8%，2012 年生产试验平均产量 3066.0kg/hm²，较对照品种丹豆 11 平均增产 12.9%。

【适应区域】辽宁省沈阳、鞍山、辽阳、阜新、锦州、葫芦岛等晚熟大豆区。

首豆 34 遗传基础

首豆 34 细胞质 100% 来源于 LS•8738A-9，历经 1 轮传递与选育，细胞质传递过程为 LS•8738A-9→首豆 34。（详见图 6-71）

首豆 34 细胞核来源于 LS•8738A-9、元田 23 等 2 个祖先亲本，分析其核遗传贡献率并注明祖先亲本来源，从而揭示该品种遗传基础，为大豆育种亲本的选择利用提供参考。（详见表 6-71）

表 6-71　首豆 34 祖先亲本

品种名称	母本	父本	祖先亲本	祖先亲本核遗传贡献率/%	祖先亲本来源
首豆 34	LS•8738A-9	元田 23	LS•8738A-9	50.00	辽宁省辽阳县元田种子研发中心材料
			元田 23	50.00	辽宁省辽阳旱田良种研发中心材料

LS8738A-9 × 元田 23
↓
首豆 34

图 6-71　首豆 34 系谱图

72 首豆 35

首豆 35 品种简介

【品种来源】首豆 35 是辽阳县元田种子研发中心 1999 年以 LS•8738A-9 为母本，LS•野驯 F_{31-3} 为父本杂交，经多年选择育成。审定编号：辽审豆 2015011。

【植株性状】白花，椭圆叶，灰色茸毛。有限结荚习性，株高 94.3 cm，分枝 2.3 个，主茎节数 19.0 个，单株荚数 44.1 个，平均每荚 3.1 粒。

【籽粒特点】籽粒椭圆形，种皮浅黄色，有光泽，种脐黄色，百粒重 33.8g。籽粒粗蛋白含量 45.81%，粗脂肪含量 18.72%。

【生育日数】在适应区从出苗至成熟生育日数 129d 左右。

【抗病鉴定】接种鉴定抗大豆花叶病毒 1 号株系，病情指数 20.00%。

【产量表现】2013—2014 年区域试验平均产量 3025.5kg/hm²，较对照品种丹豆 11 平均增产 11.1%，2014 年生产试验平均产量 3385.5kg/hm²，较对照品种丹豆 11 平均增产 14.1%。

首豆 35 遗传基础

首豆 35 细胞质 100% 来源于 LS•8738A-9，历经 1 轮传递与选育，细胞质传递过程为 LS•8738A-9→首豆 35。（详见图 6-72）

首豆 35 细胞核来源于 LS•8738A-9、LS•野驯 F_{31-3} 等 2 个祖先亲本，分析其核遗传贡献率并注明祖先亲本来源，从而揭示该品种遗传基础，为大豆育种亲本的选择利用提供参考。（详见表 6-72）

表 6-72 首豆 35 祖先亲本

品种名称	母本	父本	祖先亲本	祖先亲本核遗传贡献率/%	祖先亲本来源
首豆 35	LS•8738A-9	LS•野驯 F_{31-3}	LS•8738A-9	50.00	辽宁省辽阳县元田种子研发中心材料
			LS•野驯 F_{31-3}	50.00	辽宁省辽阳县元田种子研发中心材料

LS•8738A-9 × LS•野驯 F_{31-3}

↓

首豆 35

图 6-72 首豆 35 系谱图

73 首豆 37

首豆 37 品种简介

【品种来源】首豆 37 是辽阳县元田种子研发中心（申请者：杨凌舒、辽阳县元田种子研发中心）以 LS·8738A-9 为母本、LS·野驯 F_{33}-3 为父本杂交，经多年选择育成。审定编号：辽审豆 2017021。

【植株性状】白花，椭圆叶，灰色茸毛。有限结荚习性，株高 91.8cm，分枝 2.7 个，主茎节数 20.1 个，单株荚数 58.5 个。

【籽粒特点】籽粒椭圆形，种皮浅黄色，有光泽，种脐黄色，百粒重 35.7g。籽粒粗蛋白含量 45.88%，粗脂肪含量 18.65%。

【生育日数】在适应区从出苗至成熟生育日数 131d，较对照品种丹豆 11 早 5d。

【抗病鉴定】人工接种鉴定抗大豆花叶病毒 1 号株系和 3 号株系，病情指数均为 20.00%。虫食粒率 1.9%，大豆褐斑粒率 1.5%、大豆紫斑粒率 0.47%、大豆霜霉粒率 0.4%。

【产量表现】2015—2016 年区域试验平均产量 3079.5kg/hm²，较对照品种丹豆 11 平均增产 12.4%，2016 年生产试验平均产量 2919.0kg/hm²，较对照品种丹豆 11 平均增产 9.5%。

【适应区域】适宜在辽宁省内无霜期 131d 以上，活动积温 2900℃以上的地区种植。

首豆 37 遗传基础

首豆 37 细胞质 100% 来源于 LS·8738A-9，历经 1 轮传递与选育，细胞质传递过程为 LS·8738A-9→首豆 37。（详见图 6-73）

首豆 37 细胞核来源于 LS·8738A-9、LS·野驯 F_{33}-3 等 2 个祖先亲本，分析其核遗传贡献率并注明祖先亲本来源，从而揭示该品种遗传基础，为大豆育种亲本的选择利用提供参考。（详见表 6-73）

表 6-73　首豆 37 祖先亲本

品种名称	母本	父本	祖先亲本	祖先亲本核遗传贡献率/%	祖先亲本来源
首豆 37	LS·8738A-9	LS·野驯 F33-3	LS·8738A-9	50.00	辽宁省辽阳县元田种子研发中心材料
			LS·野驯 F_{33}-3	50.00	辽宁省辽阳县元田种子研发中心材料

LS·8738A-9 × LS·野驯 F_{33}-3
↓
首豆 37

图 6-73　首豆 37 系谱图

74　首豆 39

首豆 39 品种简介

【品种来源】首豆 39 是杨凌舒、辽阳县元田种子研发中心以 LS•8738A-F$_3$ 为母本，LS•杂合驯 F$_{65}$ 为父本杂交，经多年选择育成。审定编号：辽审豆 20200014。

【植株性状】紫花，圆叶，灰色茸毛。有限结荚习性，株高 87.7cm，有效分枝 2.1 个，主茎节数 18.0 个，单株有效荚数 49.1 个。

【籽粒特点】籽粒椭圆形，种皮黄色，有光泽，种脐黄色，百粒重 27.3g。籽粒粗蛋白含量 43.37%，粗脂肪含量 19.20%。

【生育日数】在适应区从出苗至成熟生育日数 125d 左右。

【抗病鉴定】接种鉴定抗大豆花叶病毒 1 号株系和 3 号株系。

【产量表现】2018—2019 区域试验平均产量 2910.0kg/hm^2，较对照品种铁豆 53 平均增产 5.7%，2019 年生产试验平均产量 3055.5kg/hm^2，较对照品种铁豆 53 平均增产 7.6%。

【适应区域】适宜在辽宁省南部及东南部晚熟大豆生态类型区种植。

首豆 39 遗传基础

首豆 39 细胞质 100% 来源于 LS•8738A-F$_3$，历经 1 轮传递与选育，细胞质传递过程为 LS•8738A-F$_3$→首豆 39。（详见图 6-74）

首豆 39 细胞核来源于 LS•8738A-F$_3$、LS•杂合驯 F$_{65}$ 等 2 个祖先亲本，分析其核遗传贡献率并注明祖先亲本来源，从而揭示该品种遗传基础，为大豆育种亲本的选择利用提供参考。（详见表 6-74）

表 6-74　首豆 39 祖先亲本

品种名称	母本	父本	祖先亲本	祖先亲本核遗传贡献率/%	祖先亲本来源
首豆 39	LS•8738A-F$_3$	LS•杂合驯 F$_{65}$	LS•8738A-F$_3$	50.00	辽宁省辽阳县元田种子研发中心材料
			LS•杂合驯 F$_{65}$	50.00	辽宁省辽阳县元田种子研发中心材料

LS•8738A-F$_3$ × LS•杂合驯 F$_{65}$
↓
首豆 39

图 6-74　首豆 39 系谱图

75 锦豆 6422

锦豆 6422 品种简介

【品种来源】锦豆 6422 是辽宁省锦州市农业科学研究所 1964 年以锦州 8-14 为母本，56-0501 为父本杂交，经多年选择育成。辽宁省确定推广时间：1974 年。

【植株性状】白花，卵圆叶，叶片较大，灰色茸毛。有限结荚习性，株高 70~80cm，分枝 2~3 个，主茎节数 15 个左右，茎秆粗壮，抗倒伏，耐阴性较强，适于间作，对土壤肥力要求不严，耐瘠薄，耐旱性较强。

【生育日数】在适应区从出苗至成熟生育日数 141d 左右。

【籽粒特点】籽粒椭圆形，种皮黄白色，种脐褐色，百粒重 25.0g 左右。籽粒粗蛋白含量 39.70%，粗脂肪含量 20.80%。

【产量表现】在锦州地区玉米与大豆 2：4 间作试验平均产量 2088.0kg/hm²，较对照品种锦豆 33、锦豆 16 平均增产 12.2%，生产试验平均产量 2100.0kg/hm²，较对照品种平均增产 13.2%。

【适应区域】辽宁省西部锦州市各县（区）。

锦豆 6422 遗传基础

锦豆 6422 细胞质 100%来源于平顶香，历经 2 轮传递与选育，细胞质传递过程为平顶香→锦州 8-14→锦豆 6422。（详见图 6-75）

锦豆 6422 细胞核来源于平顶香、56-0501 等 2 个祖先亲本，分析其核遗传贡献率并注明祖先亲本来源，从而揭示该品种遗传基础，为大豆育种亲本的选择利用提供参考。（详见表 6-75）

表 6-75　锦豆 6422 祖先亲本

品种名称	母本	父本	祖先亲本	祖先亲本核遗传贡献率/%	祖先亲本来源
锦豆 6422	锦州 8-14	56-0501	平顶香	50.00	辽宁省锦州地方品种
			56-0501	50.00	锦州市农业科学研究所材料

平顶香
↓
锦州 8-14 × 56-0501
↓
锦豆 6422

图 6-75　锦豆 6422 系谱图

76 锦豆36

锦豆36品种简介

【品种来源】锦豆36是辽宁省锦州市农业科学研究所1984年以冀豆2号为母本，铁丰18为父本杂交，经多年选择育成。审定名称：锦豆36号，审定编号：辽审豆[1995]44号。

【植株性状】紫花，椭圆叶，灰色茸毛，成熟荚褐色。亚有限结荚习性，株高90cm，分枝4个，株型紧凑直立，主茎节数18个，单株荚数50～60个。较抗旱，抗盐碱中等。

【籽粒特点】籽粒椭圆形，种皮黄色，种脐淡黄色，百粒重25～27g。籽粒粗蛋白含量42.20%，粗脂肪含量20.52%。

【生育日数】在适应区从出苗至成熟生育日数125d左右。

【抗病鉴定】虫食粒率1%。

【产量表现】1992—1993年辽宁省春播大豆区域试验平均产量2544.0kg/hm²，较对照品种平均增产21.1%，1993—1994年生产试验平均产量2691.0kg/hm²，较对照品种平均增产19.8%。

【适应区域】辽宁南部、中部、西部、河北北部春种，河北北部春种，江苏、河南等省可夏播或春播采收青豆。

锦豆36遗传基础

锦豆36细胞质100%来源于嘟噜豆，历经4轮传递与选育，细胞质传递过程为嘟噜豆→丰地黄→铁丰5号→冀豆2号→锦豆36。（详见图6-76）

锦豆36细胞核来源于四粒黄、嘟噜豆、金元、铁荚子、熊岳小粒黄等5个祖先亲本，分析其核遗传贡献率并注明祖先亲本来源，从而揭示该品种遗传基础，为大豆育种亲本的选择利用提供参考。（详见表6-76）

表6-76 锦豆36祖先亲本

品种名称	母本	父本	祖先亲本	祖先亲本核遗传贡献率/%	祖先亲本来源
锦豆36	冀豆2号	铁丰18	四粒黄	6.25	吉林省公主岭地方品种
			嘟噜豆	31.25	吉林省中南部地方品种
			金元	6.25	辽宁省开原地方品种
			铁荚子	37.50	辽宁省义县地方品种
			熊岳小粒黄	18.75	辽宁省熊岳地方品种

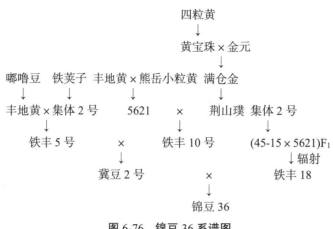

图 6-76 锦豆 36 系谱图

77 锦育 38

锦育 38 品种简介

【品种来源】锦育 38 是锦州农业科学院 1997 年以锦 8919-6 为母本，锦 9005-5 为父本杂交，经多年选择育成。审定名称：锦育 38 号，审定编号：辽审豆[2010]125 号。

【植株性状】紫花，圆叶，灰色茸毛，成熟荚深褐色。有限结荚习性，株高 103.5cm，分枝 1.8 个，株型收敛，主茎节数 20.3 个，单株荚数 55.6 个，平均每荚 3 粒。

【籽粒特点】籽粒椭圆形，种皮黄色，无光泽，种脐黄色，百粒重 26.9g。籽粒粗蛋白含量 42.44%，粗脂肪含量 20.65%。

【生育日数】在适应区从出苗至成熟生育日数 135d 左右。

【抗病鉴定】人工接种鉴定抗大豆花叶病毒 1 号株系。田间鉴定虫食粒率 0.4%，大豆褐斑粒率 0.1%，大豆紫斑粒率 0.1%，大豆霜霉粒率 0.2%。

【产量表现】2008—2009 年区域试验平均产量 3168kg/hm²，较对照品种铁丰 33 平均增产 15.0%，2009 年生产试验平均产量 2893.5kg/hm²，较对照品种铁丰 33 平均增产 9.0%。

【适应区域】辽宁省中部、西部、南部地区等中熟大豆区。

锦育 38 遗传基础

锦育 38 细胞质 100% 来源于锦 7506-7，历经 2 轮传递与选育，细胞质传递过程为锦 7506-7→锦 8224-7→锦育 38。（详见图 6-77）

锦育 38 细胞核来源于野生大豆、小金黄、金县快白豆、沈豆 8655、R3mc25、锦 7506-7、S100 等 7 个祖先亲本，分析其核遗传贡献率并注明祖先亲本来源，从而揭示该品种遗传基础，为大豆育种亲本的选择利用提供参考。（详见表 6-77）

表 6-77 锦育 38 祖先亲本

品种名称	母本	父本	祖先亲本	祖先亲本核遗传贡献率/%	祖先亲本来源
锦育 38	锦 8919-6	锦 9005-5	野生大豆	12.50	辽宁省野生大豆
			小金黄	6.25	辽宁省沈阳地方品种
			金县快白豆	6.25	辽宁省金县地方品种
			沈豆 8655	25.00	沈阳市农科院材料
			R3mc25	25.00	锦州市农业科学研究所材料
			锦 7506-7	12.50	锦州市农业科学研究所材料
			S100	12.50	美国品种

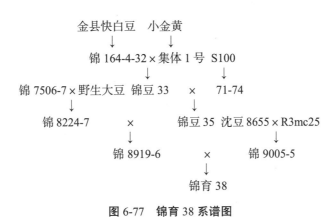

图 6-77 锦育 38 系谱图

78 锦育豆 39

锦育豆 39 品种简介

【品种来源】锦育豆 39 是锦州农业科学院以 90A 为母本，锦豆 36 为父本杂交，经多年选择育成。审定编号：辽审豆 2014009。

【植株性状】紫花，椭圆叶，灰色茸毛，成熟荚褐色。有限结荚习性，株高 99.4cm，分枝 2.6 个，株型收敛，主茎节数 18.8 个，单株荚数 61.3 个。

【籽粒特点】籽粒椭圆形，种皮黄色，无光泽，种脐黄色，百粒重 26.6g。籽粒粗蛋白含量 41.76%，粗脂肪含量 20.49%。

【生育日数】在适应区从出苗至成熟生育日数 131d 左右，较对照品种铁丰 33 早 2d。

【抗病鉴定】2012 年吉林省农业科学院大豆研究中心接种鉴定中抗大豆花叶病毒 1 号株系，病情指数 26.67%。大豆褐斑粒率 0.6%，大豆紫斑粒率 0.2%，大豆霜霉粒率 0.2%，虫食粒率 0.6%。

【产量表现】2012—2013 年区域试验平均产量 3142.5kg/hm²，较对照品种铁丰 33 平均增产 15.8%，2013 年生产试验平均产量 2704.5kg/hm²，较对照品种铁丰 33 平均增产 18.8%。

【适应区域】辽宁省铁岭、沈阳、辽阳、阜新、锦州及葫芦岛等中熟大豆区。

锦育豆 39 遗传基础

锦育豆 39 细胞质 100% 来源于 90A，历经 1 轮传递与选育，细胞质传递过程为 90A→锦育豆 39。（详见图 6-78）

锦育豆 39 细胞核来源于四粒黄、嘟噜豆、金元、铁荚子、熊岳小粒黄、90A 等 6 个祖先亲本，分析其核遗传贡献率并注明祖先亲本来源，从而揭示该品种遗传基础，为大豆育种亲本的选择利用提供参考。（详见表 6-78）

表 6-78　锦育豆 39 祖先亲本

品种名称	母本	父本	祖先亲本	祖先亲本核遗传贡献率/%	祖先亲本来源
锦育豆 39	90A	锦豆 36	四粒黄	3.13	吉林省公主岭地方品种
			嘟噜豆	15.63	吉林省中南部地方品种
			金元	3.13	辽宁省开原地方品种
			铁荚子	18.75	辽宁省义县地方品种
			熊岳小粒黄	9.38	辽宁省熊岳地方品种
			90A	50.00	辽宁省辽阳旱田良种研发中心材料

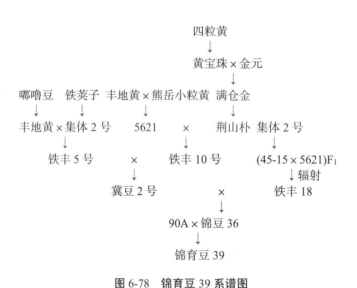

图 6-78　锦育豆 39 系谱图

79 凤系 2 号

凤系 2 号品种简介

【品种来源】凤系 2 号是辽宁省凤城农试站 1955 年从黑脐鹦哥豆中经单株选育而成。辽宁省确定推广时间：1965 年。

【植株性状】紫花，椭圆叶，肥厚而大，深绿色，棕色茸毛，成熟荚褐色。有限结荚习性，株高 60 ~ 70cm，分枝 4 ~ 6 个，株型半开张，底荚高 20cm 左右，主茎节数 13 ~ 15 个，节间短，结荚密，1、2 粒荚多，平均每荚 1.4 粒。枝叶繁茂，茎和分枝粗壮而硬，秆强不倒，耐肥、耐湿、耐阴性强。

【籽粒特点】籽粒椭圆形，种皮淡黄色，有光泽，种脐黑色，百粒重 35g。籽粒粗蛋白含量 44.70%，粗脂肪含量 16.90%。

【生育日数】在适应区从出苗至成熟生育日数 155d 左右。

【抗病鉴定】抗大豆食心虫，不易生大豆紫斑病，较易生大豆褐斑病。

【产量表现】在混作条件下，在凤城、岫岩、东沟、辽阳等县 3 年 7 个试验总结果，比各地对照品种平均增产 27.6%。

【适应区域】丹东地区宽甸县中部地区。

凤系 2 号遗传基础

凤系 2 号细胞质 100%来源于黑脐鹦哥豆，历经 1 轮传递与选育，细胞质传递过程为黑脐鹦哥豆→凤系 2 号。（详见图 6-79）

凤系 2 号细胞核来源于黑脐鹦哥豆 1 个祖先亲本，分析其核遗传贡献率并注明祖先亲本来源，从而揭示该品种遗传基础，为大豆育种亲本的选择利用提供参考。（详见表 6-79）

表 6-79 凤系 2 号祖先亲本

品种名称	父母本	祖先亲本	祖先亲本核遗传贡献率/%	祖先亲本来源
凤系 2 号	地方品种黑脐鹦哥豆	黑脐鹦哥豆	100.00	辽宁省宽甸地方品种

黑脐鹦哥豆
↓
凤系 2 号

图 6-79 凤系 2 号系谱图

80 丹豆 23

丹豆 23 品种简介

【品种来源】丹豆 23 是丹东农业科学院以岫豆 2003-3 为母本、铁豆 61 为父本杂交，经多年选择育成。审定编号：辽审豆 20210009。

【植株性状】紫花，圆叶，灰色茸毛。有限结荚习性，株高 82.6cm，有效分枝 1.9 个，株型收敛，结荚高度 13.0cm，主茎节数 20.0 个，单株有效荚数 56.2 个。

【籽粒特点】种皮黄色，种脐黄色，百粒重 26.5g。籽粒粗蛋白含量 41.13%，粗脂肪含量 22.55%。

【生育日数】在适应区从出苗至成熟生育日数 132d。

【抗病鉴定】接种鉴定抗大豆花叶病毒 1 号株系。

【产量表现】2019—2020 年区域试验平均产量 3402.0kg/hm²，较对照品种铁豆 53 平均增产 13.1%，2020 年生产试验平均产量 3470.0kg/hm²，较对照品种铁豆 53 平均增产 13.6%。

【适应区域】适宜在辽宁省晚熟大豆生态类型区种植。

丹豆 23 遗传基础

丹豆 23 细胞质 100% 来源于小金黄，历经 4 轮传递与选育，细胞质传递过程为小金黄→89-6→岫豆 94-11→岫豆 2003-3→丹豆 23。（详见图 6-80）

丹豆 23 细胞核来源于永丰豆、四粒黄、公 616、铁荚四粒黄（黑铁荚）、嘟噜豆、辉南青皮豆、金元、小金黄、本溪小黑脐、铁荚子、熊岳小粒黄、白扁豆、晚小白眉、89-6、通州小黄豆、大白脐、十胜长叶、Amsoy（阿姆索、阿姆索依）、Sb.pur-17、花生等 20 个祖先亲本，分析其核遗传贡献率并注明祖先亲本来源，从而揭示该品种遗传基础，为大豆育种亲本的选择利用提供参考。（详见表 6-80）

表 6-80　丹豆 23 祖先亲本

品种名称	母本	父本	祖先亲本	祖先亲本核遗传贡献率/%	祖先亲本来源
丹豆 23	岫豆 2003-3	铁豆 61	永丰豆	1.56	吉林省永吉地方品种
			四粒黄	0.39	吉林省公主岭地方品种
			公 616	3.13	吉林省公主岭地方品种
			铁荚四粒黄（黑铁荚）	0.39	吉林省中南部半山区地方品种
			嘟噜豆	6.25	吉林省中南部地方品种
			辉南青皮豆	0.39	吉林省辉南地方品种
			金元	0.39	辽宁省开原地方品种
			小金黄	0.39	辽宁省沈阳地方品种

续表

品种名称	母本	父本	祖先亲本	祖先亲本核遗传贡献率/%	祖先亲本来源
			本溪小黑脐	3.13	辽宁省本溪地方品种
			铁荚子	10.16	辽宁省义县地方品种
			熊岳小粒黄	5.86	辽宁省熊岳地方品种
			白扁豆	1.56	辽宁省地方品种
			晚小白眉	3.13	辽宁省地方品种
			89-6	12.50	辽宁省岫岩朝阳乡农业技术推广站自选系
			通州小黄豆	0.78	北京通县地方品种
			大白脐	1.56	河北省平泉地方品种
			十胜长叶	12.50	日本品种
			Amsoy（阿姆索、阿姆索依）	9.38	美国品种
			Sb.pur-17	25.00	外引材料
			花生	1.56	远缘物种

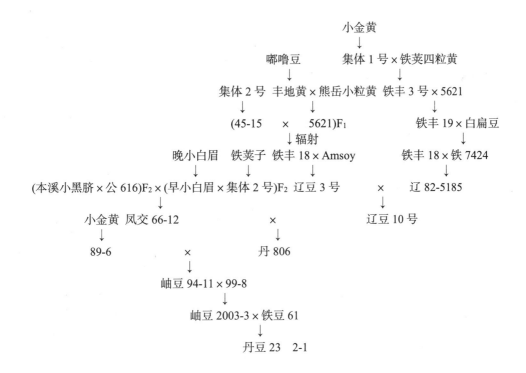

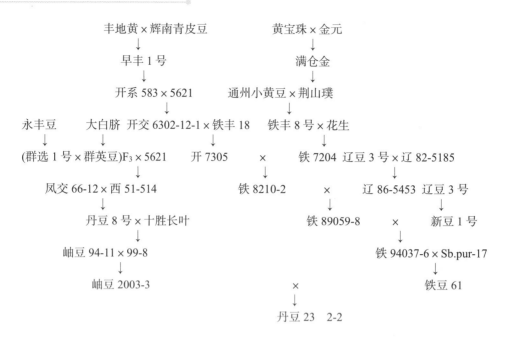

图 6-80　丹豆 23 系谱图

81　蒙豆 7 号

蒙豆 7 号品种简介

【品种来源】蒙豆 7 号是内蒙古呼盟农业科学研究所 1990 年以嫩良 7 号为母本、呼交 8613 为父本杂交，经多年选择育成。审定编号：蒙审豆 2002004。

【植株性状】紫花，椭圆叶，灰色茸毛，荚弯镰形，成熟荚褐色。亚有限结荚习性，株高 50～70cm，分枝 1～3 个，株型收敛，主茎节数 15 个左右，主茎结荚为主，中部结荚较多，3 粒荚较多。茎秆直立，抗倒伏，成熟时落叶性好，不裂荚。

【籽粒特点】籽粒椭圆形，种皮黄色，种脐淡褐色，百粒重 26～30g。籽粒粗蛋白含量 39.54%，粗脂肪含量 21.19%。

【生育日数】在适应区从出苗至成熟生育日数 99d 左右。

【抗病鉴定】大豆胞囊线虫病、大豆根腐病、大豆蚜虫、大豆根潜蝇发生较轻。

【产量表现】1998—1999 年内蒙古呼盟区域试验平均产量 1810.5kg/hm²，较对照品种内豆 4 号平均增产 17.6%，1999—2000 年生产试验平均产量 1833.0kg/hm²，较对照品种内豆 4 号平均增产 23.4%。

【适应区域】适宜内蒙古≥10℃活动积温 1900℃以上的呼盟、兴安盟地区种植。

蒙豆 7 号遗传基础

蒙豆 7 号细胞质 100% 来源于白眉，历经 5 轮传递与选育，细胞质传递过程为白眉→紫花 4 号→丰收 1 号→黑河 54→嫩良 7 号→蒙豆 7 号。（详见图 6-81）

蒙豆 7 号细胞核来源于白眉、克山四粒荚、蓑衣领、佳木斯秃荚子、四粒黄、金元等 6 个祖先亲本，

分析其核遗传贡献率并注明祖先亲本来源，从而揭示该品种遗传基础，为大豆育种亲本的选择利用提供参考。（详见表 6-81）

表 6-81　蒙豆 7 号祖先亲本

品种名称	母本	父本	祖先亲本	祖先亲本核遗传贡献率/%	祖先亲本来源
蒙豆 7 号	嫩良 7 号	呼交 8613	白眉	31.25	黑龙江省克山地方品种
			克山四粒荚	12.50	黑龙江省克山地方品种
			蓑衣领	12.50	黑龙江省西部龙江草原地方品种
			佳木斯秃荚子	12.50	黑龙江省佳木斯地方品种
			四粒黄	15.63	吉林省公主岭地方品种
			金元	15.63	辽宁省开原地方品种

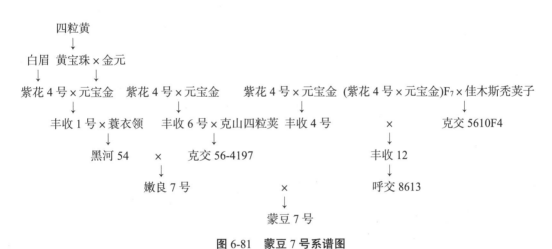

图 6-81　蒙豆 7 号系谱图

82　蒙豆 19

蒙豆 19 品种简介

【品种来源】蒙豆 19 是呼伦贝尔市农业科学研究所以蒙豆 9 号为母本，蒙豆 7 号为父本杂交，经多年选择育成。审定名称：蒙豆 19 号，审定编号：蒙审豆 2006001 号。

【植株性状】出苗感光后下胚轴紫色，紫花，圆叶，叶柄与茎杆荚角较小，灰色茸毛，荚弯镰型，成熟荚褐色。亚有限结荚习性，株高为 70cm 左右，分枝 1~2 个。落叶性好，抗炸荚。

【籽粒特点】籽粒圆形，种皮黄色，种脐无色，百粒重 26g。籽粒粗蛋白含量 37.92%，粗脂肪含量 22.39%。

【生育日数】在适应区从出苗至成熟生育日数 96~97d。

【抗病鉴定】田间表现耐大豆花叶病毒病，轻感大豆霜霉病，轻感大豆灰斑病。

【产量表现】2003—2004 年区域试验平均产量 1783.4kg/hm²，较对照品种内豆 4 号平均增产 4.5%，2005 年生产试验平均产量 2151.0kg/hm²，较对照品种内豆 4 号平均增产 5.2%。

【适应区域】呼伦贝尔市、兴安盟≥10℃活动积温 1800℃～2000℃的种植区种植。

蒙豆 19 遗传基础

蒙豆 19 细胞质 100% 来源于白眉，历经 5 轮传递与选育，细胞质传递过程为白眉→紫花 4 号→丰收 6 号→丰收 10 号→蒙豆 9 号→蒙豆 19。（详见图 6-82）

蒙豆 19 细胞核来源于白眉、克山四粒荚、蓑衣领、佳木斯秃荚子、四粒黄、金元等 6 个祖先亲本，分析其核遗传贡献率并注明祖先亲本来源，从而揭示该品种遗传基础，为大豆育种亲本的选择利用提供参考。（详见表 6-82）

表 6-82 蒙豆 19 祖先亲本

品种名称	母本	父本	祖先亲本	祖先亲本核遗传贡献率/%	祖先亲本来源
蒙豆 19	蒙豆 9 号	蒙豆 7 号	白眉	28.13	黑龙江省克山地方品种
			克山四粒荚	31.25	黑龙江省克山地方品种
			蓑衣领	6.25	黑龙江省西部龙江草原地方品种
			佳木斯秃荚子	6.25	黑龙江省佳木斯地方品种
			四粒黄	14.06	吉林省公主岭地方品种
			金元	14.06	辽宁省开原地方品种

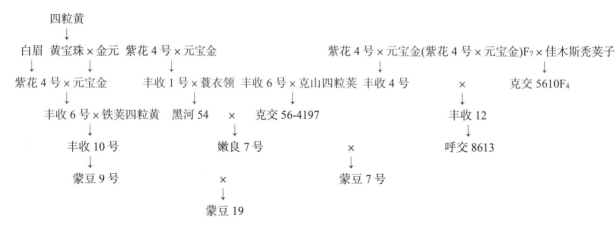

图 6-82 蒙豆 19 系谱图

附 录

特种大豆主要性状表

编号	品种名称	粒形	种皮色	光泽	种脐色	百粒种 g	粗蛋白含量/%	粗脂肪含量/%	其他品质
1-01	鑫豆 1 号	扁圆	黄	无光泽	黄	40.0	42.20	19.30	
1-02	北亿 8 号	圆	浅黄	有光泽	黄	32.0	40.91	19.64	
1-03	五豆 13	圆	绿	无光泽	绿	28.9	39.95	19.29	
1-04	华菜豆 1 号	圆	黄	有光泽	黄	30.0	42.02	20.24	
1-05	龙达菜豆 2 号	椭圆	黄	有光泽	黄	90.3(鲜)			鲜豆粒蛋白质含量 11.44%，脂肪含量 4.50%，可溶性糖含量 1.37%，水分 71.9%
1-06	龙达 6 号	圆	黄	有光泽	黄	32.5（干）/84.4（鲜）	39.89	20.25	鲜豆粒蛋白质含量 10.30%；脂肪含量 5.30%；可溶性糖含量 2.31%；水分 73.1%
1-07	庆鲜豆 1 号	圆	淡绿(子叶淡绿色)		茶	30.0	38.74	19.76	
1-08	庆鲜豆 2 号	圆	淡绿	无光泽	白绿	33.0	38.87	19.78	
1-09	正绿毛豆 1 号	椭圆	绿	无光泽	褐	71(鲜)			鲜豆粒蛋白质含量 16.15%，脂肪含量 8.70%，可溶性糖含量 2.31%
1-10	龙菽 1 号	圆	黄		黄	25～27	40.77	19.72	
1-11	金臣 1885	圆	黄	有光泽	黄	26.0	43.60	18.54	
1-12	东农豆 245	圆	黄	有光泽	淡黄	25.0	42.15	16.49	鲜豆粒蛋白质含量 13.14%，脂肪含量 5.6%，可溶性糖含量 1.90%；水分 68.6%
1-13	农垦人 1 号	圆	绿	有光泽	淡黄	30.0	42.72	17.75	鲜豆粒蛋白质含量 12.26%，脂肪含量 5.4%，可溶性糖含量 1.14%，水分 70.5%
1-14	东庆 20	圆	黄	有光泽	淡褐	25.0（干）/50.0（鲜）	41.86	18.69	鲜豆粒蛋白质含量 12.23%；脂肪含量 5.6%，可溶性糖含量 1.28%，水分 70.5%
1-15	黑农 527	圆	淡绿	无光泽	淡褐	35.6（干）/70.5（鲜）	40.79	20.32	鲜豆粒蛋白含量 10.6%，脂肪含量 5.6%，可溶性糖含量 2.17%
1-16	黑农毛豆 3 号	圆	黄	有光泽	黄	30.0	39.03	21.33	
1-17	中科毛豆 1 号		黄		无	73.6(鲜)	44.20	18.60	总糖量 7.9%
1-18	中科毛豆 2 号	椭圆	褐	有光泽	无	30.4	42.86	19.32	
1-19	中科毛豆 3 号	椭圆	淡绿	无光泽	淡黄棕	34（干)/72.5（鲜）	42.46（黑）/41.41（吉）	19.23（黑）/21.46（吉）	
1-20	中科毛豆 4 号	圆	黄	无光泽	无	26.0	39.42	21.80	可溶性糖含量 2.38%
1-21	中科毛豆 5 号	圆	绿	有光泽	无	35.9	41.20	19.62	鲜豆粒蛋白质含量 11.7%,脂肪含量 5.9%,可溶性糖含量 3.0%,水分 69.5%

续表

编号	品种名称	粒形	种皮色	光泽	种脐色	百粒种 g	粗蛋白含量/%	粗脂肪含量/%	其他品质
1-22	尚豆1号	圆	黄	有光泽	黄	75.5(鲜)	41.32	18.16	鲜豆粒蛋白质含量14.45%;脂肪含量6.8%,可溶性糖含量2.08%,水份64.2%
1-23	九鲜食豆1号	圆	绿	微光泽	绿	92.5	40.99	22.37	
1-24	吉科鲜豆1号	扁圆	绿	有光泽	淡褐	40.2(干)/94.4(鲜)	40.00	19.05	鲜豆粒氨基酸总量9.47%,总糖含量0.30%,粗蛋白含量11.20%,粗脂肪含量5.26%,淀粉含量5.1%
1-25	吉鲜豆1号	圆	黄		黄	33.5(干)/81.5(鲜)	45.24	19.38	
1-26	开豆19	圆	黄	有光泽	黄	70.6(鲜)			香甜柔糯型,A级
1-27	开鲜豆3号	扁圆	绿	有光泽	淡褐	76.2(鲜)			香甜柔糯型,A级
1-28	宏鲜豆1号					71.2(鲜)			香甜柔糯型,A级
1-29	科鲜豆1号		绿		褐	68.4(鲜)			香甜柔糯型,A级
1-30	青鲜豆1号		绿		褐	70.1(鲜)			香甜柔糯型,A级
1-31	润鲜1号					81.1(鲜)			香甜柔糯型,A级
1-32	奎鲜2号	圆	绿	微光泽	黄	78.1(鲜)/83.8(鲜)			香甜柔糯型,A级
1-33	奎鲜5号	扁圆	淡绿(子叶绿色)	微光泽	黄	75.8(鲜)			香甜柔糯型
1-34	雨农豆6号	圆	绿	微光泽	褐	75.8(鲜)			香甜柔糯型,A级
1-35	雨农豆7号					76.3(鲜)			香甜柔糯型,A级
1-36	雨农鲜豆8号		绿		白	70.8(鲜)			香甜柔糯型,A级
1-37	兰豆8号	椭圆	黄绿	无光泽	褐	85.2(鲜)			香甜柔糯型,A级
1-38	兰豆9号	椭圆	绿	无光泽	黄	84.5(鲜)			香甜柔糯型,A级
1-39	兰豆10号	椭圆	绿	无光泽	黄	78.9(鲜)			香甜柔糯型,A级
1-40	于氏5号	椭圆	黄绿	无光泽	黄	73.1(鲜)			香甜柔糯型,A级
1-41	于氏11	椭圆	黄绿	无光泽	褐	77.1(鲜)			香甜柔糯型,A级
1-42	于氏15	椭圆	黄绿	无光泽	褐	83.7(鲜)			香甜柔糯型,A级
1-43	于氏99	椭圆	黄绿	无光泽	褐	84.7(鲜)			香甜柔糯型,A级
1-44	铁鲜3号	圆	黄绿	有光泽		74.2(鲜)			香甜柔糯型,A级
1-45	铁鲜8号	椭圆	黄绿	有光泽	黄	72.8(鲜)			香甜柔糯型,A级
1-46	铁鲜豆10号		绿		黄	71.2(鲜)			香甜柔糯型
1-47	抚鲜3号	椭圆	绿(子叶黄色)		褐	63.0(鲜)			香甜柔糯型

续表

编号	品种名称	粒形	种皮色	光泽	种脐色	百粒种 g	粗蛋白含量/%	粗脂肪含量/%	其他品质
1-48	东鲜 1 号	椭圆	绿	有光泽		81.4(鲜)			香甜柔糯型，A 级
1-49	辽鲜豆 2 号	圆	黄	有光泽	黄	71.9(鲜)			香甜柔糯型，A 级
1-50	辽鲜豆 3 号					72.4(鲜)			香甜柔糯型，A 级
1-51	辽鲜豆 9 号					73.5(鲜)			香甜柔糯型，A 级
1-52	辽鲜豆 10 号					82.4(鲜)			香甜柔糯型，A 级
1-53	辽鲜豆 16	椭圆	绿	无光泽	浅褐	74.8(鲜)			香甜柔糯型，A 级
1-54	辽鲜豆 17	圆	淡绿	无光泽	淡褐	71.7(鲜)			香甜柔糯型，A 级
1-55	辽鲜豆 18	扁圆	淡绿(子叶黄色)	无光泽	褐	74.1(鲜)			香甜柔糯型，A 级
1-56	辽鲜豆 20		绿		浅褐	72(鲜)			香甜柔糯型，A 级
1-57	辽鲜豆 21		绿		浅黄	72.6(鲜)			香甜柔糯型，A 级
1-58	札幌绿	卵圆	绿(子叶黄色)		绿	30~40	41.27	20.55	
2-01	东富豆 1 号	圆	黄	有光泽	黄	19.0	43.33	18.59	缺失脂肪氧化酶 Lox1、Lox2、Lox3
2-02	东富豆 3 号	圆	黄	有光泽	黄	24.0	44.50	18.60	
2-03	绥无腥豆 1 号	圆	黄	有光泽	黄	19.0	40.77	19.90	缺失脂肪氧化酶 Lox2
2-04	绥无腥豆 2 号	圆	黄	无光泽	浅黄	24.0	42.67	20.17	缺失脂肪氧化酶 Lox1 和 Lox2
2-05	绥无腥豆 3 号	圆	黄	无光泽	黄	19.0	37.37	21.81	缺失脂肪氧化酶 Lox2
2-06	龙垦 3079	圆	黄	有光泽	黄	20.0	38.11	21.12	缺失脂肪氧化酶 Lox2
2-07	九兴豆 1 号	圆	黄	微光泽	褐	18.9	37.59	23.86	缺失脂肪氧化酶 Lox1、Lox2、Lox3
2-08	吉育 52	圆	黄	有光泽	黄	25.0	40.19	20.87	不含胰蛋白酶抑制剂
2-09	东农豆 356	圆	黄	无光泽	黄	21.2	45.87	18.22	'α'-亚基缺失型' 低致敏
2-10	东农豆 358	圆	黄	无光泽	黄	17.2	43.75	17.74	7S 球蛋白 α-亚基缺失
3-01	龙达 7 号	圆	绿	有光泽	绿	20.0	41.01	19.86	
3-02	广石绿大豆 1 号	圆	绿(子叶绿色)		绿	20.0	42.91	19.78	
3-03	恒科绿 1 号	圆	绿	有光泽	黄绿	11.0	42.76	17.36	
3-04	星农绿小粒豆	圆	绿(子叶绿色)	有光泽	淡褐	9.4	40.86	17.32	总糖含量 7.41%
3-05	星农豆 2 号	圆	绿(子叶绿色)	有光泽	褐	16.0	42.08	18.13	
3-06	星农豆 6 号	圆	绿	有光泽	绿	22.0	41.11	18.95	

续表

编号	品种名称	粒形	种皮色	光泽	种脐色	百粒种 g	粗蛋白含量/%	粗脂肪含量/%	其他品质
3-07	东农 57	扁圆	绿	有光泽	褐	30.0	44.55	18.43	
3-08	东农绿芽豆 1 号	圆	绿	有光泽	无	15～16	39.92	19.95	可溶性糖含量 8.31%
3-09	龙青大豆 1 号	圆	绿	有光泽	浅褐	20.0	42.92	19.78	
3-10	龙黄 3 号	圆	绿	有光泽	白	22.0	41.38	19.40	
3-11	中龙青大豆 1 号	椭圆	绿	有光泽	黄	18.5	40.98	19.62	
3-12	科合 205	扁圆	淡绿	有光泽	褐	17.5	49.24	16.35	
3-13	九青豆	圆	绿	有光泽	淡黄	15.6	44.05	18.91	
3-14	九久青	圆	绿	有光泽	绿	13.8	40.71	19.90	
3-15	吉农青 1 号	圆	绿	微光泽	绿	18.9	39.36	22.35	
3-16	吉青 1 号	圆	绿(子叶绿色)	微光泽	黄	22～24	43.60	18.90	
3-17	吉青 2 号	圆	绿(子叶绿色)	有光泽	黄	26～30	39.68	20.83	
3-18	吉青 3 号	圆	绿(子叶绿色)	有光泽	淡褐	29～31	41.34	20.63	
3-19	吉青 4 号	圆	绿	有光泽	浅褐	23.5	42.28	20.53	
3-20	吉青 5 号	圆	绿	有光泽	黄	18.5	41.40	19.80	
3-21	吉青 6 号	圆	绿	微光泽	黄	30.1	40.05	20.53	
3-22	吉青 7 号	圆	绿(子叶绿色)	微光泽	黄	12.8	43.64	19.55	
3-23	吉育 102	圆	绿(子叶绿色)	有光泽	黄	8.6	44.22	16.95	
3-24	吉育 103	圆	绿	有光泽	黄	8.9	40.82	17.28	
3-25	吉育 116	圆	绿	微光泽	淡黄	7.9	41.37	18.20	
3-26	辽青豆 1 号		绿(子叶绿色)		浅绿	18.8	43.13	20.67	
3-27	凤系 12	椭圆	淡绿	微光泽	褐	16～18	43.80	18.30	
3-28	丹豆 1 号	椭圆	淡绿	有光泽	褐	20.0	42.50	19.40	
3-29	丹豆 4 号	椭圆	绿(子叶绿色)	微光泽	白	16～22	41.58	19.19	
3-30	丹豆 6 号	圆	绿(子叶绿色)	微光泽	黑	31.0	43.80	18.40	
3-31	翡翠绿	长圆柱	鲜绿	有光泽		7.2g			鲜豆粒蛋白质含量 26.2%
4-01	五豆 151	椭圆	黑	有光泽	黑	18.7	39.89	20.04	
4-02	五黑 1 号	椭圆	黑	无光泽	黑	19.0	40.78	18.50	

续表

编号	品种名称	粒形	种皮色	光泽	种脐色	百粒种 g	粗蛋白含量/%	粗脂肪含量/%	其他品质
4-03	广兴黑大豆 1 号	圆	黑	有光泽	淡褐	12.0	39.06	19.02	
4-04	绥黑大豆 1 号	圆	黑	无光泽	黑	22.9	41.03	19.12	
4-05	龙黑大豆 1 号	椭圆	黑（子叶绿色）	无光泽	黑	17.0	41.25	20.00	
4-06	龙黑大豆 2 号	圆	黑（子叶黄色）	无光泽	黑	20.0	46.85	18.02	
4-07	中龙黑大豆 1 号	圆	黑	有光泽	黑	20.0	43.20	19.55	
4-08	中龙黑大豆 2 号	圆	黑	有光泽	黑	18.0	43.02	19.62	
4-09	中龙黑大豆 3 号	圆	黑	无光泽	黑	18.0	38.76	21.21	
4-10	九农黑皮青 1 号	椭圆	黑	无光泽	黑	15.6	41.44	21.06	
4-11	九黑豆 1 号	圆	黑	有光泽	黑	13.2	38.79	20.73	
4-12	吉黑 1 号	椭圆	黑（子叶黄色）	有光泽	黑	12～16	41.28	20.15	
4-13	吉黑 2 号	椭圆	黑	有光泽	黑	16.2	42.57	17.22	
4-14	吉黑 3 号	圆	黑（子叶黄色）	有光泽	黄	9.2	40.27	19.23	
4-15	吉黑 4 号	椭圆	黑（子叶绿色）	有光泽	黑	31.4	41.66	18.98	
4-16	吉黑 5 号	椭圆	黑	有光泽	黑	16.0	38.69	20.17	
4-17	吉黑 6 号	圆	黑	有光泽	黑	7.5	39.43	18.01	
4-18	吉黑 7 号	椭圆	黑	有光泽	黑	34.7	41.31	20.26	
4-19	吉黑 8 号	圆	黑（子叶黄色）	微光泽	黑	14.7	37.07	23.13	
4-20	吉黑 9 号	圆	黑（子叶绿色）	无光泽	黑	34.6	40.43	20.65	
4-21	吉黑 10 号	圆	黑（子叶绿色）	微光泽	黑	8.0	38.48	21.00	
4-22	吉黑 11	圆	黑	有光泽	黑	15.4	34.25	21.47	
4-23	吉黑 13	圆	黑（子叶绿色）	微光泽	黑	12.8	42.89	19.59	
4-24	吉科豆 12	圆	黑		白	20.0	44.22	19.53	
4-25	镇引黑 1 号	圆	黑		黑	24.0	43.50	18.73	
4-26	辽农职黑豆 1 号	圆形	黑	有光泽	黄	21.0			
4-27	沈农黑豆 2 号	椭圆	黑（子叶黄色）	有光泽		18.0	42.29	20.09	
4-28	辽引黑豆 1 号	圆	黑	有光泽	白	30.0	36.96	20.54	总淀粉含量9.42%
4-29	辽黑豆 2 号	椭圆形	黑（子叶黄色）	有光泽		20.7			

续表

编号	品种名称	粒形	种皮色	光泽	种脐色	百粒种 g	粗蛋白含量/%	粗脂肪含量/%	其他品质
4-30	辽黑豆 3 号		黑（子叶黄色）	有光泽		37.6			
4-31	辽黑豆 4 号		黑（子叶绿色）			18.6			
4-32	辽黑豆 8 号		黑			19.1			
4-33	蒙豆 25	椭圆	黑		黑	15.0	34.79	22.43	
4-34	垦秫 1 号	扁圆	茶			11 ~ 13	44.16	17.71	
5-01	黑河 20	圆	黄	有光泽		14 ~ 15	43.30	18.89	
5-02	黑科 77	圆	黄	有光泽	浅黄	9.0	42.97	16.71	
5-03	五芽豆 1 号	圆	黄	有光泽	黄	10.0	44.43	16.23	
5-04	五芽豆 2 号	圆	黄	有光泽	黄	10.0	44.70	16.40	
5-05	昊疆 13	圆	黄	有光泽	黄	14.0	39.71	20.55	
5-06	克豆 48	圆	黄	有光泽	黄	9.3	44.34	15.78	
5-07	克豆 57	圆	黄	有光泽	黄	13.1	46.71	16.44	
5-08	顺豆小粒豆 1 号	圆	黄		淡褐	10.0	42.44	18.59	
5-09	齐农 26	圆	黄	有光泽	黄	12.7	45.91	16.52	
5-10	齐农 28	圆	黄	有光泽	黄	8.6	42.44	17.74	
5-11	绥小粒豆 1 号	圆	鲜黄	有光泽	无	9.0	46.01	16.11	
5-12	绥小粒豆 2 号	圆球	黄	有光泽	浅黄	9.5	45.47	16.70	
5-13	红丰小粒豆 1 号	椭圆	黄		浅黄	7.0	39.90	16.70	
5-14	合丰 54	圆	黄	有光泽	黄	9.0	42.29	19.30	
5-15	合农 58	圆	黄	有光泽	黄	9.5	42.75	19.14	可溶性糖含量 8.17%
5-16	合农 92	圆	黄	有光泽	黄	15.0	38.61	22.20	
5-17	合农 113	圆	黄	有光泽	黄	12.2	40.50	19.51	
5-18	合农 135	圆	黄	有光泽	黄	14.1	38.45	21.05	
5-19	佳豆 25	圆	黄	有光泽	黄	13.7	37.87	22.48	
5-20	星农豆 3 号	圆	黄	有光泽	黄	13.0	42.28	19.17	
5-21	富航芽豆 1 号	圆	黄	有光泽	黄	12.1	40.88	20.01	
5-22	龙垦 396	圆	黄	有光泽	黄	8.0	41.84	19.71	

续表

编号	品种名称	粒形	种皮色	光泽	种脐色	百粒种 g	粗蛋白含量/%	粗脂肪含量/%	其他品质
5-23	垦保小粒豆 1 号	圆	黄	有光泽	黄	9.0	41.71	20.45	
5-24	东牡小粒豆	圆	黄	微光泽	极淡褐	12.5	40.42	18.53	
5-25	东农小粒豆 1 号	圆	黄		淡褐	9.2	41.00	16.50	
5-26	东农 50	圆	黄	有光泽	无	6~7	40.72	19.59	
5-27	东农 60	圆	深黄	有光泽	无	9.0	47.09	17.02	
5-28	龙小粒豆 1 号	圆	黄	有光泽	黄	9.0	42.34	18.50	可溶糖含量 7.31%
5-29	龙小粒豆 2 号	圆	黄	有光泽	黄	10.6	42.65	18.27	可溶糖含量 8.73%
5-30	黑农小粒豆 1 号	圆	黄	有光泽	极淡褐	11~12	42.90	18.20	
5-31	黑龙芽豆 1 号	圆	黄	有光泽	黄	15.0	41.09	19.62	可溶性糖含量 7.98%
5-32	黑农芽豆 2 号	圆	黄	有光泽	黄	18.0	43.36	18.59	
5-33	中龙小粒豆 1 号	圆	黄	有光泽	黄	11.0	44.77	17.37	
5-34	中龙小粒豆 2 号	圆	黄	有光泽	黄	11.0	46.96	16.02	
5-35	中龙小粒豆 3 号	椭球	黄	有光泽	黄	8.1	42.39	18.38	
5-36	科合 202	圆	黄	有光泽	浅褐	7.7	41.03	18.79	
5-37	东生 89	圆	黄	有光泽	黄	15.0	42.05	20.80	
5-38	东生 200	圆	黄	无光泽	浅褐	13.0	42.40	19.10	油酸含量 75%左右
5-39	东生 300	椭圆	黄	无光泽	浅褐	14.0	41.90	18.04	
5-40	广大 101	椭圆	黄	无光泽	黄	13.0	41.62	19.39	油酸含量 76.6%
5-41	牡小粒豆 1 号	圆	黄	有光泽	黄	14.8	39.75	21.62	
5-42	雁育 1 号	圆	黄	有光泽	黄	8.5	36.59	18.33	
5-43	雁育 2 号	圆	黄	有光泽	黄	9.0	33.43	21.58	
5-44	长白 1 号	扁圆	黄	有光泽	浅黄	12.0			
5-45	延农小粒豆 1 号	圆	黄	有光泽	无	8.4	41.41	18.28	
5-46	铃丸	圆	黄	无光泽	无	13.4	41.00	20.00	
5-47	九芽豆 1 号	圆	黄	有光泽	黄	12.8	41.52	20.30	
5-48	长农 32	圆	黄	有光泽	无	9~11	31.03	22.41	
5-49	长农 75	圆	黄	微光泽	褐	13.6	38.59	22.95	

续表

编号	品种名称	粒形	种皮色	光泽	种脐色	百粒种 g	粗蛋白含量/%	粗脂肪含量/%	其他品质
5-50	小金黄2号	圆	黄	有光泽	黄	13～15	40.50	22.40	
5-51	吉林小粒1号	圆	黄	有光泽	白	9.5～10	44.89	16.10	
5-52	吉林小粒4号	圆	黄	有光泽	黄	8.2	45.19	16.75	
5-53	吉林小粒6号	圆	黄		黄	9.0	45.03	17.24	
5-54	吉林小粒7号	圆	黄		黄	8.5	44.35	18.36	
5-55	吉林小粒8号	圆	黄		黄	8.8	45.10	19.27	
5-56	吉育101	圆	黄（子叶绿色）	有光泽	黄	8.9	47.94	17.30	
5-57	吉育104	圆	黄	有光泽	黄	9.2	39.97	19.47	
5-58	吉育105	圆	黄	有光泽	黄	9.2	37.43	19.82	
5-59	吉育106	圆	黄	有光泽	黄	12.0	41.20	20.47	
5-60	吉育107	圆	黄	有光泽	黄	12.2	42.21	18.42	
5-61	吉育108	圆	黄	有光泽	黄	9.2	34.34	20.56	
5-62	吉育109	圆	黄	有光泽	黄	12.8	32.67	21.17	
5-63	吉育111	圆	黄	有光泽	黄	9.5	40.10	18.34	
5-64	吉育112	圆	黄	有光泽	黄	9.4	41.35	19.21	
5-65	吉育113	圆	黄	有光泽	黄	10.7	35.71	20.81	
5-66	吉育114	圆	黄	微光泽	黄	8.6	41.39	20.01	
5-67	吉育115	圆	黄	微光泽	黄	8.8	36.89	22.43	
5-68	吉育117	圆	黄	微光泽	黄	6.9	43.70	16.28	
5-69	吉育119	圆	黄	有光泽	黄	7.2	40.89	16.48	
5-70	吉育121	圆	黄	有光泽	黄	9.0	38.86	17.60	
5-71	吉科豆8号	圆	黄	有光泽	黄	8.5	40.06	20.02	
5-72	吉科豆9号	圆	黄	有光泽	黄	9.5	40.09	19.61	
5-73	吉科豆10号	圆	黄	有光泽	黄	7.9	40.73	17.73	
5-74	吉科豆11	圆	黄		黄	8.5	37.58	20.30	
5-75	中吉601	圆	黄	有光泽	黄	6.5	40.23	18.02	
5-76	嘉豆3号	圆	黄	微光泽	黄	7.8	38.03	20.43	

续表

编号	品种名称	粒形	种皮色	光泽	种脐色	百粒种 g	粗蛋白含量/%	粗脂肪含量/%	其他品质
5-77	通农 14	圆	黄	有光泽	无	8～11	45.50	16.63	
5-78	通农 15	圆	黄	有光泽	黄	8.5	43.52	16.94	
5-79	辽小粒豆 1 号					10.0	43.20	19.10	
5-80	辽小粒豆 2 号	圆	黄			10.4			
5-81	凤系 3 号	圆	黄白	无光泽	淡褐	13.0	43.10	17.30	
5-82	营小粒豆 1 号	圆	黄			7.6			
5-83	蒙豆 6 号		鲜黄		无	9～11.8	41.90	19.26	
6-01	嫩农豆 1 号	圆	黄	有光泽	黄	36.0	43.24	17.30	
6-02	五毛豆 1 号	圆	黄	有光泽	黄	23.0	38.94	19.43	
6-03	北疆九 1 号	圆				26.0	39.74	20.48	
6-04	昊疆 21	圆	黄	有光泽	黄	28.0	40.39	20.24	
6-05	宏图大粒 3 号					31.0	39.56	20.51	
6-06	华菜豆 2 号	圆	黄	有光泽	黄	27.0	40.50	20.10	
6-07	华菜豆 3 号	圆	黄	有光泽	黄	26.0	41.56	19.91	
6-08	华菜豆 4 号	圆	黄	有光泽	黄	26.9	41.17	18.74	
6-09	华菜豆 5 号	圆	黄	有光泽	黄	27.6	43.13	18.62	
6-10	华菜豆 7 号	圆	黄	有光泽	黄	27.6	43.36	17.77	
6-11	华疆 73	圆	黄	有光泽	黄	26.3	41.32	20.60	
6-12	嫩丰 16	圆	黄	有光泽	黄	25.0	41.19	20.11	
6-13	绥农 27	圆	黄	无光泽	浅黄	28.0	41.80	20.69	
6-14	绥农 49	圆	黄	无光泽	黄	29.1	41.24	21.57	
6-15	绥农 50	圆	黄	无光泽	黄	29.0	41.46	19.88	
6-16	绥农 52	圆	黄	无光泽	黄	29.0	42.09	19.72	
6-17	绥农 88	圆	黄	无光泽	黄	29.8	46.71	17.88	
6-18	喜海 1 号	圆	黄	无光泽	无	25.0	42.32	19.49	
6-19	喜海 3 号	圆	黄	无光泽	无	25.0	41.48	20.51	
6-20	建丰 1 号	圆	黄	微光泽	黄	30.0	42.75	20.02	

续表

编号	品种名称	粒形	种皮色	光泽	种脐色	百粒种 g	粗蛋白含量/%	粗脂肪含量/%	其他品质
6-21	宝丰 8 号	圆	淡黄	光泽强	淡	25.0	42.34	17.92	
6-22	龙垦 310	圆	黄	有光泽	黄	26.8	41.93	18.58	
6-23	龙垦 316	圆	黄	有光泽	黄	25.0	39.81	20.15	
6-24	龙垦 3002	圆	黄	有光泽	黄	25.0	39.16	20.02	
6-25	东农豆 252	近圆	黄	有光泽	无	25.0	42.47	20.37	
6-26	东农豆 253	圆	黄	有光泽	无	25.0	42.07	20.14	
6-27	九农 14	椭圆	淡黄		无	28.0	42.20	20.80	
6-28	九农 33	圆	黄	有光泽	黄	27.0	40.97	19.40	
6-29	集 1005	近圆	淡黄		黄	30.0	43.16	20.73	
6-30	通农 13	圆	黄	微光泽	黄	28.2	45.47	19.36	
6-31	开育 12	圆	淡黄	有光泽	黄	25~27	39.93	21.40	
6-32	开创豆 14	圆	黄	有光泽	黄	25.6	40.83	20.38	
6-33	开豆 17	椭圆	黄	有光泽	黄	30.6	42.29	19.64	
6-34	开豆 18	圆	黄	有光泽	黄	26.3	41.05	21.33	
6-35	福豆 6 号	圆	黄	有光泽	黄	30.6	43.19	19.43	
6-36	福豆 7 号	圆	黄	有光泽	黄	25.5	41.86	19.86	
6-37	福豆 8 号	圆	黄	有光泽	黄	29.6	39.70	20.51	
6-38	宏豆 1 号	圆	淡黄	微光泽	黄	29.4	42.10	18.70	
6-39	永伟 6 号	椭圆	黄	有光泽	黄	26.9	44.93	20.41	
6-40	永伟 9 号	椭圆	黄	有光泽	黄	25.0	44.50	20.49	
6-41	铁豆 36	椭圆	黄	有光泽	黄	25.8	40.42	21.65	
6-42	铁豆 37	椭圆	黄	有光泽	黄	27.5	40.64	21.06	
6-43	铁豆 42	圆	黄	有光泽	黄	25.4	43.02	19.65	
6-44	铁豆 59	椭圆	黄	有光泽	黄	25.7	41.76	21.57	
6-45	铁豆 64	椭圆	黄	有光泽	黄	25.2	41.92	21.07	
6-46	铁豆 65	椭圆	黄	有光泽	黄	26.2	41.82	21.25	
6-47	铁豆 68	椭圆	黄	有光泽	黄	26.7	38.77	22.13	

续表

编号	品种名称	粒形	种皮色	光泽	种脐色	百粒种 g	粗蛋白含量/%	粗脂肪含量/%	其他品质
6-48	铁豆 70	椭圆	黄	有光泽	黄	25.1	40.02	20.78	
6-49	铁豆 103	椭圆	黄	有光泽	黄	25.1	41.55	20.12	
6-50	铁豆 117		黄		黑	28.2	41.74	20.84	
6-51	抚豆 21	圆	黄	有光泽	黄	25.1	39.41	21.38	
6-52	抚豆 22	圆	黄	有光泽	黄	27.6	39.93	21.94	
6-53	沈科豆 88	椭圆	黄	有光泽	黄	26.0	39.72	21.26	
6-54	东豆 1 号		淡黄		黄	26.0	40.24	20.23	
6-55	东豆 17	圆	黄	有光泽	黄	26.5	42.74	20.17	
6-56	东豆 37	圆	黄	有光泽	黄	26.9	41.58	19.85	
6-57	东豆 88	圆	黄	有光泽	黄	33.2	43.65	19.25	
6-58	东豆 606	椭圆	黄	微光泽	黄	25.2	42.65	18.40	
6-59	东豆 1133	圆	黄	有光泽	黄	29.0	43.28	18.95	
6-60	东豆 1201	圆	淡黄	有光泽	黄	25.4	42.35	20.20	
6-61	辽豆 26	圆	黄	有光泽	黄	25.3	42.68	20.49	
6-62	辽豆 34	圆	黄	有光泽	黄	25.5	42.66	20.24	
6-63	辽豆 35	圆			黄	25.3	40.52	21.12	
6-64	辽豆 36	圆	黄	有光泽	黄	26.9	42.94	20.23	
6-65	辽豆 41	圆			黄	25.3	41.75	20.21	
6-66	辽豆 42	圆	黄		黄	25.1	43.41	19.19	
6-67	东豆 027	圆	黄	有光泽	黄	25.4	41.13	20.40	
6-68	灯豆 1 号	圆	黄	有光泽	黄	25.5	38.15	21.92	
6-69	辽首 2 号	椭圆	黄		浅黄	25.1	42.40	19.55	
6-70	首豆 33	椭圆	卵黄	有光泽	黄	27.2	43.67	20.09	
6-71	首豆 34	椭圆	黄	有光泽	黄	27.2	40.81	20.49	
6-72	首豆 35	椭圆	浅黄	有光泽	黄	33.8	45.81	18.72	
6-73	首豆 37	椭圆	浅黄	有光泽	黄	35.7	45.88	18.65	
6-74	首豆 39	椭圆	黄	有光泽	黄	27.3	43.37	19.20	

续表

编号	品种名称	粒形	种皮色	光泽	种脐色	百粒种 g	粗蛋白含量/%	粗脂肪含量/%	其他品质
6-75	锦豆 6422	椭圆	黄白		褐	25.0	39.70	20.52	
6-76	锦豆 36	椭圆	黄		淡黄	25~27	42.20	20.65	
6-77	锦育 38	椭圆	黄	无光泽	黄	26.9	42.44	20.80	
6-78	锦育豆 39	椭圆	黄	无光泽	黄	26.6	41.76	20.49	
6-79	凤系 2 号	椭圆	淡黄	有光泽	黑	35.	44.70	16.90	
6-80	丹豆 23		黄		黄	26.5	41.13	22.55	
6-81	蒙豆 7 号	椭圆	黄		淡褐	26~30	39.54	21.19	
6-82	蒙豆 19	圆	黄		无	26.0	37.92	22.39	

参考文献

[1]主要农作物品种审定标准（国家级）.国家农作物品种审定委员会.2017.（国家文件）

[2]盖钧镒，赵团结，崔章林，等.中国大豆育成品种中不同地理来源种质的遗传贡献[J].中国农业科学，1998，31（05）：35-43.

[3]白艳凤，王玉莲，王燕平，等.牡豆8号祖先亲本追溯及遗传解析[J].植物遗传资源学报，2015，16（03）：485-489.

[4]牛若超，迟永琴，刘宏.丰收号大豆品种的亲本分析[J].黑龙江农业科学，1995，（06）：29-32.

[5]王振民，康波，邓劭华.吉林省育成大豆品种的亲缘关系及其育种体会[J].农业与技术，1995，（01）：4-5.

[6]彭宝，崔秀红，王大秋，等.从大豆育成品种的血缘组成谈骨干亲本的筛选与利用[J].大豆通报，1996，（02）：12-13.

[7]廖林，刘玉芝，卢亦军，等.吉林省大豆新品种（系）血缘组成分析[J].吉林农业科学，1997，（02）：1-6.

[8]盖钧镒，赵团结.中国大豆育种的核心祖先亲本分析[J].南京农业大学学报，2001，24（02）：20-23.

[9]胡喜平.合丰号大豆品种系谱分析[J].大豆科学，2002，21（02）：131-137.

[10]崔永实，安仁善，曲刚，等.吉林省大豆品种系谱分析[J].农业与技术，2004，24（06）：101-107.

[11]陈维元，吕德昌，姜成喜，等.绥农号大豆血缘关系分析[J].黑龙江农业科学，2004，（04）：9-12.

[12]曹永强，宋书宏，王文斌，等.拓宽大豆育种遗传基础研究进展[J].辽宁农业科学，2005，（06）：34-36.

[13]熊冬金，赵团结，盖钧镒.1923—2005年中国大豆育成品种的核心祖先亲本分析[J]大豆科学，2007，26（05）：641-647.

[14]熊冬金，赵团结，盖钧镒.中国大豆育成品种亲本分析[J] 中国农业科学，2008，41（09）：2589-2598.

[15]张伟，王曙明，邱强，等.从品种志分析吉林省大豆八十五年来育成品种的亲本来源[J].大豆科学，2010，29（02）：199-206.

[16]王彩洁，孙石，吴宝美，等.20世纪40年代以来中国大面积种植大豆品种的系谱分析[J].中国油料作物学报，2013，35（03）：246-252.

[17]李子升.菜用大豆新品种开豆19的选育及栽培技术[J].农业科技通讯，2019，（05）：297-29.

[18]李子升.开鲜豆3号大豆的选育及栽培技术要点[J].大豆科技，2020，（05）：56-59.

[19]朱海荣，付连舜.鲜食大豆新品种铁鲜3号选育及栽培技术要点[J].大豆科学，2018，37（03）：488-490.

[20]朱海荣，韩春宇，董友魁.菜用大豆新品种铁鲜8号选育及栽培技术[J].大豆科学，2020，39（05）：812-813.

[21]单维奎，张古文.奎鲜2号大豆新品种的选育及栽培技术[J].大豆科技，2014，（05）：51-54.

[22]李艳秋，姜信科，穆洪丽.高产鲜食大豆新品种七星一号[J].中国种业，2008，（03）：51.

[23]李艳秋.鲜食大豆新品种"七星一号"[J].农村百事通，2008，（20）：32.

[24]张立军，陈艳秋，宋书宏，等.鲜食大豆新品种辽鲜豆3号选育及栽培要点[J].大豆科学，2017，36（03）：

480-483，322.

[25]杨雪峰.特用优质双青大豆新品种龙青大豆 1 号的选育及栽培技术[J].中国农技推广，2012，28（01）：15-16.

[26]王广石，王振山，荣祥生，等.早熟高产优质特用型绿大豆新品种广石绿大豆 1 号的选育[J].大豆通报，2006，（03）：12，14.

[27]高敏，牛建光，许玉香.高蛋白特用大豆种资九青豆简介[J].农业与技术，2017，37（06）：4.

[28]罗会举，王跃强，马晓萍，等.大豆新品种吉育 103 的选育及栽培要点[J].宁夏农林科技，2011，（12）：137，168.

[29]杨雪峰，齐宁，林红，等.高蛋白特用大豆品种龙黑大豆 2 号及栽培技术要点[J].中国种业，2011，（05）：64-65.

[30]蔡蕾，王宗伟，高淑芹，等.特用大豆新品种吉黑 1 号选育报告[J].农业与技术，2008，28（06）：28-2.

[31]杨春明，王曙明，高淑芹，等.特用大豆新品种吉黑 2 号选育报告[J].大豆科技，2011，（04）：63-64.

[32]尚东辉，王丽华，马万秋，等.特用大豆吉黑 3 号栽培技术及黑豆药用价值[J].吉林农业，2011，（08）：106.

[33]侯云龙，王跃强，马晓萍，等.小黑豆新品种吉黑 6 号选育报告[J].农业与技术，2019，39（20）：11-12.

[34]陈振武，谢甫绨，王海英，等.沈农黑豆 2 号选育报告[J].杂粮作物，2005，（04）：239-240.

[35]王淑荣，袁明，韩冬伟，等.大豆新品种齐农 5 号的选育及栽培要点[J].黑龙江农业科学，2020，（09）：132-134.

[36]袁明，韩冬伟，王淑荣，等.抗病高油大豆品种齐农 5 号的选育及生产技术[J].大豆科技，2020，（04）：43-47.

[37]韩德志，闫洪睿，张雷，等.超早熟芽豆新品种黑科 77 号的选育及应用[J].大豆科学，2021，40（02）：279-284.

[38]郑伟，郭泰，王志新，等.高产优质小粒豆合丰 54 号及栽培技术[J].中国种业，2013，（02）：73.

[39]王志新，郭泰，吴秀红，等.高产优质耐密植栽培特用小粒大豆品种合农 58 号的选育[J].中国种业，2010，（06）：55-56.

[40]郑伟，曲淑兰，许多，等.芽豆新品种合农 92 的选育[J].中国种业，2017，（01）：65-66.

[41]郭美玲，郭泰，王志新，等.小粒大豆品种"合农 113"选育及亲本系谱分析[J].中国农学通报，2019，35（26）：24-28.

[42]郭美玲，郭泰，王志新，等.小粒大豆品种合农 135 的选育及栽培要点[J].农业科技通讯，2020，（06）：273-275.

[43]黄文，李光发，张健.高蛋白大豆通农 11 号的育成及推广应用[J].农业与技术，1999，（01）：27-30.

[44]郭美玲，郭泰，王志新，等.大豆新品种佳豆25[J].中国种业，2020，（04）：88-89.

[45]陈维元，景玉良，姜成喜，等.绥小粒豆一号的选育及综合性状评价[J].中国种业，2003，（10）：57.

[46]付春旭，陈维元，姜成喜，等.高蛋白大豆绥小粒豆 1 号的选育及栽培技术[J].大豆通报，2003，（06）：14.

[47]薛红，杨兴勇，董全中，等.小粒高蛋白大豆新品种克豆 48 的选育及栽培技术[J].黑龙江农业科学，2020，（07）：158-160.

[48]崔文馥.小粒型大豆新品种"东农小粒豆 1 号"[J].大豆科学，1993，12（02）：174.

[49]武天龙，杨庆凯，马占峰，等.东农小粒豆 1 号大豆新品种选育报告[J].东北农业大学学报，1994，25

（01）：104.

[50]林红，来永才，齐宁，等.大豆种间杂交新品种龙小粒豆一号的选育[J].中国油料作物学报，2003，25（04）：43-46.

[51]林红，姚振纯，齐宁，等.大豆优异种质资源的利用与创新[J].植物遗传资源科学，2001，（03）：32-35.

[52]齐宁，林红，姚振纯，等.特用极小粒大豆龙9777的选育及栽培技术[J].黑龙江农业科学，2002，（03）：44-45.

[53]刘广阳，齐宁，林红，等.高可溶糖含量大豆新品种龙小粒豆2号选育[J].大豆科技，2008，（05）：46-47.

[54]黄初女，朱浩哲，董艺兰，等."延农小粒豆1号"选育报告[J].延边大学农学学报，2007，（03）：178-181.

[55]王英男，王洋，杨光宇."吉育101"小粒大豆的品种特性及高产栽培技术[J].农家之友（理论版），2009，（12）：11-12，14.

[56]杨光宇，王洋，马晓萍，等.高蛋白大豆新品种吉育101号的选育与栽培技术[J].大豆通报，2008，（02）：45-46.

[57]马晓萍，王跃强，王洋，等.大豆新品种吉育105的选育及栽培要点[J].大豆科技，2011，（02）：51，54.

[58]周继全，王跃强，王洋，等.小粒大豆新品种吉育105的选育及栽培要点[J].作物杂志，2011，（05）：130，134.

[59]马晓萍，杨振宇，王洋，等.小粒大豆新品种吉育106的选育及栽培要点[J].大豆科技，2012，（05）：67-68.

[60]陈健，马晓萍，邱红梅，等.小粒大豆新品种吉育108的选育及栽培要点[J].大豆科技，2015，（04）：54-56.

[61]马晓萍，邱红梅，杨振宇，等.芽菜用小粒大豆新品种吉育109的选育[J].大豆科技，2015，（05）：56-58.

[62]杨光宇，郑惠玉，韩春凤.吉林省小粒黄豆的品种特性及栽培技术[J].作物杂志，1992，（03）：32-33.

[63]郑惠玉，杨光宇，韩春凤，等.黄豆出口新品种吉林小粒1号[J].作物品种资源，1992，（01）：46.

[64]杨光宇，刘凯，郑惠玉，等.小粒黄豆新品种吉林小粒4号的选育报告[J].吉林农业科学，2001，26（01）：21-23.

[65]杨光宇，王洋，马晓萍，等.小粒大豆新品种吉林小粒6号选育报告[J].中国农业信息，2008，（04）：19.

[66]杨光宇，王洋，马晓萍，等.出口专用大豆新品种吉林小粒7号选育报告[J].吉林农业科学，2005，30（05）：24-25.

[67]王英男，王玉民，杨光宇，等."吉科豆10号"小粒大豆新品种的特征特性及高产高效栽培技术[J].乡村科技，2016，（03）：27.

[68]王昌陵，王文斌，董丽杰，等.高产、优质小粒豆新品种辽小粒豆1号选育及配套栽培技术[J].辽宁农业科学，2014，（02）：76-77.

[69]孙贵荒，宋书宏，孙恩玉，等.大豆种质5621对所衍生品种的遗传贡献[J].中国油料作物学报，2002，24（01）：38-41.

[70]王洋，马晓萍，王英男，等.小粒大豆新品种吉林小粒8号选育报告[J].中国农业信息，2008，（04）：20.

[71]张万海，闫任沛，常秋丽，等.小粒型大豆蒙豆6号及其栽培技术[J].中国种业，2001，（04）：20.

[72]崔永实，曲刚，李光发.小粒型高蛋白大豆新品种"通农14号"[J].北京农业，2003，（10）：30.

[73]崔永实，曲刚，李光发.小粒型高蛋白大豆新品种——通农 14 号[J].河南农业，2003，（12）：12.

[74]李光发，张建，崔永实.大豆新品种通农 14[J].作物杂志，2001，（06）：4.

[75]李光发，张建，朴顺哲，等.大豆新品种通农 13、14 号高产栽培要点[J].农村科学实验，2002，（01）：9.

[76]姜海英，黄文，崔明元，等.高产高蛋白小粒大豆通农 15 号的选育[J].农业科技通讯，2016，（04）：187-188.

[77]李子升.大豆新品种开豆 17 选育及栽培技术[J].大豆科技，2019，（01）：53-54.

[78]付春旭.高蛋白无腥味大豆绥无腥豆 2 号的选育与推广[J].黑龙江农业科学，2018，（01）：141-142.

[79]姜成喜，陈维元，付亚书，等.绥无腥豆 2 号大豆新品种选育及栽培要点[J].大豆科技，2014，（05）：43-45.

[80]张维耀.优良基因聚合利用及特用大豆绥无腥豆 2 号的选育[J].黑龙江农业科学，2018，（03）：155-156.

[81]曲梦楠，高陆思，姜成喜，等.特用大豆绥无腥豆 3 号的选育[J].黑龙江农业科学，2019，（11）：166-168.

[82]刘玲雪，贺海生，朱化敏，等.大豆新品种——垦鉴豆 36 号[J].现代化农业，2004，（06）：10-11.

[83]费志宏，朱洪德，张军.大豆新品种垦农 18 号的选育及栽培要点[J].大豆通报，2004，（01）：18.

[84]朱洪德，谢甫绨，费志宏，等.高油高异黄酮大豆新品种垦农 21 的选育和配套栽培技术[J].种子，2006，25（05）：92-95.

[85]王乐宝，潘红雨，付东波.垦鉴豆 43 号大豆配套栽培技术研究[J].现代化农业，2011，（12）：14-15.

[86]朱洪德，王树坤，费志宏，等.高异黄酮大豆新品种垦鉴豆 43 的育成及配套高产栽培技术[J].黑龙江农业科学，2006，（03）：14-16.

[87]朱洪德，谢甫绨，费志宏，等.高油高异黄酮大豆垦鉴豆 43 配套栽培技术[J].中国种业，2006，（06）：47.

[88]宁海龙，李文滨，李文霞，等.高异黄酮含量大豆新品种东农 51 号的选育[J].作物杂志，2007，（06）：96.

[89]宁海龙.大豆新品种"东农 51 号"[J].农村百事通，2009，（06）：33.

[90]宁海龙，李文滨，李文霞，等.高油高异黄酮含量大豆新品种东农 53 号的选育[J].作物杂志，2010，（04）：104.

[91]富健，孟凡钢，王新风，等.高油大豆新品种吉育 73 号的选育及栽培要点[J].农业科技通讯，2006，（08）：29.

[92]李楠，颜秀娟，李明姝，等.高异黄酮含量、高产大豆新品种吉育 94 选育及栽培技术[J].吉林农业科学，2009，34（03）：14-15.

[93]郑宇红，孟凡凡.大豆新品种吉育 94 号吉育 95 号[J].新农业，2010，（01）：34.

[94]王洋，杨光宇，马晓萍，等.优质大豆新品种吉育 66 号选育报告[J].作物研究，2007，（03）：368-369.

[95]刘国范，王玉峰，张志发.早熟优质大豆孢囊线虫病新抗源—庆抗 83219[J].作物品种资源，1989，（01）：33-34.

[96]付艳华，梁振富.高蛋白大豆新品系九交 8236[J].作物品种资源，1993，（02）：48.

[97]牛若超，杨兴勇.优良大豆种质克 4430－20[J].作物品种资源，1996，（04）：49-50.

[98]王培英，翁秀英，王彬如，等.大豆诱变育种研究四十年[J].激光生物学报，1998，7（03）：212-215.

[99]刘广阳.优异种质资源克 4430-20 在黑龙江省大豆育种中的应用[J].植物遗传资源学报，2005，（03）：326-329.

[100]王雅珍,张伯东,董友魁,等.中油 8210 的应用及高蛋白高产育种方法探讨[J].中国油料作物学报,2005,27（01）：92-94.

[101]齐宁,魏淑红,林红,等.高蛋白抗病大豆新种质龙品 03-311 的选育与利用[J].植物遗传资源学报,2006,（02）：249-251.

[102]郭娟娟,常汝镇,章建新,等.日本大豆种质十胜长叶对我国大豆育成品种的遗传分析［J].大豆科学,2007,26（03）：807-812.

[103]吴俊江,刘丽君,高明杰.我国菜用大豆研究概况[J].大豆通报,1999,（02）：26-27.

[104]林红,姚振纯,齐宁,等.特用大豆种质选育新进展[J].黑龙江农业科学,2002,（02）：45-46.

[105]辽宁省农科院作物所大豆研究室.鲜食大豆新品种选育[J].农业科技与信息,2002,（07）：8.

[106]林红,齐宁,来永才,等.特用大豆品种选育新进展[J].农业科技通讯,2008,（11）：75-76.

[107]杨明亮,张东梅,常玉森,等.特用大豆优质种质资源利用与创新[J].黑龙江农业科学,2016,（08）：15-18,26.

[108]齐宁,郭泰,刘忠堂,等.合丰号大豆抗大豆灰斑病品种的亲本利用和育种方法的分析[J].黑龙江农业科学,1998,（01）：14-17.

[109]郭泰,刘忠堂,吕秀珍,等.合丰号的辐射诱变育种回顾[J].核农学报,2010,24（02）：292-297.

[110]吴秀红.合丰号高油及矮秆或半矮秆大豆的品种选育[J].黑龙江农业科学,2011,（02）：1-4.

[111]吴秀红.合丰 25 的间接利用与合丰号大豆品种的选育[J].黑龙江农业科学,2012,（04）：21-23.

[112]景玉良,吕德昌,陈维元,等.绥农号大豆品种的选育及其利用[J].作物杂志,2001,（03）：36-38.

[113]付亚书,陈维元,姜成喜,等.绥农号大豆品种的应用及选育体会[J].黑龙江农业科学,2002,（05）：49-51.

[114]王金陵,孟庆喜,吴忠璞,等.黑龙江省大豆品种的选育与开发问题[J].中国农学通报,1987,（06）：7-8.

[115]王彬如,翁秀英,杜维广,等.近十三年来黑龙江省大豆育种的新进展[J].黑龙江农业科学,1993,（06）：1-6.

[116]景玉良.大豆优良种质在育种和生产上的贡献[J].作物杂志,2003,（05）：47-48.

[117]高春霞,马永华,单宏,等.1999—2005 年黑龙江省通过审定的大豆品种的品质及特征特性分析[J].黑龙江农业科学,2006,（05）：78-80.

[118]吕景良,吴百灵,尹爱萍.吉林省大豆品种资源研究——I.生态类型与生态育种[J]吉林农业科学,1986,（02）：61-65.

[119]吕景良,吴百灵,尹爱萍.吉林省大豆品种资源研究——Ⅲ.株型分类与株型育种[J]吉林农业科学,1987,（03）：22-27.

[120]王曙明,孟祥勋,李爱萍,等.吉林省大豆品质育种几个问题的探讨[J].大豆通报,1994,（06）：3.

[121]胡明祥,孟祥勋,刘凯.吉林省大豆育种工作的回顾与展望[J].吉林农业科学,1996,（04）：6-9.

[122]杨光宇,王洋,马晓萍,等.1987-2004 年吉林省大豆育种概况与分析[J].大豆通报,2005,（06）：4,11.

[123]杨光宇,王洋.吉林省大豆产业的现状及发展对策[J].职业时空,2008,（07）：6.

[124]程延喜,孔祥梅,王曙明,等."十五"期间吉林省大豆育成品种及其评价[J].吉林农业科学,2008,33（02）：8-9,19.

[125]闫日红，王曙明，杨振宇，等.吉林省高油大豆品种选育进展[J].大豆科技，2014，（04）：1-4，25.

[126]安景峰，李艳清.开育系统大豆品种的选育及推广[J].辽宁农业科学，1990，（02）：29-31.

[127]顾德军，付连舜，杨德忠.铁丰系列大豆品种选育与应用概况[J].杂粮作物，2007，（02）：98-100.

[128]傅连舜.铁豆系列大豆新品种[J].新农业，2011，（10）：28-29.

[129]冯明印，金贞玉，陈英男，等.抚豆系列大豆新品种选育集成及高产高效栽培技术创新研究[J].现代化农业，2018，总第466期（05）：5-9.

[130]张琪，孙宾成，于平，等.呼伦贝尔市农科所早熟大豆育种研究[J].大豆科技，2014，（02）：45-46.

[131]翁秀英，整理.1983年确定推广的大豆新品种[J].黑龙江农业科学，1984，（01）：62-64.

[132]崔文馥.1990年黑龙江省审定推广的四个大豆品种[J]大豆科学，1990，9（02）：182-184.

[133]崔文馥.1991年黑龙江省审定推广的四个大豆品种[J].大豆科学，1991，10（02）：162-163.

[134]崔文馥.1994年黑龙江省审定推广的大豆品种[J]大豆科学，1994，13（02）：180-183.

[135]崔文馥.1995年黑龙江省审定推广的大豆品种[J].大豆科学，1995，14（02）：195-196.

[136]崔文馥.1996年黑龙江省审定推广的大豆品种[J].大豆科学，1996，15（02）：184-187.

[137]崔文馥.1997年黑龙江省审定推广的大豆品种[J]大豆科学，1997，16（02）：185-186.

[138]崔文馥.1998年黑龙江省审定推广的大豆品种[J]大豆科学，1998，17（02）：186-190.

[139]崔文馥.1999年黑龙江省审定推广的大豆品种[J]大豆科学，1999，18（02）：181-182.

[140]马启慧.2000年黑龙江省审定推广的大豆品种[J].大豆科学，2000，19（02）：193-196.

[141]薛津.2000年黑龙江省审定推广的大豆品种[J].大豆科学，2000，19（03）：291-293，290.

[142]薛津.2001年黑龙江省审定推广的大豆新品种[J].大豆科学，2001，20（02）：154-156.

[143]薛津.2002年黑龙江省审定推广的大豆品种[J].大豆科学，2002，21（02）：155-159.

[144]薛津.2003年黑龙江省审定推广的大豆新品种[J].大豆科学，2003，22（02）：154-159.

[145]薛津.2004年黑龙江省审定推广的大豆新品种[J].大豆科学，2004，23（02）：155-158.

[146]薛津.2005年黑龙江省审定推广的大豆新品种[J].大豆科学，2005，24（02）：157-160，153.

[147]王红蕾.2006年黑龙江省审定推广的大豆新品种[J].大豆科学，2006，25（02）：199-204.

[148]王红蕾.2007年黑龙江省审定推广的大豆新品种[J].大豆科学，2007，26（05）：795-800.

[149]王红蕾.2008年黑龙江省审定推广的大豆新品种[J].大豆科学，2008，27（04）：720-726.

[150]孙明明.2009年黑龙江省审定推广的大豆新品种[J].大豆科学，2011，30（03）：532-536.

[151]宋显军.2010年黑龙江省审定推广的大豆新品种[J].大豆科学，2011，30（01）：171-176.

[152]孙明明.2011年黑龙江省审定推广的大豆新品种[J].大豆科学，2011，30（04）：713-718.

[153]宋显军.2012年黑龙江省审定推广的大豆新品种[J].大豆科学，2012，31（03）：504-510.

[154]王萍.2013年黑龙江省审定推广的大豆新品种I[J].大豆科学，2013，32（03）：429-432.

[155]王萍.2013年黑龙江省审定推广的大豆新品种II[J].大豆科学，2013，32（04）：576-579.

[156]孙明明，王萍.2014年黑龙江省审定推广的大豆品种I[J].大豆科学，2014，33（03）：463-466.

[157]王萍，孙明明.2014年黑龙江省审定推广的大豆品种II[J]大豆科学，2014，33（04）：626-628.

[158]孙明明，王萍，吕世翔.2015年黑龙江省审定推广的大豆品种I[J]大豆科学，2015，34（04）：918-920.

[159]孙明明，王萍，吕世翔.2015年黑龙江省审定推广的大豆品种II[J]大豆科学，2015，34（06）：1100-1102.

[160]孙明明，王萍，吕世翔.2016年黑龙江省审定推广的大豆品种[J].大豆科学，2016，35（05）：875-880.

[161]孙明明，武琦，王萍，等.2017年黑龙江审定推广的大豆品种II[J].大豆科学，2017，36（06）：824-830.

[162]孙明明，武琦，吕世翔，等.2019年黑龙江省审定推广的大豆品种[J].大豆科学，2019，38（05）：821-835.

[163]吕世翔，武琦，孙明明，等.2019年黑龙江省审定推广的大豆品种II[J].大豆科学，2019，38（06）：1003-1018.

[164]孙红，武琦，孙明明，等.2020年黑龙江省审定推广的大豆品种I[J].大豆科学，2020，39（04）：645-657.

[165]吕世翔，武琦，孙明明，等.2020年黑龙江省审定推广的大豆品种II[J].大豆科学，2020，39（05）：814-824.

[166]孙明明，武琦，吕世翔，等.2020年黑龙江省审定推广的大豆品种III[J].大豆科学，2020，39（06）：961-974.

[167]王连铮，陈洪文，李景春.黑龙江农作物品种志[M].哈尔滨：黑龙江人民出版社，1979.

[168]由天赋黑龙江省农作物审定品种适用大全[M]北京：中国农业科学技术出版社，2010.

[169]黄春峰，周朝文.黑龙江省主要农作物优良品种[M].哈尔滨：东北林业大学出版社，2020.

[170]来永才，毕影东.近十年黑龙江大豆品种及骨干亲本[M].哈尔滨：哈尔滨工程大学出版社，2020.

[171]吉林省农业厅，吉林省农业科学院.吉林省农作物品种志[M].长春.吉林人民出版社，1963.

[172]方青，王方，王守志，等.吉林省农作物品种志[M].长春.吉林科学技术出版社，1988.

[173]陈学军.吉林省农作物品种志[M].北京：科学出版社，2003.

[174]吉林省农业厅.大豆粮食作物的优良品种介绍[M].长春.吉林人民出版社，1958.

[175]辽宁省农业厅.辽宁省农作物品种志[M].沈阳：辽宁人民出版社，1960.

[176]裴淑华，卢庆善，王伯伦.辽宁省农作物品种志（1975—1998）[M].沈阳：辽宁科学技术出版社，1999.

[177]宋书宏.辽宁省大豆研究60年[M].北京：中国农业出版社，2010.

[178]内蒙古自治区革委会农林局.内蒙古农作物品种志[M].内蒙古人民出版社，1976.

[179]张子金.中国大豆品种志[M].北京：中国农业出版社，1985.

[180]胡明祥，田佩占.中国大豆品种志（1978—1992）[M].北京：中国农业出版社，1993.

[181]邱丽娟，王曙明，常汝镇.中国大豆品种志（1993—2004）[M].北京：中国农业出版社，2007.

[182]邱丽娟，王曙明，常汝镇.中国大豆品种志（2005—2014）[M].北京：中国农业出版社，2018.

[183]来永才.中国寒地野生大豆资源图鉴[M].北京：中国农业出版社，2015.

[184]董英山，杨光宇.中国野生大豆资源的研究与利用[M]哈尔滨：黑龙江人民出版社，2015.

[185]崔章林，盖钧镒，Thomas E，等.中国大豆育成品种及其系谱分析（1923—21995）[M].北京：中国农业出版社，1998.

[186]盖钧锰，熊冬金，赵团结.中国大豆育成品种系谱与种质基础（1923—22005）[M].北京：中国农业出版社，2015.

[187]王金陵.大豆的遗传与选种[M].北京：科学出版社，1958.

[188]王金陵.大豆[M].北京：科学普及出版社，1966.

[189]王金陵.大豆[M].哈尔滨：黑龙江科学技术出版社，1982.

[190]王国栋，范遗恒.大豆[M].沈阳：辽宁科学技术出版社，1983.

[191]吉林省农业科学院.大豆育种和良种繁育[M].北京：中国农业出版社，1976.

[192]张子金.中国大豆育种与栽培[M].北京：农业出版社，1987.

[193]王连铮，王金陵.大豆遗传育种学[M].北京：科学出版社，1992.

[194]王金陵，许忠仁，杨庆凯.东北大豆种质资源拓宽与改良[M].哈尔滨：黑龙江科学技术出版社，1994.

[195]王金陵，杨庆凯，吴宗璞.中国东北大豆[M].哈尔滨：黑龙江科学技术出版社，1999.

[196]韩敬花.大豆新品种及丰产栽培技术[M].北京：中国劳动社会保障出版社，2001.

[197]寇建平，封槐松.优质专用大豆及高产栽培技术[M].北京：中国农业出版社，2003.

[198]孙寰.吉林大豆[M].长春.吉林科学技术出版社，2006.

[199]刘丽君.中国东北优质大豆[M].哈尔滨：黑龙江科学技术出版社，2007.

[200]郭庆元，王连铮.现代中国大豆[M].北京：金盾出版社，2007.

[201]陈应志.大豆品种管理与推广技术指南[M].北京：中国农业出版社，2007.

[202]商向东.大豆新品种栽培管理新技术[M].沈阳：辽宁科学技术出版社，2008.

[203]张彪.农作物新品种及栽培技术[M].沈阳：辽宁科学技术出版社，2011.

[204]常汝镇，李文滨.杨庆凯大豆论文集[M].北京：中国农业出版社，2012.

[205]田佩占.作物理论遗传育种学[M].长春.吉林科学技术出版社，2014.